“十二五”职业教育国家规划教材
经全国职业教育教材审定委员会审定

建筑工程技术专业系列教材

房屋建筑学

（少学时）

（第二版）

袁雪峰　主编
戴　杰　马晓霞　副主编

科学出版社
北　京

内 容 简 介

本书为建筑工程技术专业系列教材之一，书中主要讲述了民用建筑和工业建筑的建筑构造、构造原理和建筑设计及其原理。

针对应用型本科和高职高专的教学特点，本书以实用为主，理论联系实际，突出了新材料、新技术、新方法的运用，在编写时采用了现行的规范、规程和标准。

本书主要针对应用型本科和高职高专土建类专业学生的学习要求编写，同时可作为建筑类其他相关专业的教材和教学参考书，也可供从事土建专业设计和施工的人员以及成人教育的师生参考。

图书在版编目（CIP）数据

房屋建筑学：少学时/袁雪峰主编. —2版. —北京：科学出版社，2015

（"十二五"职业教育国家规划教材·经全国职业教育教材审定委员会审定·建筑工程技术专业系列教材）

ISBN 978-7-03-045500-0

Ⅰ.①房…　Ⅱ.①袁…　Ⅲ.房屋建筑学-高等职业教育-教材　Ⅳ.TU22

中国版本图书馆CIP数据核字（2015）第201756号

责任编辑：杜　晓／责任校对：王万红
责任印制：吕春珉／封面设计：曹　来

科学出版社出版
北京东黄城根北街16号
邮政编码：100717
http://www.sciencep.com

廊坊市都印印刷有限公司印刷
科学出版社发行　各地新华书店经销

*

2007年6月第　一　版　开本：787×1092　1/16
2016年1月第　二　版　印张：18 3/4
2024年1月第十八次印刷　字数：447 000

定价：58.00元

（如有印装质量问题，我社负责调换〈都印〉）

销售部电话 010-62136131　编辑部电话 010-62132124（VA03）

第二版前言

为了满足教学的需要，编者针对高职高专学生的特点，在总结第一版出版经验和多年教学经验的基础上，根据课程教学大纲及其对应用型本科和高职高专学生的培养目标、要求以及国家现行规范、规程和标准编写了本书。全书共分为民用建筑构造和设计以及工业建筑构造和设计两大部分（共 11 章），以民用建筑构造为重点。

全书图文并茂，在叙述上力求简明扼要，做到通俗易懂。为了便于学生学习，本书在每章的开始列有知识点和学习要求，在每一章的结尾附有小结和思考与练习题。本书在编写过程中，密切联系设计、施工等方面的实际，突出了新材料、新技术、新方法的运用，并结合应用型本科和高职高专的特点强调适用性和实用性。另外，针对我国幅员辽阔，各地气候、材料、施工等方面不尽相同的特点，本书力求兼顾地域特色，使内容较为全面和系统。

本书按 68 学时的教学内容编写。各章学时分配如下：绪论，4 学时；第 1 章，2 学时；第 2 章，2 学时；第 3 章，8 学时；第 4 章，6 学时；第 5 章，6 学时；第 6 章，6 学时；第 7 章，2 学时；第 8 章，12 学时；第 9 章，8 学时；第 10 章，12 学时。

本书由邢台职业技术学院袁雪峰担任主编并编写了绪论、第 1～3 章；邢台职业技术学院时瑞国编写了第 4 章；贵州大学李效梅编写了第 5 章；邢台职业技术学院马晓霞编写了第 6、7 章，邢台职业技术学院戴杰编写了第 8～10 章。参加课件制作的人员有戴杰（绪论、第 8～10 章）、马晓霞（第 4～7 章）、钟静（第 1～3 章）。重庆后勤工程学院徐千里教授和邢台守敬建筑设计有限公司王斌建筑师审阅了本书，并对本书的编写提出了建设性意见，在此表示衷心的感谢。

由于编者的水平所限以及对新信息和资料的收集不够完善，书中难免有不足之处，恳请读者批评指正，以便在以后的修订过程中及时更正。

第一版前言

为了满足教学的需要，我们针对高职高专学生的特点，在总结多年教学经验的基础上，根据课程教学大纲及其对高职高专学生的培养目标要求以及国家现行规范、规程和标准编写了本教材。全书共分为民用建筑构造和设计原理以及工业建筑构造和设计原理两大部分（共11章），以民用建筑构造为重点。

全书图文并茂，通俗易懂。每章均有知识点，要求、小结、思考和练习题。在编写过程中，密切联系设计、施工等方面的实际，突出了新材料、新技术、新方法的运用，并结合高职高专的特点强调适用性和实用性。另外，针对我国幅员辽阔，各地气候、材料、施工等方面不尽相同的特点，本教材力求兼顾地域特色，使内容较为全面和系统。

本书按68学时的教学内容编写。各章学时分配：绪论4学时；第1章2学时；第2章2学时；第3章8学时；第4章6学时；第5章6学时；第6章6学时；第7章2学时；第8章12学时；第9章8学时；第10章12学时。

参加本书内容编写的人员有袁雪峰（绪论、第1～3、8章）、时瑞国（第4章）、李效梅（第5章）、戴杰（第6、7章）、马晓霞（第9章）、钟静（第10章）。参与课件制作的人员有副主编戴杰、马晓霞、钟静。全书由袁雪峰定稿。

由于编者的水平和能力所限，书中难免有不足之处，恳请读者批评指正。

目　录

第二版前言

第一版前言

绪论 …… 1

0.1 课程的内容、特点和学习要求 …… 1

0.1.1 课程的主要内容 …… 1

0.1.2 课程的特点和学习要求 …… 2

0.2 建筑的构成要素 …… 2

0.3 建筑的分类和等级划分 …… 3

0.4 建筑设计的内容、阶段和依据 …… 5

0.4.1 设计内容 …… 5

0.4.2 设计阶段 …… 6

0.4.3 设计依据 …… 8

小结 …… 11

思考与练习题 …… 12

第一篇 民用建筑

第1章 民用建筑构造概述 …… 15

1.1 建筑物的构造组成 …… 15

1.2 影响建筑构造的因素及设计原则 …… 16

1.2.1 影响建筑构造的因素 …… 16

1.2.2 构造设计的基本原则 …… 17

1.3 定位轴线及其编号 …… 18

1.3.1 平面定位轴线及其编号 …… 18

1.3.2 标高 …… 19

小结 …… 20

思考与练习题 …… 20

第2章 基础与地下室构造 …… 22

2.1 地基、基础的概念与设计要求 …… 22

2.1.1 基础和地基的作用 …… 22

2.1.2 基础埋深 …… 23

2.1.3 地基与基础的设计要求 …… 24

2.2 基础的类型与构造 …… 24

2.2.1 基础按材料及受力特点分类 …… 24

2.2.2 基础按构造形式分类 …… 26

2.3 地下室构造 …… 28

2.3.1 地下室的组成与分类 …… 28
2.3.2 地下室防潮构造 …… 29
2.3.3 地下室防水构造 …… 29
小结 …… 31
思考与练习题 …… 31
第 3 章 墙体构造 …… 32
3.1 墙体的类型及设计要求 …… 32
3.1.1 墙体的类型 …… 32
3.1.2 墙体的承重方案 …… 34
3.1.3 墙体的设计要求 …… 35
3.2 砖墙构造 …… 35
3.2.1 砖墙的组砌方式 …… 35
3.2.2 实心砖墙的尺度 …… 36
3.2.3 砖墙的细部构造 …… 37
3.3 砌块墙构造 …… 44
3.3.1 砌块的类型 …… 44
3.3.2 砌块墙的排列与组合 …… 45
3.3.3 砌块墙构造 …… 46
3.4 隔墙构造 …… 48
3.4.1 块材隔墙 …… 48
3.4.2 骨架隔墙 …… 49
3.4.3 板材隔墙 …… 51
3.5 墙面装修 …… 51
3.5.1 墙面装修的作用及分类 …… 51
3.5.2 墙面装修构造 …… 52
小结 …… 55
思考与练习题 …… 55
第 4 章 楼地层构造 …… 57
4.1 楼地层的构造组成和设计要求 …… 57
4.1.1 楼地层的构造组成 …… 57
4.1.2 楼地层的设计要求 …… 58
4.2 钢筋混凝土楼板构造 …… 58
4.2.1 现浇钢筋混凝土楼板 …… 58
4.2.2 预制装配式钢筋混凝土楼板 …… 61
4.2.3 装配整体式钢筋混凝土楼板 …… 64
4.3 楼地面构造 …… 65
4.3.1 常见地面的构造 …… 65
4.3.2 地面细部构造 …… 68
4.4 顶棚构造 …… 70
4.4.1 直接式顶棚 …… 71
4.4.2 悬吊式顶棚 …… 71

4.5　阳台与雨篷构造 …… 73
4.5.1　阳台 …… 73
4.5.2　雨篷 …… 75
小结 …… 75
思考与练习题 …… 76
第5章　楼梯构造 …… 77
5.1　楼梯的组成及类型 …… 77
5.1.1　楼梯的组成 …… 77
5.1.2　楼梯的类型 …… 78
5.2　楼梯的尺度及设计 …… 80
5.2.1　楼梯的尺度 …… 80
5.2.2　楼梯的设计 …… 83
5.3　钢筋混凝土楼梯构造 …… 86
5.3.1　现浇钢筋混凝土楼梯 …… 86
5.3.2　预制装配式钢筋混凝土楼梯 …… 87
5.4　楼梯的细部构造 …… 90
5.4.1　踏步面层及防滑处理 …… 90
5.4.2　栏杆和扶手构造 …… 91
5.5　室外台阶与坡道构造 …… 94
5.5.1　台阶与坡道的形式 …… 94
5.5.2　台阶构造 …… 95
5.5.3　坡道构造 …… 96
5.6　电梯与自动扶梯构造 …… 96
5.6.1　电梯 …… 96
5.6.2　自动扶梯 …… 99
小结 …… 99
思考与练习题 …… 100
第6章　屋顶构造 …… 101
6.1　屋顶类型与屋面排水设计 …… 101
6.1.1　屋顶的类型 …… 101
6.1.2　屋顶的排水组织设计 …… 103
6.2　平屋顶构造 …… 106
6.2.1　平屋顶的防水构造层次 …… 107
6.2.2　平屋顶防水屋面的细部构造 …… 111
6.2.3　平屋顶的保温与隔热 …… 115
6.3　坡屋顶构造 …… 119
6.3.1　坡屋顶的承重结构 …… 119
6.3.2　坡屋顶的防水构造 …… 120
6.3.3　坡屋顶的细部构造 …… 122
6.3.4　坡屋顶的保温与隔热 …… 124
小结 …… 125

思考与练习题 …… 126
第 7 章　门窗构造 …… 128
7.1　门窗的形式与尺度 …… 128
7.1.1　窗的形式和尺度 …… 128
7.1.2　门的形式和尺度 …… 130
7.2　木门窗构造 …… 131
7.2.1　木窗构造 …… 131
7.2.2　木门构造 …… 135
7.3　铝合金与塑钢门窗构造 …… 139
7.3.1　铝合金门窗构造 …… 139
7.3.2　塑钢门窗构造 …… 141
小结 …… 143
思考与练习题 …… 144
第 8 章　民用建筑设计 …… 145
8.1　建筑平面设计 …… 145
8.1.1　建筑平面的组成及设计内容 …… 145
8.1.2　主要房间的平面设计 …… 146
8.1.3　辅助房间的平面设计 …… 151
8.1.4　交通联系部分的平面设计 …… 154
8.1.5　建筑平面组合设计 …… 158
8.2　建筑剖面设计 …… 164
8.2.1　房间的剖面形状和各部分高度的确定 …… 165
8.2.2　建筑层数的确定和剖面的组合方式 …… 168
8.2.3　建筑空间的组合和利用 …… 171
8.3　建筑体型和立面设计 …… 173
8.3.1　建筑体型和立面设计的要求 …… 173
8.3.2　建筑体型的组合 …… 177
8.3.3　建筑立面设计 …… 179
8.4　建筑节能设计 …… 182
8.4.1　建筑节能概述 …… 182
8.4.2　建筑节能技术 …… 184
8.5　民用建筑防火设计 …… 188
8.5.1　建筑失火与火灾发展 …… 188
8.5.2　民用建筑防火分区 …… 191
8.5.3　民用建筑安全疏散 …… 192
8.6　无障碍设计 …… 199
8.6.1　无障碍设计的意义及内容 …… 199
8.6.2　无障碍设计的具体处理 …… 200
小结 …… 204
思考与练习题 …… 205

第二篇 工业建筑

第9章 单层厂房设计 …… 211
9.1 工业建筑概述 …… 211
9.1.1 工业建筑的分类 …… 211
9.1.2 单层厂房组成 …… 213
9.2 单层厂房平面设计 …… 214
9.2.1 总平面对平面设计的影响 …… 214
9.2.2 平面设计与生产工艺的关系 …… 215
9.2.3 运输设备对平面设计的影响 …… 217
9.2.4 单层厂房常用的平面形式 …… 219
9.2.5 柱网选择 …… 220
9.2.6 生活间设计 …… 222
9.3 单层厂房剖面设计 …… 224
9.3.1 厂房高度的确定 …… 225
9.3.2 天然采光 …… 227
9.3.3 自然通风 …… 231
9.4 单层厂房定位轴线 …… 236
9.4.1 横向定位轴线 …… 237
9.4.2 纵向定位轴线 …… 238
9.4.3 纵横跨相交处的定位轴线 …… 241
9.5 单层厂房立面设计 …… 242
9.5.1 影响立面设计的因素 …… 242
9.5.2 立面处理方法 …… 243
小结 …… 244
思考与练习题 …… 245
第10章 单层厂房构造 …… 248
10.1 单层厂房承重构件 …… 248
10.1.1 屋盖结构 …… 248
10.1.2 柱与基础 …… 250
10.1.3 基础梁与连系梁 …… 253
10.1.4 吊车梁 …… 254
10.1.5 支撑与抗风柱 …… 255
10.2 屋面构造 …… 257
10.2.1 屋面排水 …… 257
10.2.2 屋面防水 …… 258
10.2.3 屋面保温与隔热 …… 261
10.3 天窗构造 …… 262
10.3.1 矩形天窗 …… 262
10.3.2 矩形通风天窗 …… 266
10.3.3 井式天窗 …… 269
10.3.4 平天窗 …… 272

10.4 外墙构造 …… 274
10.4.1 大型板材墙 …… 274
10.4.2 轻质板材墙 …… 278
10.4.3 开敞式外墙 …… 279
10.5 侧窗与大门构造 …… 280
10.5.1 侧窗 …… 280
10.5.2 大门 …… 282
小结 …… 286
思考与练习题 …… 287

主要参考文献 …… 288

绪　　论

知识点

1. 房屋建筑学课程的内容、特点及任务要求
2. 建筑构成三要素
3. 建筑按不同方式进行分类和等级划分
4. 建筑设计的内容、阶段和依据

学习要求

1. 掌握建筑的构成要素、建筑的分类和等级划分
2. 了解本课程的特点和学习方法
3. 了解建筑设计的内容、阶段和依据

0.1　课程的内容、特点和学习要求

0.1.1　课程的主要内容

“建筑”，通常认为是建筑物和构筑物的总称，其中供人们生产、生活或进行其他活动的房屋或场所都叫做“建筑物”，如住宅、学校、办公楼、影剧院、体育馆、工厂的车间等，人们习惯上也将建筑物称为建筑；而人们不在其中生产、生活的建筑，则称为“构筑物”，如水坝、水塔、蓄水池、烟囱等。从本质上讲，建筑是一种人工创造的空间环境，是人们劳动创造的财富。建筑具有实用性，属于社会产品；建筑又具有艺术性，反映特定的社会思想意识，因此建筑又是一种精神产品。本书所讲的“房屋”就是上面所说的“建筑物”，专门研究房屋的建筑学就是“房屋建筑学”。

“房屋建筑学”课程分为民用建筑和工业建筑两部分，每一部分又包括建筑构造和建筑设计。建筑构造部分研究一般房屋的组成、各组成部分的构造原理和构造方法。构造原理研究各组成部分的要求，以及满足这些要求的理论；构造方法则研究在构造原理指导下，用建筑材料和制品构成构件和配件，以及构配件之间连接的方法。建筑设计部分研究一般房屋的设计原则和设计方法，包括总平面布置、平面设计、剖面设计、立面处理等方面的问题。

0.1.2 课程的特点和学习要求

“房屋建筑学”课程是土建类专业的一门主要专业课，它以“建筑材料”“建筑制图”等课程为基础，同时又为学习“建筑结构”“建筑施工技术”“建筑工程定额预算”等后继专业课程提供必要的基础知识，它在专业课程学习中起着承前启后的重要作用。

学习这门课程的目的是使学生掌握房屋构造的基本理论；初步掌握建筑的一般构造做法和构造详图的绘制方法，能识读一般的工业与民用建筑施工图，并能按照设计意图绘制建筑施工图；了解一般房屋建筑设计原理，具有建筑设计的基本知识，正确理解设计意图。

“房屋建筑学”课程是一门实用性很强的技术专业课，学习时应注意以下几点：

1）从具体构造和设计方案入手，牢固掌握房屋各组成部分的常用构造方法和大量性房屋的设计方案。

2）要注意了解各构造做法和设计方案的产生和发展，加深对常用典型构造做法和标准图集以及设计方案的理解。

3）多参观已建成或正在施工的建筑，多参与现场实际施工操作，在实践中验证理论，充实和记忆理论。

4）重视绘图技能的训练。通过作业和课程设计，不断提高绘制和识读施工图的能力。

5）经常查阅相关资料，丰富自己的专业知识，了解房屋建筑学的发展态势。

0.2 建筑的构成要素

人类从最早的洞穴、巢居，到后来用土石草木等天然材料建造的简易房屋，直至当今的现代建筑，从建筑起源而成为文化，经历了千万年的变迁，建筑从形式、结构、施工技术、艺术形象等各方面也随着历史、政治、人事、自然条件以及科学技术的发展而发展。总结人类的建筑活动经验，构成建筑的主要因素有三个方面，即建筑功能、建筑技术和建筑形象。

1. 建筑功能

建筑功能是指建筑物在物质和精神方面必须满足的使用要求。

不同类别的建筑具有不同的使用要求，例如交通建筑要求人流线路流畅，观演建筑要求有良好的视听环境，工业建筑必须符合生产工艺流程的要求等；同时，建筑必须满足人体尺度和人体活动所需的空间尺度，以及人的生理要求，如良好的朝向、保温隔热、隔声、防潮、防水、采光、通风条件等。

2. 建筑技术

建筑技术是建造房屋的手段，包括建筑材料与制品技术、结构技术、施工技术、设备技术等，建筑不可能脱离技术而存在。其中，材料是物质基础，结构是构成建筑空间的骨架，施工技术是实现建筑生产的过程和方法，设备是改善建筑环境的技术条件。

3. 建筑形象

构成建筑形象的因素有建筑的体型、内外部空间的组合、立面构图、细部与重点装饰处理、材料的质感与色彩、光影变化等。建筑形象是功能和技术的综合反映，建筑形象处理得当，就能产生良好的艺术效果与空间氛围，给人以美的享受。

建筑的三要素是辩证的统一体，是不可分割的，但又有主次之分。建筑功能是第一要素，起主导作用；建筑技术是达到目的的手段，技术对功能又有约束和促进作用；建筑形象是功能和技术的反映，但如果充分发挥设计者的主观作用，在一定的功能和技术条件下，可以把建筑设计得更加美观。

0.3 建筑的分类和等级划分

1. 按使用性质分类

- **工业建筑** 为工业生产服务的生产车间、辅助车间、动力用房、仓储等。
- **农业建筑** 供农业、牧业生产和加工用的建筑，如温室、畜禽饲养场、水产品养殖场、农畜产品加工厂、农产品仓库、农机修理厂（站）等。
- **民用建筑** 供人们工作、生活、学习、居住的非生产性建筑，包括居住建筑和公共建筑。居住建筑，指提供家庭和集体生活起居用的建筑场，如住宅、宿舍、公寓等。公共建筑，指提供人们进行各种社会活动的建筑物，如行政办公建筑、文教建筑、托幼建筑、医疗建筑、商业建筑、观演建筑、体育建筑、展览建筑、旅馆建筑、交通建筑、通信建筑、园林建筑、纪念建筑、娱乐建筑等。

2. 按规模和数量分类

- **大量性建筑** 指建造数量较多的建筑，如住宅、中小学教学楼、医院等。
- **大型性建筑** 指建造数量少，但单体建筑规模大的建筑，如大型火车站、大型体育馆、大型剧场、大型展览馆、机场候机厅等。

3. 按层数或总高度分类

《民用建筑设计通则》(GB 50352—2005) 将住宅建筑按层数划分，除住宅建筑之外的民用建筑按高度划分。

(1) 住宅建筑按层数分类

- **低层住宅** 层数为 1～3 层。
- **多层住宅** 层数为 4～6 层。

- **中高层住宅** 层数为7～9层。
- **高层住宅** 层数为10层及以上。

(2) 其他民用建筑按高度分类

建筑高度是指建筑物室外地面到其檐口或屋面面层的高度，屋顶上的水箱间、电梯机房、楼梯出口小间等不计入建筑高度。住宅之外的其他民用建筑的层高差异较大，因此我国规定除住宅之外的其他民用建筑按高度分为普通建筑和高层建筑。

- **单层建筑** 高度不大于24m的单层建筑。
- **多层建筑** 高度不大于24m的多层建筑。
- **高层建筑** 高度大于24m的非单层建筑。
- **超高层建筑** 建筑高度超过100m的民用建筑。

另外，《建筑设计防火规范》(GB 20016—2015）规定，建筑统一按高度分为高层建筑、多层建筑和单层建筑。高层建筑是建筑高度大于27m的住宅建筑和建筑高度大于24m的非单层厂房、仓库和其他民用建筑。

4. 按结构类型分类

结构类型是以建筑的承重结构或构件所选用材料与制作方式、传力方式的不同而划分的，一般分为四种：

- **砖混结构** 是一种竖向采用砖墙来承重，水平向采用钢筋混凝土楼板的混合结构形式。砖混结构适合开间进深较小、房间面积小、多层或地层的建筑。
- **框架结构** 这种结构的承重部分是用钢筋混凝土或钢材制作的梁、板、柱形成的空间骨架，墙体只起围护和分隔作用。这种结构空间划分灵活，可以用于多层和高层建筑中。
- **混凝土板墙结构** 这种结构的竖向承重构件和水平承重构件均采用钢筋混凝土制作，施工时可以在现场浇注，通常称为大模建筑；也可在工厂预制，现场吊装，通常称为大板建筑；这种结构可以用于多层和高层建筑。
- **空间结构** 它包括悬索结构、壳体结构、折板结构、拱结构等形式。这种结构多用于大跨度的公共建筑中，如体育馆、大剧院、航空港等。

5. 按建筑设计使用年限分类

民用建筑按设计使用年限分为四类。

一类：设计使用年限为5年，适用于临时性建筑。

二类：设计使用年限为25年，适用于易于替换结构构件的建筑。

三类：设计使用年限为50年，适用于普通建筑。

四类：设计使用年限为100年，适用于纪念性建筑和特别重要的建筑。

6. 建筑物的耐火等级

建筑物的耐火等级是衡量建筑物耐火程度的标准，依据房屋主要构件的燃烧性能和耐火极限，现行《建筑设计防火规范》将普通建筑的耐火等级划分为四级，不同耐火等级建筑物相应构件的燃烧性能和耐火极限不应低于表0.1的规定。一级的耐火性

能最好，四级最差。性质重要的或规模宏大的或具有代表性的建筑，通常按一、二级耐火等级进行设计；大量性的或一般的建筑按二、三级耐火等级设计，很次要的或临时建筑按四级耐火等级设计。

表 0.1　不同耐火等级民用建筑构件的可燃性能和耐火极限（h）

构件名称		耐火等级			
		一级	二级	三级	四级
墙	防火墙	不可燃性 3.00	不可燃性 3.00	不可燃性 3.00	不可燃性 3.00
	承重墙	不可燃性 3.00	不可燃性 2.50	不可燃性 2.00	难可燃性 0.50
	非承重外墙	不可燃性 1.00	不可燃性 1.00	不可燃性 0.50	
	楼梯间、前室电梯井的墙、住宅单元之间的墙和分户墙	不可燃性 2.00	不可燃性 2.00	不可燃性 1.50	难可燃性 0.50
	疏散走道两侧的隔墙	不可燃性 1.00	不可燃性 1.00	不可燃性 0.50	难可燃性 0.25
	房间隔墙	不可燃性 0.75	不可燃性 0.50	难可燃性 0.50	难可燃性 0.25
柱		不可燃性 3.00	不可燃性 2.50	不可燃性 2.00	难可燃性 0.50
梁		不可燃性 2.00	不可燃性 1.50	不可燃性 1.00	难可燃性 0.50
楼板		不可燃性 1.50	不可燃性 1.00	不可燃性 0.50	可燃性
屋顶承重构件		不可燃性 1.50	不可燃性 1.00	可燃性 0.50	可燃性
疏散楼梯		不可燃性 1.50	不可燃性 1.00	不可燃性 0.50	可燃性
吊顶（包括吊顶搁栅）		不可燃性 0.25	难可燃性 0.25	难可燃性 0.15	可燃性

（1）构件的耐火极限

构件的耐火极限是指构件在标准耐火实验条件下，建筑构件、配件或结构从受到火的作用时起，到失去稳定性、完整性或绝热性时止的这段时间，用小时（h）表示。

（2）构件的燃烧性能

构件的燃烧性能分为三类，即不燃烧体、难燃烧体和燃烧体。

不燃烧体是指用不燃材料做成的建筑构件，如天然石材、人工石材、金属材料等。

难燃烧体是指用难燃材料做成的建筑构件或用可燃材料做成而用不燃材料做保护层的建筑构件，例如沥青混凝土构件、木板条抹灰的构件均属于难燃烧体。

燃烧体是指用可燃材料做成的建筑构件，如木材等。

0.4　建筑设计的内容、阶段和依据

0.4.1　设计内容

建筑设计是指建筑物在建造之前，设计者按照建设任务要求，遵循有关的法律与法规，把施工与使用过程中所存在或可能发生的问题，提前做好全面设想，拟定好解决问题的方法与方案，用图纸和文件表达出来的一种过程与结果。

每一项建筑工程从拟定计划到建成使用都要经过下列几个环节：编制设计任务书、设计指标及方案审定、选址及场地勘测、建筑工程设计、施工招标与组织、配套及装

修工程、试运行及交付使用和回访总结。

建筑工程设计是指设计一幢建筑物或建筑群所要做的全部工作，包括建筑设计、结构设计、设备设计等三个方面的内容。人们习惯上将这三部分统称为建筑设计。从专业分工的角度确切地说，建筑设计是指建筑工程设计中由建筑师承担的那一部分设计工作。

（1）建筑设计

建筑设计包括总体和个体设计两方面，一般是由注册建筑师来完成。根据审批下达的设计任务书和国家有关政策规定，综合分析其建筑功能、建筑规模、建筑标准、材料供应、施工水平、地段特点、气候条件等因素，运用科学技术知识和美学方案，正确处理各种要求之间的相互关系，为创造良好的空间环境提供方案和建造蓝图。建筑设计在整个工程设计中起着主导和先行的作用。

（2）结构设计

结构设计是根据建筑设计选择切实可行的结构布置方案，进行结构计算及构件设计，一般由结构工程师完成。

（3）设备设计

设备设计主要包括给水排水、电气照明、采暖通风空调、动力等方面的设计，由有关专业的工程师配合建筑设计来完成。

以上几方面的工作既有分工，又密切配合，形成一个整体。各专业设计的图纸、计算书、说明书及预算汇总，构成一项建筑工程的完整文件，作为建筑工程施工的依据。

0.4.2 设计阶段

由于建造房屋是一个比较复杂的物质生产过程，其影响因素很多，在施工前必须划分必要的设计阶段，才能做好建筑设计。民用建筑工程一般分为方案设计、初步设计和施工图设计三个阶段。对于技术要求简单的民用建筑工程，经有关主管部门同意，并且合同中有不做初步设计的约定，可在方案设计审批后直接进入施工图设计阶段。

1. 方案设计阶段

民用建筑工程的方案设计文件用于办理工程建设的有关手续，是必不可少的。方案设计文件应满足编制初步设计文件的需要。

方案设计文件包括设计总说明、总平面图以及建筑设计图纸、设计委托或合同规定的透视图、鸟瞰图、模型等。

（1）设计说明书

包括各专业设计说明以及投资估算等内容，具体内容有：

- 设计依据、设计要求及主要技术经济指标。
- 总平面设计说明。
- 建筑设计说明，建筑方案的设计构思和特点。
- 结构、电气、给排水、暖通空调、热能动力等设计说明。
- 投资估算编制说明及投资估算表。

(2) 总平面图

总平面图常采用的比例是1∶500或1∶1000，主要标明场地的区域位置、范围、环境，场地内拟建道路、停车场、广场、绿地及建筑物的布置，拟建主要建筑物的名称、出入口位置、层数，指北针或风玫瑰图、比例，以及根据需要绘制能够反映方案特性的分析图，包括功能分区、空间组合及景观分析、交通分析、地形分析、绿地布置、日照分析、分期建设等。

(3) 建筑设计图纸

建筑设计图纸常采用的比例是1∶100或1∶200，包括建筑的各层平面图、一两个有代表性的立面图、剖面图，主要表达建筑的总尺寸、房屋开间、进深尺寸、主要标高和总高度以及根据合同约定提供外立面表现图或建筑造型的透视图或鸟瞰图。

(4) 热能动力设计图纸

当项目为城市区域供热或区域煤气调压站时应提供热能动力设计图纸。

2. 初步设计阶段

初步设计文件应满足编制施工图设计文件的需要。初步设计是供政府和（或）建设方审批而提供的文件，若无审批需求，经有关主管部门同意，可不进行初步设计，直接进入施工图设计阶段。

初步设计文件包括以下内容。

(1) 设计说明书

设计说明书包括设计总说明、各专业设计说明。

设计说明书主要说明工程设计的主要依据、工程建设的规模和设计范围、设计指导思想和设计特点、总用地面积、总建筑面积等指标、其他相关技术经济指标等总指标以及提请在设计审批时需解决或确定的主要问题等。

(2) 有关专业的设计图纸

- **总平面图** 常采用的比例是1∶500或1∶1000，应表示出用地范围、建筑物位置、大小、层数、朝向、设计标高、道路、绿化布置及经济技术指标，地形复杂时应表示粗略的竖向设计意图。
- **建筑专业图纸** 包括各层平面及主要剖面、立面图，常用的比例是1∶100或1∶200，应标出建筑物的总尺寸、开间、进深、层高等各主要控制尺寸，同时要标出门窗位置、各层标高、部分室内家具和设备的布置、立面处理等。
- **其他专业图纸** 根据工程复杂程度提供的结构、建筑电气、给水排水、采暖通风与空气调节、热能动力等专业的相关图纸。

(3) 概算书

概算书包括主要设备或材料表。设计概算文件必须完整地反映工程项目初步设计的内容，严格执行国家有关方针、政策和制度，实事求是地根据工程所在地的建设条件（包括自然条件、施工条件等影响造价的各种因素）按有关的依据性资料进行编制。

(4) 根据合同约定的鸟瞰图或模型

3. 施工图设计阶段

施工图设计是建筑设计的最后阶段，它的主要任务是满足施工要求，即在方案设计或初步设计的基础上，综合建筑、结构、设备各工种，相互交底，核实核对，深入了解材料供应、施工技术、设备等条件，把满足工程施工的各项具体要求反映在图纸中，做到整套图纸齐全统一、明确无误。

施工图设计的图纸及设计文件有：

- 建筑总平面。常用比例 1∶500、1∶1000、1∶2000，应详细标明基地上建筑物、道路、设施等所在位置的尺寸、标高，并附说明。
- 建筑各层平面、各个立面及必要的剖面。常用比例 1∶100、1∶200。除表达方案设计或初步设计内容以外，还应详细标出墙段、门窗洞口及一些细部尺寸、详细索引符号等。
- 建筑构造节点详图。根据需要可采用 1∶1、1∶2、1∶5、1∶20 等比例尺。主要包括檐口、墙身和各构件的连接点，楼梯、门窗以及各部分的装饰大样等。
- 各工种相应配套的施工图纸，如基础平面图和基础详图、楼板及屋顶平面图和详图、结构构造节点详图等结构施工图；建筑电气、给水排水、采暖通风与空气调节、热能动力等设备相关的完整施工图纸。
- 总平面、建筑、结构、设备等专业的设计说明书。
- 总平面、建筑、结构、设备等专业设计计算书（供内部使用）。
- 工程预算书。

0.4.3 设计依据

1. 使用功能

（1）人体尺度及活动空间尺度

建筑是人类改造自然适应自然的人工产物，其最终目的是为人服务。所以，大到建筑空间的组合，小到局部构件与设备家具的尺寸，无不以人体及其活动尺度为依据。图 0.1 和图 0.2 为我国标准人体基本尺寸与人体活动所需的尺寸图。

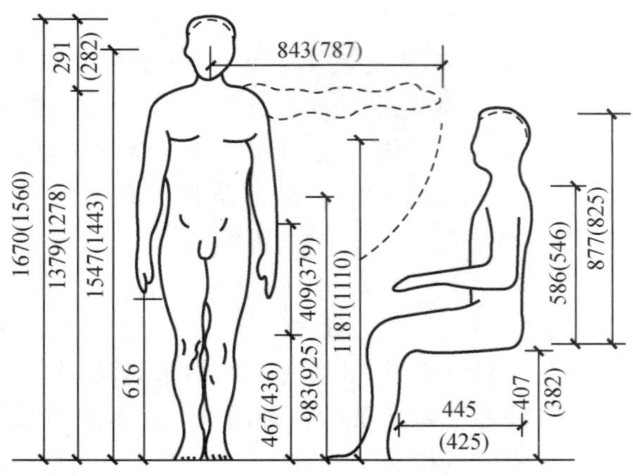

图 0.1 我国中等人体地区成年人的基本尺寸
（括弧内为女子基本尺寸）

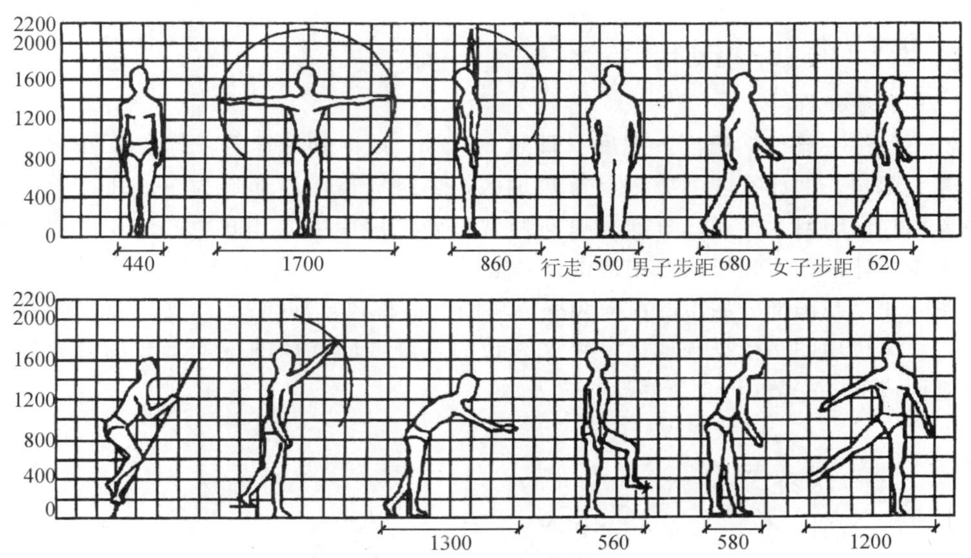

图 0.2　人体活动的空间尺寸

(2) 家具、设备尺寸和使用它们所需空间

家具、设备的尺寸以及人们在使用家具和设备时所需的空间尺寸是考虑房间内部使用空间的重要依据，常用家具的尺寸见图 0.3。

图 0.3　常用家具及其尺寸

2. 自然条件

（1）气象条件

气象条件一般包括温度、湿度、日照、雨雪、风向和风速等。气象条件对建筑设计有较大影响，例如我国南方多是湿热地区，建筑风格多以通透为主，北方干冷地区建筑风格趋向闭塞、严谨。日照与风向通常是确定房屋朝向和间距的主要因素。雨雪量的多少对建筑的屋顶形式与构造也有一定影响。

图 0.4 是我国部分城市的风向频率玫瑰图（简称风玫瑰图）。风向是指由外吹向地区中心。风玫瑰图是依据该地区多年来统计的各个方向吹风的平均日数的百分数按比例绘制而成的，一般用 16 个罗盘方位表示。

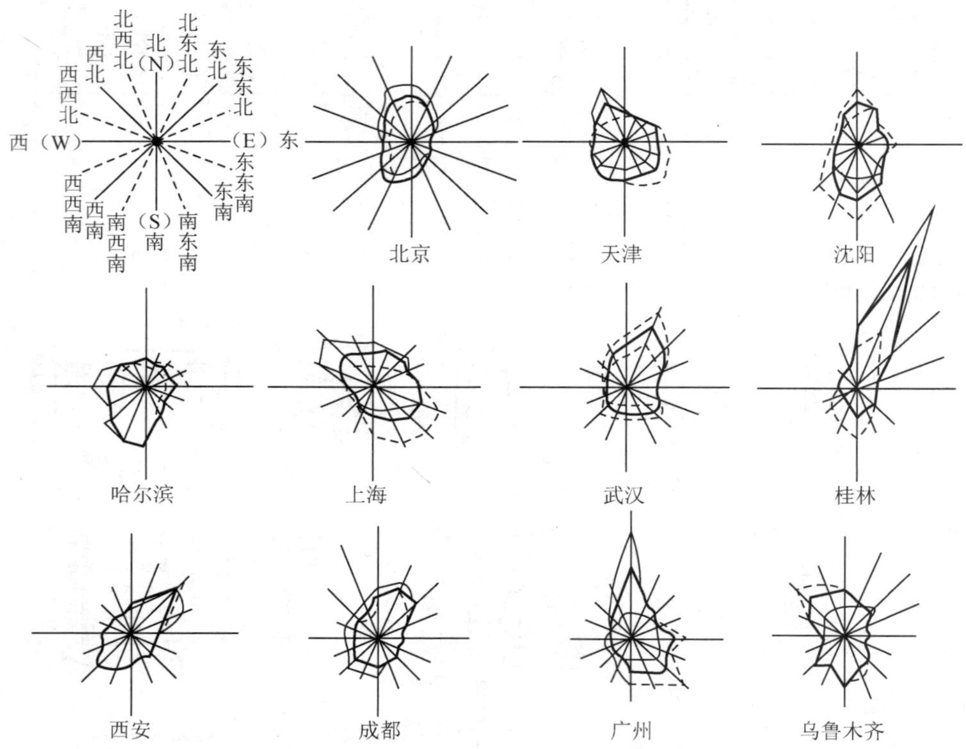

图 0.4　我国部分城市风向频率玫瑰图

玫瑰图上图形线条：———表示为全年；———表示为冬季；------表示为夏季

（2）地形、地质条件、地震烈度

基地的平缓起伏、地质构成、地下水位、土壤特性与承载力的大小，对建筑物的平面组合、结构布置与造型都有明显的影响。坡地建筑常结合地形错层建造，复杂的地质条件要求基础采用不同的结构和构造处理等。地震对建筑的破坏作用也很大，有时是毁灭性的。这就要求我们无论是从建筑的体形组合到细部构造设计必须考虑抗震措施，才能保证建筑的使用年限与坚固性。

3. 技术条件

建筑设计应遵循国家制定的标准、规范、规程以及各地或各部门颁发的标准，如建筑设计防火规范、住宅建筑设计规范、采光设计标准等，以提高建筑科学管理水平，保证建筑工程质量，加快基本建设步伐，这体现了国家的现行政策和经济技术水平。

4. 建筑模数

设计标准化是实现建筑工业化的前提。只有设计标准化，做到构件定型化，减少构配件规格、类型，才有利于大规模采用工厂生产及施工的工业化，从而提高工业化水平。为此，建筑设计应实行国家规定的《建筑模数协调标准》(GB/T 50002—2013)。

建筑模数是选定的尺寸单位，作为尺度协调中的增值单位，也是建筑设计、建筑施工、建筑材料与制品、建筑设备、建筑组合件等各部门进行尺度协调的基础。根据《建筑模数协调标准》，基本模数是模数协调中选用的基本尺寸单位，其数值定为100mm，符号为M，即1M=100mm。同时，由于建筑设计中建筑部位或构件、缝隙等的尺度大小，设计时采用导出模数，即扩大模数和分模数。

扩大模数是基本模数的整倍数，有2M、3M、6M、9M、12M、15M……分模数是基本模数的分数值，有1/10M、1/5M、1/2M等3个。

5. 经济条件

建造房屋是一个复杂的物质生产过程，需要大量人力、物力和资金。在房屋的设计和建造过程中，要因地制宜、就地取材，尽量做到节省劳动力，节约建筑材料和资金。建筑设计要依照经济条件，进行周密的计划和核算，讲究经济效果，使建筑的使用功能和技术措施与相应的造价、建筑标准统一起来。

6. 整体规划

单体建筑是整体规划的组成部分，单体建筑应符合整体规划提出的要求。建筑设计还要充分考虑和周围环境的关系，例如原有建筑的状况，道路的走向，基地面积大小以及绿化等方面和拟建建筑物的关系。新建设的单体建筑应使所在基地形成协调的室外空间组合、良好的室外环境。

小　结

1. 建筑是一种人工创造的空间环境，是建筑物和构筑物的总称。其中供人们生产、生活或进行其他活动的房屋或场所都叫做“建筑物”，而人们不在其中生产、生活的建筑则称为“构筑物”。

2. 建筑的基本构成要素有建筑功能、建筑技术和建筑形象三个方面。建筑的三要素是不可分割的辩证的统一体。

3. 建筑按使用性质分为工业建筑、农业建筑和民用建筑；按规模和数量分为大量性建筑和大型性建筑；建筑按高度分为单层、多层和高层建筑；建筑按结构类型可分为砖混结构、框架结构、混凝土板墙结构、空间结构等四种；按建筑的设计使用年限分为四类；建筑物的耐火等级依据构件的耐火极限和燃烧性能划分为四级。

4. 建筑工程设计是指设计一幢建筑物或建筑群所要做的全部工作，包括建筑设计、结构设计、设备设计等三个方面的内容。在做好设计前的准备工作后，建筑工程设计一般是按方案设计和施工图设计两阶段进行，称之为两阶段设计。对于技术复杂的工程，需各专业紧密配合，还要在方案设计和施工图设计阶段之间增加初步设计阶段，称之为三阶段设计。建筑设计的依据有使用功能、自然条件、技术条件、建筑模数、经济条件、整体规划等。

思考与练习题

0.1 名词解释

（1）建筑：

（2）耐火极限：

（3）建筑模数：

0.2 填空题

（1）构成建筑的基本要素包括__________、__________和__________，其中__________起主导作用。

（2）建筑按使用性质分为__________、__________和__________。

（3）建筑按规模和数量分为______________和______________。

（4）《民用建筑设计通则》规定，低层住宅的层数为________。多层住宅的层数为________。高层住宅的层数为________。现行《建筑设计防火规范》规定，高层建筑指建筑层数为________和总高度为________的建筑。

（5）建筑按设计使用年限分为________类，其中二类和三类建筑的设计使用年限分别是____________年和____________年。

（6）建筑物的耐火等级依据构件的__________和__________分为______级。

（7）建筑工程设计包括____________、____________和________________。

（8）两阶段设计包括____________和____________________。

（9）三阶段设计包括____________、____________和__________________。

0.3 简述题

（1）初步设计的图纸和设计文件有哪些？

（2）施工图设计的图纸和设计文件有哪些？

（3）建筑设计的依据有哪些？

0.4 实训题

观察本校园内的建筑，举例说明哪些是钢筋混凝土板墙结构建筑，哪些是框架结构建筑，哪些是砖混结构建筑，哪些是空间结构建筑。

第一篇
民用建筑

第 1 章 民用建筑构造概述

❖ 知识点

1. 建筑物的基本组成
2. 影响建筑构造的因素及设计原则
3. 定位轴线及其编号

❖ 学习要求

1. 掌握定位轴线及其编号方法；结合工程图纸，学以致用
2. 了解建筑物各组成部分的作用及受力特点
3. 了解影响建筑构造的因素及设计原则

1.1 建筑物的构造组成

就常见的民用建筑而言，其功能不尽相同，形体也多种多样，但一般都由基础、墙或柱、楼地层、楼梯、屋顶、门窗六大部分组成，除此之外还有许多其他构件和配件，如阳台、雨篷、台阶（图 1.1）。

1）基础。基础位于建筑物的最下部，埋于自然地坪以下，承受上部传来的所有荷载，并把这些荷载传给下面的土层（地基）。基础是房屋的主要受力构件，其构造要求是坚固、稳定、耐久，能经受冰冻、地下水及所含化学物质的侵蚀，保持足够的使用年限。

2）墙和柱。墙和柱是房屋的竖向承重构件，它承受着由屋顶、楼层和楼梯等构件传来的各种荷载，并把这些荷载传给基础。作为分隔构件，外墙分隔建筑内外空间，并抵御风霜雪雨及寒暑对室内的影响；内墙分隔建筑内部空间，避免内部空间相互干扰。所以，墙和柱应有足够的强度、稳定性以及保温、隔热、隔声、防潮、防水、防火、节能等性能。

3）楼地层。楼地层指楼板层和地坪层。楼板层是建筑的竖向分隔构件；作为水平承重构件，直接承受着各楼层上的家具、设备、人体荷载和楼层自重等竖向荷载，并把荷载传给墙和柱；同时对墙或柱有水平支撑和传力的作用，以增加墙和柱的稳定性。要求楼板层有足够的强度和刚度，以及良好的隔声、防火、防渗漏性能。地坪层是底层房间与土壤的隔离构件，它承受底层房间的荷载并把荷载传给地基，要求地坪层具

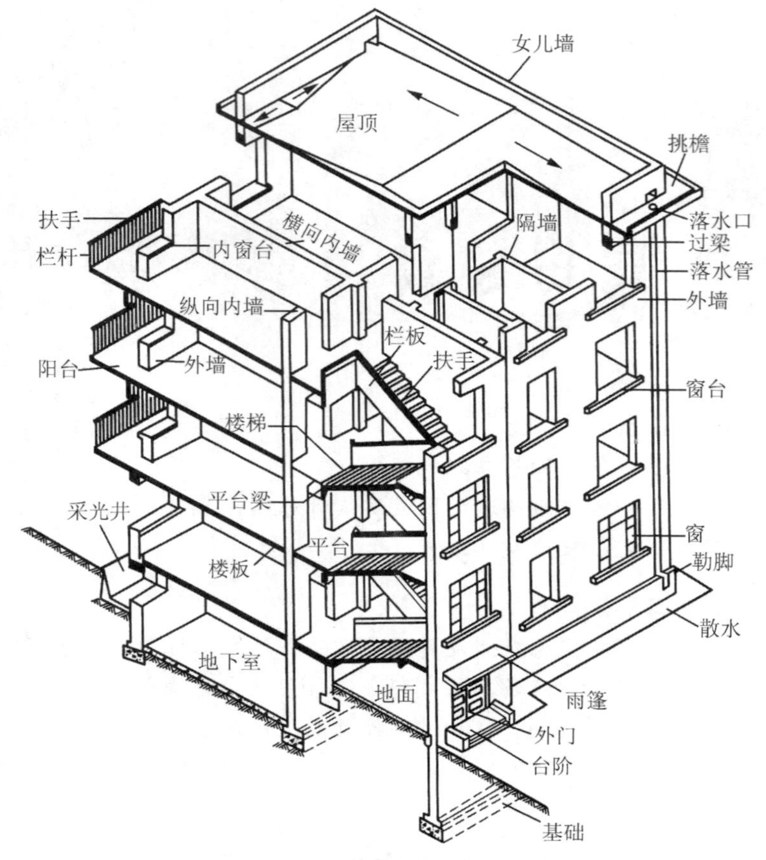

图 1.1　民用房屋的构造组成

有耐磨、防潮、防水、保温等性能。

4）屋顶。屋顶既是承重构件又是围护构件，用以抵御自然界风霜雪雨、太阳辐射、寒暑等的影响。它承受作用于屋顶的各种荷载，并把这些荷载传给墙或柱，同时在房屋顶部起着水平支撑和传力的作用。要求屋顶具有足够的强度、刚度及防水、保温、隔热等性能。

5）楼梯。楼梯是建筑的竖向交通设施，供人们上下楼层和紧急疏散，故要求楼梯有足够的通行能力，足够的强度和刚度，并且应满足防火、防滑、耐磨等要求。

6）门窗。门与窗属于非承重构件，门主要供人们交通出入、联系和分隔内部与外部或各内部空间；窗的作用是采光、通风、分隔、眺望。外门窗又是围护构件的一部分。对门窗还有保温、隔热、隔声、防水、防火等要求。

1.2　影响建筑构造的因素及设计原则

1.2.1　影响建筑构造的因素

建筑物处于自然界之中，都受到自然和人为环境的影响以及条件的制约，大致可

归纳为四个方面。

（1）自然环境的影响

自然界的风霜雨雪、冷热寒暖、太阳辐射、大气腐蚀等都时时作用于建筑物，对建筑物的使用质量和使用寿命有着直接的影响。不同的地域有着不同的自然环境特点，在构造设计时常采取相应的防水、防冻、保温、隔热、防风、防雨雪、防潮湿、防腐蚀等措施。有时也可将一些自然特点加以利用，例如北方利用太阳辐射热可提高室内温度，南方利用自然通风改善室内空气质量。

（2）外力的影响

外力的形式多种多样，如风力、地震作用、构配件的自重力、温度变化、热胀冷缩产生的内应力，正常使用中人群、家具设备作用于建筑物上的各种力等。在构造设计时，必须考虑这些力的作用形式、作用位置和力的大小，以便决定构件的用材用料、尺寸形状及连接方式。

（3）人为因素的影响

人们在生产生活中，常伴随着产生一些不利于环境的负效应，诸如噪声、机械振动、化学腐蚀、烟尘，有时还有可能产生火灾等，对这些因素设计时要认真分析，采取相应的防范措施。

（4）技术经济条件的影响

所有建筑构造措施的具体实施必将受到材料、设备、施工方法、经济效益等条件的制约。同一建筑环节可能有不同的构造设计方案，设计时应对这些方案综合比较，如哪个能充分满足功能要求，哪个在现有技术条件下更便于实施，哪个能获得最好的经济效益等，尽可能降低材料消耗、能源消耗和劳动力消耗。

1.2.2　构造设计的基本原则

（1）满足使用要求

建筑物的使用要求和所处的环境不同，对构造设计就有不同的要求，因此在构造设计时要合理选择构造方案以保证使用方便，这也是整个设计的根本目的。

（2）确保结构安全可靠

房屋设计不仅要对其进行必要的结构计算，在构造设计时也要认真分析荷载的性质、大小，合理确定构件尺寸，确保强度和刚度，并保证构件间连接可靠。

（3）应用先进技术

在进行建筑构造设计时，应改革传统的建筑方式，从材料、结构、施工等方面引进先进技术，改善劳动条件。

（4）经济合理

各种构造设计，均要注意建筑物的整体经济效益，既要降低建筑造价，减少材料的能源消耗，又要有利于降低经常运行、维修和管理费用，还要保证工程质量，不能单纯追求效益而偷工减料，降低质量标准。

（5）注意美观

建筑形象主要取决于建筑设计中的体型和立面设计，但有时一些细部构造，如栏杆的形式、室内外的细部装修、各种交接处的处理都会影响建筑物的美观效果，所以构造方案应符合人们的审美观念。

1.3 定位轴线及其编号

一幢建筑由诸多构件及配件组成，这些构件彼此间的位置关系，都是由定位轴线确定的，所以定位轴线既是确定各构件相互位置的基准线，也是施工放线的重要依据。

建筑物在平面对结构构件的定位用平面定位轴线标注，轴线间的尺寸单位为毫米（mm）。建筑物竖向结构构件（如楼板、梁）的定位用标高标注，标高单位为米（m）。

1.3.1 平面定位轴线及其编号

平面定位轴线应设横向定位轴线和纵向定位轴线。横向定位轴线的编号应从左至右用阿拉伯数字注写，纵向定位轴线的编号应自下向上用拉丁字母编写，如图 1.2 所示。其中 I、O、Z 不得用于轴线编号，以免与数字 1、0、2 混淆。如字母数字不够，可用 A_A、B_A、…或 A_1、B_1 等标注。定位轴线也可分区注写，注写形式为“分区号-该区轴线号”，如图 1.3 所示。附加轴线应用分数表示，如图 1.4 所示。

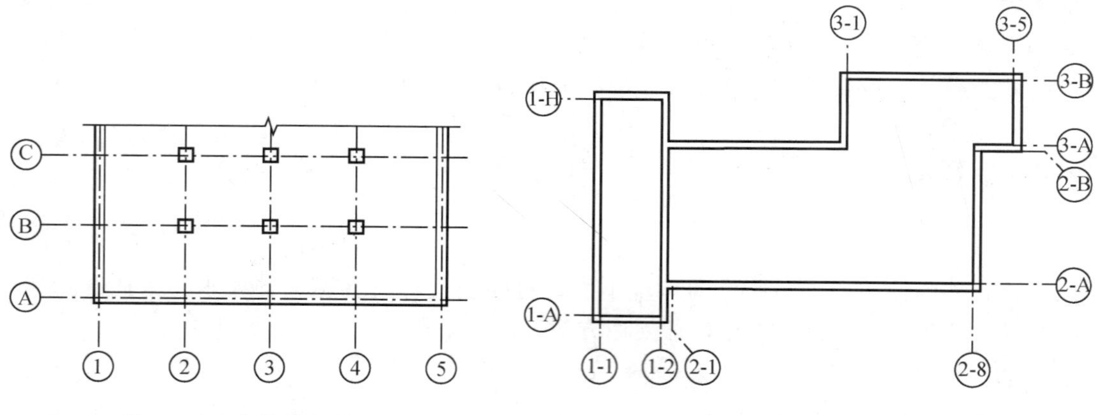

图 1.2　定位轴线编号　　图 1.3　定位轴线分区编号

1. 砖混结构建筑

砖混结构建筑的平面定位就是确定墙体与定位轴线之间的位置关系。外墙定位轴线一般距顶层墙身内缘 120mm，内墙定位轴线一般与顶层墙身中心线相重合，如图 1.5所示。

2. 框架结构建筑

框架结构建筑的平面定位就是确定框架柱与定位轴线之间的位置关系。柱定位轴线一般与顶层柱截面中心线相重合，如图 1.6（a）所示；边柱定位轴线一般与顶层柱

截面中心线重合或距柱外缘 250mm 处，如图1.6（b）所示。

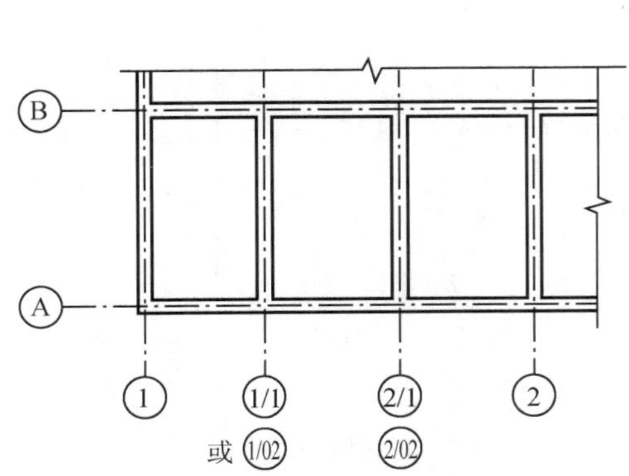

图 1.4　附加定位轴线编号

1/1、2/1 分别表示 1 轴后第一条、第二条定位轴线；

1/02、2/02 分别表示 2 轴前第一条、第二条定位轴线

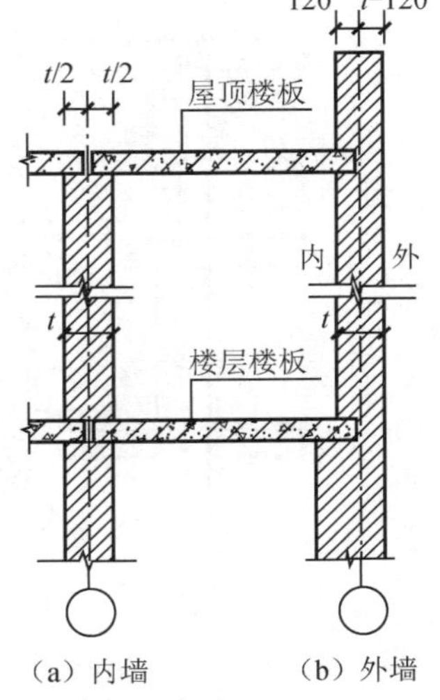

图 1.5　混合结构墙体定位轴线

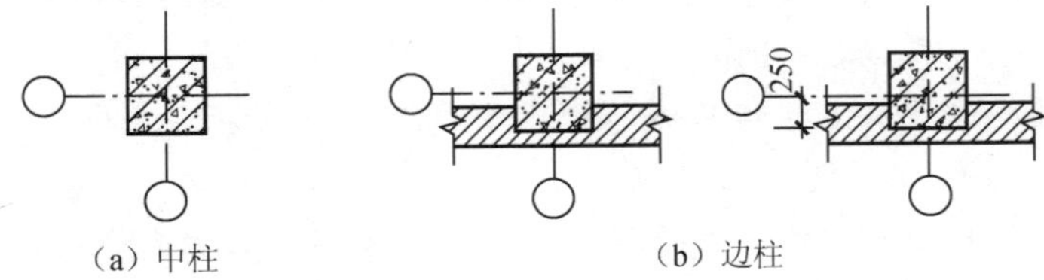

图 1.6　框架结构柱定位轴线

1.3.2　标高

标高用来确定建筑构件的竖向位置，建筑工程一般根据需要采用相对标高。通常将建筑物底层地面定为相对标高的零点，用±0.000 表示，其他构件与零点的相对距离为该构件的标高，零点以上为正，但“＋”号不写，如零点以上 3m 处的标高为“3.000”；零点以下为负，注写“－”号，如零点以下 0.6m 处的标高为“－0.600”。

各构件的建筑标高规定如下：

- **楼地层**　楼地层的建筑标高应标在楼地面的面层上表面（图 1.7）。上下楼层之间的竖向距离称为层高。
- **屋顶**　平屋顶的建筑标高应标在屋顶的结构层上表面；坡屋顶的建筑标高常标在屋顶结构层上表面与外墙定位轴线的相交处（图 1.8）。
- **门窗洞口**　门窗洞口的建筑标高应标在结构层表面。
- **檐口**　檐口的建筑标高应标在面层的上表面。

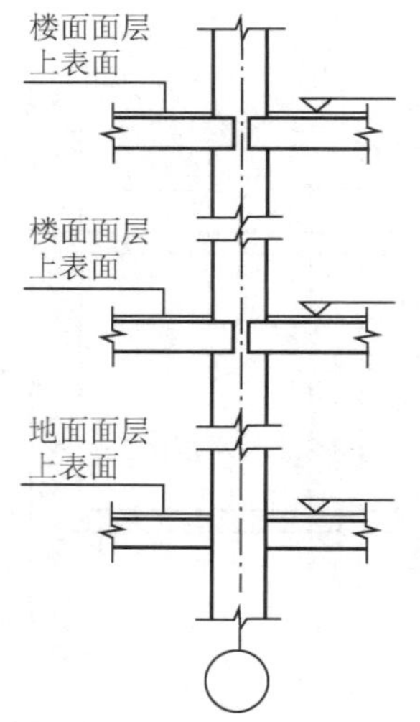

图 1.7 楼地层的竖向定位

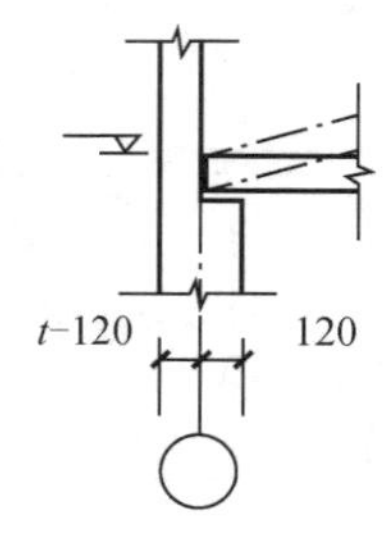

（a）距墙内缘120mm定位

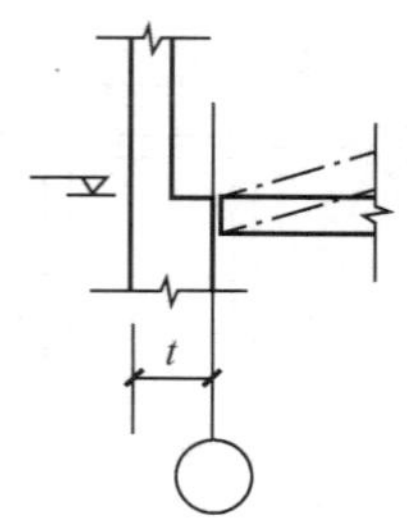

（b）与墙内缘重合处定位

图 1.8 屋面竖向定位

小　　结

1. 一幢建筑物一般由基础、墙或柱、楼地层、楼梯、屋顶和门窗六大部分组成。它们各处在不同的部位，发挥着各自的作用。

2. 影响建筑构造的因素包括自然环境、外力、人为因素、技术经济条件等。建筑构造设计应满足使用、结构、技术、经济和美观等方面的要求。

3. 定位轴线是确定各构件相互位置的基准线，也是施工放线的重要依据。包括平面定位和竖向定位（即标高）。

思考与练习题

1.1 填空题

(1) 横向定位轴线用________________进行编号，纵向定位轴线用____________进行编号，定位轴线分区编号时注写形式为________________________，D 轴线后面第二条附加轴线编号为________________，5 轴线前面第一条附加轴线编号为________________。

(2) 砖混结构建筑外墙平面定位轴线一般在____________________，内墙平面定位轴线一般在____________________。框架结构建筑中柱平面定位轴线一般在____________________，边柱平面定位轴线一般在______________________________或____________________________。

(3) 相对标高的零点一般取在____________________，用__________表示。零点以上 3.3m 处的标高表示为________；零点以下 1m 处的标高表示为________。

(4) 楼地层的建筑标高应标在________________________________；平屋顶的建筑标高应标在____；坡屋顶的建筑标高常标

在________________________的相交处；门窗洞口的建筑标高应标在____________；檐口的建筑标高应标在____________。

1.2　简述题

（1）民用建筑的六大组成部分是什么？各有何作用？

（2）影响建造构造的因素有哪些？

（3）建造构造设计原则有哪些？

第2章 基础与地下室构造

❖ 知识点

1. 地基与基础的概念和设计要求
2. 基础埋深及其影响因素
3. 基础按材料受力特点和构造形式分类
4. 地下室类型与防潮、防水构造

❖ 学习要求

1. 掌握基础埋深的概念及选择埋深的方法
2. 掌握地下室的防潮、防水构造
3. 了解地基与基础的概念和设计要求
4. 了解基础按材料受力特点和构造形式分类

2.1 地基、基础的概念与设计要求

2.1.1 基础和地基的作用

建筑物与土层直接接触的部分称为基础。基础是建筑物的墙或柱埋在地下的扩大部分，属于隐蔽工程。基础的作用是承受上部结构的全部荷载，通过自身的调整，把它传给地基。地基是指基础底面以下，受到荷载作用影响范围内的土层。基础是建筑物的组成部分，而地基则不是，如图2.1所示。

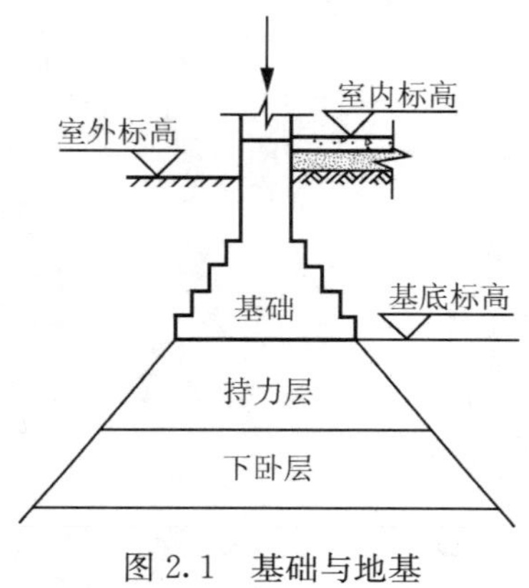

图2.1 基础与地基

地基按土层性质不同，可分为天然地基和人工地基。天然地基是指天然状态下即可满足承载力要求，不需人工处理的地基。可做天然地基的土层包括岩石、碎石、砂土、黏性土等。当达不到上述要求时，可以对地基进行补强和加固，经人工处理的地基称为人工地基。处理方法有压实法、换填法、打桩法等。

压实法是利用重锤、碾压机等挤压土壤，并将土壤

中的空气排走，提高土壤的密实性，以达到地基土的承载力要求。换填法是指将淤泥、杂填土等软弱土挖去，换以砂、石、素土、灰土等强度较高的材料，并在回填土时采用机械逐层压实。打桩法是将钢筋混凝土桩打入或灌入土中，把土壤挤实或把桩打入地下的岩土层中，从而提高土壤的承载能力。

2.1.2　基础埋深

基础埋深即基础的埋置深度，是指从设计室外地面至基础底面的垂直距离，如图 2.2所示。基础按其埋置深度大小分为浅基础和深基础，基础埋深不超过 5m 时称为浅基础，基础埋深大于或等于 5m 时称为深基础。一般情况下基础应尽量浅埋，但不要小于 0.5m。如浅层土质不良，需将基础加大埋深，此时需采取一些特殊的施工手段和相应的基础形式来修建，如采用桩基、沉箱、沉井和地下连续墙等深基础。

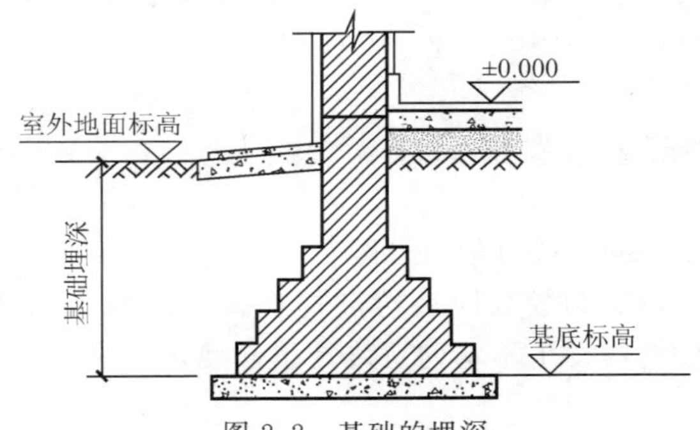

图 2.2　基础的埋深

基础埋深的大小关系到地基是否可靠、施工难易及造价的高低，影响基础埋深的因素很多，其主要影响因素如下。

(1) 建筑物的使用要求、基础形式及荷载

当建筑物设置地下室、设备基础或地下设施时，基础埋深应满足其使用要求；一般高层建筑的基础埋深为地上部分总高度的 1/10 以上，才能满足稳定性要求；荷载较大或受向上拔力的基础，应加大基础埋深。

(2) 工程地质和水文地质条件

基础应尽量选择常年未经扰动且坚实平坦的土层，俗称“老土层”。而在接近地表的土层内，常带有大量植物根、茎的腐殖质或垃圾等，不宜作为地基。存在地下水时，一般应考虑将基础埋于设计最高地下水位以上不小于 200mm 处。

(3) 土的冻结深度的影响

粉砂、粉土和黏性土等细粒土具有冻胀现象，冻胀会将基础向上拱起。土层解冻，基础又下沉，使基础处于不稳定状态。冻融的不均匀使建筑物产生变形，严重时产生开裂等破坏情况，因此基础应埋置在冰冻层以下不小于 200mm 处。

(4) 相邻建筑物的埋深

新建建筑物基础埋深不宜大于相邻原基础埋深。当埋深大于原有建筑物基础时，基础间的净距应根据荷载大小和性质等确定，一般为相邻基础底面高差的 1～2 倍，如图 2.3 所示。

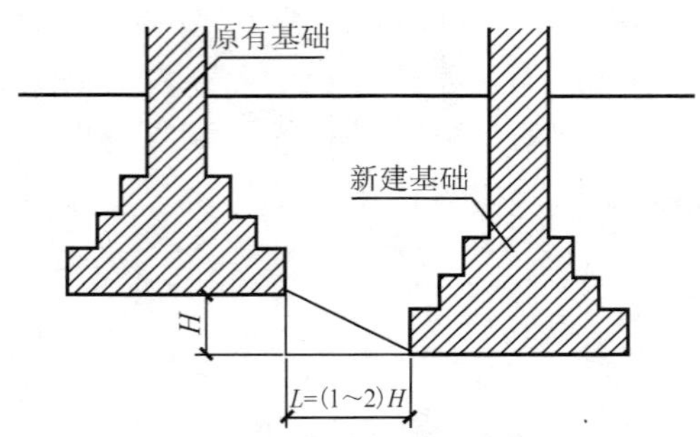

图 2.3　基础埋深与相邻基础的关系

如不能满足时应采取加固原有地基或分段施工、设临时加固支撑、打板桩、地下连续墙等施工措施。

（5）其他

为保护基础，一般要求基础顶面低于设计地面不少于 0.1m，地下室或半地下室基础的埋深则要结合建筑设计的要求确定。

2.1.3　地基与基础的设计要求

（1）地基应具有足够的承载力和均匀程度

建筑物应尽量选择承载力较高而且均匀的地基，如岩石、碎石等。地基土质不均匀或处理不当，会使建筑物发生不均匀沉降，引起墙体开裂，甚至影响建筑物的正常使用。

（2）基础应具有足够的强度和耐久性

基础是建筑物的重要承重构件，它承受着上部结构的全部荷载，是建筑物安全的重要保证，因此基础必须有足够的强度，才能保证其将建筑物的荷载可靠地传给地基。因基础埋于地下，建成后检查和维修困难，所以在选择基础的材料与构造形式时，应考虑其耐久性。

（3）经济要求

基础工程约占建筑总造价的 10%～40%，降低基础工程造价是减少建筑总投资的有效方法。这就要求选择土质好的地段，以减少对地基处理的费用。需要特殊处理的地基，也要尽量选用地方材料及合理的构造形式。

2.2　基础的类型与构造

2.2.1　基础按材料及受力特点分类

基础按所用材料及其受力特点可分为刚性基础和柔性基础（即钢筋混凝土基础），刚性基础又包括砖基础、毛石基础、混凝土基础等。

1. 刚性基础

当采用砖石、毛石、素混凝土、灰土等抗压强度高而抗拉、抗剪强度低的刚性材料制作基础时，基础底面尺寸应根据材料的刚性角来确定。刚性角是指基础放宽的引线与墙体垂直线之间的夹角，如图 2.4 所示的 α 角。受刚性角限制的基础叫刚性基础。刚性基础放大角度不应超过刚性角，否则基础的内力就会超过其抗拉和抗剪强度而发生折裂破坏。为设计施工方便，将刚性角 α 换算成其正切值 b/h，即宽高比。不同材料和不同基底压力应选择不同的宽高比。如混凝土基础的宽高比应≤1∶1；砖基础的大放脚宽高比应≤1∶1.5，故大放脚的做法，一般采用每两皮砖挑出 1/4 砖或每两皮砖挑出 1/4 砖与一皮砖挑出 1/4 砖相间砌筑。

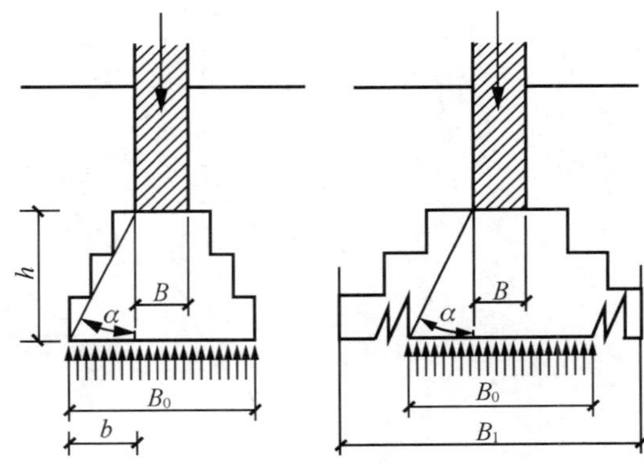

图 2.4　刚性基础的受力、传力特点

2. 柔性基础

当建筑物上部荷载较大，或地基承载力不高时，如按刚性角逐步放大，则需要很大的基础埋深，这在土方工程量和材料使用上很不经济，在这种情况下，宜采用钢筋混凝土基础，以承受较大的弯矩，基础就可以不受刚性角限制。钢筋混凝土基础不仅能承受压应力，还能承受较大的拉应力，不受材料的刚性角限制，故叫做柔性基础，如图 2.5 所示。

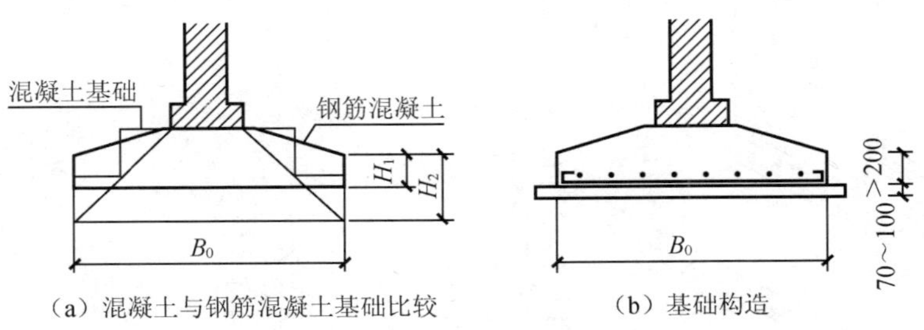

（a）混凝土与钢筋混凝土基础比较　　（b）基础构造

图 2.5　钢筋混凝土基础

2.2.2 基础按构造形式分类

基础按构造形式分为单独基础、条形基础、片筏基础、箱形基础、桩基础等。

1. 单独基础

单独基础呈独立的块状，常用断面形式有踏步形、锥形、杯形，常用于柱下，其材料通常采用钢筋混凝土、素混凝土等。当柱为预制时，则将基础作成杯口形，然后将柱子插入，并嵌固在杯口内，故称杯口基础，如图 2.6 所示。

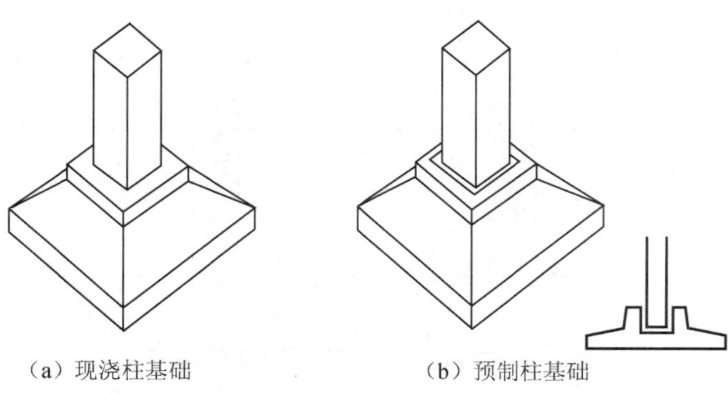

（a）现浇柱基础　　（b）预制柱基础

图 2.6　单独基础

2. 条形基础

基础是连续带形，也称带形基础，有墙下条形基础和柱下条形基础。

1）墙下条形基础。一般用于多层混合结构的承重墙下，低层或小型建筑常用砖、混凝土等刚性条形基础。如上部为钢筋混凝土墙，或地基较差，荷载较大时，可采用钢筋混凝土条形基础（图 2.7）。

2）柱下条形基础。当上部结构为框架结构或排架结构，荷载较大或荷载分布不均匀，地基承载力偏低，为增加基底面积或增强整体刚度，以减少不均匀沉降，常用钢筋混凝土条形基础，将各柱下基础用基础梁相互连接成一体，形成井格基础（图 2.8）。

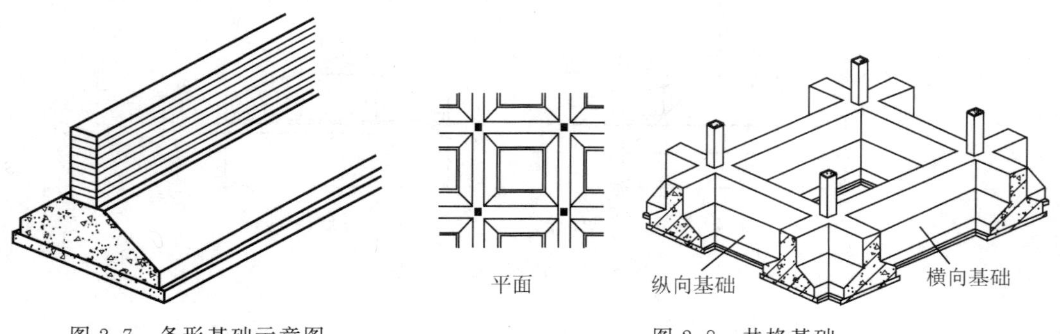

图 2.7　条形基础示意图　　图 2.8　井格基础

3. 片筏基础

建筑物的基础由整片的钢筋混凝土板组成，板直接由地基土承担，称为片筏基础。片筏基础的整体性好，可以跨越基础下的局部软弱土。

片筏基础常用于地基软弱的多层砌体结构房屋的墙下和框架结构、剪力墙结构以及上部结构荷载较大且不均匀和地基承载力低的情况，按其结构布置分为梁板式和无梁式，其受力特点与倒置的楼板相似（图 2.9）。

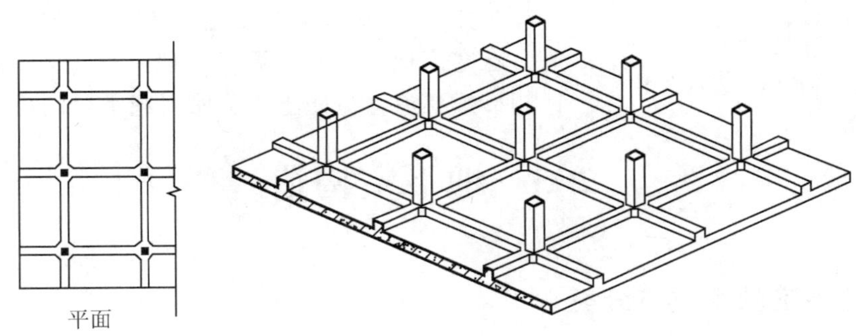

图 2.9　片筏基础

4. 箱形基础

当上部建筑物为荷载大、对地基不均匀沉降要求严格的高层建筑、重型建筑以及软弱土地基上的多层建筑，为增加基础刚度，将地下室的底板、顶板和墙整体浇成箱子状的基础，称为箱形基础。

箱形基础的刚度较大，且抗震性能好，有较好的地下空间可以利用，能承受很大的弯矩，可用于特大荷载且需设地下室的建筑，如图 2.10 所示。

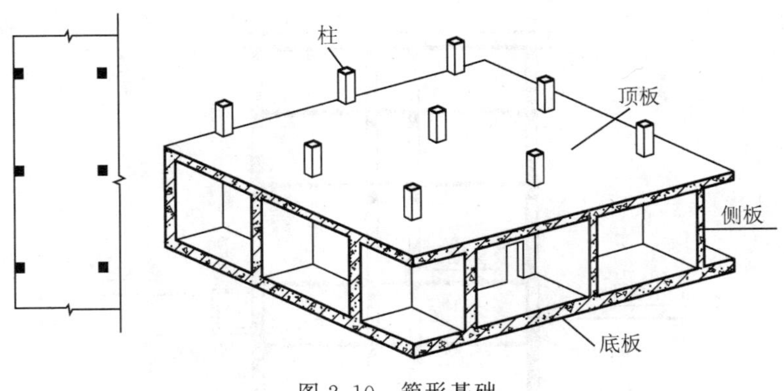

图 2.10　箱形基础

5. 桩基础

当浅层地基不能满足建筑物对地基承载力和变形的要求，而又不适宜采取地基处理措施时，就要考虑以下部坚实土层或岩层作为持力层的深基础，以桩基础应用最为广泛。

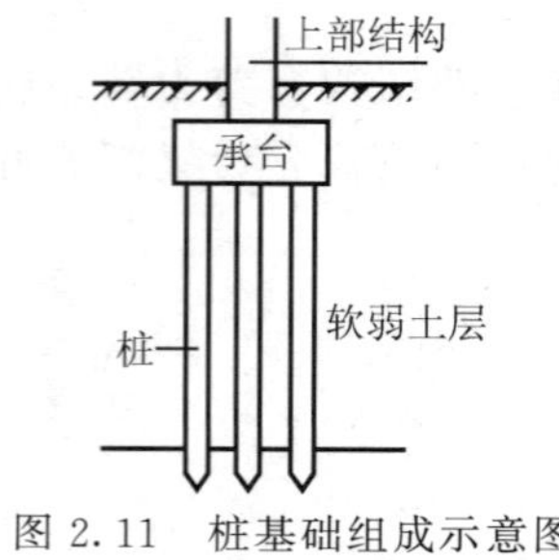

图 2.11　桩基础组成示意图

桩基础一般由设置于土中的桩身和承接上部结构的承台组成，如图 2.11 所示。桩基是按设计的点位将桩身置于土中，桩的上端灌注钢筋混凝土承台梁，承台梁上接柱或墙体，以便建筑荷载均匀地传递给桩基。在寒冷地区，承台梁下一般铺设 100～200mm 厚的粗砂或焦渣，以防土壤冻胀引起承台的反拱破坏。

2.3　地下室构造

2.3.1　地下室的组成与分类

地下室是建筑物首层下面的房间。它利用地下空间，可节约建设用地。地下室可用作设备间、储藏房间、旅馆、餐厅、商场、车库以及用作战备人防工程。高层建筑常利用深基础，如箱形基础，建造一层或多层地下室，既增加了使用面积，又省掉室内填土的费用。

地下室一般由墙体、底板、顶板、门窗、楼电梯五大部分组成。

地下室按使用功能分，有普通地下室和防空地下室；按顶板标高，有半地下室（地下室地面到室外地坪的距离为地下室净高的 1/3～1/2）和全地下室（地下室地面到室外地坪的距离为地下室净高的 1/2 以上）；按结构材料分，有砖混结构地下室和钢筋混凝土结构地下室。图 2.12 为地下室示意图。

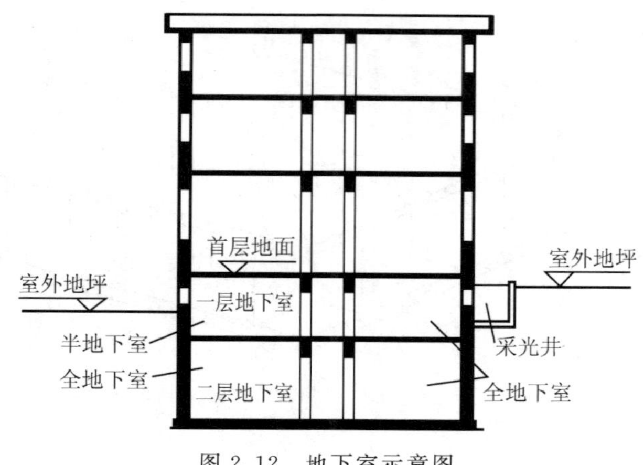

图 2.12　地下室示意图

2.3.2 地下室防潮构造

当设计最高地下水位低于地下室底板，且无滞水可能时应采取防潮措施。

地下室防潮是在外墙外侧设垂直防潮层，具体做法是：在外墙外测先抹1：2.5水泥砂浆找平，然后刷冷底子油一道和热沥青两道（至散水底），最后在防潮层外侧回填低渗透性土壤（黏土、灰土等），并逐层夯实，底宽 500mm 左右。此外，地下室所有墙体必须设两道水平防潮层，一道设在底层地坪附近，另一道设在室外地面散水以上 150～200mm 处，使整个地下室防潮层连成整体，以防地潮沿地下室墙身或勒脚处渗入室内，如图 2.13 所示。

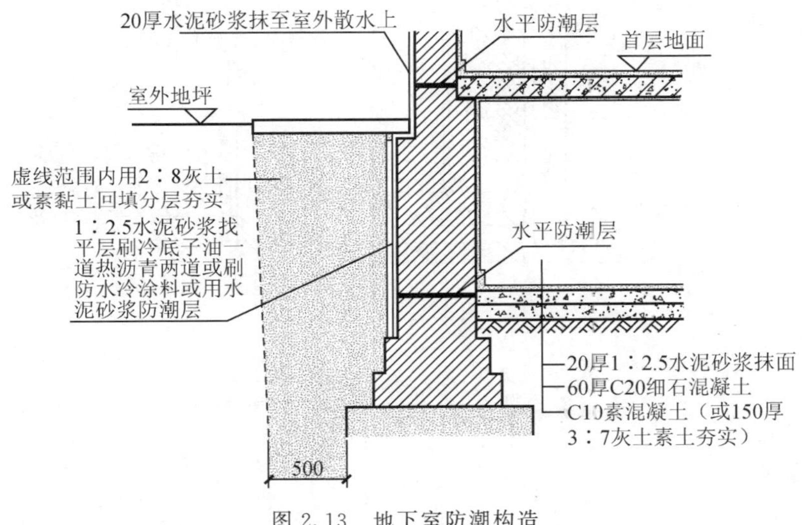

图 2.13 地下室防潮构造

2.3.3 地下室防水构造

当设计最高地下水位高于地下室底板，或地下室周围土层属弱透水性土存在滞水可能，应采取防水措施，做好地下室和外墙的防水处理。目前常采用混凝土自防水和材料防水两类。

1. 防水混凝土自防水

防水混凝土的制备可采用集料级配法和防水外加剂法。集料级配法就是将石子骨架相对减弱，适当增加砂率和水泥用量，水泥砂浆除满足充分粘结作用外，还能在粗骨料周围形成一定数量的、质量好的包裹层，将粗骨料分隔开，以提高混凝土的密实性和抗渗性。防水外加剂法是指在混凝土内掺入一定量的外加剂，如引气剂、减水剂、三乙醇胺、氯化铁、明矾、UEA 等膨胀剂，以提高混凝土自身的防水性能。

由防水混凝土作外墙和底板，使承重、围护、防水功能三者合一。这种防水措施施工较为简便。

2. 材料防水

材料防水是在外墙和底板表面敷设防水材料，如卷材、涂料、防水砂浆等，以阻止地下水的渗入。卷材是常用的一种防水材料，根据卷材与墙体的关系，可分为外防水和内防水，如图 2.14 所示。

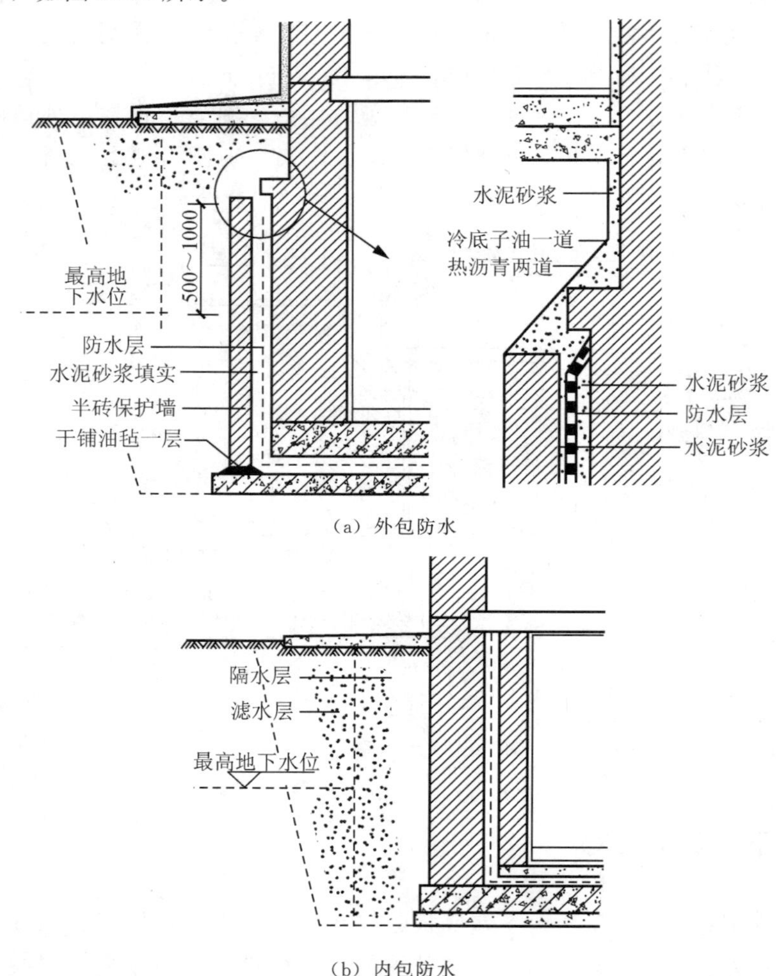

（a）外包防水

（b）内包防水

图 2.14　地下室材料防水构造

卷材防水层设在地下工程围护结构外侧（即迎水面）时称为外防水，这种方法防水效果较好，应用普遍。卷材粘贴于结构内表面时称为内防水，这种做法防水效果较差，但施工简单，便于修补，常用于修缮工程。

外防水的具体做法是：

1）在抹好水泥砂浆找平层的混凝土垫层四周用石灰砂浆砌筑临时保护墙。

2）做水平防水层。在地坪垫层上作水泥砂浆找平层，涂冷底子油，铺贴卷材防水层（四周需留出足够长度，搭在临时保护墙上，以便与墙身垂直防水卷材搭接），其上浇筑细石混凝土或水泥砂浆保护层和钢筋混凝土底板。

3）施工墙体，拆除临时保护墙，并在做好水泥砂浆找平层和冷底子油的墙外侧铺贴卷材防水层。注意卷材在底板与墙身转角处的塔接，在设计水位以上 0.5～1m 处收头，防水层以上的地下室侧墙应抹水泥砂浆并涂热沥青两道，直至室外散水处。

4）做永久性保护墙，并回填黏土等隔水层。120 砖保护墙下部需干铺一层卷材作为隔离层，并沿长度方向每隔 3～5m 设一通高竖缝，以保证紧压防水层。保护墙也可采用聚苯板等软材料，称为软保护墙。

小　　结

1. 基础与地基是不同的概念。基础是建筑物的一部分，而地基则不是。地基可分为天然地基和人工地基。

2. 基础埋深是指从设计室外地面至基础底面的垂直距离。基础的埋深与上部结构的特点以及地质水文条件、冻土深度、相邻基础的位置等有关。

3. 基础按材料及受力特点分为刚性基础和柔性基础；按形式可分为单独基础、条形基础、片筏基础、箱形基础、桩基础等。

4. 地下室经常受到下渗地表水、土壤中的潮气和地下水的侵蚀，应妥善处理地下室的防潮和防水构造，当最高地下水位低于地下室地坪且无滞水可能时，地下室一般只做防潮处理。当最高地下水位高于地下室地坪时，对地下室必须采取防水处理。根据防水材料的不同，地下室防水可以采用防水混凝土自防水和卷材等材料防水。

思考与练习题

2.1　概念题

（1）基础埋深：

（2）刚性角：

2.2　填空题

（1）地基按土层性质不同，可分为__________和__________。

（2）基础埋深不超过______时称为浅基础。浅基础的埋深不宜小于__________。

（3）基础按所用材料及其受力特点可分为____________和____________。

（4）基础按构造形式分为________、________、________、________、________等。

（5）当设计最高地下水位________地下室底板，且____________时，应采取防潮措施。当设计最高地下水位______地下室底板，应采取防水措施。

2.3　简述题

（1）地基和基础的设计要求有哪些？

（2）影响基础埋深的因素有哪些？

（3）地下室防潮如何处理？

（4）地下室卷材外防水构造如何？

第3章 墙体构造

❖ 知识点

1. 墙体的类型、承重方案和设计要求
2. 砖墙、砌块墙、隔墙的构造
3. 墙面装修

❖ 学习要求

1. 掌握墙体的承重方案
2. 掌握砖墙的构造，与砖墙对照理解砌块墙的不同构造
3. 了解墙体类型和设计要求
4. 了解隔墙构造，以骨架隔墙为主
5. 了解墙面装修类型

3.1 墙体的类型及设计要求

3.1.1 墙体的类型

根据墙体在建筑物中的位置、受力情况、材料选用、构造施工方法的不同，可将墙体分为不同类型。

1. 按位置分类

墙体按所处的位置不同分为外墙和内墙，外墙又称外围护墙。墙体按布置方向又可以分为纵墙和横墙。沿建筑物长轴方向布置的墙称为纵墙，沿建筑物短轴方向布置的墙称为横墙，外横墙又称山墙。另外，窗与窗、窗与门之间的墙称为窗间墙，窗洞下部的墙称为窗下墙，屋顶上部的墙称为女儿墙等。墙体名称如图3.1所示。

2. 按受力性质分类

墙体根据受力情况不同可分为承重墙和非承重墙。

凡直接承受楼板、屋顶等传来荷载的墙称为承重墙；不承受这些外来荷载的墙称

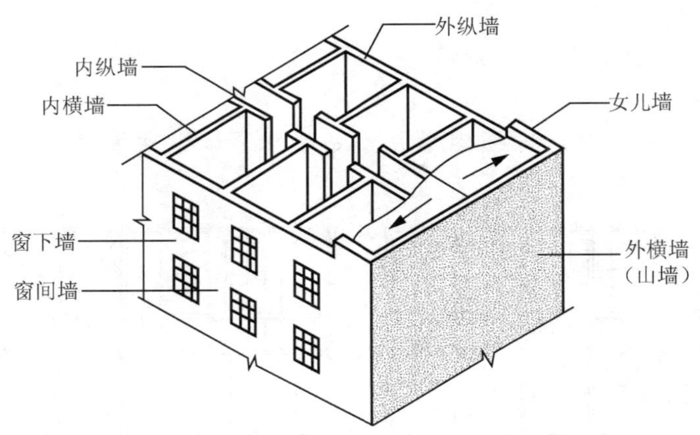

图 3.1 墙体按位置不同的分类

为非承重墙。

在非承重墙中，不承受外来荷载，仅承受自身重量并将其传至基础的墙称为自承重墙；仅起分隔空间作用，自身重量由楼板或梁来承担的墙称为隔墙；在框架结构中，填充在柱子之间的墙称为填充墙，内填充墙是隔墙的一种；悬挂在建筑物外部的轻质墙称为幕墙，有金属幕、玻璃幕等。幕墙和外填充墙虽不能承受楼板和屋顶的荷载，但承受着风荷载并把风荷载传给骨架结构。

3. 按构造形式分类

按构造形式不同，墙体可分为实体墙、空体墙和复合墙三种，如图 3.2 所示。实体墙由单一材料组成，如砖墙、砌块墙等；空体墙也由单一材料组成，内部空腔可以靠组砌形成（如空斗墙），也可用带孔的材料建造墙（如空心砌块墙）；复合墙由两种以上材料组合而成，如混凝土、加气混凝土复合板材墙，其中混凝土起承重作用，加气混凝土起保温隔热作用。

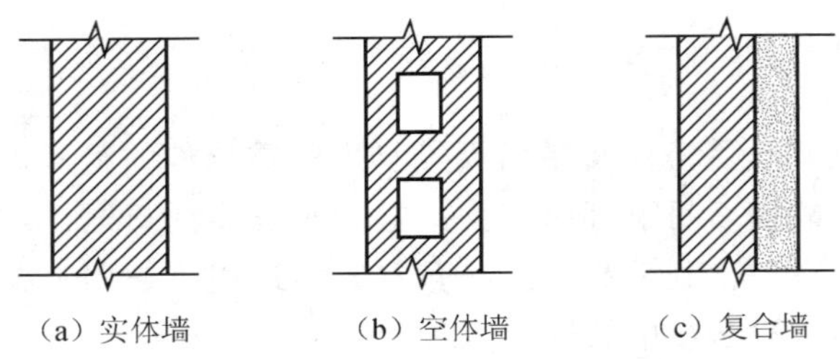

图 3.2 墙体按构造形式分类

4. 按施工方法分类

根据施工方法不同墙体可分为块材墙、板筑墙和板材墙三种。块材墙用砂浆等胶结材料将砖、石、砌块等组砌而成，如实砌砖墙。板筑墙是在施工现场立模板现浇而成的墙体，如现浇混凝土墙。板材墙是预先制成墙板，在施工现场安装而成的墙体，如预制混凝土大板墙、各种轻质条板隔墙。

3.1.2 墙体的承重方案

墙体有四种承重方案，即横墙承重、纵墙承重、纵横墙承重和墙柱混合承重（图 3.3）。

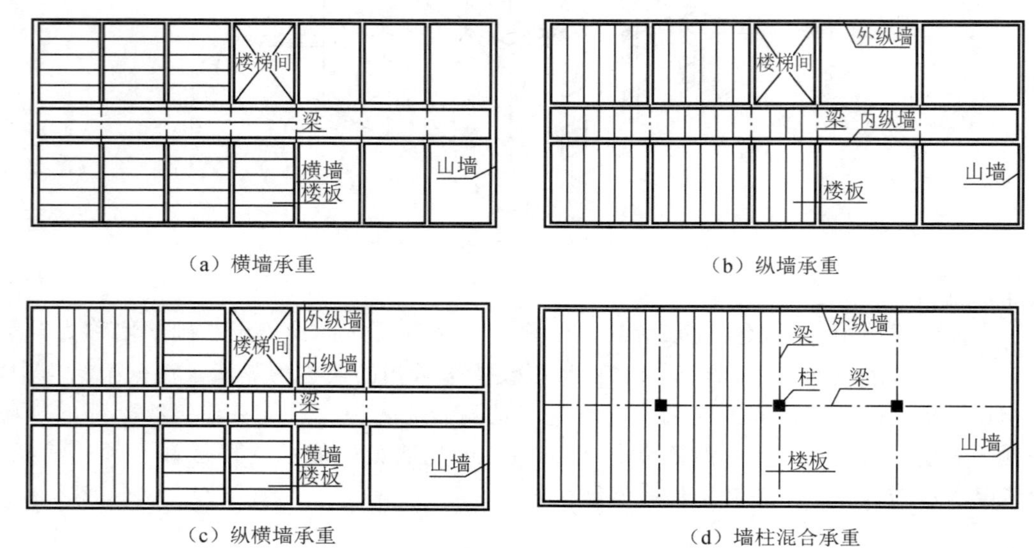

图 3.3 墙体承重方案

（1）横墙承重

横墙承重是由横墙来承受楼板、屋面板等水平承重构件的荷载。横墙间距小，横向刚度较强，整体性好，有利于抵抗水平荷载（风荷载、地震作用等）和调整地基不均匀沉降，但是横墙间距受到限制，开间不够灵活。纵墙只承担自身重量，因此在纵墙上开门窗限制较少。横墙承重适用于房间开间不大，墙体位置比较固定的建筑，如宿舍、旅馆、住宅等。

（2）纵墙承重

纵墙承重是由纵墙承受楼板及屋面板等水平承重构件的荷载，横墙只起分隔空间和连接纵墙的作用，故横墙间距可以增大，空间布置灵活，但横向刚度较弱，且承重纵墙上开设门窗洞口有时受到限制。这一布置方案适用于使用上要求有较大空间的建筑，如办公楼、商店、教学楼中的教室、阅览室等。

（3）纵横墙承重

由纵墙和横墙共同承受楼板及屋面板等水平承重构件的荷载，称为纵横墙承重。这种承重方案平面布置灵活，两个方向的抗侧力都较好，适用于房间开间、进深变化较多的建筑，如医院、幼儿园等。

（4）墙与柱混合承重

房屋内部采用柱、梁组成的内框架承重，四周采用墙承重，由墙和柱共同承受水平承重构件传来的荷载，称为墙与柱混合承重。房屋的刚度主要由框架保证，因此水泥及钢材用量较多。这种方案适用于室内需要大空间的建筑，如大型商店、餐厅等。

3.1.3　墙体的设计要求

(1) 具有足够的强度和稳定性

墙的强度是指墙体承受荷载的能力，它与所采用的材料、材料强度等级、墙体的截面积、构造和施工方式有关。作为承重墙的墙体，必须具有足够的强度，以保证结构安全。

墙体稳定性与墙的高度、长度和厚度及纵横向墙体间的距离有关，可通过增加墙厚、提高砌筑砂浆强度等级、增加墙垛（构造柱、圈梁）、墙内加筋等办法来达到。

(2) 外墙的保温与隔热

我国北方地区气候寒冷，要求外墙具有较好的保温能力，以减少室内热损失，同时应防止外墙内表面与保温材料内部出现凝结水现象，构造上要防止冷桥的产生。可通过增加墙体厚度、选择导热系数小的墙体材料、在保温层高温侧设置隔气层等方法来提高墙体保温性能。

我国南方地区气候炎热，外墙应具有一定的隔热性能，除设计中考虑朝向、通风外，还可通过选择密实度高的墙体材料、浅色而平滑的外饰面、设置遮阳设施、利用植被降温等措施提高墙体的隔热能力。

外墙作为建筑最大的围护面，在建筑节能中具有很大的潜力。如被动式太阳房的设计中，外墙设计为一个集热/散热器，结合太阳能的利用，在外墙设置空气置换层，为墙体的综合保温与隔热提供了新的方式。

(3) 满足隔声要求

为保证建筑的室内有一个良好的声学环境，墙体必须具有一定的隔声能力。设计中可通过选用容重大的材料、加大墙厚、在墙中设空气间层等措施提高墙体的隔声能力。

(4) 满足防火要求

在墙体材料选择上应符合燃烧性能和耐火极限的规定。当建筑的占地面积或长度较大时，还应按防火规范要求设置防火墙，防止火灾蔓延。

(5) 满足防水和防潮要求

卫生间、厨房、实验室等用水房间的墙体以及地下室的墙体应满足防水防潮要求。通过选用良好的防水材料及恰当的构造做法，保证墙体的坚固耐久和良好的卫生环境。

(6) 采用新工艺，降低成本

在大量民用建筑施工中，墙体工程量占着相当的比重，且劳动力消耗大，施工工期长。可通过墙体生产工业化，提高机械化施工程度，提高工效，降低劳动强度；采用轻质高强的墙体材料，可减轻自重、降低成本。

3.2　砖墙构造

3.2.1　砖墙的组砌方式

砖墙是由砖和砂浆按一定的规律和组砌方式砌筑而成的砌体。组砌是指砌块在砌体中的排列。为了保证墙体的强度，满足保温、隔声等使用要求，砌筑时砖缝砂浆应饱满、厚薄均匀，并且应保证砖缝横平竖直、上下错缝、内外搭接、避免形成竖向通缝。当外墙面不抹灰作清水墙时，组砌还应考虑墙面图案美观。

标准砖的规格为 240mm×115mm×53mm，包括 10mm 厚灰缝，其长宽厚之比为 4∶2∶1，这为砖的错缝搭接带来方便。组砌时为错缝搭接专门生产 3/4 砖长的砖，称为七分头。在砖墙组砌中，长边平行于墙面砌筑的砖称为顺砖，垂直于墙面砌筑的砖称为丁砖。实体砖墙通常采用全顺式、一顺一丁式、多顺一丁式、十字式（也称梅花丁）等砌筑方式，如图 3.4 所示。

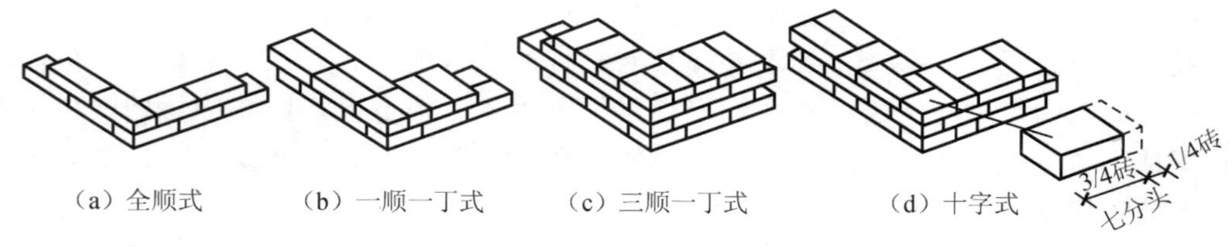

图 3.4　墙体组砌方式

3.2.2　实心砖墙的尺度

1. 砖墙的厚度

以标准砖为例，砖墙的厚度由砖的长宽高组合而成，习惯上以砖长为基数来称呼，如半砖墙、一砖墙、一砖半墙等。工程上以它们的标志尺寸来称呼，如 12 墙、24 墙、37 墙等。墙厚与砖规格的关系如图 3.5 所示。

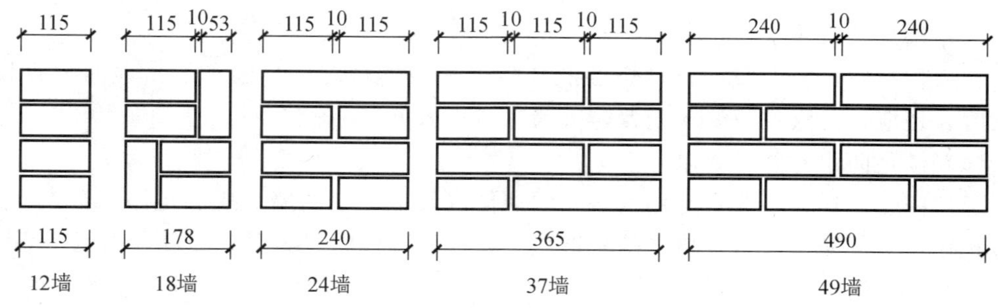

图 3.5　墙厚与砖规格的关系

2. 墙段长度和洞口尺寸

由于普通黏土砖墙的砖模数为 125mm，因此墙段长度和洞口宽度都应以此为递增基数，即墙段长度为（125n－10）mm，洞口宽度为（125n＋10）mm。这样，符合砖模数的墙段长度（mm）系列为 115、240、365、490、615、740、865、990、1115、1240、1365、1490 等；符合砖模数的洞口宽度（mm）系列为 135、260、385、510、635、760、885、1010 等。

砖模与模数协调统一标准不协调，房屋的开间、进深、门窗采用了 300mm 的倍数，这样在一栋房屋中采用两种模数，必然会在设计施工中造成困难。解决这一矛盾

的办法是调整灰缝大小，由于施工规范允许竖缝宽度为 8～12mm，使墙段有少许的调整余地。但是墙段短时，灰缝数量少，调整范围小，故墙段长度小于 1.5m 时，设计时宜使其符合砖模数。墙段长度超过 1.5m 时，可不再考虑砖模数。

3.2.3　砖墙的细部构造

1. 勒脚

底层室内地坪以下，基础以上的这段墙体称作墙脚，外墙的墙脚又称勒脚。勒脚的作用是防止外界碰撞，防止地表水对墙脚的侵蚀，增强建筑物立面美观，所以，要求勒脚坚固、防水和美观。一般采用以下几种构造做法（图 3.6）：

1）勒脚表面抹灰。对一般建筑，可采用 20mm 厚 1∶3 水泥砂浆抹面，1∶2 水泥白石子水刷石或斩假石抹面。

2）勒脚贴面。标准较高的建筑，可用花岗石、水磨石等天然石材或人造石材贴面。

3）整个墙脚采用强度高、耐久性和防水性好的材料砌筑，如条石、混凝土等。

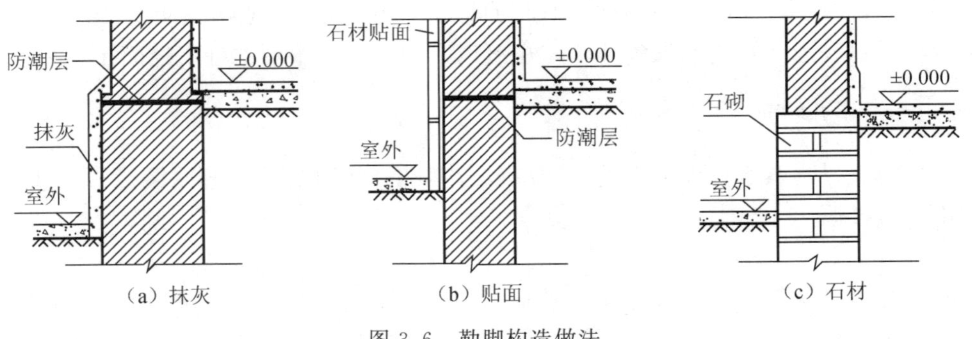

图 3.6　勒脚构造做法

2. 墙身防潮层

为防止土壤中的水分沿基础墙上升，必须在内外墙脚部位连续设置防潮层。构造形式上有水平防潮层和垂直防潮层。

(1) 防潮层的位置

水平防潮层一般设在室内地面不透水垫层（如混凝土）范围以内，通常在室内地面以下 60mm 处，而且至少要高于室外地坪 150mm，以防雨水溅湿墙身。当地面垫层为透水材料时（如碎石、炉渣等），水平防潮层的位置应平齐或高于室内地面 60mm，即在 0.060m 标高处。当两相邻房间之间室内地面有高差时，应在墙身内设置高低两道水平防潮层，并在靠土壤一侧设置垂直防潮层，以避免回填土中的潮气侵入墙身。墙身防潮层位置如图 3.7 所示。

(2) 防潮层的做法

1）防水砂浆防潮层。在防潮层位置抹一层 20mm 或 30mm 厚 1∶2 水泥砂浆掺 5% 的防水剂配制成的防水砂浆，也可以用防水砂浆砌筑 4～6 皮砖。这种做法构造简单，但砂浆开裂或不饱满时影响防潮效果。

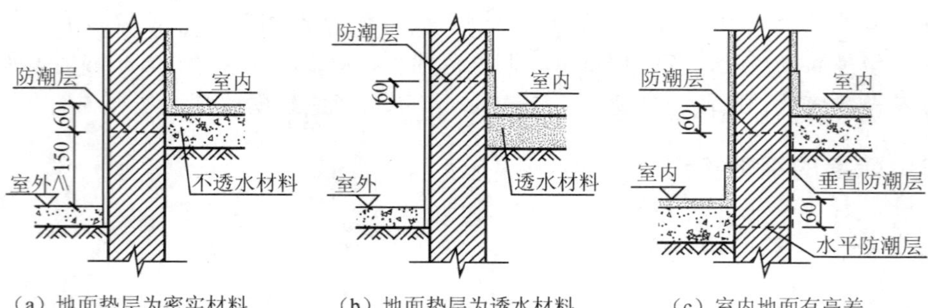

（a）地面垫层为密实材料　（b）地面垫层为透水材料　（c）室内地面有高差

图 3.7　防潮层的位置

2）细石混凝土防潮层。在防潮层位置铺设 60mm 厚 C15 或 C20 细石混凝土，内配 3ϕ6 或 3ϕ8 钢筋以抗裂。由于混凝土密实性好，有一定的防水性能，并与砌体结合紧密，适用于整体刚度要求较高的建筑中。

3）油毡防潮层。在防潮层部位先抹 20mm 厚的水泥砂浆找平层，然后干铺油毡一层或用沥青粘贴一毡二油。油毡防潮层具有一定的韧性、延伸性和良好的防潮性能，但日久易老化失效，同时由于油毡使墙体隔离，削弱了砖墙的整体性和抗震能力。

4）垂直防潮层。在需设垂直防潮层的墙面（靠回填土一侧）先用水泥砂浆抹面，刷上冷底子油一道，再刷热沥青两道；也可以采用掺有防水剂的砂浆抹面。

3. 散水与明沟

为了防止屋顶落水或地表水侵入勒脚危害基础，必须沿外墙四周设置明沟或散水，将积水及时排离。

（1）散水

散水是沿建筑物外墙设置的倾斜坡面，坡度一般为 3%～5%。散水又称排水坡或护坡。散水可用水泥砂浆、混凝土、砖、块石等材料做面层，其宽度一般为 600～1000mm，当屋面为自由落水时，其宽度应比屋檐挑出宽度大 150～200mm。散水与勒脚交接处应留有缝隙，缝内填粗砂或米石子，上嵌沥青胶盖缝，以防渗水。散水整体面层纵向距离每隔 6～12m 做一道伸缩缝，缝内处理同勒脚与散水相交处（图 3.8）。散水适用于降雨量较小的地区。

（2）明沟

明沟是设置在外墙四周的排水沟，将水有组织地导向集水井并流入排水系统。明沟一般用素混凝土现浇，或用砖石铺砌后再用水泥砂浆抹面。沟底应有不小于 1%的坡度，以保证排水通畅。明沟适合于降雨量较大的地区，其构造见图 3.9。

4. 门窗洞口过梁

过梁是用来支承门窗洞口上部的砌体和楼板荷载的承重构件。根据材料和构造方式不同，有钢筋混凝土过梁、砖砌平拱过梁和钢筋砖过梁等。但在较大振动荷载，或可能产生不均匀沉降，或有抗震设防要求的建筑中，不宜采用砖砌平拱过梁和钢筋砖过梁。

（1）钢筋混凝土过梁

钢筋混凝土过梁承载力强，一般不受跨度的限制。预制装配过梁施工速度快，是

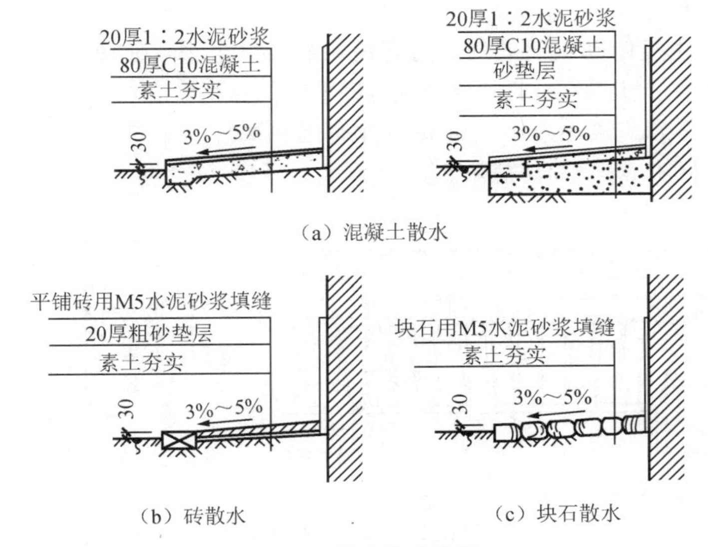

（a）混凝土散水

（b）砖散水　　（c）块石散水

图 3.8　散水构造举例

80厚C10混凝土　25 150 25　150　40 25 180 25 40　预制混凝土明沟　100 60 150　120 180 120　60 120　30厚砂垫层

（a）混凝土明沟　　（b）砖砌明沟

图 3.9　明沟构造举例

最常用的一种。过梁宽度一般同墙厚，高度及配筋应由计算确定，但为了施工方便，梁高应与砖的皮数相适应，如 60mm、120mm、180mm、240mm 等。过梁在洞口两侧伸入墙内的长度不应小于 240mm。为了防止雨水沿门窗过梁向外墙内侧流淌，过梁底部的外侧抹灰时要做滴水。

过梁的断面形式有矩形和 L 形，如图 3.10 所示。矩形多用于内墙和混水墙，L 形多用于外墙和清水墙。钢筋混凝土的导热系数大于砖的，在寒冷地区，为防止过梁产生冷桥问题，常采用 L 形断面，使外露部分面积减小，或全部把过梁包起来。

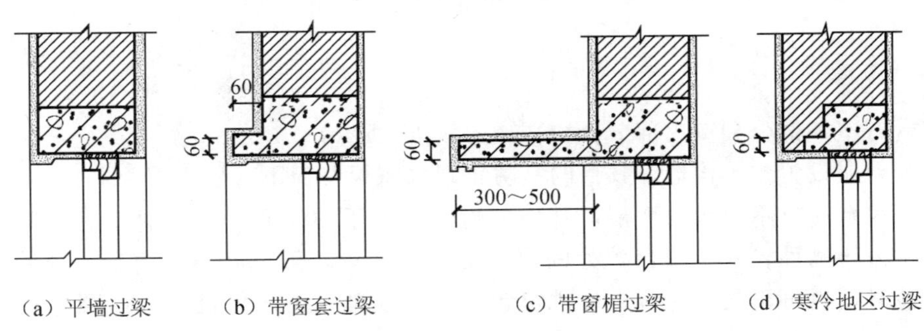

（a）平墙过梁　（b）带窗套过梁　（c）带窗楣过梁　（d）寒冷地区过梁

图 3.10　钢筋混凝土过梁形式

(2) 砖砌平拱过梁

这种过梁是由竖砖砌筑而成的，它利用灰缝上大下小，使砖向两边倾斜，相互挤压形成拱的作用来承担荷载（图 3.11）。砖砌平拱的高度多为一砖长，灰缝上部宽度不宜大于 15mm，下部宽度不应小于 5mm，中部起拱高度为洞口跨度的 1/50。砖不低于 MU10，砂浆不低于 M5，净跨应不超过 1.2m。

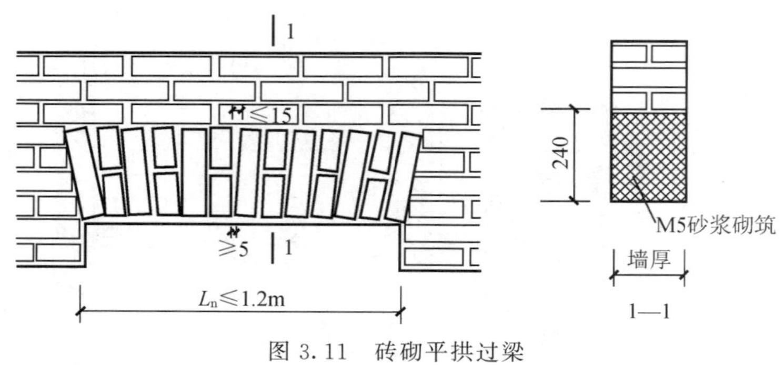

图 3.11　砖砌平拱过梁

(3) 钢筋砖过梁

钢筋砖过梁是配置了钢筋的平砌砖过梁。通常将间距小于 120mm 的 $\phi6$ 钢筋埋在梁底部厚度为 30mm 的水泥砂浆层内，钢筋伸入洞口两侧墙内的长度不应小于 240mm，并设 90°直弯钩，埋在墙体的竖缝内。在洞口上部不小于 1/4 洞口跨度的高度范围内（且不小于 5 皮砖），用不低于 MU10 的砖和不低于 M5 的砂浆砌筑，净跨不应超过 1.5mm（图 3.12）。

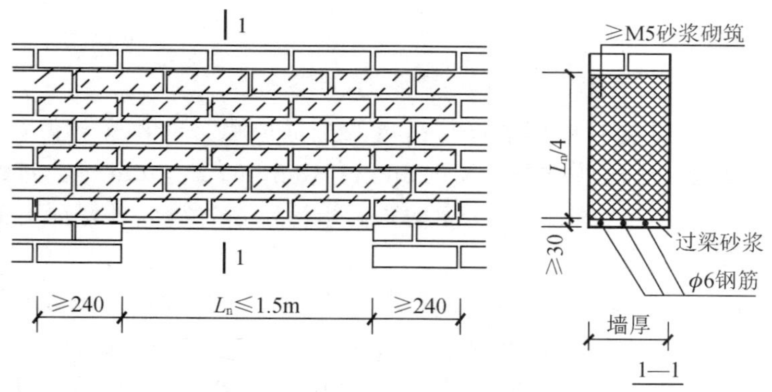

图 3.12　钢筋砖过梁

5. 窗台

窗台有室外部分和室内部分，构造如图 3.13 所示。

外窗台应设置排水构造，其目的是防止雨水积聚在窗下，侵入墙身和向室内渗透。因此，外窗台应有不透水的面层，并向外形成不小于 20%的坡度。外窗台有悬挑窗台和不悬挑窗台两种。处于阳台等处的窗不受雨水冲刷，可不必设挑窗台；外墙面材料为贴面砖时，也可不设挑窗台。悬挑窗台常采用顶砌一皮砖出挑 60mm 或将一砖侧砌并出挑 60mm，也可采用钢筋混凝土出挑。挑窗台抹灰时底部边缘处应做宽度和深度均

不小于10mm的滴水线或滴水槽。

内窗台一般为水平放置，通常结合室内装修做成水泥砂浆抹灰、木板、大理石、面砖等多种饰面形式。在寒冷地区室内如为暖气采暖时，为节省空间，窗台下常预留凹龛，此时应采用预制水磨石板或预制钢筋混凝土板等形成内窗台。

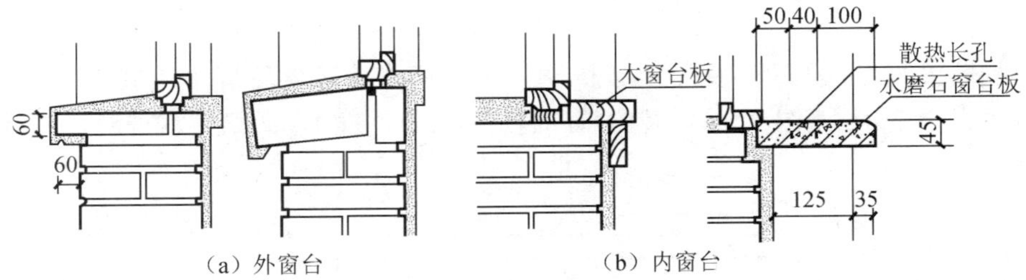

图3.13 窗台构造举例

6. 墙身加固措施

对于多层砖混结构的承重墙，由于可能承受上部集中荷载、开洞以及其他因素，会造成墙体的强度及稳定性有所降低，要考虑对墙身采取加固措施。

(1) 增加壁柱和门垛

当墙体承受集中荷载，强度不能满足要求，或由于墙体长度和高度超过一定限度而影响墙体稳定性时，常在墙身局部适当位置增设壁柱，使之和墙体共同承担荷载并稳定墙身。壁柱突出墙面的尺寸应符合砖规格，一般为120mm×370mm、240mm×370mm、240mm×490mm。

当在墙体转角处或在丁字墙交接处开设门窗洞口时，为了保证墙体的承载力及稳定性和便于门窗框安装，应设门垛。门垛凸出墙面不少于120mm，宽度同墙厚，如图3.14所示。

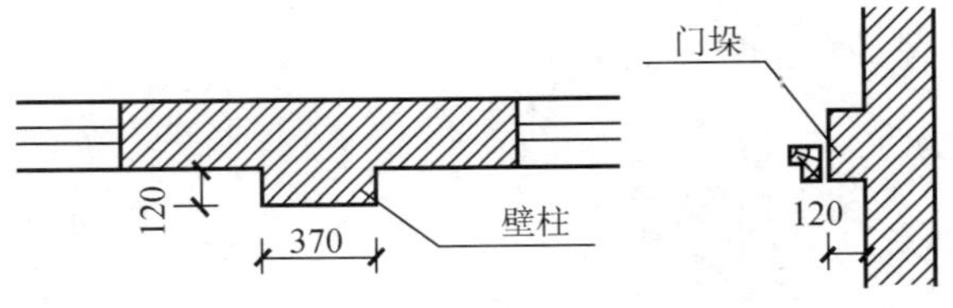

图3.14 壁柱和门垛

(2) 设置圈梁

圈梁是沿外墙四周及部分内墙的水平方向设置的连续闭合的梁。圈梁配合楼板共同作用可提高建筑物的空间刚度及整体性；增加墙体的稳定性；减少不均匀沉降引起的墙身开裂。在抗震设防地区，圈梁与构造柱一起形成骨架，可提高抗震能力。

圈梁有钢筋砖圈梁和钢筋混凝土圈梁两种。钢筋砖圈梁多用于非抗震区，结合钢筋砖过梁沿外墙形成。钢筋混凝土圈梁的宽度同墙厚，且不小于180mm，高度一般不小于120mm。钢筋混凝土圈梁在墙身上的位置，外墙圈梁顶一般与楼板持平，铺预制楼板的内承重墙的圈梁一般设在楼板之下（图3.15）。圈梁最好与门窗过梁合一。

在特殊情况下，当遇有门窗洞口致使圈梁局部截断时，应在洞口上部增设相应截

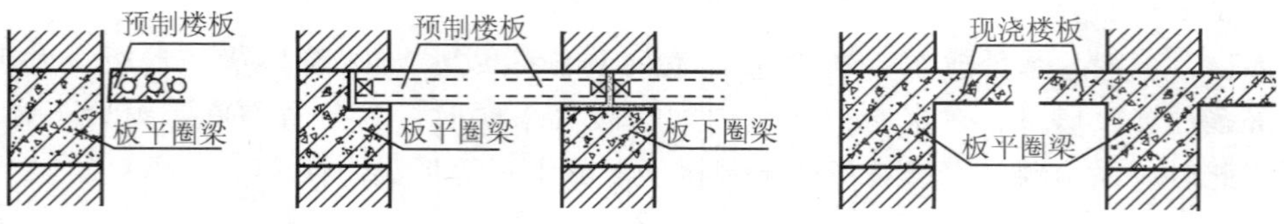

图 3.15　钢筋混凝土圈梁

面的附加圈梁。附加圈梁断面不小于圈梁，与圈梁搭接长度不应小于其垂直间距的两倍，且不得小于 1m（图 3.16），但对有抗震要求的建筑物，圈梁不宜被洞口截断。

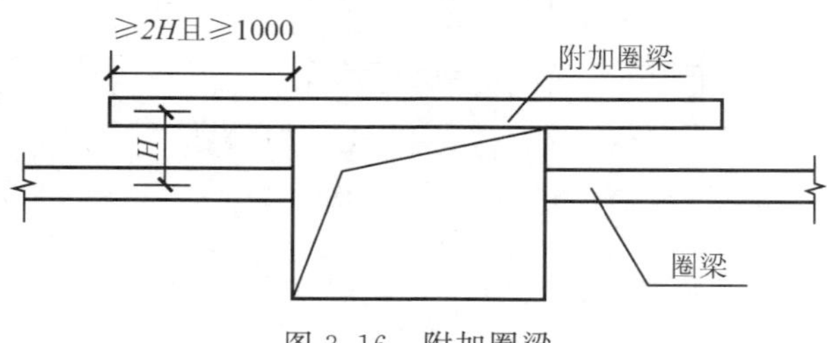

图 3.16　附加圈梁

（3）设置构造柱

钢筋混凝土构造柱是从抗震角度考虑设置的，一般设在外墙转角、内外墙交接处、较大洞口两侧及楼梯、电梯四角等。由于房屋的层数和地震烈度不同，构造柱的设置要求也有所不同。构造柱必须与圈梁紧密连接形成空间骨架，以增强房屋的整体刚度，提高墙体抵抗变形的能力，并使砖墙在受震开裂后，也能裂而不倒。

构造柱的最小截面尺寸为 240mm×180mm。构造柱下端应伸入地梁内，无地梁时应伸入底层地坪下 500mm 处。为加强构造柱与墙体的连接，该处墙体宜砌成马牙槎，砌墙前放置构造柱钢筋骨架，并应沿墙高每隔 500mm 设 2ϕ6 拉结钢筋，每边伸入墙内不少于 1m。随着墙体的升高而逐段现浇混凝土构造柱身(图 3.17)。

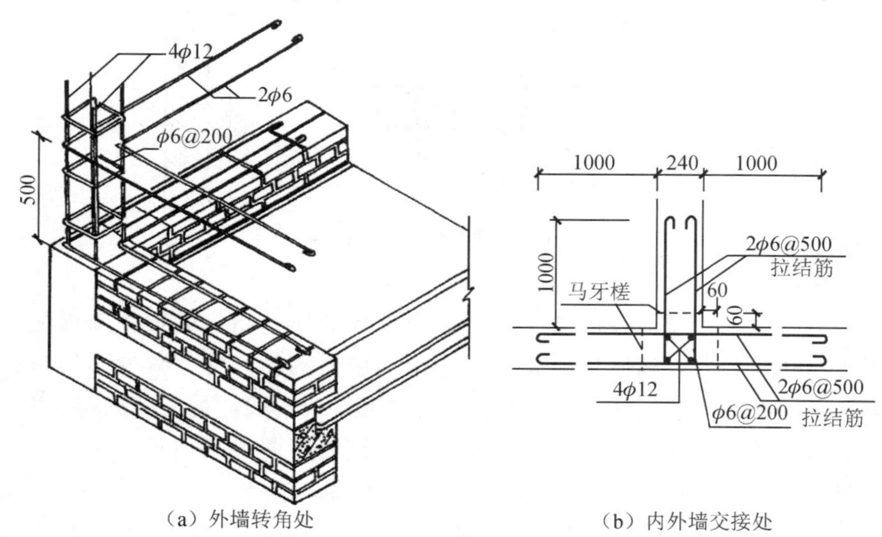

（a）外墙转角处　　（b）内外墙交接处

图 3.17　砖砌体中的构造柱

7. 变形缝

为防止由于温度变化、地基不均匀沉降以及地震等外界因素的影响，建筑物发生裂缝或破坏，在设计中事先将房屋划分成若干独立单元，使各部分能自由变化，这种将建筑物垂直分开的预留缝称为变形缝。变形缝包括伸缩缝、沉降缝和防震缝。

（1）变形缝的设置

1）伸缩缝。为防止建筑物受温度变化而出现裂缝或破坏，沿建筑物长度方向每隔一定间距设置的垂直缝，称为伸缩缝或温度缝。伸缩缝要求建筑物将基础以上的构件（墙体、楼板层、屋顶等）全部分开；基础埋于地下，受温度变化影响较小，可不分开。伸缩缝的间距与结构类型和房屋的屋盖类型以及有无保温层和隔热层有关，砖石墙体伸缩缝间距一般为50～75m。伸缩缝的宽度一般为20～30mm。

2）沉降缝。为防止建筑物各部位由于地基不均匀沉降引起房屋破坏而设置的垂直缝，称为沉降缝。沉降缝一般设置在地基不均匀、建筑平面形状复杂、建筑物高度或荷载相差很大、结构形式或基础类型不同、分期建造的房屋连接部位。沉降缝要求建筑物从基础到屋顶都要断开。沉降缝的宽度与地基性质及建筑物高度有关，一般为30～70mm。

3）防震缝。在抗震设防烈度6～9度的地区，当建筑物体型复杂，结构刚度、高度相差较大时，应在变形敏感部位设置防震缝，将建筑物分成若干个体型简单、结构刚度均匀的独立单元。防震缝应沿建筑物全高设置，基础可不断开。防震缝应与伸缩缝、沉降缝协调布置。地震区需设伸缩缝和沉降缝时，须按防震缝构造要求处理。防震缝的最小宽度应根据不同的结构类型和体系以及设计裂度确定，砖混结构的防震缝宽度一般取50～100mm；多（高）层钢筋混凝土框架结构和剪力墙结构，建筑高度在≤15m时，防震缝最小宽度分别取70mm和50mm；当建筑高度超过15m时，应加大缝宽。

（2）变形缝构造

因墙厚不同，墙身变形缝可做成平缝、错缝或企口缝等形式。

变形缝的构造要保证建筑物各独立部分能自由变形而不破坏。三种缝的构造做法基本相同，但外墙沉降缝通常用金属调节板盖缝，保证建筑物两个独立单元在竖向能自由变形；防震缝不应做错缝和企口缝。外墙变形缝的嵌缝材料必须具有防水、防腐、有弹性、耐久性好等特点，如沥青麻丝、塑料条、橡胶条、金属调节片等。对内墙和外墙内侧的伸缩缝，从室内美观的角度考虑，通常以装饰性木板或金属调节板遮挡，木盖板一边固定在墙上，另一边悬托着，以便于适应伸缩变形，如图3.18所示。

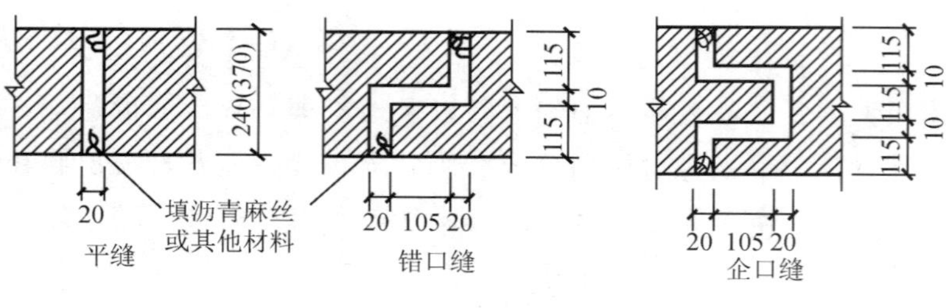

（a）变形缝形式

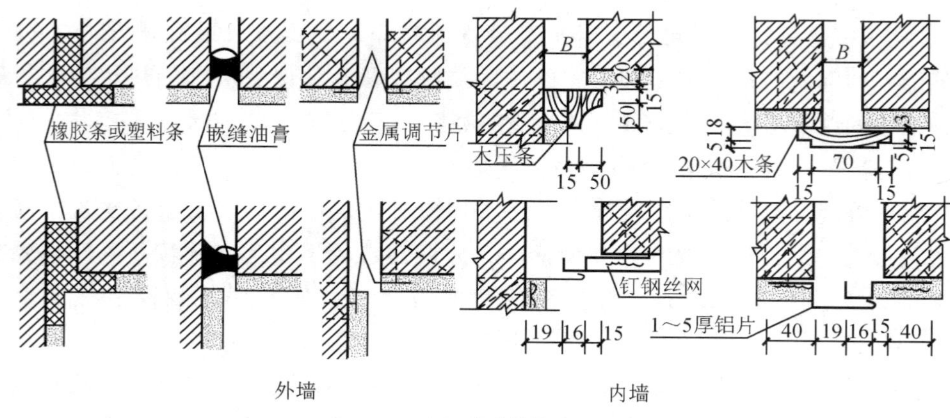

（b）变形缝构造

图 3.18　墙身变形缝的形式与构造

3.3　砌块墙构造

砌块墙是采用预制块材按一定技术要求砌筑而成的墙体。预制砌块利用工业废料和地方材料制成，既不占用耕地又解决了环境污染，具有生产投资少、见效快、生产工艺简单、节约能源等优点。采用砌块墙是我国目前墙体改革的主要途径之一。

3.3.1　砌块的类型

砌块按单块重量和幅面大小分为小型砌块、中型砌块和大型砌块。小型砌块高度为 115～380mm，单块重量不超过 20kg，便于人工砌筑；中型砌块高度为 380～980mm，单块重量为 20～350kg，需要用轻便机具搬运和砌筑；大型砌块高度大于 980mm，单块重量大于 350kg。大中型砌块由于体积和重量较大，不便于人工搬运，必须采用起重运输设备施工。我国目前采用的砌块以中型和小型为主。砌块形式分为实心砌块和空心砌块，空心砌块有单排方孔、单排圆孔和多排扁孔，如图 3.19 所示。

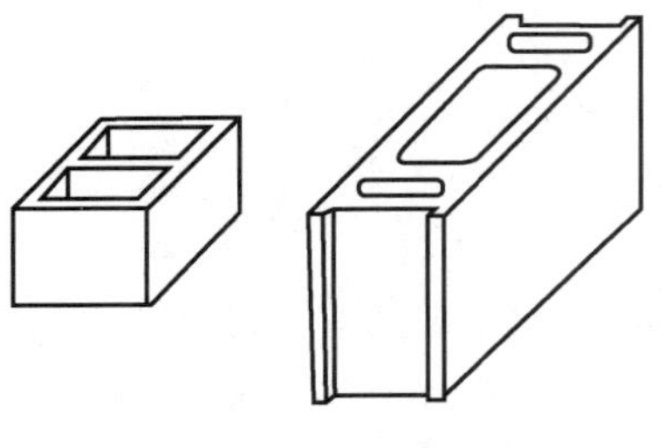

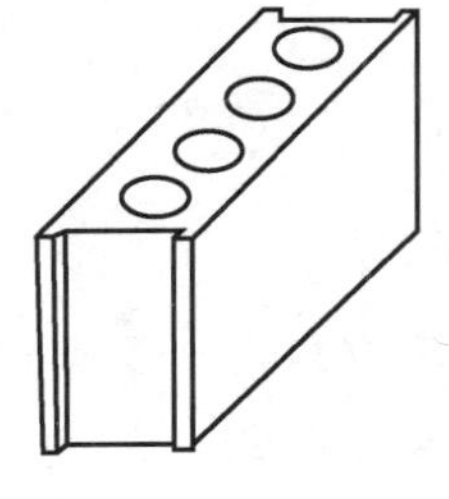

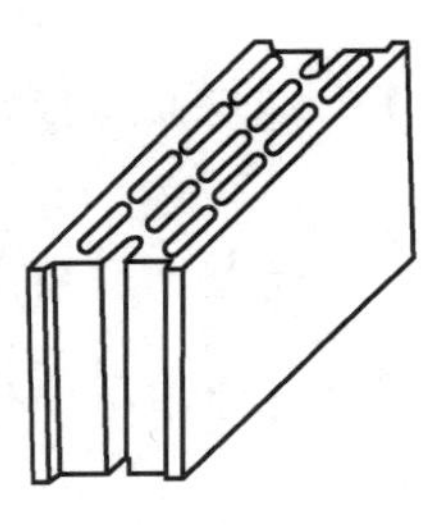

（a）单排方孔（一）　（b）单排方孔（二）　（c）单排圆孔　（d）多排扁孔

图 3.19　空心砌块的形式

3.3.2　砌块墙的排列与组合

砌块的尺寸比较大，砌筑不够灵活，因此在设计时应做出砌块的排列，并给出砌块排列组合图，施工时按图进料和安装。砌块排列组合图一般有各层平面、内外墙立面分块图（图 3.20）。在进行砌块的排列组合时，应按墙面尺寸和门窗布置，对墙面进行合理的分块，正确选择砌块的规格尺寸，尽量减少砌块的规格类型，优先采用大规格的砌块作主要砌块，并且尽量提高主要砌块的使用率，减少局部补填砖的数量。

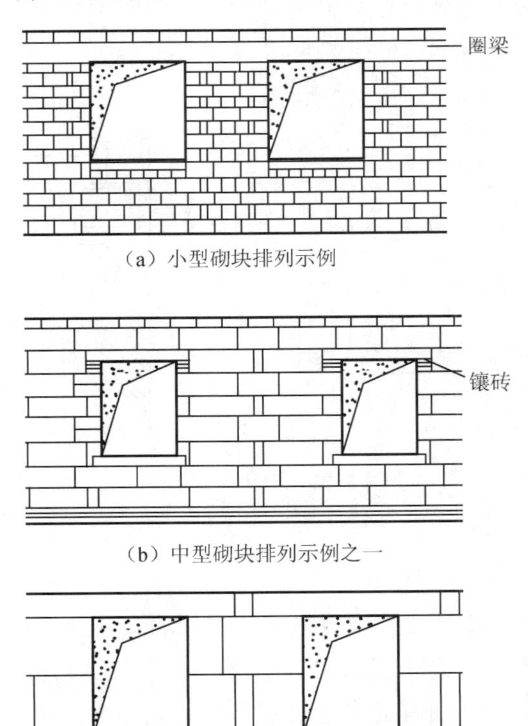

（a）小型砌块排列示例

（b）中型砌块排列示例之一

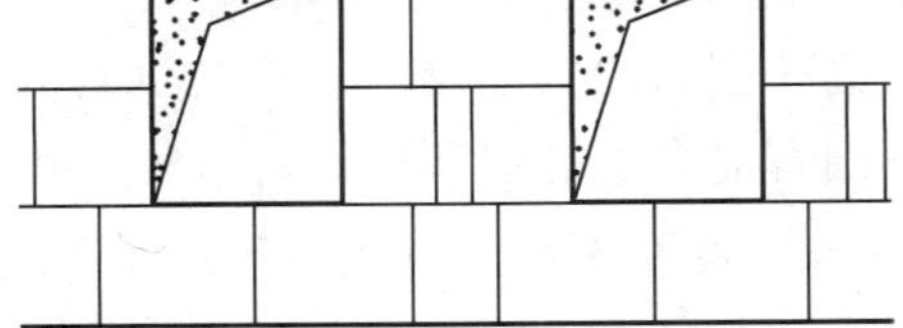

（c）中型砌块排列示例之二

图 3.20　砌块的排列组合图

3.3.3 砌块墙构造

1. 砌块墙的接缝处理

砌块在厚度方向大多没有搭接，因此砌块的长向错缝搭接要求比较高。中型砌块上下皮搭接长度不少于砌块高度的 1/3，且不小于 150mm。小型空心砌块上下皮搭接长度不小于 90mm。当搭接长度不足时，应在水平灰缝内设置不小于 2ϕ4 的钢筋网片，网片每端均超过该垂直缝不小于 300mm。

砌筑砌块一般采用强度不少于 M5 的水泥砂浆。灰缝的宽度主要根据砌块材料和规格大小确定，一般情况下，小型砌块为 10～15mm，中型砌块为 15～20mm。当竖缝宽大于 30mm 时，须用 C20 细石混凝土灌实。

2. 圈梁

为加强砌块墙的整体性，砌块建筑应在适当的位置设置圈梁和构造柱。

当圈梁与过梁位置接近时，往往用圈梁取代过梁。圈梁分现浇和预制两种。现浇圈梁整体性好，对加固墙身有利，但施工复杂。预制圈梁一般采用 U 形预制块代替模板，然后在凹槽内配筋，再现浇混凝土（图 3.21）。

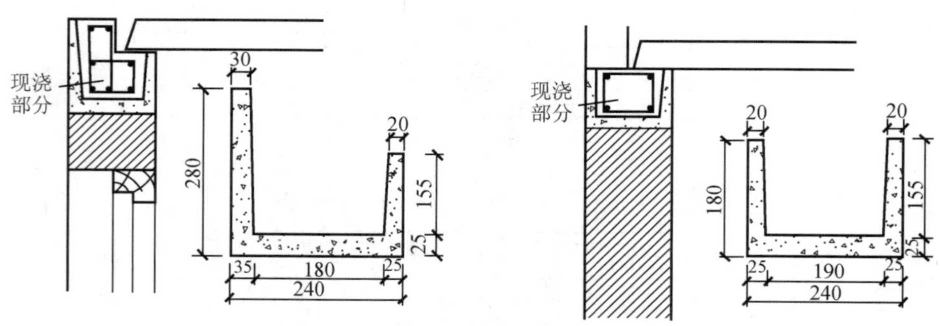

图 3.21 砌块预制圈梁

3. 构造柱

砌块墙的竖向加强措施是在外墙转角以及内外墙交接处增设构造柱（芯柱），将砌块在垂直方向连成整体。构造柱多利用空心砌块上下孔洞对齐，并在孔中用 ϕ12～14 的钢筋分层插入，再用 C20 细石混凝土分层灌实。构造柱与砌块墙连接处的拉结钢筋网片，每边伸入墙内不少于 1m。混凝土小型砌块房屋可采用 ϕ4 点焊钢筋网片，沿墙高每隔 600mm 设置；中型砌块可采用 ϕ6 钢筋网片，并隔皮设置（图 3.22）。

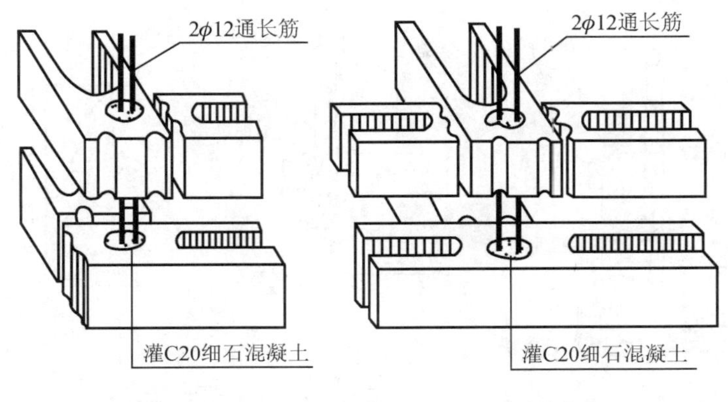

(a) 外墙转角处　　(b) 内外墙交接处

图 3.22　砌块墙芯柱构造

4. 防潮构造

砌块吸水性强，易受潮，在易受水部位，如檐口、窗台、勒脚、落水管附近，应做好防潮处理。特别是在勒脚部位，除了应设防潮层以外，通常应选用密实而耐久的材料，不能选用吸水性强的块材材料。图 3.23 为砌块墙勒脚的防潮处理。

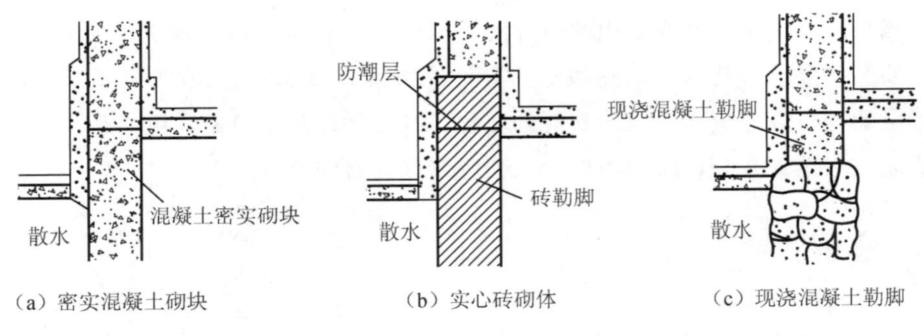

(a) 密实混凝土砌块　　(b) 实心砖砌体　　(c) 现浇混凝土勒脚

图 3.23　勒脚防潮构造

5. 门窗框与墙体的连接

由于砌块的块体较大且不宜砍切，或因空心砌块边壁较薄，门窗框与墙体的连接方式，除采用在砌块内预埋木砖的做法外，还有利用膨胀木楔、膨胀螺栓、铁件锚固以及利用砌块凹槽固定等做法。图 3.24 为根据砌块种类选用相应的连接方法。

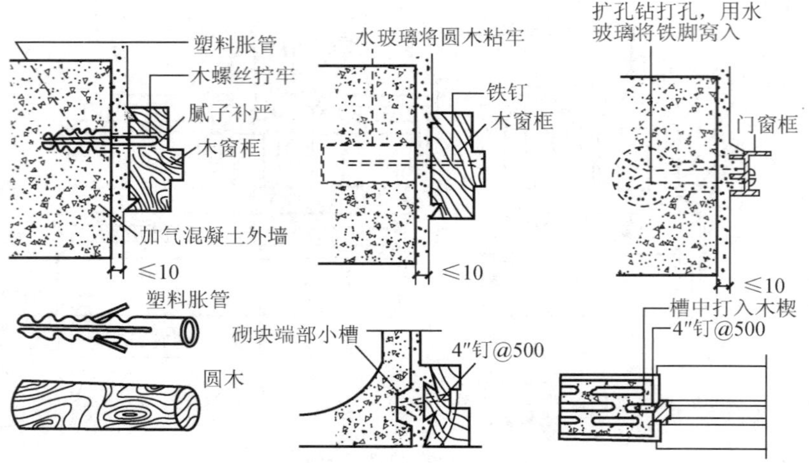

图 3.24　门窗框与砌块的连接

3.4　隔墙构造

在建筑中用于分隔室内空间的非承重内墙统称为隔墙。隔墙为非承重墙，其自身重量由楼板或墙下小梁承受，因此设计时要求隔墙重量轻、厚度薄、便于安装和拆卸，同时还要具备隔声、防水、防潮和防火等性能特点，以满足建筑的使用功能。由于隔墙布置灵活，可以适应建筑使用功能的变化，在现代建筑中应用广泛。

隔墙按构造方式分为块材隔墙、骨架隔墙和板材隔墙等。

3.4.1　块材隔墙

块材隔墙是指用普通砖、空心砖、加气混凝土砌块等块材砌筑的墙，常用的有普通砖隔墙和砌块隔墙。

1. 普通砖隔墙

普通砖隔墙一般采用半砖隔墙。

半砖隔墙的标志尺寸为 120mm，采用普通砖顺砌而成。当砌筑砂浆为 M2.5 时，墙的高度不宜超过 3.6m，长度不宜超过 5m；当采用 M5 砂浆砌筑时，高度不宜超过 4m，长度不宜超过 6m。高度超过 4m 时应在门过梁处设通长钢筋混凝土带，长度超过 6m 时应设砖壁柱。由于墙体轻而薄，稳定性较差，构造上要求隔墙与承重墙或柱之间连接牢固，一般沿高度每隔 0.5m 砌入 2ϕ6 钢筋，还应沿隔墙高度每隔 1.2m 设一道 30mm 厚水泥砂浆层，内放 2ϕ6 钢筋。为了保证隔墙不承重，在隔墙顶部与楼板相接处，应将砖斜砌一皮，或留约 30mm 的空隙塞木楔打紧，然后用砂浆填缝。隔墙上有门时，需预埋防腐木砖、铁件或将带有木楔的混凝土预制块砌入隔墙中，以便固定门框（图 3.25）。

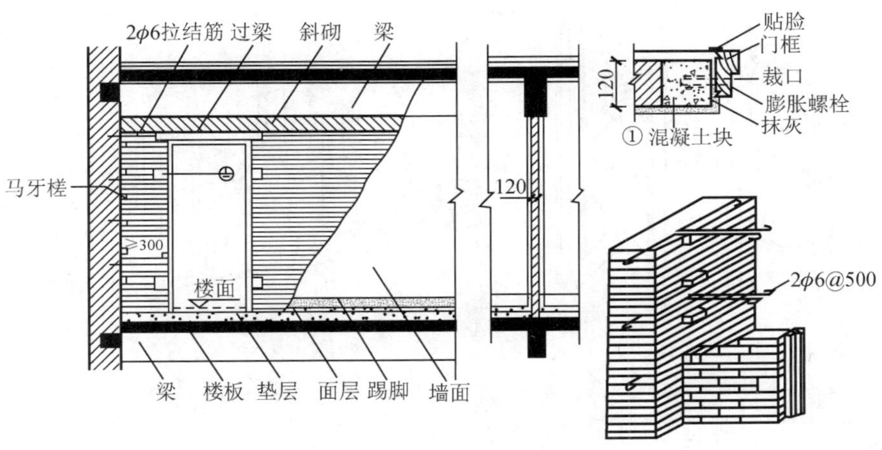

图 3.25　半砖隔墙

半砖隔墙坚固耐久，隔声性能较好，但自重大，湿作业量大，不易拆装。

2. 砌块隔墙

为了减轻隔墙自重和节约用砖，可采用轻质砌块，目前常采用加气混凝土砌块、粉煤灰硅酸盐砌块以及水泥炉渣空心砖等砌筑隔墙。

砌块隔墙厚由砌块尺寸决定，一般为 90～120mm。砌块墙吸水性强，故在砌筑时应先在墙下部实砌 3～5 皮黏土砖再砌砌块。砌块不够整块时宜用普通黏土砖填补。砌块隔墙其他加固构造方法与普通砖隔墙类似。

3.4.2　骨架隔墙

骨架隔墙也称立柱式、立筋式隔墙，它是以木材、钢材或其他材料构成骨架（龙骨），把面层钉结、涂抹或粘贴在骨架上形成的隔墙，所以隔墙由骨架和面层两部分组成。

1. 骨架

骨架有木骨架、轻钢骨架、石膏骨架、石棉水泥骨架和铝合金骨架等。为节约木材木骨架已较少采用。

石膏骨架、石棉水泥骨架和铝合金骨架，是利用工业废料和地方材料及轻金属制成的，具有良好的使用性能，同时可以节约木材和钢材，应推广采用。

目前采用普遍的轻钢骨架由各种各样的薄壁型钢制成，它具有强度高、刚度大、重量轻、整体性好、易于加工和大批量生产、防火防潮性能好，还可根据需要拆卸和组装。常用的薄壁型钢有 0.8～1mm 厚的槽钢或工字钢，其安装过程是先用射钉将上槛、下槛（也称导向骨架）固定在楼板上，然后安装龙骨（墙筋和横撑），间距为400～600mm，龙骨上留有走线孔，如图 3.26 所示。

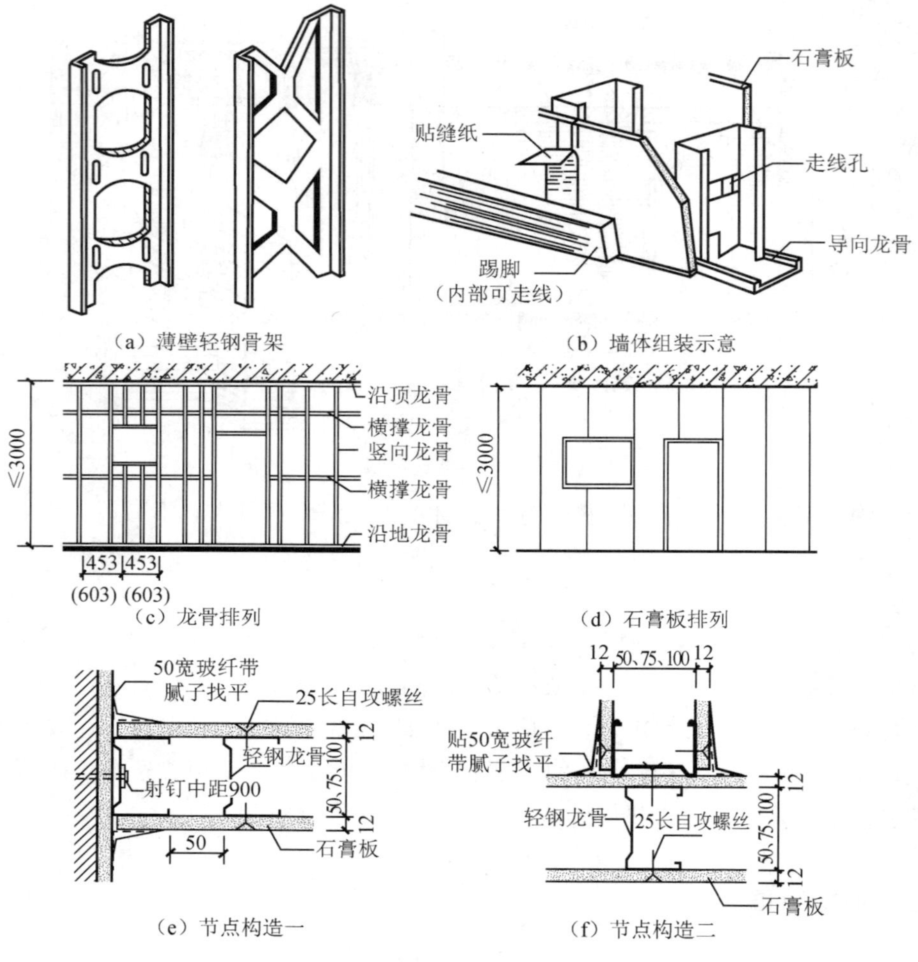

（a）薄壁轻钢骨架　（b）墙体组装示意

（c）龙骨排列　（d）石膏板排列

（e）节点构造一　（f）节点构造二

图 3.26　薄壁型钢骨架隔墙

2. *面层*

骨架隔墙的面层常用人造板材面层，如胶合板、纤维板、石膏板、塑料板等。胶合板、硬质纤维板以木材为原料，多采用木骨架。石膏板多采用石膏或轻金属骨架。

人造板在骨架上的固定方法有钉、粘、卡三种。采用轻钢骨架时，往往用骨架上的舌片或特制的卡具将面板卡到轻钢骨架上。这种方法简便、迅速，有利于隔墙的组装和拆卸，如图 3.27 所示。

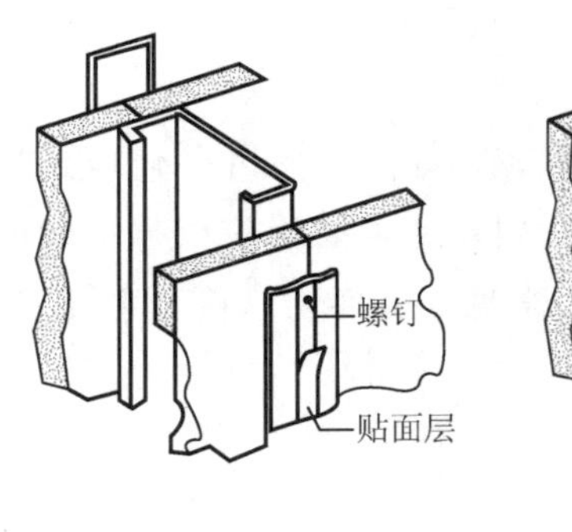

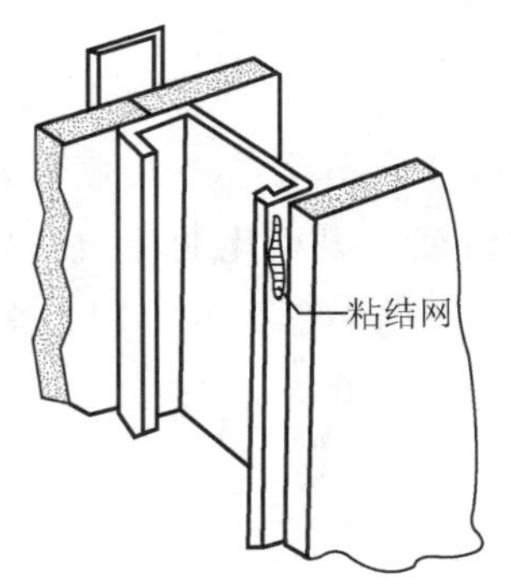

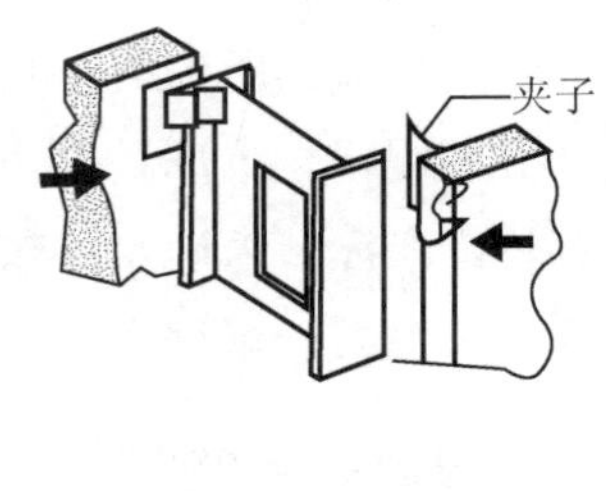

图 3.27　面板的固定方法

3.4.3　板材隔墙

板材隔墙是指轻质的条板用粘结剂拼合在一起形成的隔墙。由于板材隔墙是用轻质材料制成的大型板材，施工中直接拼装而不依赖骨架，它具有自重轻、安装方便、施工速度快、工业化程度高的特点。目前多采用条板，如加气混凝土条板、石膏条板，炭化石灰板、石膏珍珠岩板以及各种复合板。条板厚度大多为 60～100mm，宽度为 600～1000mm，长度略小于房间净高。安装时，条板上部与楼板粘结，侧面与墙或条板侧面粘结。条板下部先用一对对口木楔顶紧，然后用细石混凝土堵严，板缝用粘结砂浆或粘结剂进行粘结，并用胶泥刮缝，平整后再做表面装修（图 3.28）。

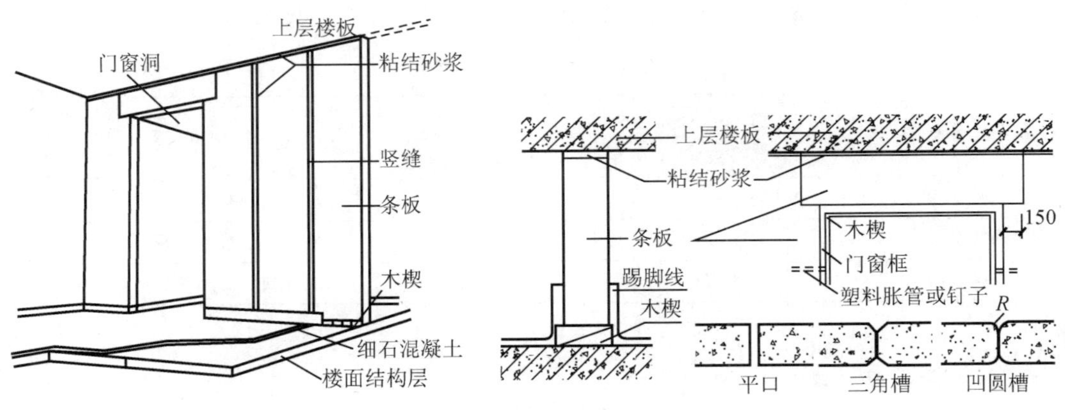

图 3.28　板材隔墙构造

3.5　墙面装修

3.5.1　墙面装修的作用及分类

墙面装修是建筑装修中的重要内容。其主要作用有：

1）保护墙体、提高墙体的耐久性。

2）改善墙体的热工性能、光环境、卫生条件等使用功能。

3）美化环境，丰富建筑的艺术形象。

墙面装修按其所处的部位不同，可分为室外装修和室内装修。室外装修应选择强度高、耐水性好、抗冻性强、抗腐蚀、耐风化的建筑材料；室内装修应根据房间的功能要求及装修标准来确定。按材料及施工方式的不同，常见的墙面装修可分为抹灰类、贴面类、涂料类、裱糊类和铺钉类等五大类。

3.5.2 墙面装修构造

1. 抹灰类墙面装修

抹灰是用砂浆或石碴浆涂抹在墙体表面上的一种装修做法，分为一般抹灰和装饰抹灰。一般抹灰有石灰砂浆、混合砂浆、水泥砂浆等；装饰抹灰有水刷石、干粘石、斩假石等。为保证抹灰层牢固、平整，避免龟裂，施工时须分层操作。抹灰一般由底层、中层和面层三个层次组成。

底层抹灰的作用是与基层（墙体表面）粘结和初步找平。

中层抹灰起进一步找平作用，其所用材料与底层相同。

面层抹灰主要起装修作用，要求表面平整、色彩均匀、无裂纹，可以做成光滑、粗糙等不同质感的表面。

抹灰按质量和工序要求分为普通、中级、高级三个标准，见表3.1。

表3.1 抹灰的三种标准

标　准	层　次				适用范围
	底灰	中灰	面灰	总厚度	
普通抹灰	1层		1层	≤18mm	简易宿舍、仓库
中级抹灰	1层	1层	1层	≤20mm	住宅、办公楼、学校、旅馆等
高级抹灰	1层	数层	1层	≤25mm	公共建筑、影剧院、展览馆等

2. 贴面类墙面装修

贴面类装修是指将各种天然石材或人造板、块绑、挂或直接粘贴于基层表面的装修做法。它具有耐久性好、装饰性强、容易清洗等优点。常用的贴面材料有花岗岩板和大理石板等天然石板，水磨石板、水刷石板、剁斧石板等人造石板，面砖、瓷砖、锦砖等陶瓷和玻璃制品。质地细腻、耐候性差的各种大理石、瓷砖等一般适用于内墙面的装修，而质感粗犷、耐候性好的材料，如面砖、锦砖、花岗岩板等适用于外墙装修。

（1）陶瓷贴面

1）面砖。面砖多数是以陶土和瓷土为原料，压制成型后煅烧而成的饰面块，其质地坚固、防冻、耐蚀、色彩多样。面砖分挂釉和不挂釉、平滑和有纹理质感等不同类

型。无釉面砖主要用于内墙面装修，釉面砖主要用于外墙面及需防水防潮的内墙面。面砖安装前应先将墙面清洗干净，然后将面砖放入水中浸泡，贴前取出晾干或擦干。面砖安装时，先抹15厚1∶3水泥砂浆打底并划毛，再用1∶0.3∶3水泥石灰砂浆或掺有107胶（水泥用量的5%～10%）的1∶2.5水泥砂浆满刮10mm厚于面砖背面并贴在墙上，轻轻敲实。对于外墙的面砖，常在面砖之间留出缝隙，以便排除湿气；而内墙不留缝隙，以便擦洗和防水。面砖如被污染，可用浓度为10%的盐酸洗刷，再用清水洗净。

2）陶瓷锦砖。又名马赛克，是以优质陶土高温烧制而成的小块块材，它表面致密光滑、坚硬耐磨、耐酸碱、质轻不宜变色。锦砖可用于内外墙面装修。锦砖一般按设计图纸要求，预先正面朝下贴在标准尺寸为325mm×325mm的牛皮纸上，施工时将纸面朝上（外）整块粘贴在1∶1水泥细砂砂浆上，用木板压平，待砂浆硬结后，洗去牛皮纸。

（2）天然石板及人造石板

常见的天然石板有花岗岩板、大理石板两类。它们具有强度高、结构密实、不易污染、装修效果好等优点。但由于加工复杂、价格昂贵，多用于高级墙面装修中。人造石板一般由白水泥、彩色石子、颜料等配合而成，具有天然石材的花纹和质感、重量轻、表面光洁、色彩多样、价格较低等优点，常见的有水磨石板、仿大理石板等。

天然石材和人造石材的安装方法相同，天然石材需用电钻打好安装孔，人造石板则在板中预埋安装环。板材的阳角交接处应做好45°的倒角处理。最后根据石材的种类和厚度，选择适宜的连接方法，如湿挂法、干挂法、粘结法等。

1）湿挂法。又称拴挂法，传统的做法。这种做法是在铺贴基层时先拴挂钢筋网，然后用铜丝绑扎板材，并在板材与墙体的夹缝内灌水泥砂浆（图3.29）。砂浆易使板面泛碱，影响装饰效果。具体做法如下。

第一步　作挂件。将基层垛毛，用电钻打直径6mm左右，深60mm左右的孔，插入$\phi 6$钢筋，外露50mm以上并弯钩；或在墙柱内预埋U形$\phi 6$铁箍。

第二步　在挂件内插入$\phi 8$～$\phi 10$竖筋，在竖筋上绑扎横筋，形成钢筋网。

第三步　用双股16号铜线或镀锌铁丝穿过石板上孔眼（或安装环），将石板绑扎在钢筋网上。上下两块石板用不锈钢卡销固定。

第四步　灌浆。石板与墙之间一般留30mm缝隙，上部用定位活动木楔做临时固定，校正无误后，在板与墙之间分层浇筑1∶2.5水泥砂浆，每次灌入高度不应超过200mm。待砂浆初凝后，取掉定位活动木楔，继续上层石板的安装。

2）干挂法。又称连接件挂接法，近年来国内外高级建筑多采用此法。它用一组高强耐腐蚀的金属连接件，将石材与结构可靠地连接，其间形成的空气间层不作灌浆处理（图3.30）。其主要优点是石材板面不泛碱，装饰效果好；没有湿作业，施工速度快，现场清洁；比湿挂法减轻了自重，同时石材与连接件构成整体，有利于抗震。但干挂法的造价比湿挂法高，采用普通钢经过特殊处理来代替不锈钢连接件是人们所期望的。

3）粘结法。随着新材料的不断出现，安装石材饰面还可采用胶砂比为1∶(4.5～5)

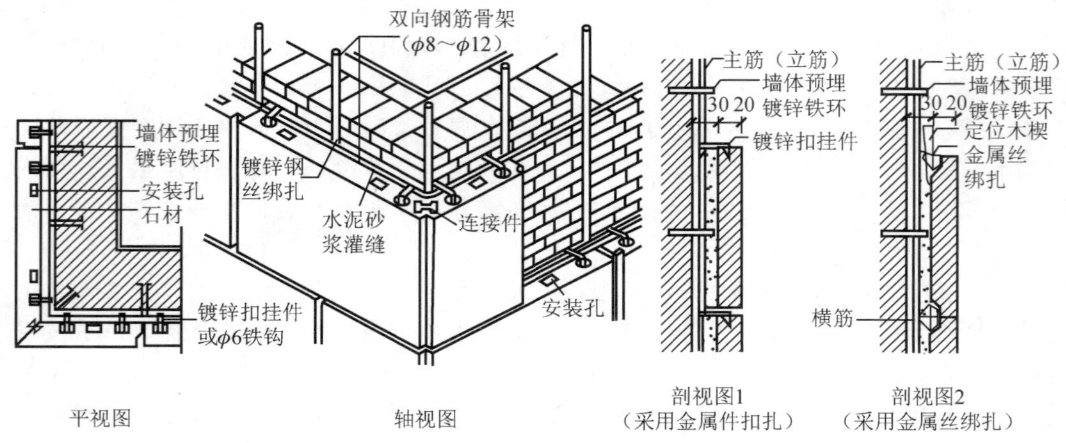

图 3.29　石材湿挂法

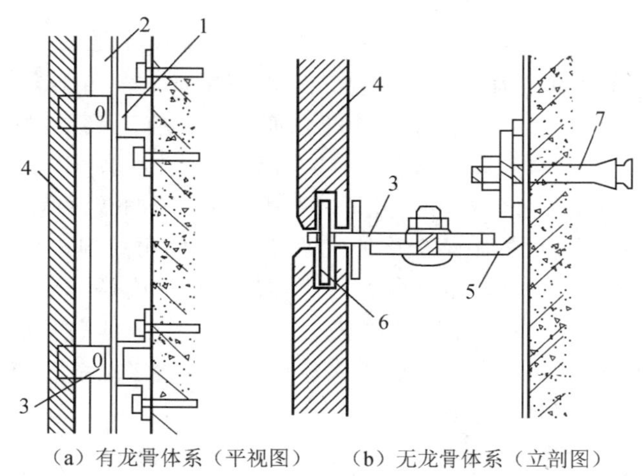

图 3.30　石材干挂法

1. 主龙骨；2. 次龙骨；3. 舌板；4. 石材；5. 托板；6. 销钉；7. 膨胀螺栓

的聚酯砂浆（掺适量固化剂）和树脂胶粘结法，施工时应将板材就位、挤紧、找平、找正后立即顶、卡固定石材饰面，以防脱落伤人。

3. 涂料类墙面装修

涂料类墙面装修是指利用各种涂料敷于基层表面而形成完整牢固的膜层，从而起到保护和装饰墙面作用的一种装修做法。它具有造价低、装饰性好、工期短、工效高、自重轻以及操作简单、维修方便、更新快等特点，因而在建筑上得到广泛的应用和发展。

4. 裱糊类墙面装修

裱糊类墙面装修是将各种装饰性的墙纸、墙布、织锦等卷材类的装饰材料裱糊在墙面上的一种装修做法。常用的装饰材料有 PVC 塑料壁纸、复合壁纸、玻璃纤维墙布等。裱糊类墙体饰面装饰性强、造价较经济、施工方法简捷高效、材料更换方便，并且在曲面和墙面转折处粘贴可以顺应基层获得连续的饰面效果。

在裱糊工程中，基层涂抹的腻子应坚实牢固，不得粉化、起皮和裂缝。裱糊的顺序为先上后下、先高后低。阴阳转角应垂直，棱角分明。阴角处墙纸（布）搭接顺光，阳面处不得有接缝，并应包角压实。

5. 铺钉类墙面装修

铺钉类墙面装修是将各种天然或人造薄板镶钉在墙面上的装修做法，其构造与骨架隔墙相似，由骨架和面板两部分组成。施工时先在墙面上立骨架（墙筋），然后在骨架上铺钉装饰面板。

小　　结

1. 墙体是建筑重要的承重构件，设计中需满足强度、刚度和稳定性的结构要求。同时墙体也是建筑重要的围护构件，设计中需要满足各种不同的使用功能要求。墙体有四种承重方案，即横墙承重、纵墙承重、纵横墙承重和墙柱混合承重。墙体按不同的分类方式有多种类型。

2. 砖墙和砌块墙都是块材墙，由块材和胶结材料组砌而成，既可以作承重墙，也可以作非承重墙。墙身的细部构造包括墙脚（墙身防潮层、勒脚、散水、明沟）、门窗洞口（窗台、过梁）和墙身加固措施（壁柱、门垛、圈梁、构造柱）、变形缝（伸缩缝、沉降缝、防震缝）等。

3. 隔墙是非承重墙，有块材隔墙、骨架隔墙和板材隔墙。砌筑隔墙属于重质隔墙，一般要求在结构上考虑支承关系；骨架隔墙多与室内装修相结合；条板隔墙施工安装方便，可结合墙体热工要求预制加工，是建筑工业化发展所提倡的隔墙类型。

4. 民用建筑的装修可分为抹灰类、贴面类、涂料类、裱糊类和铺钉类。墙面装修的构造层次主要有基层和饰面层两大部分，基层要保证面层材料附着牢固，同时对有特殊使用要求的场所要有针对性地进行处理；饰面层应保证房屋的美观、清洁和使用要求。

思考与练习题

3.1　简述题

(1) 墙体在设计上有哪些要求?
(2) 标准砖自身尺度有何关系? 砖模与建筑模数如何协调?
(3) 砖墙组砌的要点是什么?
(4) 常见的过梁有哪几种? 它们的适用范围和构造特点是什么?
(5) 变形缝包括哪些类型? 如何设置?
(6) 常见隔墙有哪些? 简述各种隔墙的构造做法。
(7) 砌块墙的组砌要求有哪些?
(8) 试述墙面抹灰和石材贴面装修构造。

3.2 画图题

（1）画图表示墙身水平防潮层和垂直防潮层位置。

（2）画图表示散水的构造。

（3）画断面图表示圈梁和构造柱的构造。

3.3 实训题

（1）在校内找一幢已使用的建筑物，区分横墙、纵墙、窗间墙、窗下墙、女儿墙、山墙；指出勒脚、散水（明沟）、窗台排水、变形缝；分析墙身防潮层、过梁、圈梁、构造柱的位置；分析内外墙采用的装修方法。

（2）参观正在施工的砖混结构建筑物，了解墙体的砌式，墙体的承重方案，圈梁和构造柱的设置位置和构造做法，隔墙与主体墙的连接构造，防潮层的位置和做法等。

第 4 章 楼地层构造

❖ 知识点

1. 地层的构造组成和设计要求
2. 楼板、地面和顶棚的构造
3. 阳台和雨篷的构造

❖ 学习要求

1. 现浇钢筋混凝土楼板的受力特点
2. 装配式楼板的布置要求和加强楼板整体性的构造
3. 阳台底板的结构布置方式与特点，以及栏杆扶手构造
4. 楼地层设计要求和构造组成
5. 地面、顶棚的种类和装修构造，以及雨篷的形式和构造

4.1 楼地层的构造组成和设计要求

楼地层包括楼板层和地坪层，楼板层是楼房的分层构件。楼板层和地坪层是供人们在上面活动使用的，因而具有相同的面层类型。但由于它们所处的位置和受力不同，因而结构受力层不同。楼板层的结构层是楼板，其自重和上部使用荷载通过楼板传给墙或柱，再传给基础；地坪层的结构层是垫层，它将所承受的全部荷载和自重直接传给地基。

4.1.1 楼地层的构造组成

楼板层的基本组成部分有面层、结构层和顶棚三部分，根据使用的实际需要可在楼板层里设置附加层。地坪层的基本组成部分有面层、垫层和基层三部分，对有特殊要求的地坪，常在面层和垫层之间增设附加层。如图 4.1 所示。

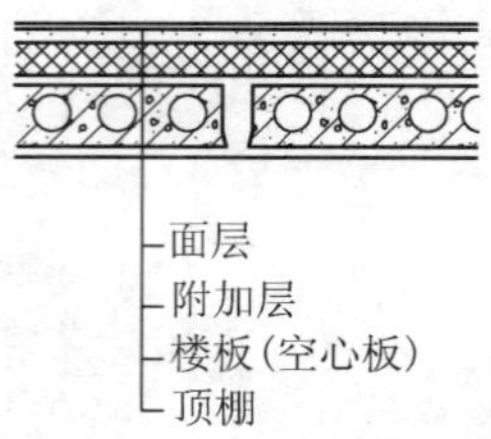

（a）预制钢筋混凝土楼板层

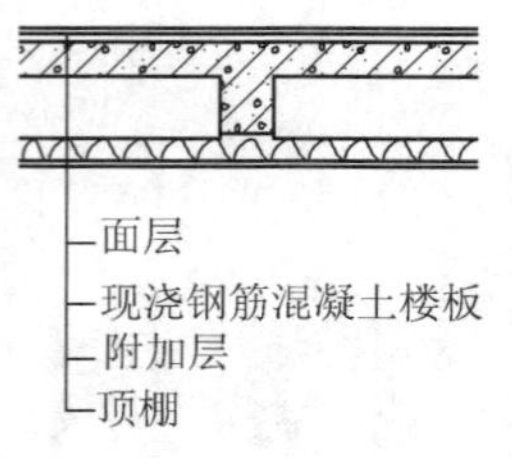

（b）现浇钢筋混凝土楼板层

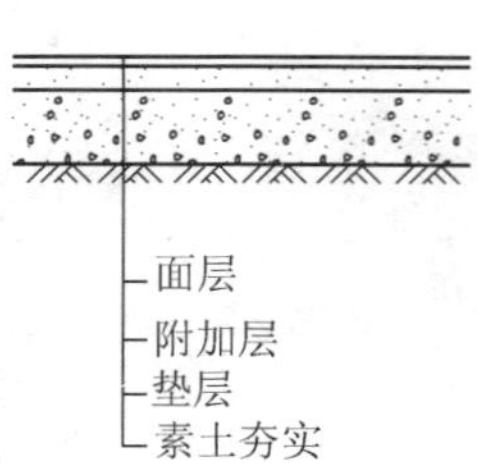

（c）地坪层构造组成

图 4.1　楼地层的组成

4.1.2　楼地层的设计要求

（1）具有足够的强度和刚度

强度要求是指楼地层应保证在自重和活荷载作用下安全可靠，不发生任何破坏。刚度要求是指楼地层在一定荷载作用下不发生过大变形，以保证正常使用。

（2）满足隔声、热工、防水、防潮等使用要求

楼板层应具有一定的隔声能力。楼板的隔声量一般为 40～50dB。可通过选用空心构件、铺设弹性面层（如橡胶、地毡等）、铺设弹性垫层、设置吊顶棚等方法来提高楼层的隔声能力。

楼层和地层应有一定的热工要求，为使楼地面的温度与室内温度一致，可在面层下设保温层，减少通过楼板和地层的冷热损失。

对于厨房、厕所、卫生间等一些地面潮湿、易积水房间，应处理好楼地层的防渗问题。

（3）满足防火要求

楼地层应根据建筑物的等级、对防火的要求等进行设计。建筑物的耐火等级对构件的耐火极限和燃烧性能有一定的要求。

（4）经济要求

一般多层房屋楼板层的造价约占建筑物总造价的 20%～30%，因此在进行结构选型、结构布置和确定构造方案时应与建筑物的质量标准和房间使用要求相适应，减少材料消耗，降低工程造价，满足建筑经济要求。

4.2　钢筋混凝土楼板构造

钢筋混凝土楼板根据施工方法不同可分为现浇式、装配式和装配整体式三种。

4.2.1　现浇钢筋混凝土楼板

现浇钢筋混凝土楼板是在施工现场通过支模、绑扎钢筋、浇注混凝土、养护等工序而成型的楼板。它具有整体性好、抗震、容易适应不规则形状和留孔洞等特殊要求

的建筑，但有模板用量大、施工速度慢等缺点。近年来由于工具式模板的采用，现场机械化程度提高，在高层建筑中得到较普遍的应用。

现浇钢筋混凝土楼板按受力和传力情况可分为板式、梁板式、无梁楼板以及压型钢板与混凝土组合成一体的组合式楼板等。

1. 板式楼板

在墙体承重建筑中，当房间较小，楼板荷载可直接通过楼板传给墙体，而不需要另设梁，这种楼板称为板式楼板。根据板的长、短边之比分为单向板与双向板。当板的长边与短边之比大于 2 时，板基本上沿短边方向传递荷载，这种板称为单向板；当板的长边与短边之比不大于 2 时，荷载沿双向传递，这种板称为双向板。

为满足施工要求和经济要求，单向板的板厚一般为 60～100mm，双向板的板厚为 80～160mm。

2. 肋梁楼板

现浇肋梁楼板由板、次梁、主梁现浇而成。当板为单向板时，称为单向板肋梁楼板；当板为双向板时，称为双向板肋梁楼板。

单向板肋梁楼板由板、次梁、主梁组成。其荷载传递路线为板→次梁→主梁→柱（或墙）。主梁的经济跨度为 5～8m，次梁的经济跨度为 4～6m，板厚的确定同板式楼板，通常板跨不大于 3m，其经济跨度为 1.7～2.5m（图 4.2）。

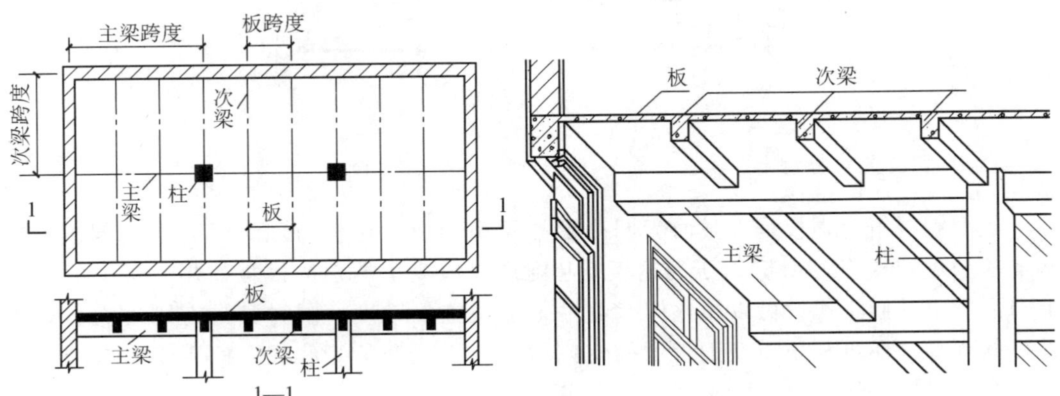

图 4.2　单向板肋梁楼板

双向板肋梁楼板也由板、次梁、主梁组成。荷载传递路线为板→次梁→主梁→柱（或墙）。双向板肋梁楼板梁较少，顶棚平整美观，但板厚增加，增加了造价，因此一般用于小柱网的住宅、旅馆等。

当房间尺寸较大，并接近正方形时，常沿两个方向布置等距离、等截面高度的梁，主次梁不分，形成井格形的梁板结构，井式楼板是双向板肋梁楼板的一种特殊形式（图 4.3）。井式楼板宜用于正方形平面，长短边之比为 1.5 的矩形平面也可采用。梁与楼板平面的边线可正交也可斜交。井式楼板可以用于较大的无柱空间，而且楼板底面的井格整齐划一，很有韵律，稍加处理就可形成艺术效果很好的顶棚，所以常用在门厅、大厅、会议室、餐厅、歌舞厅等处。

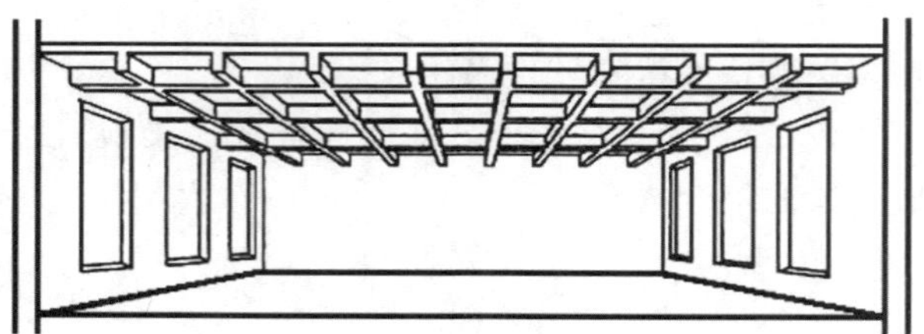

图 4.3 井式楼板

3. 无梁楼板

无梁楼板是将楼板直接支承在柱上，不设主梁和次梁。柱网一般布置为正方形或矩形，柱距以 6m 左右较为经济（图 4.4）。为减少板跨、改善板的受力条件和加强柱对板的支承作用，一般在柱的顶部设柱帽或托板。由于其板跨较大，板厚不宜小于120mm，一般为 160～200mm。

无梁楼板楼层净空较大，顶棚平整，采光通风和卫生条件较好，适宜于活荷载较大的商店、仓库和展览馆等建筑。

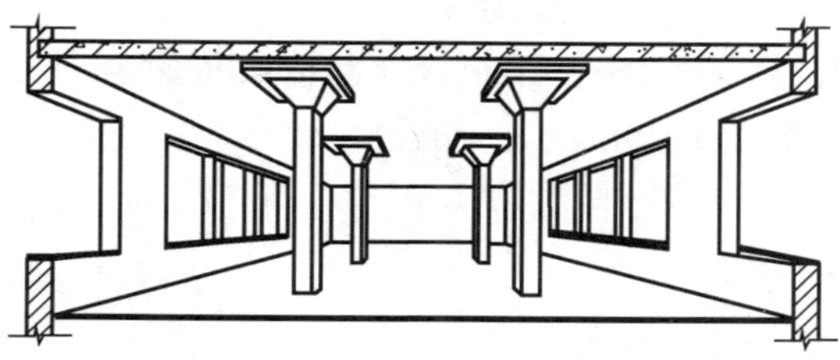

图 4.4 无梁楼板

4. 压型钢板组合楼板

压型钢板组合楼板是以截面为凹凸形的压型钢板做衬板与现浇混凝土浇筑在一起构成的楼板结构（图 4.5）。压型钢板既起到现浇混凝土的永久模板作用，板上的肋条能与混凝土共同工作，可以简化施工程序，加快施工速度，同时又具有刚度大、整体性好的优点，还可利用压型钢板肋间空间敷设电力或通信管线。它适用于需有较大空间的高、多层民用建筑及大跨度工业厂房。

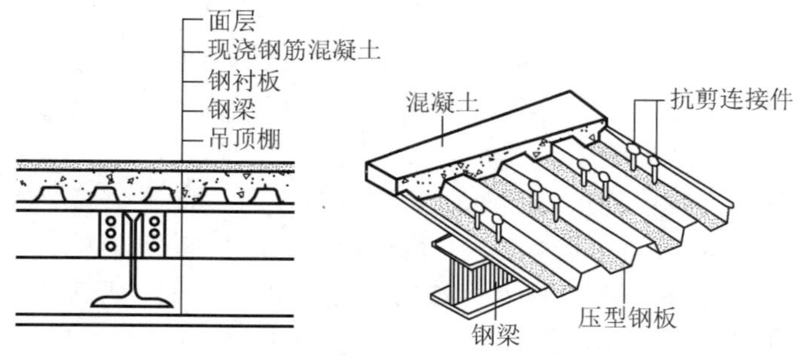

图 4.5 压型钢板组合楼板

压型钢板组合楼板由钢梁、压型钢板和现浇混凝土三部分组成。

压型钢板双面镀锌，截面一般为梯形，板薄却刚度大。为进一步提高承载能力和便于敷设管线，可采用压型钢板下加一层钢板或由两层梯形板组合成箱形截面的压型钢板。压型钢板板宽为500～1000mm，肋高35～150mm。压型钢板之间常采用自攻螺栓、膨胀铆钉或压边咬接等方式进行连接。

压型钢板组合楼板的整体连接是由栓钉（又称抗剪螺钉）将钢筋混凝土、压型钢板和钢梁组合成整体。栓钉是组合楼板的抗剪连接件，楼面的水平荷载通过它传递到梁、柱上，所以又称剪力螺栓，其规格和数量是按楼板与钢梁连接的剪力大小确定的。栓钉应与钢梁焊接。

4.2.2　预制装配式钢筋混凝土楼板

预制装配式钢筋混凝土楼板是将楼板在预制厂或施工现场预制，然后在施工现场装配而成。这种楼板可节省模板，改善劳动条件，提高劳动生产率，加快施工速度，缩短工期，但楼板的整体性差。

预制楼板又可分为预应力和非预应力两种。预应力楼板是利用混凝土抗压能力强而抗拉能力弱的特点制成的。目前，我国各城市普遍采用预应力钢筋混凝土构件。

1. 板的类型

常用的预制钢筋混凝土楼板，根据其截面形式可分为实心平板、槽形板和空心板三种类型（图4.6）。

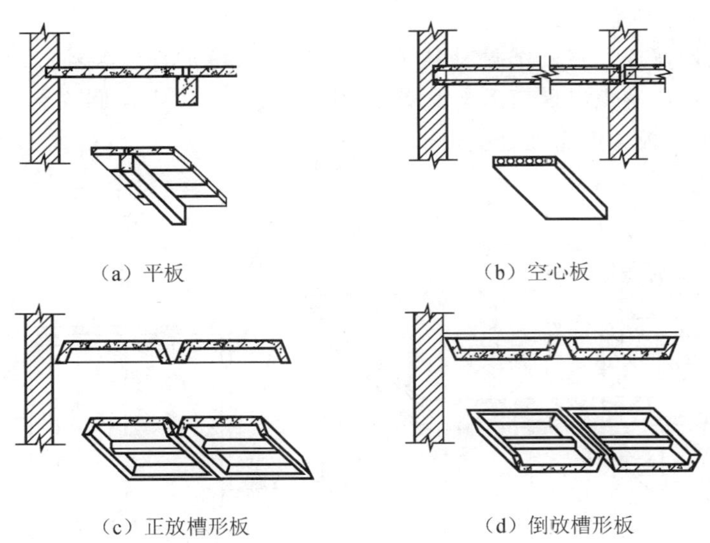

图 4.6　预制钢筋混凝土板的类型

(1) 实心平板

实心平板上下板面平整，制作简单，宜用于跨度小的走廊板、楼梯平台板、阳台板、管沟盖板等处。板的两端支承在墙或梁上，板厚一般为50～80mm，跨度在2.4m以内为宜，板宽为500～900mm。由于构件小，对起吊机械要求不高。

（2）槽形板

槽形板是一种梁板结合的构件，即在实心板两侧设纵肋，构成槽形截面。它具有自重轻、省材料、造价低、便于开孔等优点。

槽形板有正放和倒放两种。正放槽形板由于板底不平，通常做吊顶遮盖，为避免板端肋被压坏，可在板端伸入墙内部分堵砖填实。倒放槽形板受力不如正槽板合理，但可在槽内填充轻质材料，以解决楼板的隔声和保温隔热问题，还可获得平整的顶棚。

（3）空心板

空心板上下板面平整，且隔声效果优于槽形板，是目前广泛采用的一种形式。

空心板孔洞形状有圆形、长圆形和矩形等，以圆孔板的制作最为方便，应用最广。短向空心板的长度为2.1～4.2m，非预应力板厚150mm，预应力板厚130mm。预应力空心板可制成4.5～6m的长向板，板厚200mm。板宽有600mm、900mm、1200mm等。

空心板板面不能随意开洞。在安装时，空心板孔的两端常用砖或混凝土填塞，以免端缝灌浇时漏浆，并保证板端的局部抗压能力。

2. 预制楼板的结构布置和连接构造

（1）结构布置

在进行楼板结构布置时，应先根据房间开间、进深的尺寸确定构件的支承方式，然后选择板的规格进行合理的安排。在结构布置时，应注意以下几点原则：

1）尽量减少板的规格、类型。板的规格过多，不仅给板的制作增加麻烦，而且施工也较复杂，甚至容易搞错。

2）优先选用宽板，窄板作调剂用。这样可减少板缝的现浇混凝土量。

3）板的布置应避免出现三面支承情况，即楼板的长边不得搁置在梁或砖墙内，否则在荷载作用下，板会产生裂缝（图4.7）。

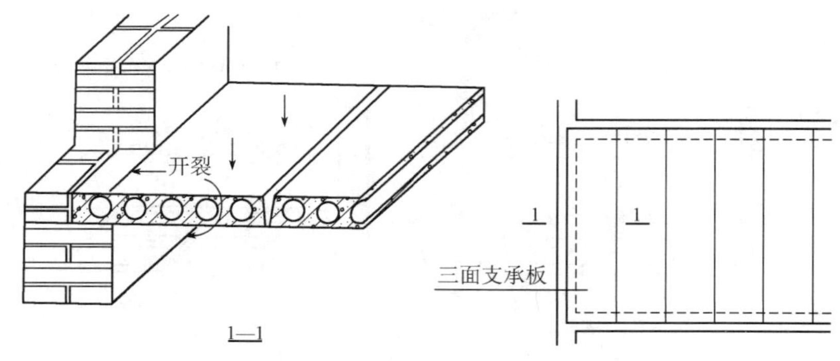

图4.7　三面支承的板

4）按支承楼板的墙或梁的净尺寸计算楼板的块数，不够整块数的尺寸可通过调整板缝或于墙边挑砖或增加局部现浇板等办法来解决（图4.8）。

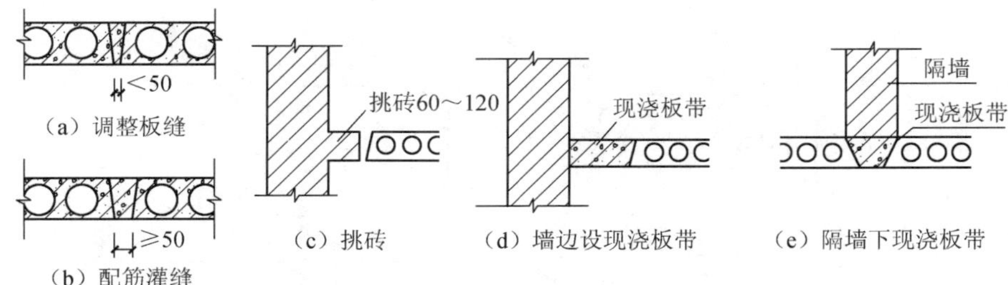

图 4.8　板缝差的处理

5）遇有上下管线、烟道、通风道穿过楼板时，为防止圆孔板开洞过多，应尽量将该处楼板现浇。

（2）板缝构造

安装预制板时，为使板缝灌浆密实，要求板块之间离开一定距离，以便填入细石混凝土。对整体性要求较高的建筑，可在板缝配筋或用短钢筋与预制板吊钩焊接(图 4.9)。

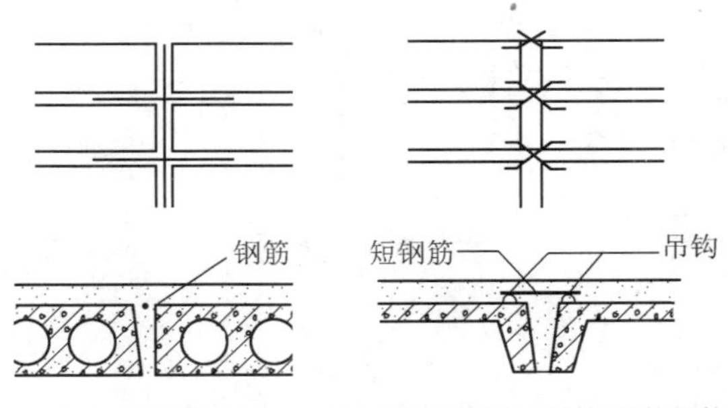

图 4.9　整体性要求较高时的板缝处理

板的侧缝下口缝宽一般要求不小于 20mm，缝宽为 20～50mm 时，可用 C20 细石混凝土现浇；当下口缝宽为 50～200mm 时，用 C20 细石混凝土现浇并在缝中配纵向钢筋。

（3）板与墙、梁的连接构造

预制板直接搁置在砖墙或梁上时，均应有足够的支承长度。支承于梁上时其搁置长度不小于 80mm；支承于墙上时其搁置长度不小于 110mm，并在梁或墙上坐 M5 水泥砂浆，厚度为 20mm，以保证板的平稳，传力均匀。另外，为增加建筑物的整体刚度，板与墙、梁之间或板与板之间常用钢筋拉结，拉结程度随抗震要求和对建筑物整体性要求不同而异，各地有不同的拉结锚固措施，图 4.10 中的锚固钢筋的配置可供参考。

（4）楼板上隔墙的处理

预制钢筋混凝土楼板上设立隔墙时，宜采用轻质隔墙，可搁置在楼板的任何位置。若隔墙自重较大时，如采用砖隔墙、砌块隔墙等，则应避免将隔墙搁置在一块板上，通常将隔墙设置在两块板的接缝处。当采用槽形板或小梁搁板的楼板时，隔墙可直接搁置在板的纵肋或小梁上；当采用空心板时，须在隔墙下的板缝处设现浇板带或梁来支承隔墙（图 4.11）。

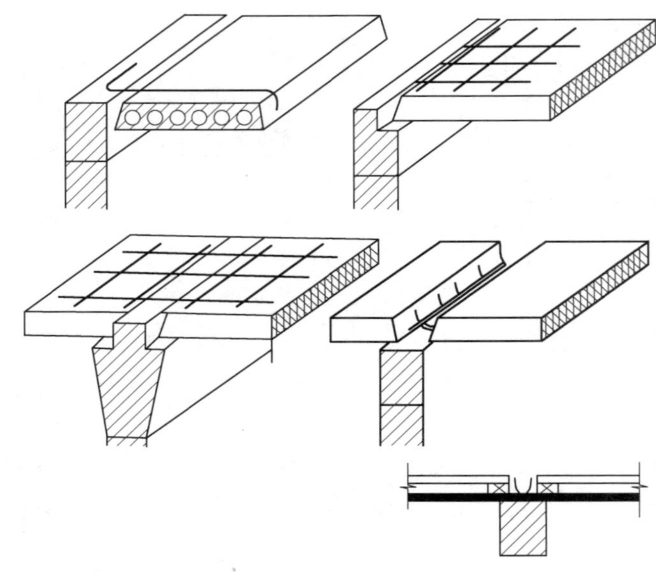

图 4.10　各种锚固筋的放置方式

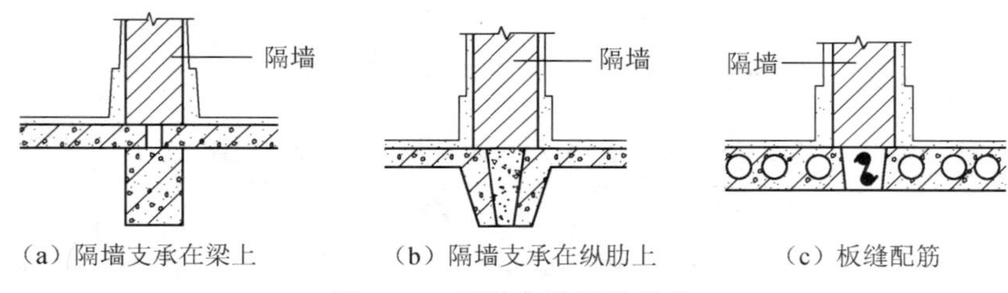

（a）隔墙支承在梁上　（b）隔墙支承在纵肋上　（c）板缝配筋

图 4.11　隔墙与楼板的关系

4.2.3　装配整体式钢筋混凝土楼板

装配整体式钢筋混凝土楼板是先预制部分构件，然后在现场安装，再以整体浇筑的方法将其连成一体的楼板。它综合了现浇式楼板整体性好和装配式楼板施工简单、工期较短的优点，又避免了现浇式楼板湿作业量大、施工复杂和装配式楼板整体性较差的弱点。常用的装配整体式楼板有密肋楼板和叠合式楼板两种。

1. 密肋楼板

密肋楼板的密肋小梁有现浇和预制两种。现浇密肋楼板是以陶土空心砖、矿碴混凝土实心块等作为肋间填充块来现浇密肋和面板而成。预制小梁密肋楼板是在预制小梁之间填充陶土空心砖、矿碴混凝土实心块、煤碴空心块，上面现浇面层而成(图 4.12)。密肋楼板板底平整，有较好的隔声、保温、隔热效果，在施工中空心砖还可起到模板作用，也有利于管道的敷设。此种楼板常用于学校、住宅、医院等建筑中。

2. 预制薄板叠合楼板

预制薄板叠合楼板是由预制薄板和现浇钢筋混凝土层叠合而成的装配整体式楼板。

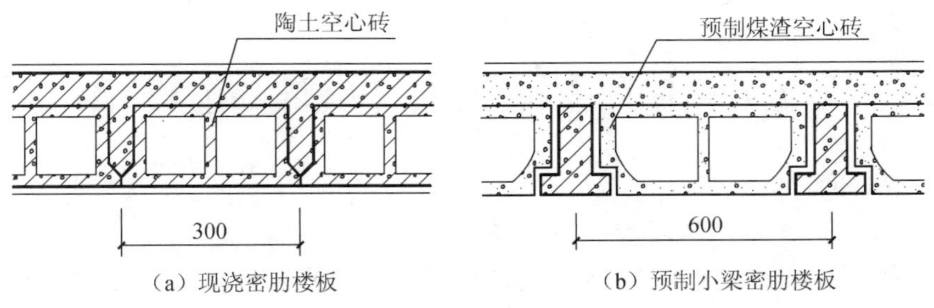

图 4.12　密肋楼板

预制薄板既是楼板结构的组成部分之一，又是现浇钢筋混凝土叠合层的永久性模板，现浇叠合层内可敷设水平设备管线。预制薄板底面平整，可直接喷浆或贴其他装饰材料作为顶棚。

叠合楼板的预制板部分通常采用预应力或非预应力薄板。为了保证预制薄板与叠合层有较好的连接，薄板上表面需做处理。如将薄板表面作刻槽处理，或在板面露出较规则的三角形结合钢筋等。预制薄板跨度一般为 4～6m，最大可达到 9m，板宽为 1.1～1.8m，板厚通常不小于 50mm。现浇叠合层厚度一般为 100～120mm，以大于或等于薄板厚度的两倍为宜。叠合楼板的总厚度一般为 150～250mm（图 4.13）。

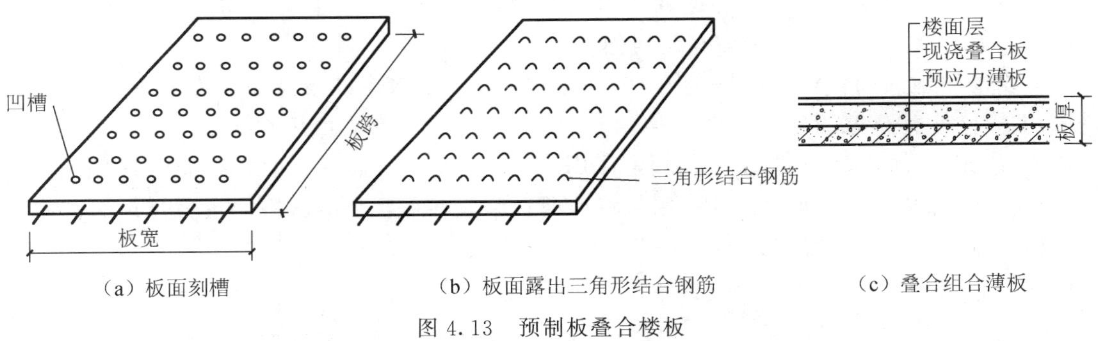

图 4.13　预制板叠合楼板

叠合楼板的预制部分也可采用普通的钢筋混凝土空心板，现浇叠合层的厚度较薄，一般为 30～50mm。

4.3　楼地面构造

楼板层的面层（楼面）及地坪层的面层通称地面，它们在构造要求及做法上基本相同，均属室内装修范畴，因此归纳在一起叙述。

4.3.1　常见地面的构造

地面的名称是依据面层所用的材料来命名的。根据面层所用的材料及施工方法的不同，常用地面可分为四大类型，即整体地面、块材地面、卷材地面和涂料地面。

1. 整体地面

整体地面是在施工现场浇注成整片的地面。常用的有水泥砂浆地面、水磨石地面、菱苦土地面等。

（1）水泥砂浆地面

水泥砂浆地面通常是用水泥砂浆抹压而成的。它原料供应充足方便，造价低，耐水性好，是目前应用最广泛的一种低档地面做法，但有易结露、易起灰、无弹性、热传导性高等缺点。

水泥砂浆地面有单层和双层构造之分。单层做法是先刷素水泥砂浆结合层一道，再用15～20厚1∶2水泥砂浆压实抹光。双层做法是先以15～20厚1∶3水泥砂浆打底、找平，再以5～10mm厚1∶2或1∶5的水泥砂浆抹面。分层构造虽增加了施工程序，却容易保证质量，减少了表面干缩时产生裂纹的可能。当前以双层水泥砂浆地面居多。

（2）水磨石地面

水磨石地面是用水泥作胶结材料、大理石或白云石等中等硬度石料的石屑作骨料而形成的水泥石屑浆浇抹硬结后，经磨光打蜡而成。其性能与水泥砂浆地面相似，但耐磨性更好，表面光洁，不易起灰。由于其造价较高，常用于卫生间、公共建筑的门厅、走廊、楼梯间以及标准较高的房间。

水磨石地面的常规做法是先用10～15mm厚1∶3水泥砂浆打底、找平，按设计图采用1∶1水泥砂浆固定分格条（玻璃条、铜条或铝条等），再用(1∶2)～(1∶2.5)水泥石碴浆抹面，浇水养护约一周后用磨石机磨光，再用草酸清洗，打蜡保护(图4.14)。水磨石地面分格的作用是将地面划分成面积较小的区格，减少开裂的可能。分格条形成的图案增加了地面的美观，同时也方便了维修。

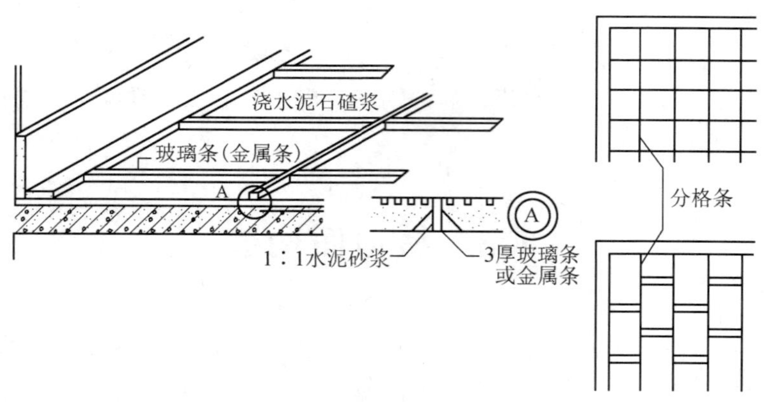

图4.14　水磨石地面

2. 块材地面

块材地面是指利用各种块材铺贴而成的地面。按面层材料不同有陶瓷板块地面、石板地面、木地面等。

（1）陶瓷板块地面

用于地面的陶瓷板块有缸砖、陶瓷锦砖、釉面陶瓷地砖、瓷土无釉砖等。这类地面的特点是表面致密光洁、耐磨、耐腐蚀、吸水率低、不变色，但造价偏高，一般适用于用水的房间以及有腐蚀的房间，如厕所、舆洗室、浴室和实验室等。

缸砖等陶瓷板块地面的铺贴方式是在结构层或垫层找平的基础上撒素水泥面（洒适量清水），用 5～10mm 厚1∶1水泥浆铺平拍实，再用干水泥擦缝(图 4.15)。

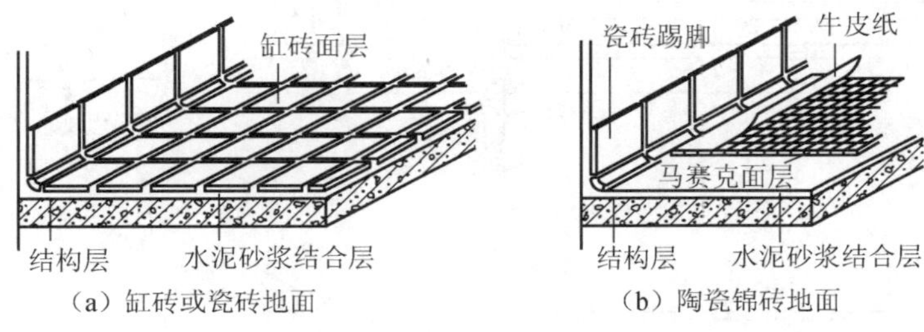

（a）缸砖或瓷砖地面　　（b）陶瓷锦砖地面

图 4.15　陶瓷板块地面

（2）石板地面

石板地面包括天然石地面和人造石地面。

天然石有大理石和花岗石等。人造石有预制水磨石板、人造大理石板等。与陶瓷板块地面相比，大理石板、水磨石板不很耐磨，主要是为了装饰效果。磨光花岗石板的耐磨性与装饰效果极佳，但价格十分昂贵，是高档的地面装饰材料。

这些石板尺寸较大，一般为(300mm×300mm)～(1000mm×1000mm)，铺设时需预先试铺，合适后再正式粘贴，粘贴表面的平整度要求高。其构造做法是在混凝土垫层上先用 20～30mm 厚(1∶3)～(1∶4)干硬性水泥砂浆找平，再用 5～10mm 厚1∶1水泥砂浆铺贴石板，缝中灌稀水泥浆擦缝。

（3）木地面

木地面的主要特点是有弹性、不起灰、不返潮、易清洁、保温性好，但耐火性差，保养不善时易腐朽，且造价较高，一般用于装修标准较高的住宅、宾馆、体育馆、健身房、剧院舞台等建筑中。

木地面按构造方式有空铺式和实铺式两种。空铺木地面耗木料多已少用。实铺木地面有铺钉式和粘贴式两种做法。

铺钉式木地板是在直接钉在实体基层上的木搁栅上铺没木地板，而木搁栅可用预埋镀锌铁丝固定在结构层上。为了防腐，可在基层上刷冷底子油一道，热沥青玛瑞脂两道，木龙骨及横撑等均满涂氟化钠防腐剂。另外，还应在踢脚板处设置通风口，使地板下的空气疏通，以保持干燥，如图 4.16（a，b）所示。

粘贴木地面是将木地面用粘结材料直接粘贴在找平层上。其做法是在找平层上刷冷底子油和热沥青各一道作为防潮层，再用胶粘剂随涂随铺 20mm 厚硬木长条地板。当面层为小席纹拼花木地板时，可直接用胶粘剂刷在水泥砂浆找平层上进行粘贴[图 4.16（c)]。

木地板做好后应油漆打蜡，以保护地面。

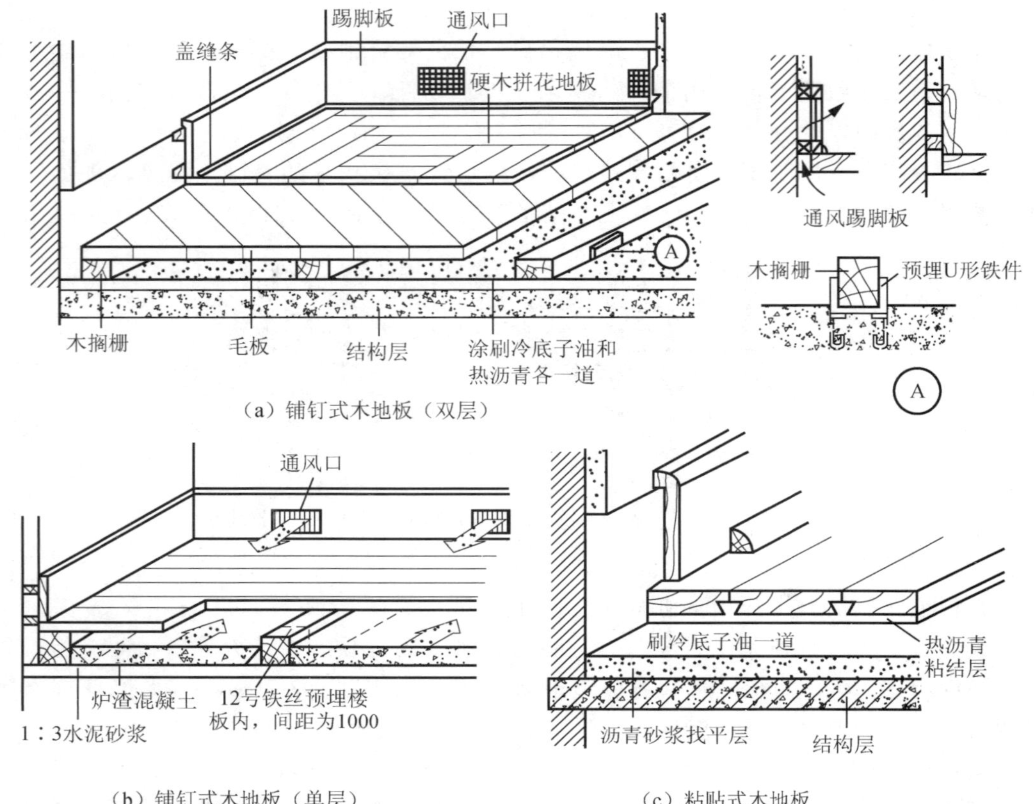

图 4.16　实铺木地面构造做法

3. 卷材地面

卷材地面是用成卷的铺材铺贴而成。常见卷材有软质聚氯乙烯塑料地毡、橡胶地毡以及地毯等。可用粘结剂粘贴在水泥砂浆找平层上，也可干铺。

4. 涂料地面

涂料地面是利用涂料涂刷或涂刮而成，如地板漆、人工合成高分子涂料等。人工合成高分子涂料是由合成树脂加入填料、颜料等搅拌混合而成的材料。这种地面无缝、易于清洁，并且施工方便，造价较低，可以提高地面的耐磨性、韧性和不透水性，适用于一般建筑水泥地面装修。

4.3.2　地面细部构造

1. 地面变形缝构造

地面变形缝包括楼板层与地坪层变形缝。对于一般民用建筑，楼板层、地坪层变形缝的位置和大小应与墙体及屋面变形缝一致。

在构造上，面层变形缝宽度不应小于10mm，混凝土垫层的缝宽不小于20mm，楼

板结构层的缝宽同墙体变形缝。缝内填塞有弹性的松软材料，如沥青玛瑺脂、沥青麻丝、金属调节片等，上铺活动盖板或橡皮条等，以防灰尘下落，地面面层也可用沥青胶嵌缝。为了美观，还应在面层和顶棚加设盖缝板，盖缝板应以允许构件能自由变形为原则。图 4.17 为楼地面变形缝构造。

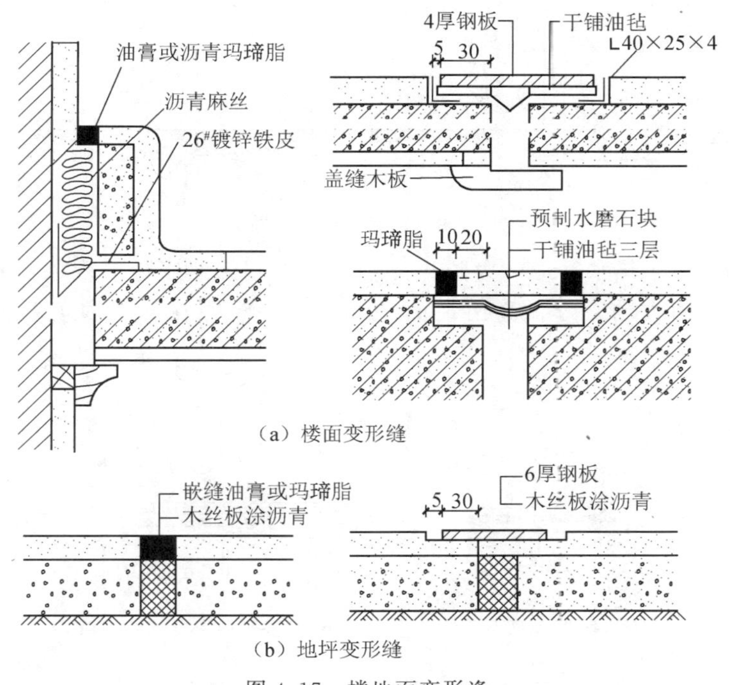

（a）楼面变形缝

（b）地坪变形缝

图 4.17　楼地面变形逢

2. 地面防排水构造

在用水频繁的房间，如厕所、舆洗室、淋浴室、实验室等，地面容易积水，且易发生渗漏水现象，因此应做好楼地面的排水和防水。

（1） 地面排水

为排除室内积水，地面应有一定坡度，一般为 1%～1.5%，并设置地漏，使水有组织地排向地漏；为防止积水外溢，影响其他房间的使用，有水房间地面应比相邻房间或地面低 20～30mm；若不设此高差，即两房间地面等高时，则应在门口做 20～30mm 高的门槛（图 4.18）。

（2） 地面防水

频繁用水的房间，楼板以现浇钢筋混凝土楼板为佳，面层材料通常为整体现浇水泥砂浆、水磨石或贴瓷砖等防水性较好的材料。对于防水要求较高的房间，还应在楼板与面层之间设置防水层。常见的防水材料有卷材、防水砂浆和防水涂料。为防止周边墙脚浸水，应将防水层沿周边向上泛起至少 150mm ［图 4.19（a）］。当遇到开门时，应将防水层向外延伸 250mm 以上 ［图 4.19（b）］。

当竖向管道穿越楼地面时，也容易产生渗透，处理方法一般有两种：对于冷水管道，可在竖管穿越的四周用 C20 干硬性细石混凝土填实，再以卷材或涂料作密封处理

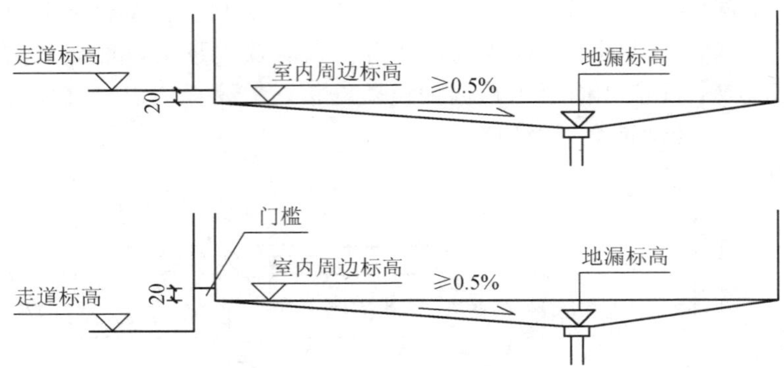

图 4.18　用水房间地面排水

[图 4.19（c）]；对于热水管道，为防止温度变化引起的热胀冷缩现象，常在穿管位置预埋比竖管管径稍大的套管，高出地面 30mm 左右，并在缝隙内填塞弹性防水材料[图 4.19（d）]。

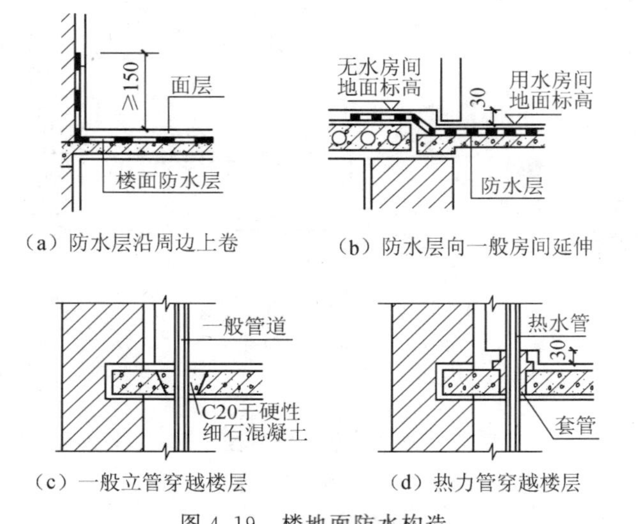

图 4.19　楼地面防水构造

3. 踢脚线构造

地面与墙面交接处的垂直部位，在构造上通常按地面的延伸部分来处理，这一部分称为踢脚线，也称为踢脚板，它可以保护室内墙脚，避免扫地或拖地板时污染墙面。踢脚的高度一般为 100～150mm，所用的材料有水泥砂浆、水磨石、木材、石材等，一般应与室内地面材料一致或相适应。当采用多孔砖或空心砖砌筑墙体时，为保证室内踢脚质量，楼地面之上应改用三皮实心砖砌筑。

4.4　顶 棚 构 造

顶棚是楼板层下面的装修层。对顶棚的基本要求是光洁、美观，能通过反射光照

来改善室内采光和卫生状况。对某些房间还要求具有防火、隔声、保温、隐蔽管线等功能。

顶棚按构造方式不同分为直接式顶棚和悬吊式顶棚两种类型。

4.4.1　直接式顶棚

直接式顶棚是指直接在楼板底喷刷、抹灰和贴面的顶棚。

当室内装饰要求不高时，可在楼板底面填缝刮平后直接喷刷石灰浆或涂料两遍。当楼板底面不够平整或室内装修要求稍高时，可在楼板底抹灰，常用纸筋石灰浆、水泥砂浆和混合砂浆、麻刀石灰浆等。对某些装修标准较高或有保温、隔声要求的房间，可于板底直接粘贴吸声板、泡沫塑料板、铝塑板等。

4.4.2　悬吊式顶棚

悬吊式顶棚悬挂在屋顶或楼板下，由骨架和面板组成，简称吊顶或吊顶棚。吊顶构造复杂、施工麻烦、造价较高，一般用于装修标准较高而楼板底部不平或楼板下面敷设管线的房间，以及有特殊要求的房间。

吊顶龙骨用来固定面板并承受其重量，一般由主龙骨和次龙骨两部分组成。主龙骨多采用轻型金属龙骨，通过 $\phi 6$ 钢筋或 $\phi 8$ 螺栓吊筋与楼板相连，一般单向布置，间距为 900～1200mm；次龙骨固定在主龙骨上，截面有 U 形、⊥形和凹形等，一般垂直于主龙骨布置，间距视面层材料和顶棚外形而定，为铺钉装饰面板和保证龙骨的整体刚度，应在次龙骨之间增设横撑。最后在次龙骨上固定面板。

面板有各种人造板和金属板。人造板一般有纸面石膏板、浇注石膏板、水泥石棉板、铝塑板等；金属板有铝板、铝合金板、不锈钢板等。面板可借用自攻螺丝固定在龙骨上或直接搁放于龙骨内（图 4.20）。

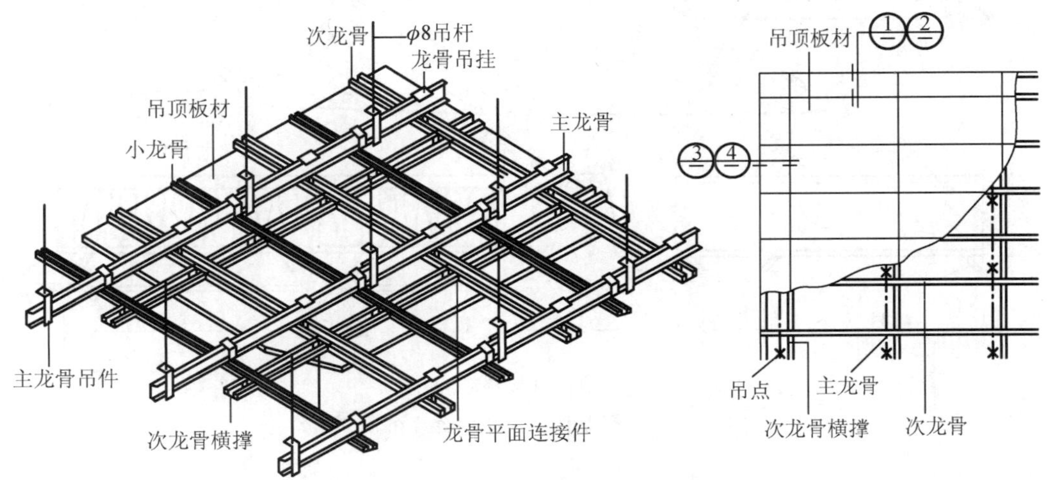

图 4.20　轻钢龙骨吊顶和铝合金吊顶

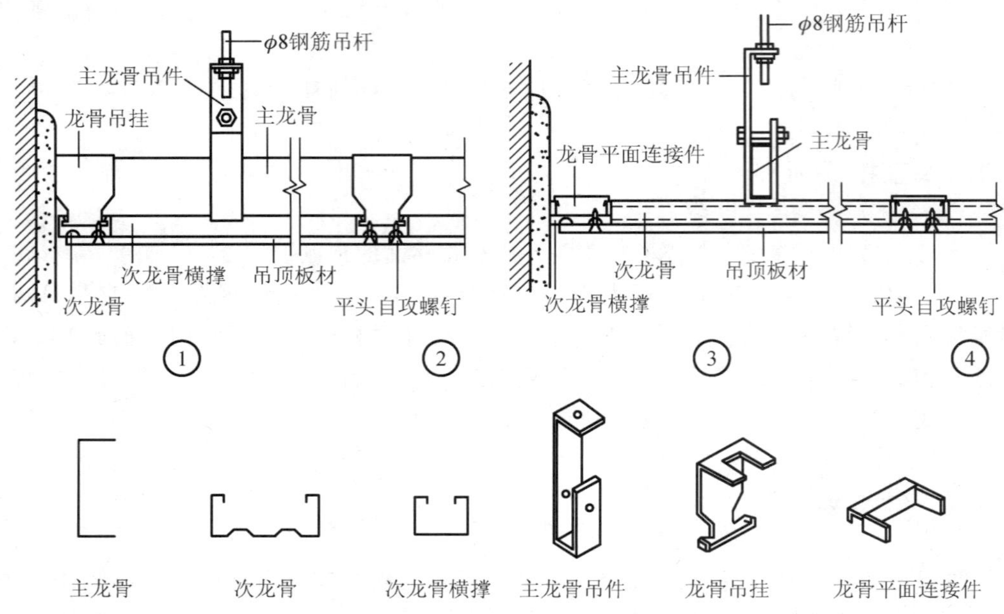

（a）钢龙骨吊顶（龙骨不外露）

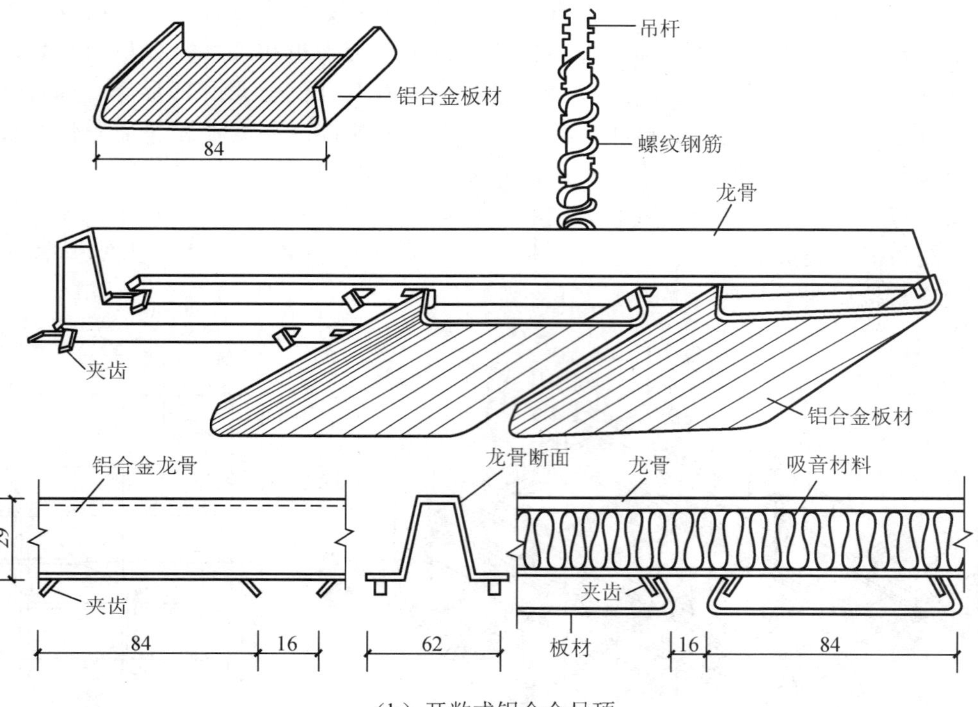

（b）开敞式铝合金吊顶

图 4.20　轻钢龙骨吊顶和铝合金吊顶（续）

4.5　阳台与雨篷构造

4.5.1　阳台

1. 阳台的类型

阳台是楼房建筑中不可缺少的室内外过渡空间。人们可利用阳台晒衣、休息、眺望或从事家务活动。阳台按与外墙的位置关系可分为凸阳台、凹阳台与半凸阳台（图 4.21）。

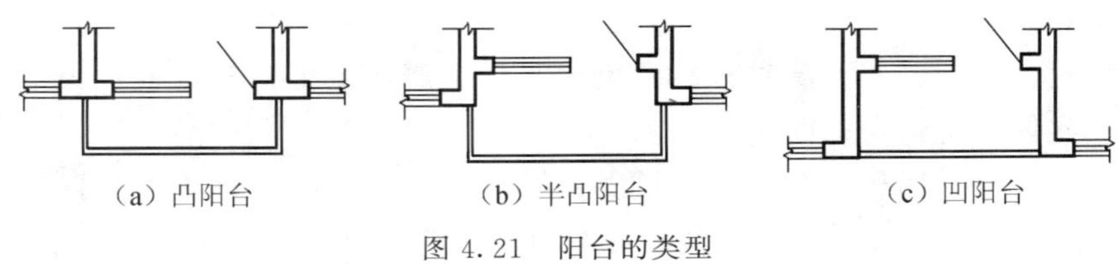

（a）凸阳台　（b）半凸阳台　（c）凹阳台

图 4.21　阳台的类型

2. 阳台的结构布置

阳台的结构布置指阳台底板的结构处理方法，包括搁板式、挑板式、挑梁式三种形式（图 4.22）。

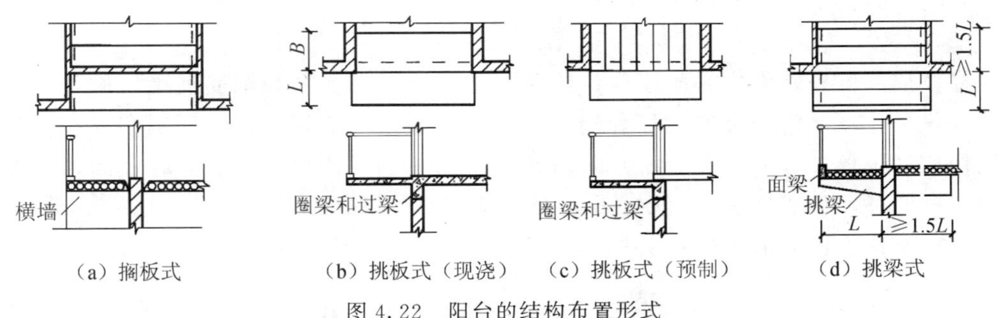

（a）搁板式　（b）挑板式（现浇）　（c）挑板式（预制）　（d）挑梁式

图 4.22　阳台的结构布置形式

（1）搁板式

在凹阳台中，将阳台板搁置于阳台两侧凸出来的墙上，即形成搁板式阳台，阳台板型和尺寸与楼板一致，施工方便。在寒冷地区采用搁板式阳台，可以避免冷桥。

（2）挑板式

挑板式阳台的一种做法是利用楼板从室内向外延伸，即形成挑板式阳台。这种阳台构造简单，施工方便，但预制板型增多，且对寒冷地区保温不利，是纵墙承重住宅阳台的常用做法，阳台的长宽可不受房屋开间的限制而按需要调整。

挑板式阳台的另一种做法是将阳台板与墙梁整浇在一起。这种形式的阳台底部平整，长度可调整，但须注意阳台板的稳定。一般可通过增加墙梁长度，借梁自重平衡；也可利用楼板的重量或其他措施来平衡。

（3）挑梁式

由墙体向外挑梁，梁上设板形成。阳台荷载通过挑梁传给墙体，由压在挑梁上的墙体和楼板来抵抗阳台的倾覆力矩。挑梁压在墙中的长度应不小于1.5倍的挑出长度。为美观起见，可在挑梁端头设置面梁，既是可遮挡挑梁头，又可承受阳台栏杆重量，加强阳台的整体性。

3. 阳台栏杆和扶手

（1）栏杆

栏杆是在阳台外围设置的垂直构件，其作用有两个方面：一方面是承担人们推倚的侧向力，以保证人的安全；另一方面是对建筑物起装饰作用。因而栏杆的构造要求是坚固和美观。

栏杆按材料不同，有金属栏杆、砖砌栏板，钢筋混凝土栏杆（板）等。栏杆的形式有空花、实体和组合式栏杆。

金属栏杆多为圆钢和方钢，它们与阳台板中预埋的通长扁钢焊牢或直接插入阳台板的预留孔内。钢栏杆自重小，造型轻巧，但易锈蚀，如为其他合金，则造价较高。

砖栏板通常采用立砌和顺砌两种方式。砖栏板自重大，抗震性能差，为确保安全，常在栏板中配置通长钢筋或外侧固定钢筋网，并采用现浇扶手。

钢筋混凝土栏杆可与阳台板整浇在一起，也可采用预制栏杆，借预埋铁件相互焊牢，并与阳台板或面梁焊牢。钢筋混凝土栏杆造型丰富，可虚可实，耐久性和整体性好，自重较砖栏杆轻，因此钢筋混凝土栏杆应用较为广泛。

（2）扶手

栏杆顶部供人们倚扶的连续构件称为扶手。扶手有金属和钢筋混凝土两种。金属扶手一般为 ϕ50 钢管与金属栏杆焊接。钢筋混凝土扶手应用广泛，形式多样，一般直接用作栏杆压顶，宽度有 80mm、120mm、160mm。当扶手上需放置花盆时，需在外侧设保护栏杆，一般高 180～200mm，花台净宽为 240mm。

栏杆及扶手构造举例如图 4.23 所示。

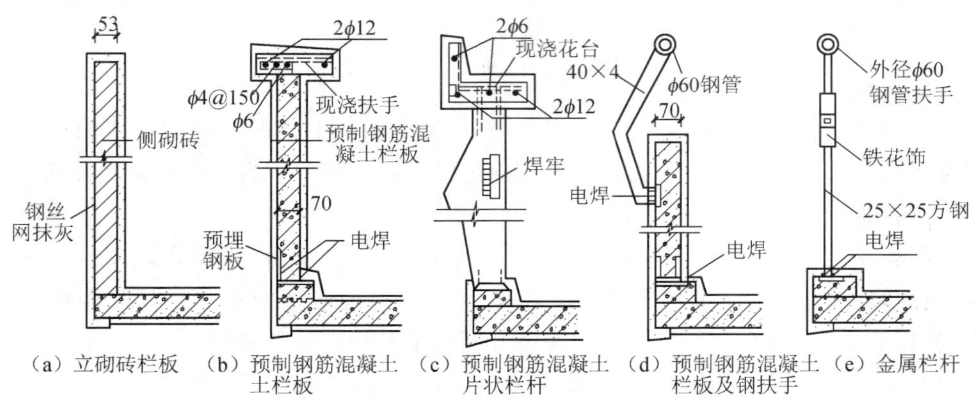

（a）立砌砖栏板　（b）预制钢筋混凝土土栏板　（c）预制钢筋混凝土片状栏杆　（d）预制钢筋混凝土栏板及钢扶手　（e）金属栏杆

图 4.23　栏杆及扶手构造

4.5.2　雨篷

雨篷是建筑物入口处和顶层阳台上部用以遮挡雨水、保护外门免受雨水侵蚀的水平构件。雨篷的形式是多种多样的，根据雨篷板的支承方式不同，有挑板式和梁板式（图 4.24）。挑板式雨篷由雨篷梁悬挑雨篷板，雨篷梁兼作过梁，外挑长度一般为0.9～1.5m，可采用无组织排水和有组织排水，常用于次要出入口。当挑出长度较大时，一般做成挑梁式，为使底板平整，可将挑梁上翻。

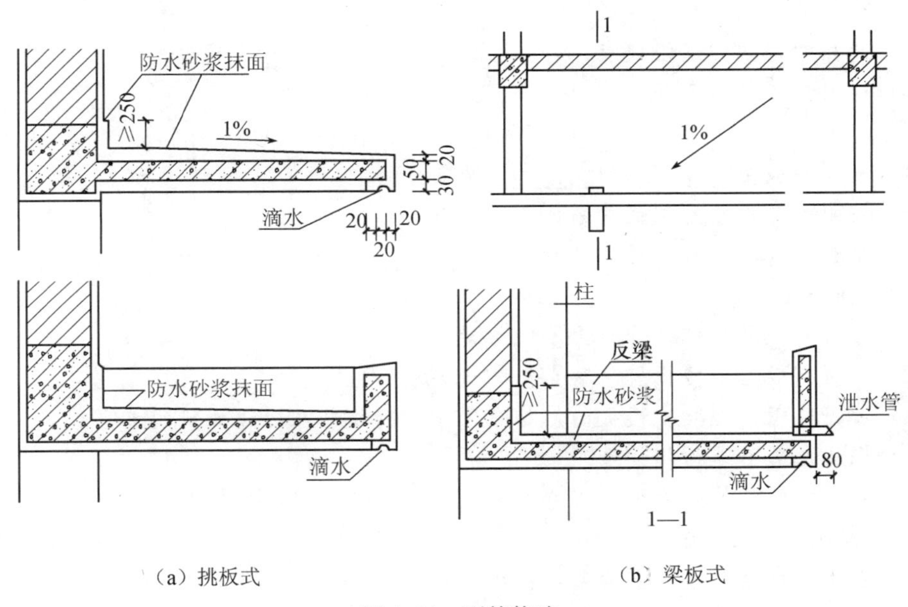

（a）挑板式　　（b）梁板式

图 4.24　雨篷构造

小　　结

1. 楼地层包括楼板层和地坪层。楼板层是楼房的分层构件，楼板层的基本组成部分有面层、结构层和顶棚三部分，地坪层的基本组成部分有面层、垫层和基层三部分，有特殊要求时增设附加层。楼地层要满足安全、使用功能和经济等方面的要求。

2. 根据钢筋混凝土楼板的施工方法不同，可分为现浇式、装配式和装配整体式三种。现浇钢筋混凝土楼板有板式楼板、肋梁楼板、无梁楼板和压型钢板组合楼板。装配式钢筋混凝土楼板常用的板型有实心平板、槽形板、空心板等，应注意加强楼板的整体性。装配整体式楼板是在现场安装预制构件，再整体浇筑的楼板。常用的装配整体式楼板有密肋楼板和叠合式楼板两种。

3. 根据面层所用的材料及施工方法不同，常见地面有整体地面、块材地面、卷材地面和涂料地面等四种类型。要注意地面变形缝、防排水等细部构造。

4. 顶棚是楼板层下面的装修层。顶棚按构造方式不同有直接式顶棚和悬吊式顶棚两种类型。直接式顶棚是指直接在楼板底喷刷、抹灰和贴面。悬吊式顶棚悬挂在屋顶或楼板下，由骨架和面板组成，简称吊顶或吊顶棚。

5. 阳台可视为楼板向室外的延伸。按阳台与外墙的位置关系有凸阳台、半凸阳台、凹阳台，阳台的结构布置方式有搁板式、挑板式、挑梁式。雨篷是建筑出入口的挡雨设施，根据板的支承方式不同，有挑板式和梁板式。

思考与练习题

4.1 填空题

(1) 楼板层的基本构造组成有________、________、________等。

(2) 地坪的基本构造组成有________、________、________等。

(3) 根据施工方法不同，钢筋混凝土楼板可分为________、________和________三种。

(4) 吊顶一般由________和________两部分组成。

(5) 按阳台与外墙的位置关系，阳台可分为________、________和________。

(6) 阳台底板的结构布置方式有________、________和________。

4.2 简述题

(1) 分析现浇肋形楼板的布置原则和传力特点。

(2) 压型钢板组合楼板有何特点？构造要求如何？

(3) 装配式钢筋混凝土楼板的结构布置原则有哪些？板缝如何调整？

(4) 简述水磨石地面的构造。

(5) 阳台板的结构布置形式有哪些？各适用于什么情况？

4.3 画图题

(1) 图示楼板层和地坪层的基本组成。

(2) 图示表示装配式楼板的板与板、板与墙和梁的连接构造。

(3) 图示表示地面变形缝构造。

4.4 实训题

按书中图示轻钢龙骨吊顶，组装吊筋、主龙骨及主龙骨吊件、次龙骨及次龙骨吊件，加强吊顶构件的空间位置及安装构造认识。

第 5 章 楼梯构造

∵ 知识点

1. 楼梯的设计要求、构造组成和形式
2. 楼梯各组成部分的尺度和设计方法、步骤
3. 楼梯、台阶、坡道构造
4. 电梯和自动扶梯构造

∵ 学习要求

1. 掌握楼梯各部分的尺度和设计方法
2. 掌握钢筋混凝土楼梯构造
3. 掌握踏步、栏杆扶手、台阶坡道等细部构造
4. 了解楼梯的构造组成和形式
5. 了解电梯和自动扶梯构造

5.1 楼梯的组成及类型

楼梯是建筑物的竖向联系构件，主要供人流上下楼层和疏散之用。因此，对楼梯的设计要求首先是应具有足够的通行能力，即保证楼梯有足够的宽度和合适的坡度；其次，为使楼梯通行安全，应保证楼梯有足够的强度、刚度，并具有防火、防烟和防滑等方面的要求；在建筑中，布置楼梯的房间称为楼梯间。楼梯间要注意采光和通风，楼梯造型要美观，增强建筑物内部空间的观瞻效果。

在我国北方地区当楼梯间兼作建筑物出入口时，要注意楼梯间的防寒问题，一般可设置门斗或双层门。楼梯间的门应开向人流疏散方向，底层应有直接对外的出口。

5.1.1 楼梯的组成

楼梯一般由楼梯梯段、平台、栏杆扶手三部分组成。图 5.1 是楼梯组成示意图。

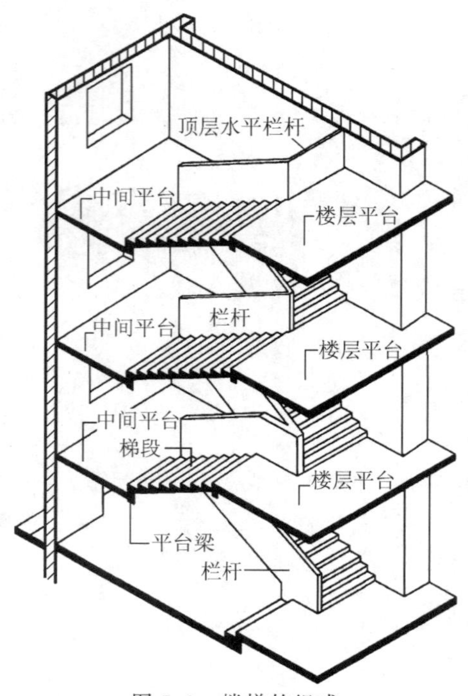

图 5.1　楼梯的组成

（1）楼梯梯段

设有踏步供楼层间上下行走的通道段落称梯段，它是楼梯的主要使用和承重部分。为减少人们上下楼梯时的疲劳和适应人行的习惯，一个楼梯梯段的踏步数量最多不超过 18 级，最少不少于 3 级。

（2）平台

平台是指连接两个相邻楼梯段的水平部分，包括楼层平台和中间平台，与楼层标高相一致的平台称为楼层平台，而介于相邻两个楼层之间的平台称为中间平台，其主要作用是休息和转向。

（3）栏杆扶手

为保证安全，楼梯段和平台的临空边缘应安装栏杆。因此，要求栏杆必须坚固可靠，并保证有足够的安全高度。栏杆顶部应设扶手。

5.1.2　楼梯的类型

楼梯的分类方法很多，一般按如下方式分类。

（1）按楼梯的材料分类

按楼梯所用的材料不同，楼梯分为木楼梯、钢楼梯、钢筋混凝土楼梯等。

（2）按楼梯的位置分类

按楼梯所处的位置不同，楼梯分为室内楼梯和室外楼梯。

（3）按楼梯的使用性质分类

按楼梯的使用性质不同，楼梯分为主要楼梯、次要楼梯、消防楼梯等。

(4) 按楼梯的平面形式分类

按楼梯的平面形式不同，楼梯有直跑式楼梯（单跑和多跑）、平行双跑楼梯、平行双分双合楼梯、折行多跑楼梯、剪刀和交叉楼梯、曲线楼梯等，如图 5.2 所示。

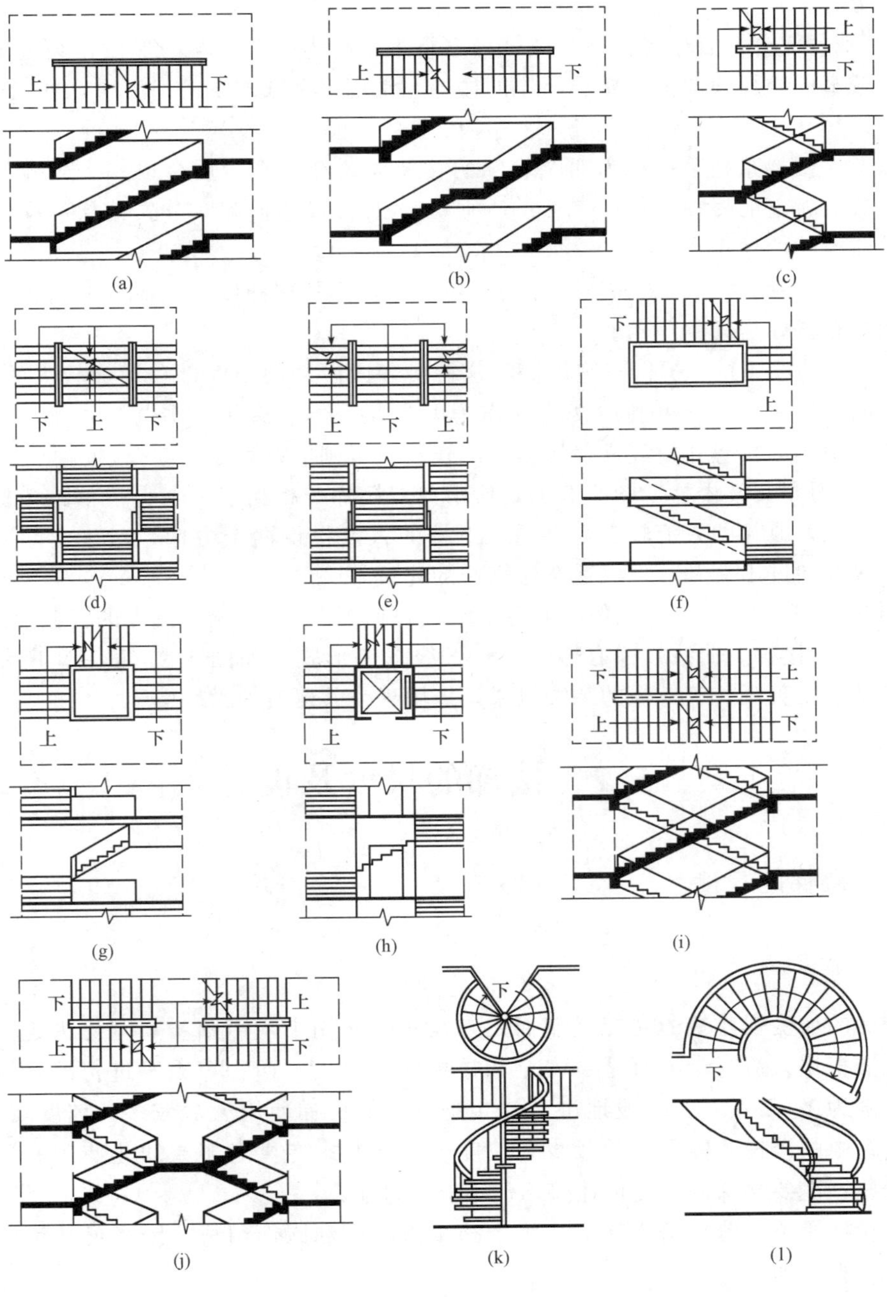

(a)　(b)　(c)

(d)　(e)　(f)

(g)　(h)　(i)

(j)　(k)　(l)

图 5.2　楼梯的形式

1) 直跑式楼梯。直跑式楼梯系指沿着一个方向上楼的楼梯。它有单跑［图 5.2 (a)］和多跑［图 5.2 (b)］之分。直跑式楼梯所占楼梯间的宽度较小，长度较大，常用于住宅等层高较小的房屋。

2）平行双跑楼梯。如图 5.2（c）所示，这种楼梯指第二跑楼梯段折回和第一跑楼梯段平行的楼梯，所占楼梯间长度较小，面积紧凑，使用方便，是建筑物中较多采用的一种形式。

3）平行双分双合楼梯。双分式楼梯系指第一跑为一个较宽的梯段，经过平台后分成两个较窄的楼梯段与上一楼层相连的楼梯，常用于公共建筑的门厅中，如图 5.2（d）所示。

双合式楼梯系指第一跑为两个较窄的楼梯段，经过平台后合成一个较宽的楼梯段与上一楼层相连的楼梯，如图 5.2（e）所示。双合式楼梯和双分式楼梯一样适宜布置在公共建筑的门厅中。

4）折行多跑楼梯。图 5.2（f）为折行双跑楼梯，这种楼梯人流导向自由，折角多变，适宜布置在房间的一角。

图 5.2（g，h）为折行三跑楼梯。这种楼梯段围绕的中间部分形成较大的楼梯井，在设有电梯的建筑中，可利用楼梯井作为电梯井，当楼梯井未作电梯井时，不能用于幼儿园、中小学校等儿童经常使用楼梯的建筑，否则应有可靠的安全措施。

5）剪刀和交叉楼梯。图 5.2（i）所示剪刀楼梯，相当于两个直行单跑楼梯交叉并列布置而成，通行的人流较多，且为上下楼的人流提供两个方向，对于空间开敞、楼层人流多方向进出有利，但仅适合层高小的建筑。

图 5.2（j）所示交叉楼梯相当于双跑式楼梯对接，多用于人流大的公共建筑。

6）曲线楼梯。曲线楼梯有螺旋形、弧线形等形式，如图 5.2（k，l）所示。曲线楼梯造型比较美观，有较强的装饰效果，多用于公共建筑的大厅中。

5.2 楼梯的尺度及设计

5.2.1 楼梯的尺度

1. 踏步尺度

楼梯的坡度视建筑的功能类型而定，在实际应用中均由踏步高宽比决定。踏步的高宽比需根据人流行走的舒适、安全和楼梯间的尺度、面积等因素进行综合权衡。常用的坡度为 1∶2 左右。一般地讲，公共建筑中的楼梯使用人数较多，坡度应平缓些；住宅建筑中的楼梯，使用人数较少，坡度可稍陡些；专供老年或幼儿使用的楼梯坡度须平缓些；次要楼梯的坡度可陡些，但不应超过 45°。

楼梯梯段是由若干踏步组成，每个踏步由踏面和踢面组成。踏步尺寸可按下列经验公式计算，即

$$2h+b=600\sim620\text{mm} \text{ 或 } h+b=450\text{mm}$$

式中，h——踏步踢面高度；

b——踏步踏面宽度。

600～620mm 表示一般人的步距。

常用适宜踏步尺寸见表 5.1。

表 5.1 常用适宜踏步尺寸

名 称	住 宅	学校、办公楼	剧院、会堂	医院（病人用）	幼儿园
踏步高/mm	150～175	140～160	120～150	150	120～150
踏步宽/mm	260～300	280～340	300～350	300	260～300

当踏步尺寸较小时，可以采取加做踏口或使踢面倾斜的方式加宽踏面。踏口的挑出尺寸为 20～40mm，这个尺寸过大时行走不方便。踏步尺寸如图 5.3 所示。

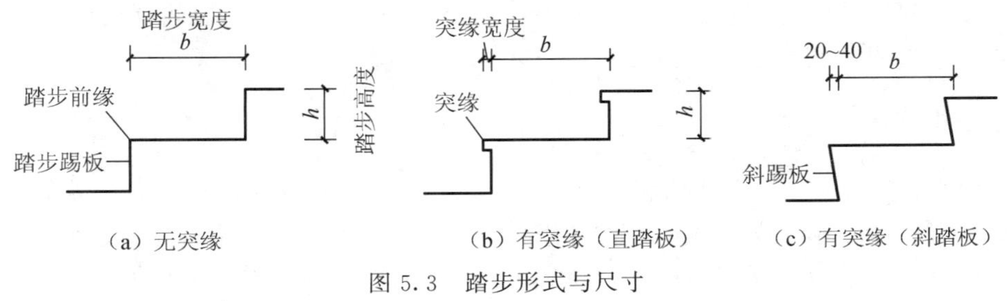

图 5.3 踏步形式与尺寸

2. 栏杆扶手

楼梯栏杆扶手高度是指踏面前缘至扶手顶面的垂直距离。扶手高度与楼梯坡度、楼梯的使用要求有关。很陡的楼梯，扶手高度矮些，坡度平缓时高度稍大。一般室内扶手高度取 900mm；儿童使用的扶手高度一般取 600mm；楼梯水平段长度大于 500mm 时，扶手高度不应小于 1050mm（图 5.4）。有儿童经常使用的楼梯，栏杆应采用不易攀登的构造，垂直杆件的净距不应大于 0.11m。

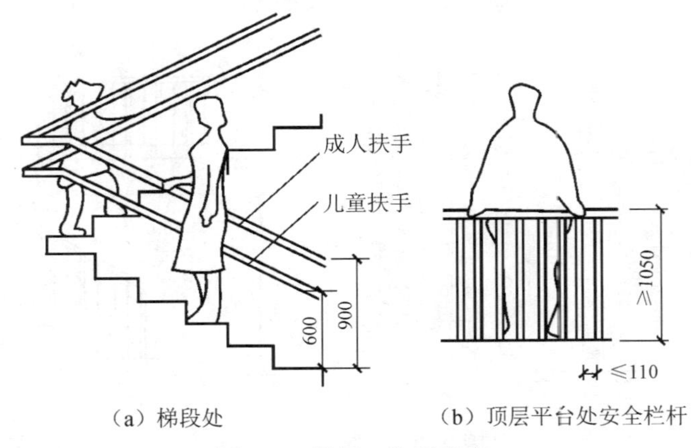

图 5.4 栏杆、扶手高度

3. 梯段尺度和梯井宽度

楼梯段宽度的确定要考虑同时通过人流的股数及是否需通过尺寸较大的家具或设备等特殊的需要。一般楼梯段需考虑同时至少通过两股人流，即上行与下行在楼梯段中间相遇能通过。根据人体尺度每股人流宽可考虑取 550mm＋（0～150mm），这里 0～150mm 是人流在行进中人体的摆幅。楼梯段宽度和人流股数关系要处理恰当。单股人流梯段宽不小于 850mm，两股人流 1100～1200mm，三股人流 1500～1800mm，其余类推。同时需满足各类建筑规范中对梯段宽度的限定，如住宅一般不小于 1100mm，公共建筑不小于 1300mm 等。

梯段长度（L）则是每一梯段的水平投影长度，其值为 $L=b(n-1)$，其中 b 为踏面宽，n 为梯段的踏步数，注意每梯段的踏面数比踏步数少 1。

两梯段的间隙称楼梯井，楼梯井的宽度一般取 60～200mm；有儿童经常使用的梯井净宽＞110mm 时，必须采取防止儿童攀滑的安全措施。

在楼梯间尺寸已定的前提下，梯段宽应按开间确定。对于楼梯间开间净宽为 A 的双跑楼梯，当梯井宽为 C 时，梯段宽为（$A-C$）/2。

4. 楼梯平台的宽度

楼梯平台宽度应满足通行和搬运家具的要求。对于平行和折行多跑楼梯，其转向后的平台宽度应不小于梯段宽度，住宅尚要求不小于 1200mm，医院建筑还要保证担架的转向通行，其平台宽度应不小于 1800mm。对于直行多跑楼梯，其中间平台宽度可等于梯段宽或不小于 1000mm。

5. 楼梯的净空高度

楼梯的净空高度包括楼梯段的净高和平台过道处的净高。楼梯段的净高是指自踏步前缘线（包括最低和最高一级踏步前缘线以外 300mm 范围内）量至正上方突出物下缘间的垂直距离。平台过道处净高是指平台梁底至平台梁正下方踏步或楼地面上边缘的垂直距离。为保证在这些部位通行或搬运物件时不受影响，平台过道处的净空高度应不小于 2m，在楼梯段处净空高度应不小于 2.2m（图 5.5）。

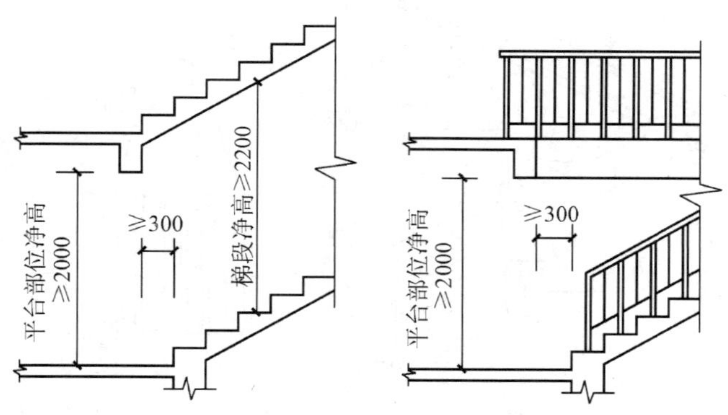

图 5.5　楼梯的净空高度

在双跑楼梯中，当首层平台下作通道不能满足 2m 的净高要求时，可采取以下办法解决：

1）将底层第一梯段增长，形成级数不等的梯段。这种处理必须加大进深［图 5.6（a）］。

2）楼梯段长度不变，降低梯间底层的室内地面标高，这种处理，梯段构件统一，但是室内外地坪高差要满足使用要求［图 5.6（b）］。

3）将上述两种方法结合，即利用部分室内外高差，又做成不等跑梯段，满足楼梯净空要求，这种方法较常用［图 5.6（c）］。

4）底层用直跑楼梯，直达二楼。这种处理楼梯段较长，需楼梯间也较长［图5.6（d）］。

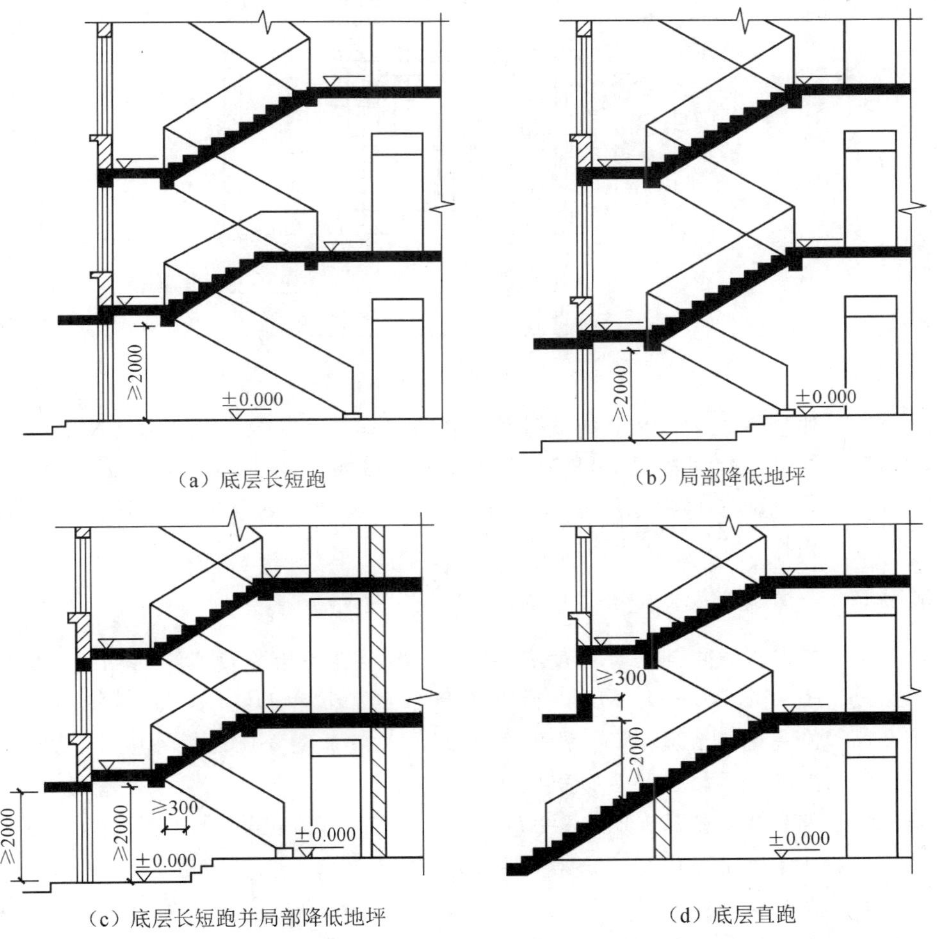

（a）底层长短跑　（b）局部降低地坪　（c）底层长短跑并局部降低地坪　（d）底层直跑

图 5.6　底层中间平台下做出入口时的处理方式

5.2.2　楼梯的设计

楼梯设计应根据使用要求选择合适的形式，布置恰当的位置，根据使用性质、人流通行情况及防火规范综合确定楼梯的宽度及数量，并根据使用对象和使用场合选择最合适的坡度。这里结合图 5.7 介绍在已知楼梯间的层高、开间、进深尺寸的前提下平行双跑楼梯的设计。

1. 设计步骤

第一步　根据建筑的性质和用途，确定楼梯的适宜坡度，选择踏步高宽尺寸 h 和 b。

第二步　确定每层踏步级数 N。$N=H/h$。N 应为整数，尽量为偶数，以减少构

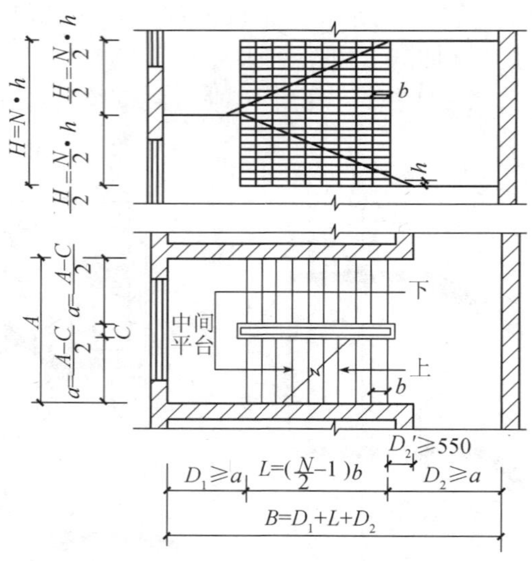

图 5.7　楼梯尺寸计算

件规格。这样反过来调整踏步高 h。每个楼梯段的级数 $n=N/2$。

第三步　根据楼梯间净宽 A 和取定的梯井宽 C 确定楼梯段宽度，$a=(A-C)/2$。同时检查其通行能力是否满足疏散时人流股数要求，如不能满足，应调整梯井宽 C 或开间净宽 A。

第四步　计算梯段水平投影长度 L，$L=\left(\frac{N}{2}-1\right)\times b$。

第五步　确定楼梯中间平台宽度 D_1（$\geqslant a$）和楼层平台宽度 D_2（$\geqslant a$）。$D_1+D_2=B-L$，常取 $D_2\geqslant D_1$。如不能满足 $D_1\geqslant a$ 和 $D_2\geqslant a$，需调整 B 值。在 B 值一定的情况下，如果尺寸宽余，一般加宽 b 值以缓冲坡度，或加宽 D_2 值以利于楼层平台分配人流。

当为公共走廊时，D_2 按 D'_2 计算，$D'_2\geqslant$550mm（上下楼梯的一股人流），以减小上下楼梯人流对走道的影响。

第六步　如果楼梯首层平台下做通道，需进行楼梯净空高度验算，使之符合要求。

第七步　绘制楼梯平面图及剖面图。

2. 设计实例

【例 5.1】　某砖混结构学生宿舍楼的内墙厚为 240mm，外墙厚为 370mm，层高为 3.3m，楼梯间开间尺寸 4.0m，进深尺寸 6.6m。楼梯平台下作出入口，室内外高差 600mm，试设计双跑楼梯。

解　1）该建筑为一学生宿舍，楼梯通行人数较多，楼梯的坡度应平缓些，初选踏步高为 $h=150$mm，踏步宽 $b=300$mm。

2）确定踏步级数。$N=3300/150=22$ 级。确定为等跑楼梯，每个楼梯段的级数为 $N/2=22/2=11$。

3）开间净尺寸 $A=4000-120\times2=3760$（mm），楼梯井宽 C 取 60mm。计算出楼梯段的宽度 $a=(A-C)/2=(3760-60)/2=1850$（mm）$>$1100mm，楼梯段宽度满足

通行两股人流的要求。

4）计算梯段水平投影长度 L。$L=(N/2-1)\times b=(22/2-1)\times 300=3000$（mm）。

5）确定平台宽度 D_1 和 D_2。楼梯间进深尺寸 $B=6600-120+120=6600$（mm），$D_1+D_2=B-L=6600-3000=3600$（mm）。取 $D_1=2000$mm（>1850mm），$D_2=3600-2000=1600$（mm）>550mm。

6）进行楼梯净空高度计算。首层平台下净空高度等于平台标高减去平台梁高，考虑平台梁高为 350mm 左右（约为平台梁净跨的 1/10）。$150\times 11-350=1300$（mm），不满足 2000mm 的净空要求。采取两种措施：一是将首层楼梯做成不等跑楼梯，第一跑为 13 级，第二跑为 9 级；二是利用室内外高差，本例室内外高差为 600mm，由于楼梯间地坪和室外地面还必须有至少 100mm 的高差，利用 450mm 高差，设 3 个 150mm 高的踏步。此时平台梁下净空高度为 $150\times 13+450-350=2050$（mm），满足净空要求。下面进一步验算进深方向尺寸是否满足要求：$D_2=B-L-D_1=6600-300\times 12-2000=1000$（mm）>550mm。

由于第一跑增加 2 级踏步，二层中间平台处净空高度减小，应验算二层中间平台处净空高度。$3300-350-150\times 2=2650$（mm）>2000mm，满足要求。

7）将上述设计结果绘制成图 5.8。

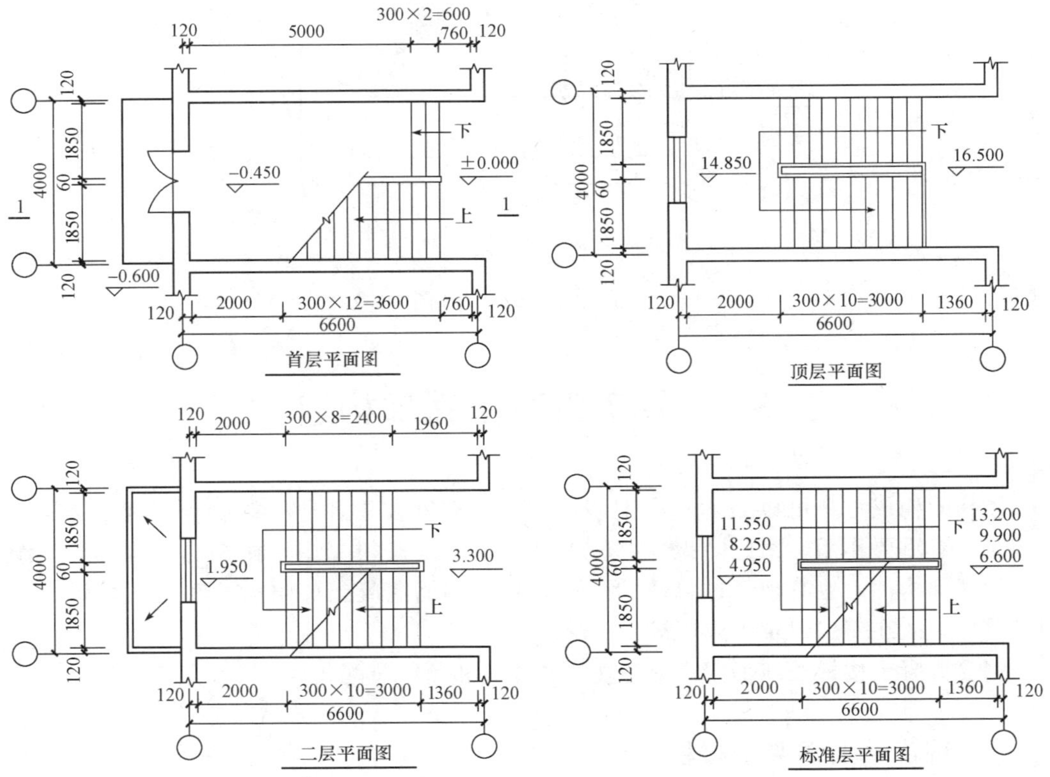

图 5.8 学生宿舍楼梯设计图

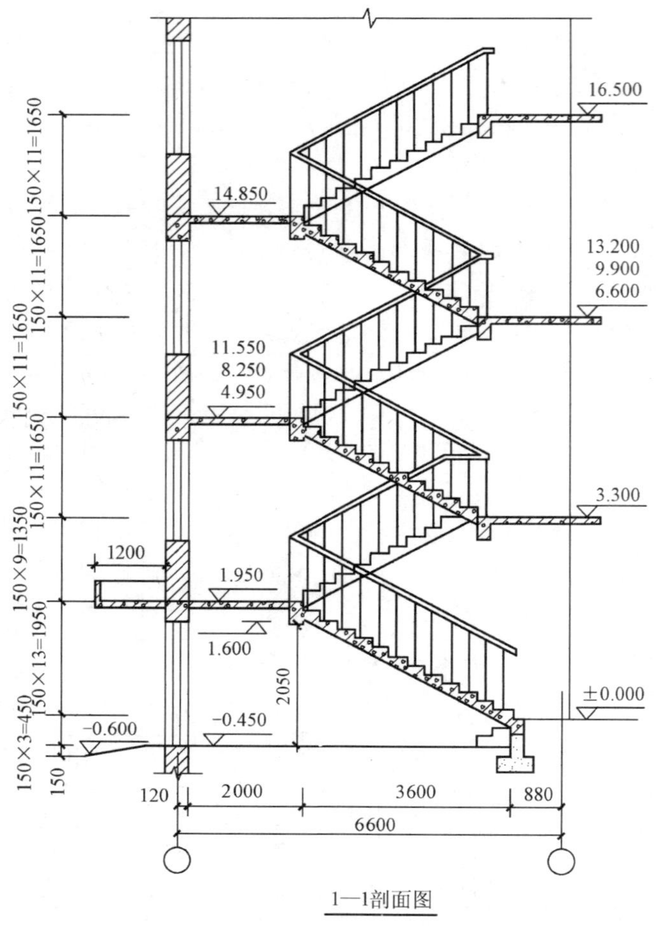

图 5.8　学生宿舍楼梯设计图（续）

5.3　钢筋混凝土楼梯构造

楼梯的构成材料可以是木材、钢筋混凝土、型钢或是多种材料混合使用。楼梯在疏散时起着重要作用，因此防火性能较差的木材现今已很少用于楼梯的结构部分。型钢作为楼梯构件，也必须经过特殊的防火处理。钢筋混凝土的耐火性和耐久性较木材和钢材好，故在一般建筑中应用最为广泛。

钢筋混凝土楼梯按施工方式分为现浇整体式和预制装配式。

5.3.1　现浇钢筋混凝土楼梯

现浇钢筋混凝土楼梯是指楼梯段、楼梯平台等整浇在一起的楼梯。它整体性好，刚度大，坚固耐久，抗震较为有利。但是在施工过程中，要经过支模板、绑扎钢筋、浇灌混凝土、振捣、养护、拆模等作业，受外界环境因素影响较大，工人劳动强度大。

在拆模之前，不能利用它进行垂直运输，因而较适合于比较小且抗震设防要求较高的建筑中。对于螺旋形楼梯、弧形楼梯等形状复杂的楼梯，也宜采用现浇楼梯。

现浇钢筋混凝土楼梯按照楼梯段的传力特点分为板式楼梯和梁板式楼梯两种。

1. 现浇钢筋混凝土板式楼梯

板式楼梯的梯段是一块斜放的锯齿形整浇板，它通常由梯段板、平台梁和平台板组成。梯段板承受楼梯段上的全部荷载，然后通过平台梁将荷载传到墙体或柱子(图 5.9)。必要时可取消梯段板一端或两端的平台梁，使平台板和梯段板形成一块折形板。这样处理平台下净空高度增大了，但斜板跨度增加了。板式楼梯段的底面平齐，便于装修。板式楼梯常用于楼梯荷载较小、楼梯段的跨度也较小的建筑。

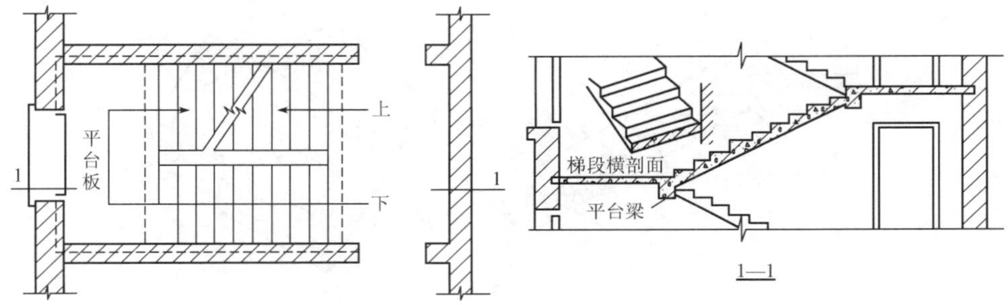

图 5.9　现浇钢筋混凝土板式楼梯

当楼梯荷载较大，梯段斜板跨度较大时，斜板的截面高度也将很大，钢筋和混凝土用量增加，经济性下降，这时常采用梁板式楼梯。

2. 现浇钢筋混凝土梁板式楼梯

梁板式楼梯也称梁式楼梯，由踏步板、楼梯斜梁、平台梁和平台板组成。梯段的荷载由踏步板传给斜梁，再由斜梁传给平台梁，而后传到墙或柱上。斜梁通常设两根，分别置于踏步板两端。斜梁和踏步板在竖向的相对位置有两种，当斜梁在板下部称为正梁式梯段，上面踏步露明，也称为明步［图 5.10 (a)］。有时为了让楼梯段底表面平整或避免洗刷楼梯时污水沿踏步端头下淌，弄脏楼梯，常将楼梯斜梁反向上面，称反梁式梯段，下面平整，踏步包在梁内，常称暗步［图 5.10 (b)］。

梁板式楼梯与板式楼梯相比，板的跨度小，故在板厚相同的情况下，梁板式楼梯可以承受较大的荷载。反之，荷载相同的情况下，梁板式楼梯的板厚可以比板式楼梯的板厚减薄。但梁式楼梯在支模、扎筋等施工操作方面比板式楼梯复杂。

双梁式楼梯在有楼梯间的情况下，有时为了节约用料，通常在楼梯段靠墙一边也可不设斜梁，用承重的砖墙代替斜梁，则踏步板一端搁在墙上，另一端搁在斜梁上。

5.3.2 预制装配式钢筋混凝土楼梯

预制装配式钢筋混凝土楼梯是指用预制厂生产或现场制作的构件安装拼合而成的楼梯。采用预制装配式楼梯可较现浇式钢筋混凝土楼梯提高工业化施工水平，节约模

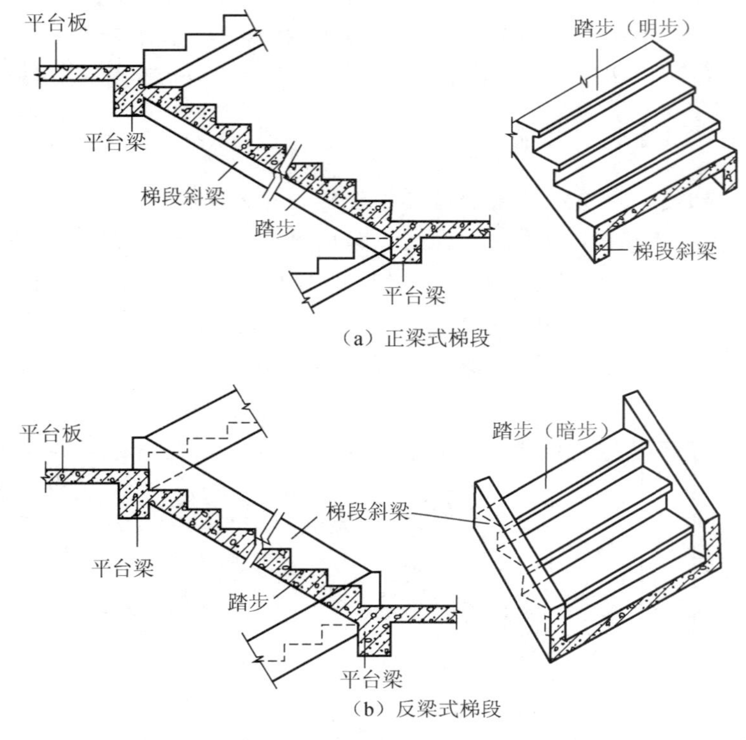

图 5.10　现浇钢筋混凝土梁板式楼梯

板，简化操作程序，较大幅度地缩短工期。但预制装配式钢筋混凝土楼梯的整体性、抗震性、灵活性等不及现浇钢筋混凝土楼梯。

预制装配式钢筋混凝土楼梯有多种不同的构造形式。按楼梯构件的合并程度一般可分为小型、中型和大型预制构件装配式楼梯。

1. 小型构件装配式楼梯

小型构件装配式楼梯是将楼梯按组成分解为若干小构件。如将一梁板式楼梯分解成预制踏步板、预制斜梁、预制平台梁和预制平台板。每一构件体积小，重量轻，易于制作，便于运输和安装，但安装次数多，节点多，速度慢，湿作业多，需要较多的人力，且工人劳动强度也较大。这种小型构件装配式楼梯适合施工现场机械化程度低的工地采用。

(1) 预制踏步

钢筋混凝土预制踏步从断面形式看，一般有一字形、L 形和三角形三种(图 5.11)。一字形踏步制作方便，简支和悬挑均可。L 形踏步有正反两种，即 L 形和倒 L 形。L 形踏步的肋向上，倒 L 形踏步的肋向下。三角形踏步最大特点是安装后底面严整。为减轻踏步自重，踏步内可抽孔。预制踏步多采用简支的方式。

(2) 预制踏步的支承结构

预制踏步的支承有两种形式，即梁承式和墙承式。

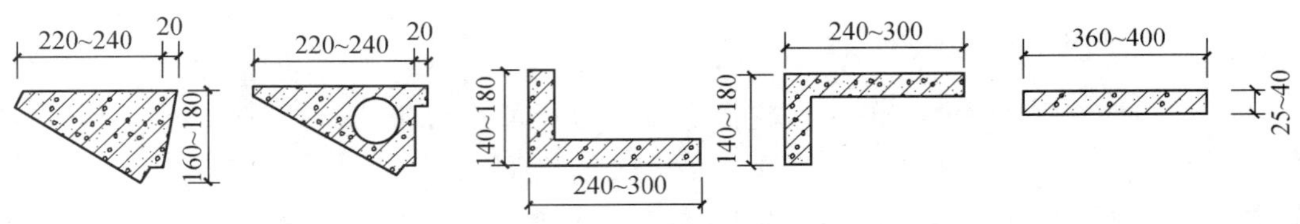

图 5.11　预制踏步的形式

1）梁承式支承的构件是斜向的梯梁。预制梯梁的外形随支承的踏步形式而变化。当梯梁支承三角形踏步时，梯梁常做成上表面平齐的等截面矩形梁[图 5.12（a)]。如果梯梁支承一字形或 L 形踏步时，梯梁上表面须做成锯齿形[图 5.12（b)]。

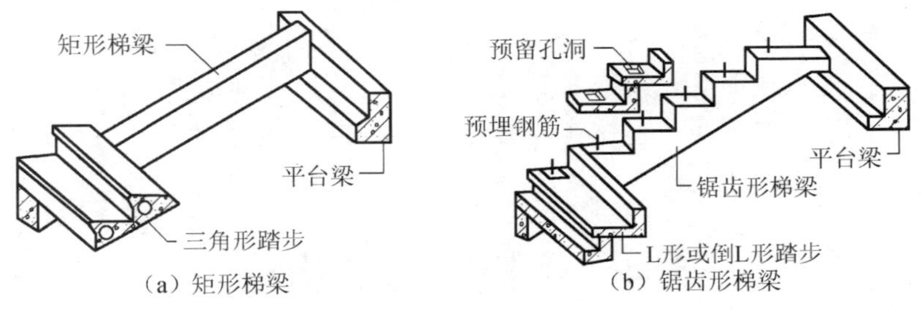

图 5.12　预制梯段斜梁的形式

2）墙承式楼梯依其支承方式不同可以分为悬挑踏步式楼梯和双墙支承式楼梯。

悬挑式墙承楼梯（图 5.13）将预制踏步板一端压入墙体，利用踏步板以上墙体的压力和水泥砂浆的固结固定踏步板。这种楼梯构件小，施工中将墙体逐级砌筑而砌入墙体，砌入墙体深度不小于 240mm。悬挑式墙承楼梯的宽度一般为 1200～1500mm。这种楼梯抗冲击振动能力差，不适宜抗震设防地区。

双墙支承式楼梯的梯段两侧都砌入墙体。其最大优点是结构合理、施工简单、节约材料，但同样不适于有抗震要求的建筑。

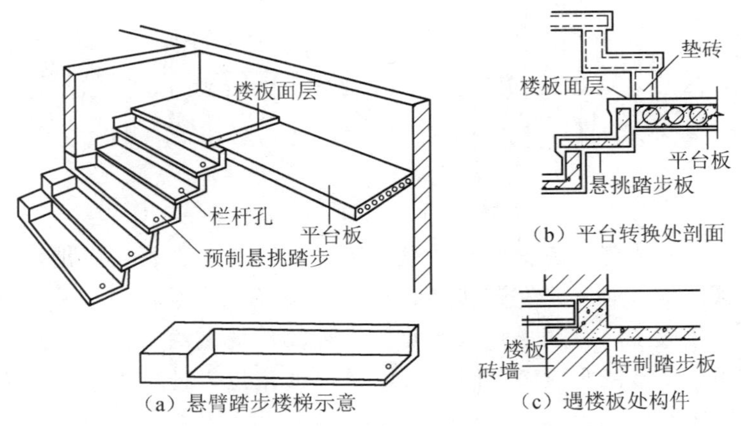

图 5.13　悬臂踏步楼梯

2. 中型构件装配式楼梯

中型构件装配式楼梯一般由楼梯段和带平台梁的平台板两个构件组成。带梁平台板把平台板和平台梁合并成一个构件。当起重能力有限时，可将平台梁和平台板分开。这种构造做法中的平台板可以和小型构件装配式楼梯的平台板一样，采用预制钢筋混凝土槽形板或空心板两端直接支承在楼梯间的横墙上；或采用小型预制钢筋混凝土平板直接支承在平台梁和楼梯间的纵墙上。

3. 大型构件装配式楼梯

大型构件装配式楼梯是把整个梯段和平台预制成一个构件。按结构形式不同，有板式楼梯和梁板式楼梯两种。为减轻构件的重量，可以采用空心楼梯段。楼梯段和平台这一整体构件支承在钢支托或钢筋混凝土支托上。大型构件装配式楼梯构件数量少，装配化程度高，施工速度快，但施工时需要大型的起重运输设备，主要用于大型装配式建筑中。

5.4 楼梯的细部构造

5.4.1 踏步面层及防滑处理

楼梯的踏步面层应便于行走，耐磨、防滑，便于清洁，也要求美观。现浇楼梯拆模后一般表面粗糙，不仅影响美观，更不利于行走，一般需做面层。踏步面层的材料视装修要求而定，常与门厅或走道的楼地面面层材料一致，常用的有水泥砂浆、水磨石、大理石和缸砖等（图 5.14）。

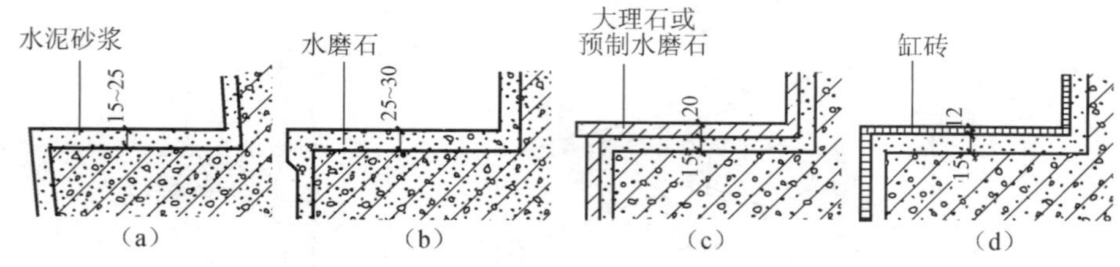

图 5.14 踏步面层构造

在通行人流量大或踏步表面光滑的楼梯，为防止行人在行走时滑跌，踏步表面应采取防滑和耐磨措施，通常是在踏步踏口处做防滑条。防滑材料可采用铁屑水泥、金刚砂、塑料条、橡胶条、金属条、马赛克等。最简单的做法是做踏步面层时，留二三道凹槽，但使用中易被灰尘填满，使防滑效果不够理想，且易破损。防滑条或防滑凹槽长度一般按踏步长度每边减去 120mm。还可采用耐磨防滑材料如缸砖、铸铁等做防滑包口，既防滑又起保护作用（图 5.15）。标准较高的建筑，可铺地毯或防滑塑料或橡胶贴面，这种处理，走起来有一定的弹性，行走舒适。

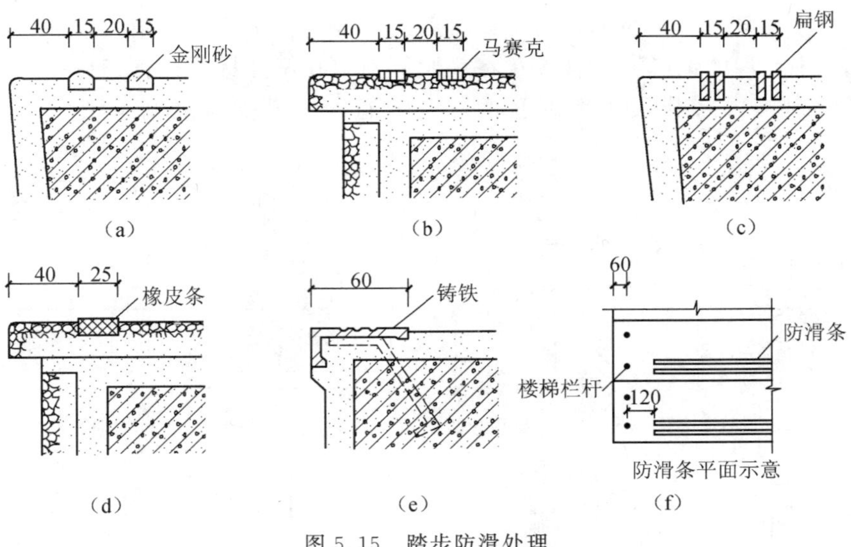

图 5.15　踏步防滑处理

5.4.2　栏杆和扶手构造

楼梯栏杆和扶手是上下楼梯的安全设施，也是建筑中装饰性较强的构件。设计时应考虑坚固、安全、适用、美观。

1. 栏杆

栏杆多用方钢、圆钢、扁钢等型材焊接或铆接成各种图案，既起防护作用，又有一定的装饰效果。常用栏杆断面尺寸：圆钢 ϕ16～25mm，方钢（15mm×15mm）～(25mm×25mm)，扁钢（30～50mm）×(3～6mm)，钢管 ϕ20～50mm。以板材为栏杆时也称栏板，如 120mm 或 60mm 厚砖砌栏板、钢筋混凝土栏板、厚玻璃栏板等。常见栏杆形式如图 5.16 所示。

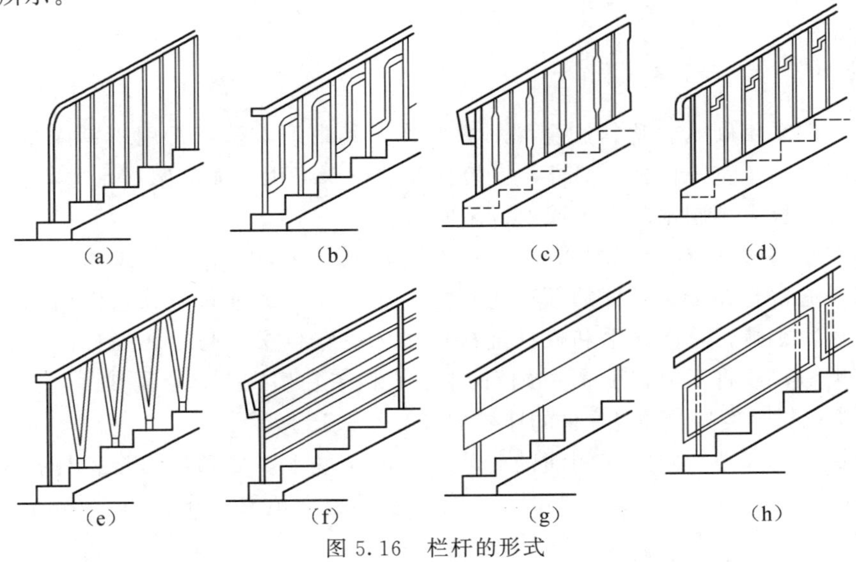

图 5.16　栏杆的形式

栏杆与楼梯段应有可靠的连接，连接方法主要有：预埋铁件焊接，即将栏杆的立杆与楼梯段中预埋的钢板或套管焊接在一起；预留孔洞插接，即将栏杆的立杆端部做成开脚或倒刺插入楼梯段预留的孔洞，用水泥砂浆或细石混凝土填实；螺栓连接等(图 5.17)。

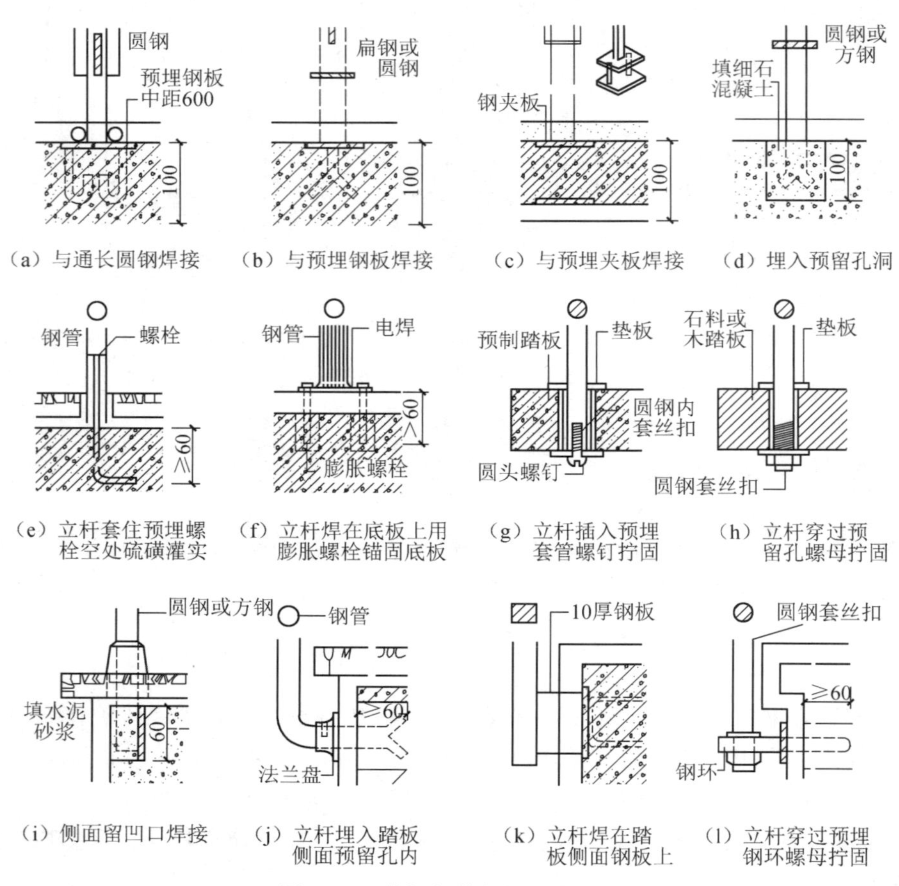

图 5.17 栏杆与梯段的连接构造

2. 扶手

扶手一般采用硬木、塑料和金属材料制作，其中硬木扶手常用于室内楼梯，金属和塑料扶手常用于室外楼梯。另外，栏板顶部的扶手可用水泥砂浆或水磨石抹面而成，也可用大理石板、预制水磨石板或木板贴面制成。

楼梯扶手与栏杆应有可靠的连接，连接方法视扶手材料而定。硬木扶手与金属栏杆的连接，通常是在金属栏杆的顶部先焊接一根带小孔的通长扁铁，然后用木螺丝通过扁铁上预留小孔，将木扶手和栏杆连接成整体；塑料扶手与金属栏杆的连接方法和硬木扶手类似，或将塑料扶手通过预留的卡口直接卡在扁铁上；金属扶手与金属栏杆多用焊接。常见扶手类型及其与栏杆的连接构造如图 5.18 所示。

楼梯扶手端部必须固定在侧面的砖墙或混凝土柱上，如顶层安全栏杆扶手、休息平台护窗扶手等。扶手与砖墙连接时，一般是在砖墙上预留 120mm×120mm×120mm

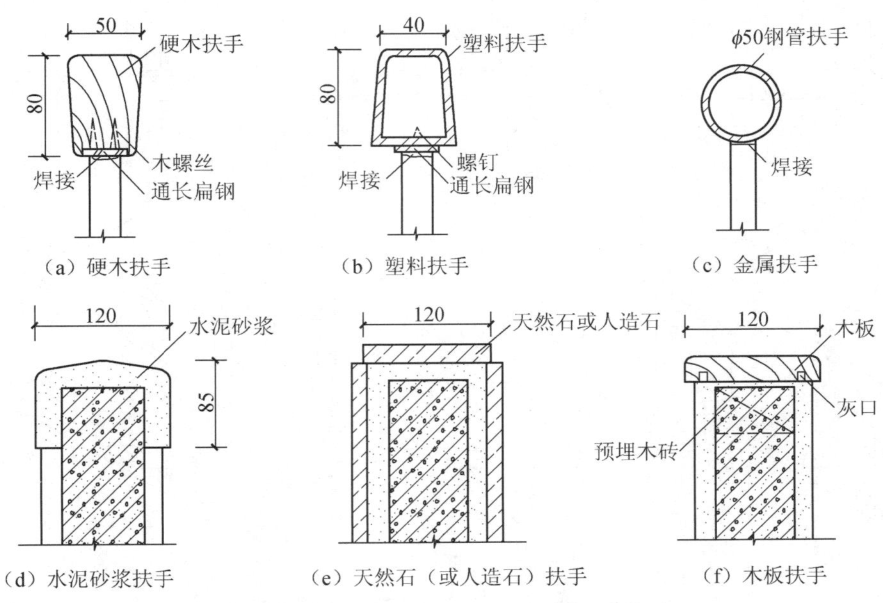

（a）硬木扶手　（b）塑料扶手　（c）金属扶手

（d）水泥砂浆扶手　（e）天然石（或人造石）扶手　（f）木板扶手

图 5.18 扶手的形式及其与栏杆的连接构造

孔洞，将扶手（金属扶手）或扶手铁件（木或塑料扶手）伸入洞内，用细石混凝土或水泥砂浆填实固牢；扶手与混凝土墙或柱连接时，一般在墙或柱上预埋铁件，与扶手铁件焊接，也可用膨胀螺栓连接，或预留孔洞插接（图 5.19）。

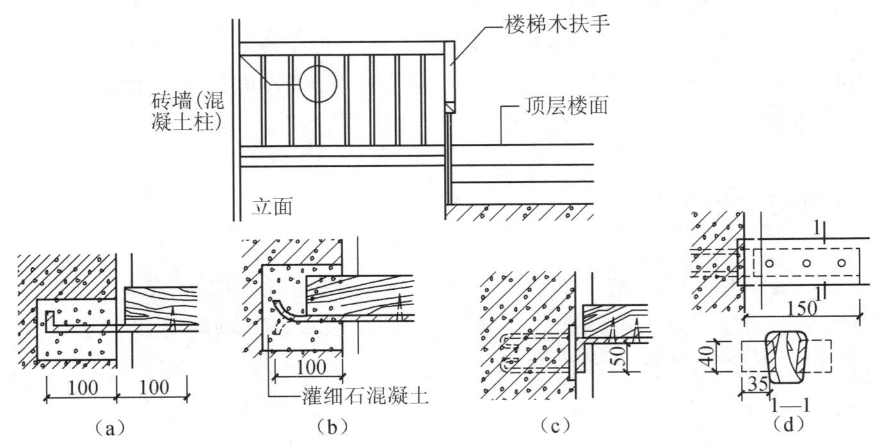

（a）　（b）　（c）　（d）

图 5.19 楼梯扶手与墙或柱的连接构造

双跑楼梯在平台转折处，上行楼梯段和下行楼梯段的第一个踏步口常设在一条竖线上。如果平台栏杆紧靠踏步口设置扶手，顶部高度则突然变化，扶手需做成一个较大的弯曲线，即所谓鹤颈扶手［图 5.20（a）］，连接上下扶手。这种处理方法费工费料，使用不便，应尽量避免。常用方法：一是将平台处栏杆内移至距踏步口约半步的地方［图 5.20（b）］；二是将上下行楼梯段错开一步［图 5.20（c）］。此两种处理方法，扶手连接都较顺。

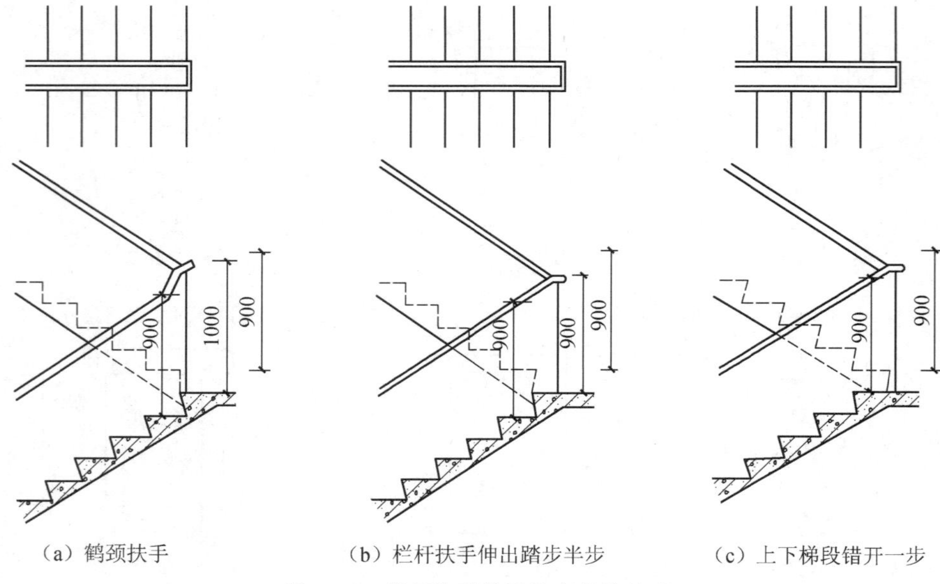

（a）鹤颈扶手　（b）栏杆扶手伸出踏步半步　（c）上下梯段错开一步

图 5.20　栏杆扶手转折处高差的处理

5.5　室外台阶与坡道构造

室外台阶和坡道是建筑物入口处连接室内外不同标高地面的构件。一般多采用台阶，当有车辆通行或室内外地面高差较小时，可采用坡道。台阶和坡道还可以同时设置。台阶和坡道在入口处对建筑物的立面还具有一定的装饰作用，设计时既要考虑实用，还要注意美观。

5.5.1　台阶与坡道的形式

室外台阶的形式有单面踏步式，三面踏步式，单面踏步带垂带石、方形石、花池等形式。室外门前为了便于车辆通行，常做坡道。坡道多为单面形式，极少三面坡的。大型公共建筑还常将可通行汽车的坡道与踏步结合，形成壮观的大台阶。台阶与坡道形式如图 5.21 所示。

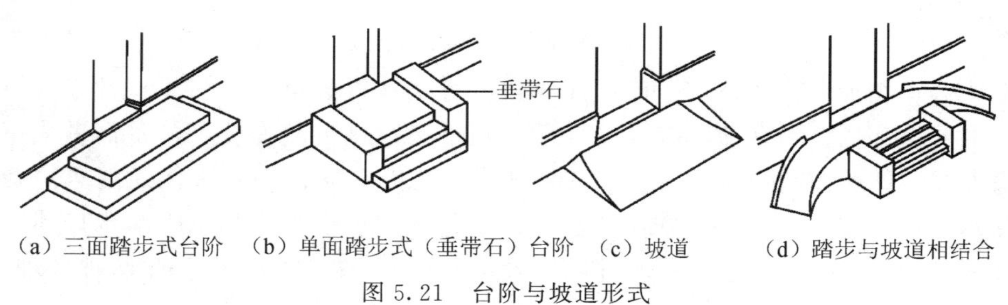

（a）三面踏步式台阶　（b）单面踏步式（垂带石）台阶　（c）坡道　（d）踏步与坡道相结合

图 5.21　台阶与坡道形式

5.5.2　台阶构造

台阶由踏步和平台组成。台阶的坡度应比楼梯小，踏步的高宽比一般为(1∶2)～(1∶4)，通常踏步高度为 100mm，踏步宽度为 300～400mm。平台设置在出入口与踏步之间，起缓冲作用。平台深度一般不小于 900mm，为防止雨水积聚或溢水室内，平台面宜比室内地面低 20～60mm，并向外找坡 1%～3%，以利排水。

室外台阶应坚固耐磨，具有较好的耐久性、抗冻性和抗水性。台阶按材料不同，有混凝土台阶、石台阶和钢筋混凝土台阶等，其中混凝土台阶应用最普遍。混凝土台阶由面层、混凝土结构层和垫层组成。面层可采用水泥砂浆或水磨石面层，也可采用缸砖、马赛克、天然石或人造石等块材，垫层可采用灰土、三合土或碎石等。

台阶在构造上要注意对变形的处理。房屋主体沉降、热胀冷缩、冰冻等因素都有可能造成台阶的变形，常见的是平台向主体倾斜，造成平台的倒泛水、台阶某些部位开裂等。可加强房屋主体与台阶之间的联系，以形成整体沉降；或索性将台阶和主体完全断开，加强缝隙节点处理。在严寒地区，若台阶地基为冻胀土，为保证台阶稳定，减轻冻胀影响，可改换保水性差的砂、石类土或混砂土做垫层，以减少冰冻影响。台阶构造如图 5.22 所示。

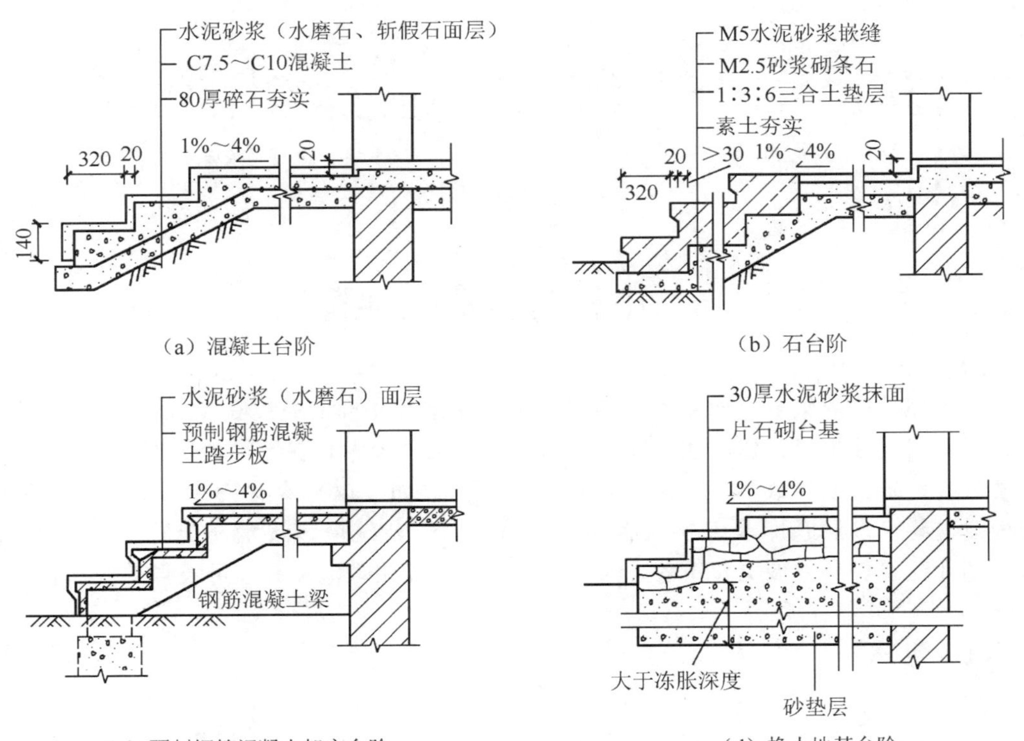

图 5.22　台阶构造

5.5.3 坡道构造

坡道的坡度与使用要求、面层材料和做法有关。坡度大，使用不便；坡度小，占地面积大，不经济。坡道的坡度一般为(1∶6)～(1∶12)。面层光滑的坡道，坡度不宜大于1∶10；粗糙材料和设防滑条的坡道，坡度可稍大，但不应大于1∶6，锯齿形坡道的坡度可加大至1∶4。

坡道与台阶一样，也应采用耐久、耐磨和抗冻性好的材料，一般多采用混凝土坡道，也可采用天然石坡道等。坡道的构造要求和做法与台阶相似，但坡道由于平缓，故对防滑要求较高。混凝土坡道可在水泥砂浆面层上划格，以增加摩擦力，亦可设防滑条，或做成锯齿形。天然石坡道可对表面做粗糙处理。坡道构造如图5.23所示。

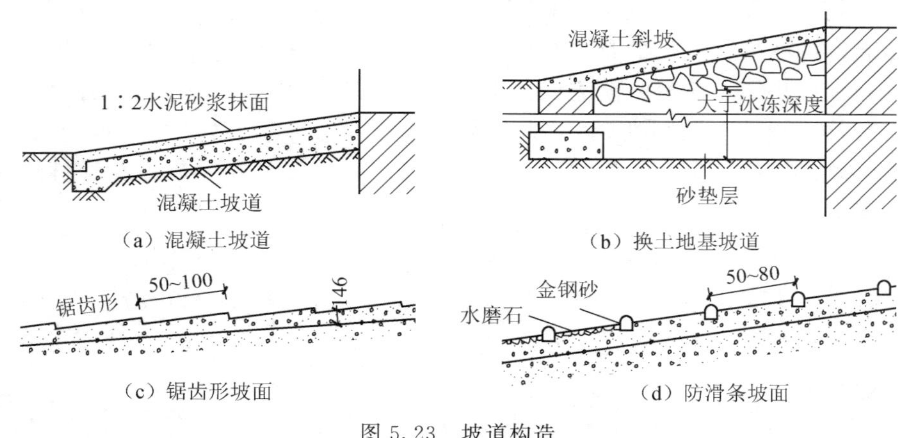

图5.23 坡道构造

5.6 电梯与自动扶梯构造

当房屋的层数较多（如住宅≥7层），或房屋最高楼面的高度在16m以上时，通过楼梯上楼或下楼不仅耗费时间，同时人的体力消耗也较大，在这种情况下应该设电梯。一些公共建筑虽然层数不多，但当建筑等级较高（如宾馆）或有特殊需要（如医院），也应设电梯。多层仓库及多层商店要设电梯。高层建筑应该设消防电梯。交通建筑、大型商业建筑、科教展览建筑等，人流量大，为了加快人流疏导，可设自动扶梯。

5.6.1 电梯

1. 电梯的类型及组成

电梯按其用途可分为乘客电梯、住宅电梯、病床电梯、客货电梯、载货电梯和杂物电梯等。电梯主要由机房、井道、轿厢三大部分组成。电梯轿厢供载人或载物之用，

要求造型美观，经久耐用，轿厢沿导轨滑行。电梯井道内的平衡锤由金属块叠合而成，用吊索与轿厢相连保持轿厢平衡。电梯井道是供电梯轿厢运行的通道，电梯机房是安装电梯起重设备的空间（图5.24）。

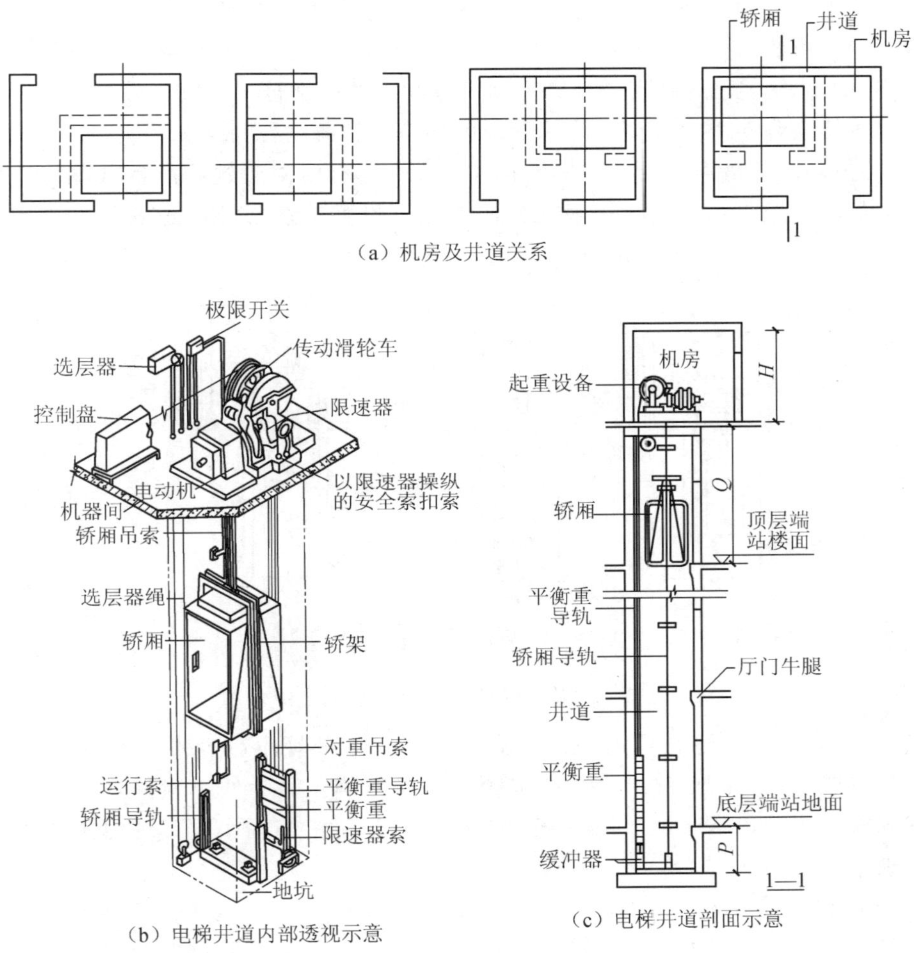

图5.24 电梯机房及井道

P. 井道底坑深度；*Q*. 井道顶层高度；*H*. 机房高度

2. 电梯构造

(1) 电梯井道

电梯井道是电梯运行的通道，内部安装有电梯、出入口、导轨、平衡重、缓冲器等。

1) 井道的尺寸。电梯井道的平面尺寸应考虑井道内的设备大小及设备安装和检修所需尺寸，这又与电梯的类型、载重量等有关，设计时可按所选电梯厂的产品要求来确定。井道的高度包括底层端站地面至顶层端站楼面的高度、井道顶层高度和井道底坑深度。井道底坑是电梯底层端站地面以下的部分。考虑电梯的安装、检修和缓冲要求，井道的顶部和底部应留有足够的空间。井道顶层高度和底坑深度视电梯运行速度、电梯类型及载重量而定，井道顶层高度一般为3.8～5.6m，底坑深度为1.4～3.0m。

2）井道的防火和通风。井道是高层建筑穿通各层的垂直通道，火灾事故中火焰及烟气容易从中蔓延，因此井道四壁必须具有足够的防火能力，以保证电梯在火灾时能正常运行。电梯井道应选用坚固耐火的材料，一般多采用钢筋混凝土井道。为使井道内空气流通，火灾时能迅速排除烟和热气，应在井道底部和中部及地坑等适当位置设不小于300mm×600mm的通风口，上部可以和排烟口结合。通风管道可在井道顶板或井道壁上直接通往室外。井道上除了开设电梯门洞和通风孔洞外，不应开设其他洞口。

3）井道的隔振隔声。为了减轻电梯在井道内运行时对建筑物产生振动和噪声，应采取适当的隔振及隔声措施。一般在机房机座下设弹性垫层外，还应在机房与井道间设隔声层，高度为1.5～1.8m（图5.25）。

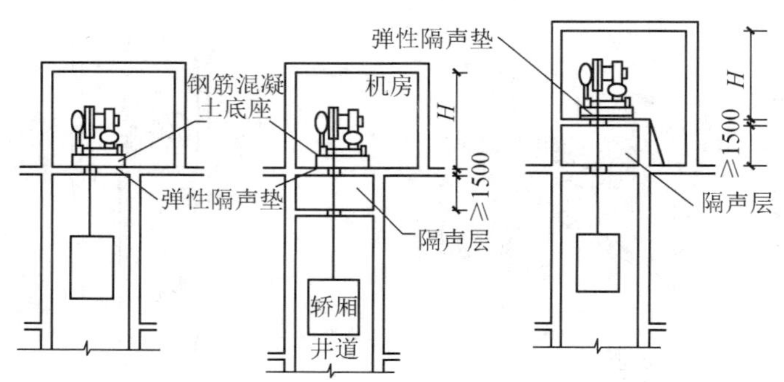

（a）设弹性垫层　（b）设弹性垫层和隔声层　（c）设弹性垫层和隔声层（隔声层凸出机房地面）

图5.25　电梯机房隔声、隔振处理

4）井道底坑。井道底坑的地面设有缓冲器，以减轻电梯轿厢停靠时与坑底的冲撞。坑底一般采用混凝土垫层，厚度按缓冲器反力确定。为便于检修，须考虑坑壁设置爬梯和检修灯槽，坑底位于地下室时宜从侧面开一检修用小门，坑内预埋件按电梯厂要求确定。

（2）电梯门

电梯门一般为双扇推拉门，宽800～1500mm，有中央分开推向两边的和双扇推向同一边的两种。推拉门的滑槽通常安置在门套下楼板边梁如牛腿状挑出部分。电梯厅门门套装修的构造做法应与电梯厅的装修统一考虑，可有水泥砂浆抹灰、水磨石或木板装修，高级的还可采用大理石或金属装修。

（3）电梯机房

电梯机房一般设置在电梯井道的顶部，也有少数设置在顶端本层、底层或地下。机房的平面尺寸须根据机械设备尺寸的安排及管理、维修等需要来决定，一般至少有两个面每边扩出600mm以上的宽度，高度多为2.5～3.5m。机房应有良好的天然采光和自然通风，机房的围护结构应具有一定的防火、防水和保温、隔热性能。为了便于安装和检修，机房的楼板应按机器设备要求的部位预留孔洞。

5.6.2 自动扶梯

自动扶梯适用于有大量人流上下的公共场所，如车站、商场、地铁车站等。自动扶梯是建筑物楼层间连续、效率最高的载客设备。一般自动扶梯均可正、逆两个方向运行，可作提升及下降使用。机器停转时可作普通楼梯使用。

自动扶梯的坡度比较平缓，一般采用30°，运行速度为0.5～0.7m/s，宽度按输送能力有单人和双人两种。自动扶梯的栏板分为全透明型、透明型、半透明型和不透明型四种。前三种内装照明灯具，不透明型室内照明。

自动扶梯是电动机械牵动梯段踏步连同栏杆扶手带一起运转，机房悬挂在楼板下面（图5.26）。

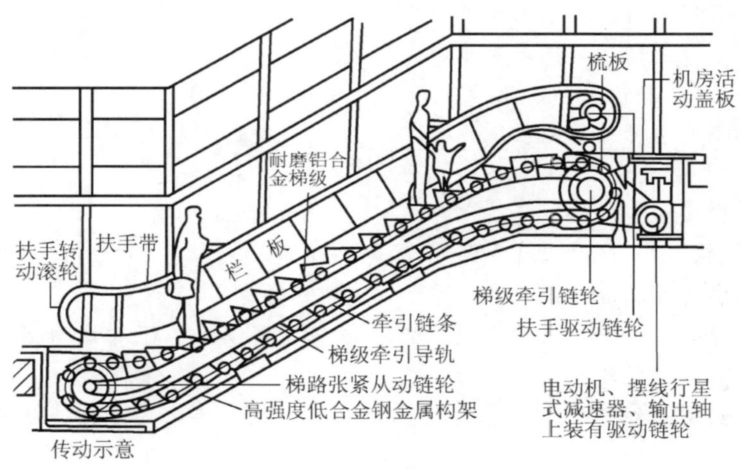

图5.26 自动扶梯示意图

小 结

1. 楼梯是建筑物的重要组成部分，供人流交通和疏散之用。楼梯一般由梯段、平台、栏杆扶手三部分组成。常见的楼梯形式有直跑式、平行双跑、双分双合、剪刀、交叉、曲线楼梯等。

2. 楼梯的坡度在实际应用中是由踏步高宽比决定的。楼梯栏杆扶手高度是指踏面前缘至扶手顶面的垂直距离。楼梯段宽度要考虑同时通过人流的股数及是否需通过尺寸较大的家具或设备等特殊的需要。平台宽度一般应不小于梯段宽度。楼梯的净空高度在平台过道处应不小于2m，在楼梯段处应不小于2.2m。

3. 钢筋混凝土楼梯按施工方式分为现浇整体式和预制装配式两种。现浇钢筋混凝土楼梯按照楼梯段的传力特点分为板式楼梯和梁板式楼梯。预制装配式钢筋混凝土楼梯有小型、中型和大型之分。

4. 楼梯的细部构造包括踏步面层及防滑处理、栏杆与踏步的连接构造以及扶手与栏杆的连接构造等。

5. 电梯是高层建筑的主要交通工具。电梯主要由机房、井道、轿厢三大部分组成。自动扶梯适用于有大量人流上下的公共场所，机器停转时可做普通楼梯使用。

思考与练习题

5.1 填空题

（1）楼梯一般由__________、____________、____________三部分组成。

（2）现浇钢筋混凝土楼梯，按梯段传力特点分为________和________。

（3）楼梯段的踏步数一般不应超过__________级，且不应少于______级。

（4）楼梯梯段宽度一般不小于两股人流的宽度即________。休息平台宽度应不小于________。

（5）有儿童经常使用的楼梯梯井净宽大于________时，必须采取安全措施。

（6）楼梯平台下通行时的净空高度应不小于________；在楼梯段处净空高度应不小于________。

（7）一般室内楼梯扶手高度取________；儿童使用的楼梯应在距地______处增加一道扶手。

（8）电梯主要由______、______和________三大部分组成。

5.2 简答题

（1）楼梯由哪几部分组成？各部分的尺度有何要求？

（2）楼梯净高一般指什么？有何要求？当首层楼梯平台下作通道时，为增加净高可采取哪些方法予以解决？

（3）楼梯的坡度如何确定？与楼梯踏步有何关系？确定踏步尺寸的经验公式如何使用？

（4）现浇钢筋混凝土楼梯常见的结构形式有哪几种？各有何特点？

（5）小型预制构件装配式楼梯的预制踏步板有哪几种形式？各对应何种截面的梁？

（6）楼梯踏面防滑构造如何？

（7）栏杆与扶手、梯段如何连接？

（8）栏杆扶手在平行双跑式楼梯平台转弯处如何处理？

5.3 实训题

（1）在校内外建筑中找出各种形式的楼梯1～2例。

（2）识读踏面、栏杆、扶手、台阶、坡道的构造图。

（3）根据楼梯的设计方法步骤，设计一幢6层住宅楼梯。已知层高为2.8m，楼梯的开间、进深分别为2.7m、6.6m，墙厚为240砖墙，轴线居中，首层设计出入口，室内外高差为600mm，参见图5.27。

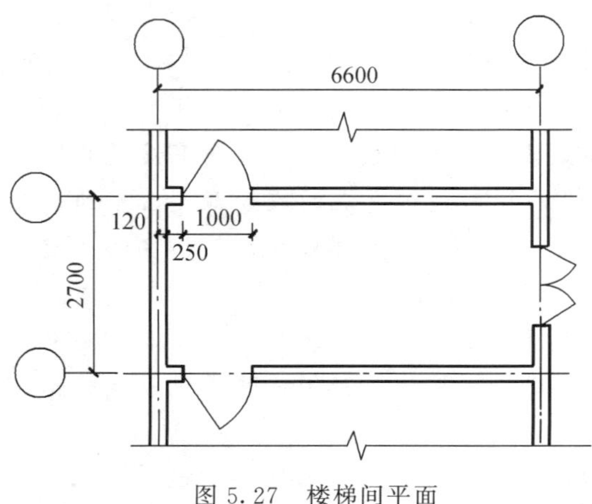

图5.27　楼梯间平面

第 6 章 屋顶构造

❖ 知识点

1. 屋顶类型与屋面排水设计
2. 平屋顶构造
3. 坡屋顶构造

❖ 学习要求

1. 掌握屋面排水设计步骤
2. 掌握平屋顶的防水、保温、隔热构造
3. 掌握坡屋顶防水构造
4. 了解屋顶的类型
5. 了解坡屋顶的保温、隔热构造

6.1 屋顶类型与屋面排水设计

屋顶是建筑物最上部的覆盖部分。它能够承受屋顶自重、风雪荷载及上人或检修荷载，并应能抵御风霜雨雪、阴晴冷暖对屋顶覆盖下的空间的不利影响，同时屋顶的形式在很大程度上影响到建筑物的整体造型，因此屋顶的主要作用是承重、围护及美观。

其中防止雨水渗漏是屋顶的基本功能要求。根据建筑物的性质、重要程度、使用要求等屋面防水等级分为四级，Ⅰ～Ⅳ级的防水层耐用年限分别为 25 年、15 年、10 年和 5 年。

6.1.1 屋顶的类型

屋顶按屋面坡度及结构选型的不同可分为平屋顶、坡屋顶及其他形式的屋顶三大类。屋顶坡度常用的表示方法有斜率法、百分比法和角度法，如图 6.1 所示。斜率法是以屋

顶高度与坡面的水平投影长度之比表示，可用于平屋顶或坡屋顶，如坡度为1∶4，即$H:L=1:4$；百分比法是斜率法的百分比表示，多用于平屋顶，如坡度为1∶50用百分比法表示为2%；角度法是以倾斜屋面与水平面的夹角表示，多用于有较大坡度的坡屋顶，目前在工程中较少采用。

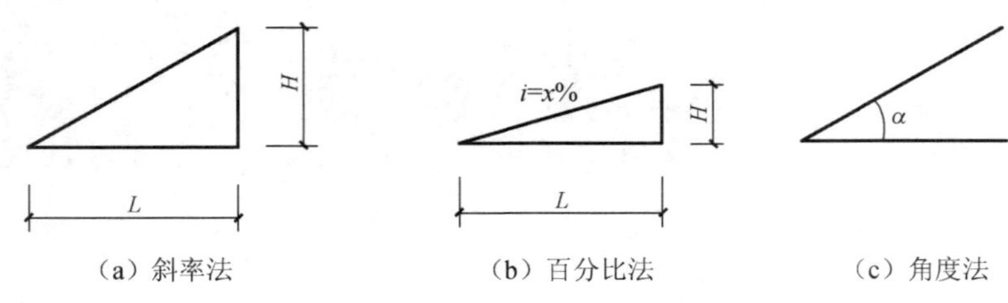

（a）斜率法　（b）百分比法　（c）角度法

图6.1　屋顶坡度表示方法

1. 平屋顶

平屋顶通常是指屋面坡度小于5%的屋顶，常用坡度范围为2%～3%。其一般构造是用现浇或预制的钢筋混凝土屋面板作基层，上面铺设卷材防水层或其他类型防水层。这种屋顶是目前应用最为广泛的一种屋顶形式，其主要优点是可以节约建筑空间，提高预制安装程度，加快施工速度。另外，平屋顶还可用作上人屋面，给人们提供一个休闲活动场所。图6.2为平屋顶常见的几种形式。

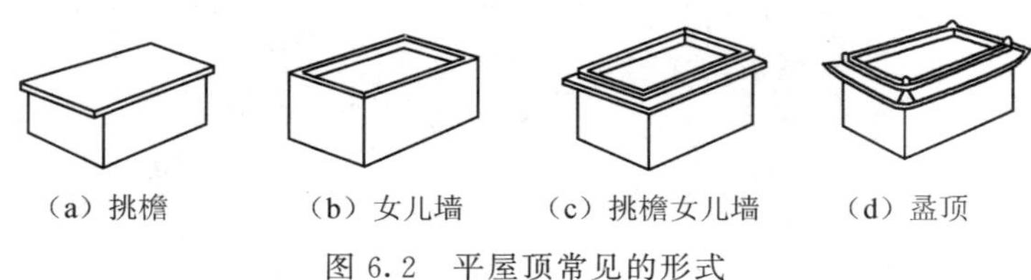

（a）挑檐　（b）女儿墙　（c）挑檐女儿墙　（d）盝顶

图6.2　平屋顶常见的形式

2. 坡屋顶

坡屋顶通常是指屋面坡度大于10%的屋顶，常用坡度范围为10%～60%。坡屋顶在我国有着悠久的历史，因为它容易就地取材，并且符合传统的审美要求，故在现代建筑中也常采用。图6.3为坡屋顶常见的几种形式。

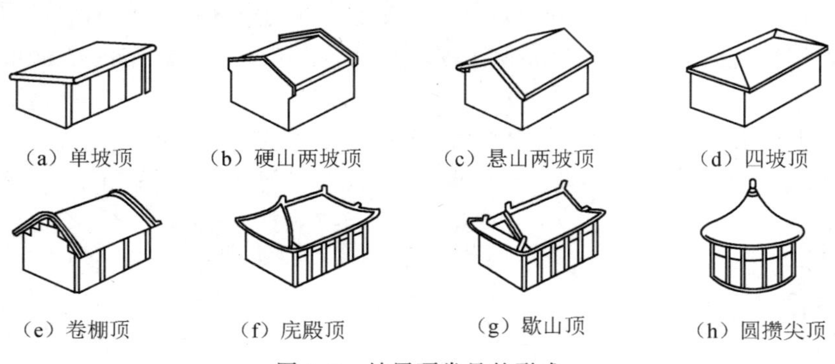

（a）单坡顶　（b）硬山两坡顶　（c）悬山两坡顶　（d）四坡顶

（e）卷棚顶　（f）庑殿顶　（g）歇山顶　（h）圆攒尖顶

图6.3　坡屋顶常见的形式

3. 其他形式的屋顶

随着建筑科学技术的发展，出现了许多新型的空间结构形式，也相应出现了许多新型的屋顶形式，如拱结构、薄壳结构、悬索结构和网架结构等。这类屋顶一般用于较大体量的公共建筑，如图 6.4 所示。

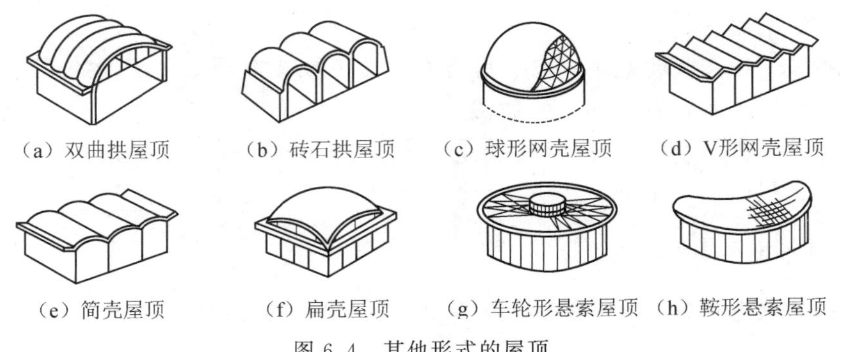

图 6.4　其他形式的屋顶

6.1.2　屋顶的排水组织设计

为了迅速排除屋面雨水，需要进行周密的排水设计，其内容包括：确定屋面排水坡度、排水方式，进行屋顶排水组织设计。

1. 确定屋面排水坡度

（1）影响屋顶坡度的因素

屋面坡度的大小与屋面材料、地区降水量、屋顶结构形式、施工方法、构造组合方式、建筑造型要求以及经济条件等因素有关，其中屋面防水材料的形体尺寸是最主要的决定因素。

一般说来，防水材料的形体尺寸越小，整个防水层的接缝就越多，这样渗水的可能性就越大，故屋面坡度应大一些；反之，屋面防水材料的尺寸越大，如卷材屋面和刚性防水屋面，基本上是整体的防水层，接缝很少，故屋面坡度可以小一些。

降水量大的地区，屋面渗漏的可能性较大，屋面排水坡度应适当加大，反之则小些。

（2）屋面坡度的形成

屋顶排水坡度的形成主要有材料找坡和结构找坡两种，如图 6.5 所示。

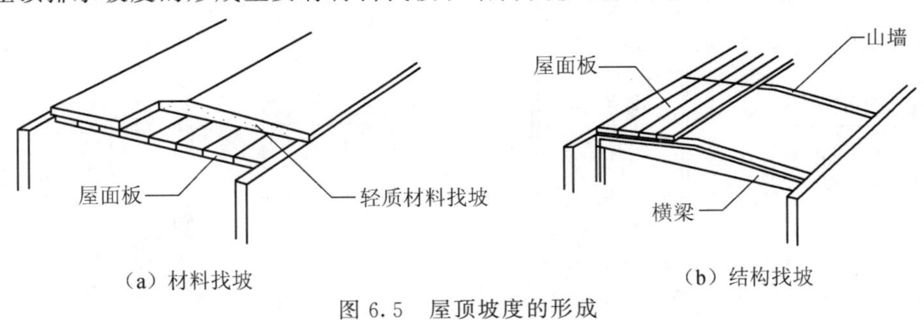

图 6.5　屋顶坡度的形成

材料找坡又称垫置坡度或填坡，是指将屋面板像楼板一样水平搁置，然后在屋面板上采用轻质材料铺垫而形成屋面坡度的一种做法。常用的找坡材料有水泥炉渣、石灰炉渣等；材料找坡坡度宜为2%左右，找坡材料最薄处一般应不小于30mm厚。材料找坡的优点是可以获得水平的室内顶棚面，空间完整，便于直接利用，缺点是找坡材料增加了屋面自重。如果屋面有保温要求时，可利用屋面保温层兼作找坡层。目前这种做法被广泛采用。

结构找坡又称搁置坡度或撑坡，是指将屋面板倾斜地搁置在下部的承重墙或屋面梁及屋架上而形成屋面坡度的一种做法。这种做法不需另加找坡层，屋面荷载小，施工简便，造价经济，但室内顶棚是倾斜的，故常用于室内设有吊顶棚或室内美观要求不高的建筑工程中。

2. 屋顶的排水方式

屋顶的排水方式分为无组织排水和有组织排水两大类，如图6.6所示。

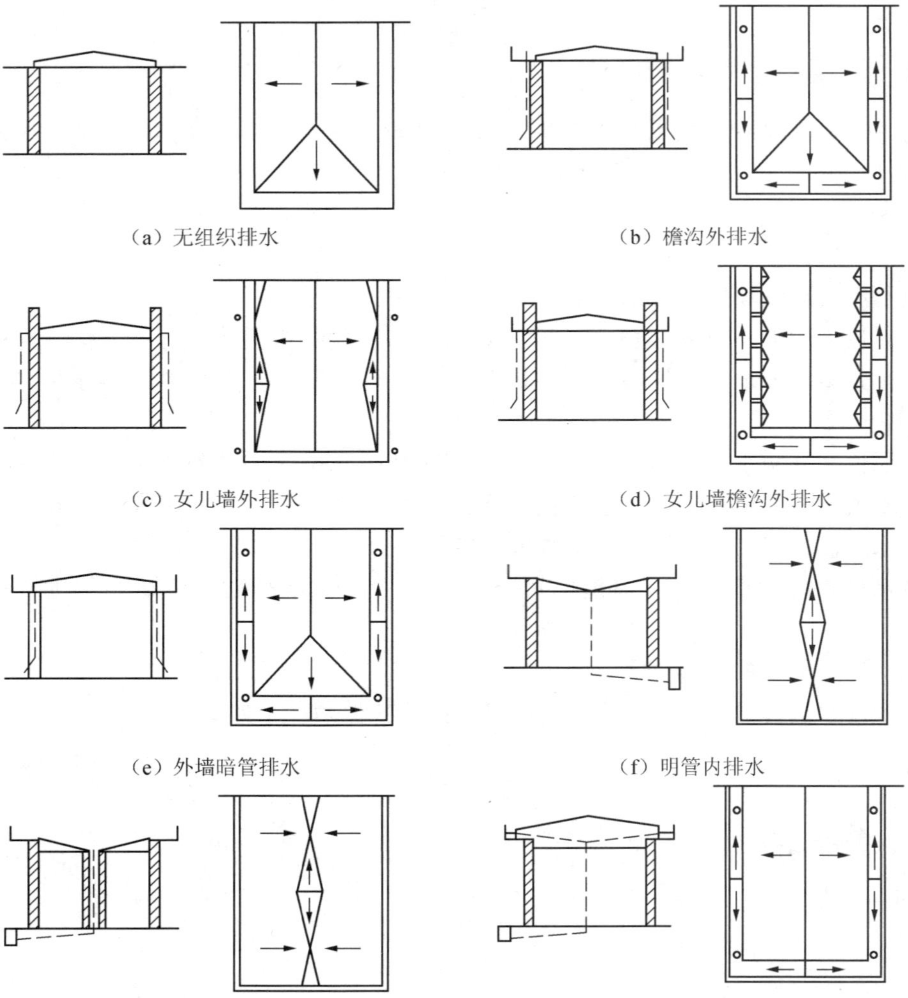

(a) 无组织排水

(b) 檐沟外排水

(c) 女儿墙外排水

(d) 女儿墙檐沟外排水

(e) 外墙暗管排水

(f) 明管内排水

(g) 管道井暗管内排水

(h) 吊顶水平暗管内排水

图 6.6　屋顶的排水方式

(1) 无组织排水

无组织排水又称自由落水，是指屋面雨水直接从挑出外墙的檐口自由落下至地面的一种排水方式。这种排水方式构造简单、经济，但屋面雨水自由落下时会溅湿勒脚及墙面，影响外墙的耐久性，还会影响地面上行人的活动。因此，无组织排水一般适用于低层建筑和少雨地区建筑。

(2) 有组织排水

有组织排水是指屋面雨水通过排水系统有组织地排至室外地面或地下管沟的一种排水方式。这种排水方式具有不易溅湿墙面、不妨碍行人交通的优点，因而适用范围很广，但与无组织排水相比，需要设置一系列相应的排水系统构件，故构造处理较复杂，造价较高。

有组织排水又可分为外排水和内排水两种。外排水是建筑中优先考虑选用的一种排水方式，一般有檐沟外排水、女儿墙外排水、女儿墙檐沟外排水等多种形式。内排水是在大面积多跨屋面、高层建筑以及有特殊需要时常采用的一种排水方式，这种方式会使雨水经雨水口流入室内雨水管，再由地下管道将雨水排至室外排水系统。

3. 屋面排水设计

屋面排水设计的主要任务是：首先将屋面划分成若干个排水区，然后通过适宜的排水坡和排水沟，分别将雨水引向各自的落水管再排至地面。屋面排水的设计原则是排水通畅、简捷，雨水口负荷均匀。具体步骤是：

第一步　确定屋面坡度的形成方法、坡度大小和排水坡面的数量。当屋面宽度小于 12m 时，可采用单坡排水，否则应采用双坡排水或多坡排水。

第二步　选择排水方式，划分排水区域。其目的是合理地布置落水管。排水区的面积是指屋面水平投影的面积，每根落水管的汇水面积不宜大于 200m^2。

第三步　确定天沟的断面形式与尺寸。天沟即屋面上的排水沟，位于檐部时又叫檐沟。天沟的作用是汇集屋面雨水，并有组织地迅速排入落水管。当采用女儿墙外排水方式时，可利用倾斜的屋面与垂直的墙面构成三角形天沟[图6.7(a)]；当采用檐沟外排水时，通长采用矩形天沟[图6.7(b)]，天沟净宽应不小于 200mm，天沟内设分水线，从分水线到雨水口处应设置不小于 1%的纵向坡度，以利排水。分水线顶离天沟上口的距离不小于 120mm。

第四步　确定雨水管材料、规格及间距。落水管由铸铁、镀锌铁皮、塑料等材料制成，目前常采用 PVC 塑料管，其直径（mm）有 50、75、100、125、150、200 等规格。一般民用建筑常采用的落水管直径为 100～125mm，阳台和雨篷可采用直径为 50～75mm 的落水管。落水管间距视排水方式定，女儿墙外排水一般不大于 18m，檐沟外排水一般不大于 24m。另外落水管的位置应放在实墙面处，考虑建筑的美观性，尽可能将其布置在边角处或凹角处。

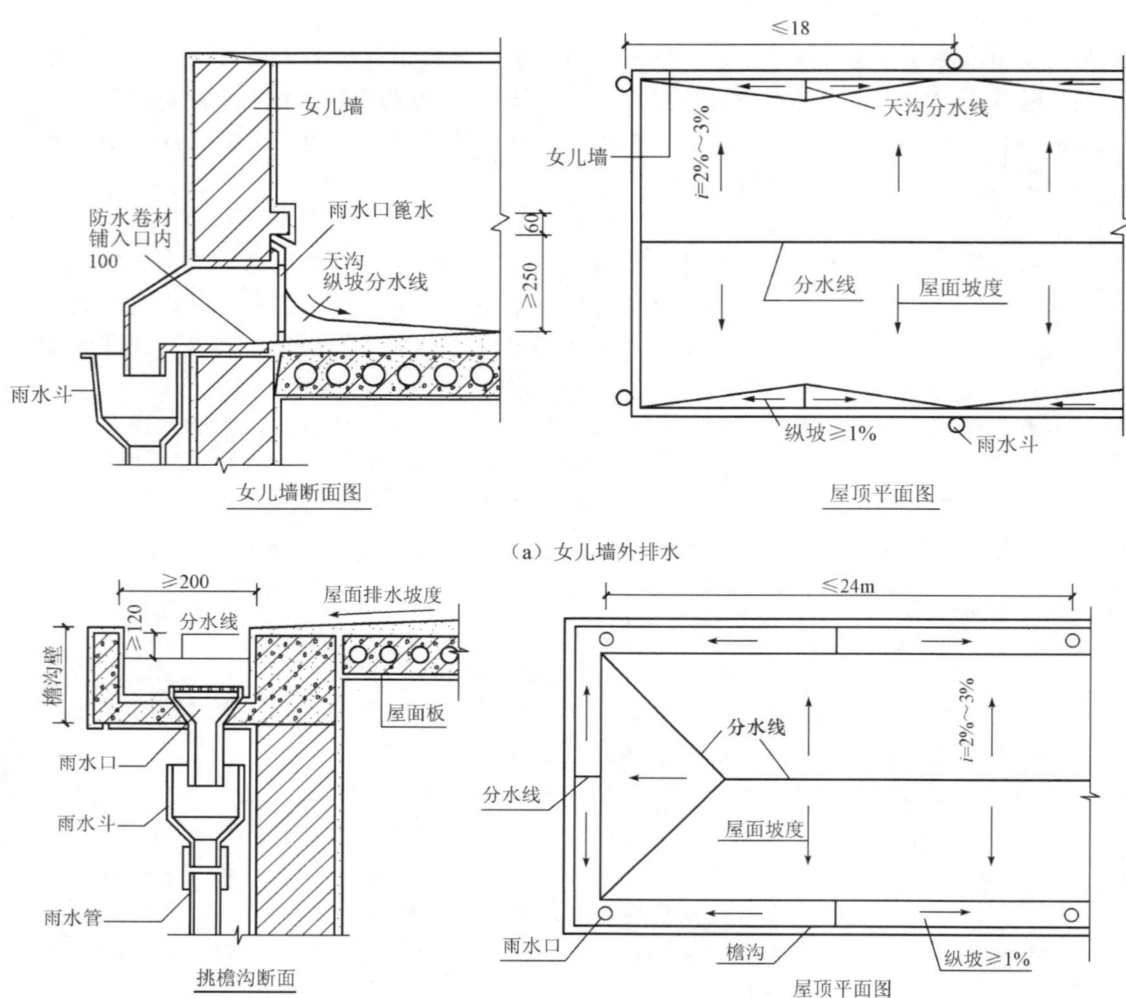

图 6.7　屋顶排水组织设计

6.2　平屋顶构造

平屋顶的基本构造层次包括结构层、防水层和顶棚。另外，根据建筑所处的地区环境以及建筑物的使用要求，设置保温层（或隔热层）等附加层。屋面防止雨水渗漏是屋顶的基本功能要求，平屋顶防水层有柔性防水、刚性防水、涂料防水、粉剂防水等多种做法。

6.2.1　平屋顶的防水构造层次

1. 柔性防水屋面构造层次

柔性防水屋面又称为卷材防水屋面，是将柔性的防水卷材或片材用胶结材料分层粘贴在屋面上，从而形成一个大面积的封闭防水覆盖层，并且这种防水层具有一定的延伸性，能适应直接暴露在大气层中的屋面结构的温度变形，它适用于防水等级Ⅰ～Ⅳ级的屋面防水。

柔性防水屋面的基本构造层次有结构层、找坡层、找平层、结合层、防水层和保护层等。

(1) 结构层

结构层通常为预制或现浇的钢筋混凝土屋面板。对于结构层的要求是必须有足够的强度和刚度。

(2) 找坡层

这一层只有当屋面采用材料找坡时才设。通常的做法是在结构层上铺垫 1∶(6～8) 水泥焦渣或水泥膨胀蛭石等轻质材料来形成屋面坡度。

(3) 找平层

防水卷材应铺贴在平整的基层上，否则卷材会发生凹陷或断裂，所以在结构层或找坡层上必须先做找平层。找平层可选用水泥砂浆、细石混凝土和沥青砂浆等，厚度视防水卷材的种类和基层情况而定。找平层宜设分格缝，分格缝也叫分仓缝，是为了防止屋面不规则裂缝以适应屋面变形而设置的人工缝。分格缝缝宽一般为 20mm，且缝内应嵌填密封材料。分格缝应留在板端缝处，其纵横缝的最大间距为：找平层如采用水泥砂浆或细石混凝土时，不宜大于 6m；找平层如为沥青砂浆时，不宜大于 4m。分格缝的具体构造如图 6.8 所示。

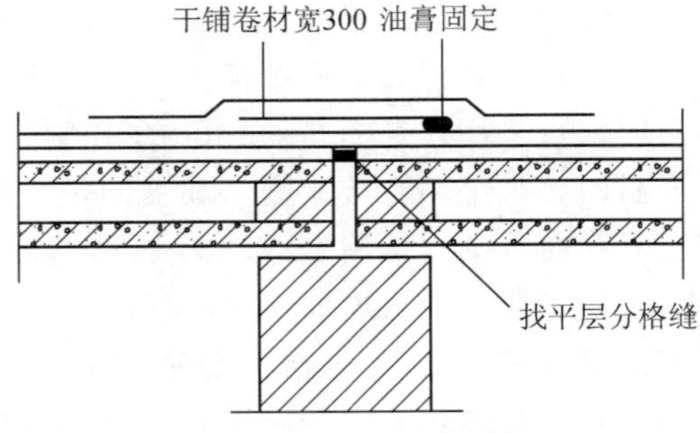

图 6.8　找平层分格缝做法

(4) 结合层

结合层的作用是使卷材防水层与找平层粘结牢固。结合层所用材料应根据防水卷材的不同来选择，油毡卷材常用稀释沥青溶液（俗称冷底子油）；高分子卷材常用与卷材配套的基层处理剂，也可采用冷底子油。另外，为了避免油毡层内部残留的空气或湿气，在太阳的辐射下膨胀而形成鼓泡，导致油毡皱折或破裂，应在油毡防水层与基层之间设有蒸汽扩散的通道，故在工程实际操作中，通常将第一层热沥青涂成点状（俗称花油法）或条状，然后铺贴首层油毡，如图 6.9 所示。

(5) 防水层

防水层是用防水卷材和胶结材料交替粘合，且上下左右可靠搭接，而形成的整体的不透水层。防水卷材有沥青防水卷材、高聚物改性沥青防水卷材和合成高分子防水卷材等。

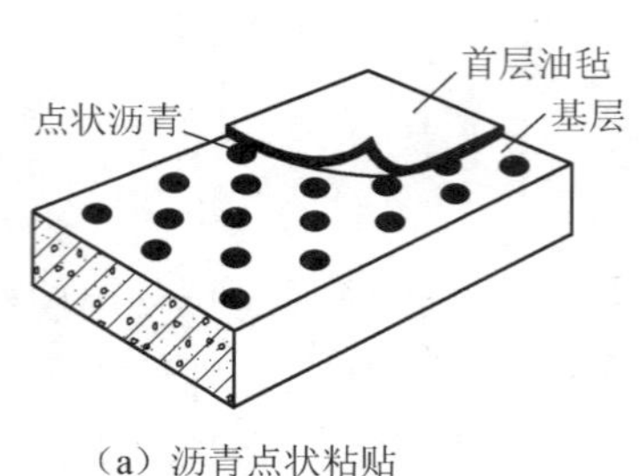

（a）沥青点状粘贴

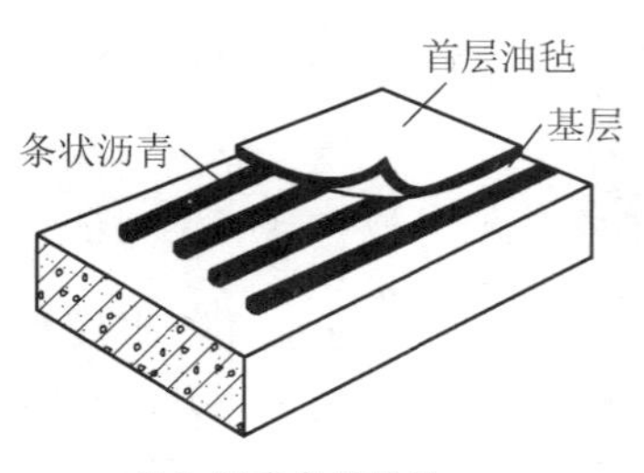

（b）沥青条状粘贴

图 6.9　基层油毡的蒸汽扩散

1）卷材铺贴方向。沥青卷材（常做三毡四油）屋面坡度小于 3%时，卷材宜平行屋脊铺贴；屋面坡度为 3%～15%时，卷材可以平行或垂直屋脊铺贴；屋面坡度大于 15%或屋面受振动荷载时，应垂直屋脊铺贴。高聚物改性沥青防水卷材和合成高分子防水卷材不受此限制，但上下层卷材不得相互垂直铺贴。

2）卷材的搭接方向。垂直屋脊方向应上搭下形成顺水流搭接；左右应形成顺风向搭接。

3）卷材的搭接长度。沥青油毡长边搭接不小于 70mm，短边搭接不小于 100mm；高聚物改性沥青防水卷材的长短边搭接长度均不小于 80mm；合成高分子防水卷材采用胶粘剂粘贴时不小于 80mm，采用胶粘带时不小于 50mm。多层卷材铺贴时，上下层卷材的接缝应错开。

（6）保护层

设置保护层的目的是延长防水层的使用耐久年限。保护层的材料做法应根据防水层所用材料和屋面的利用情况而定。不上人屋面保护层的做法是：当屋面为油毡防水层时，可采用粒径为 3～6mm 的小石子，俗称绿豆砂保护层；当屋面为三元乙丙橡胶卷材时，可采用直接涂刷于其上的银色着色剂作为保护层；当屋面为彩色三元乙丙复合卷材时，则直接用 CX－404 胶粘结，不需另加保护层。上人屋面的保护层具有保护防水层和兼作上人屋面地面面层的双重作用，其构造做法通常是采用水泥砂浆或沥青砂浆铺贴缸砖、大阶砖、混凝土板等，也可以采用 20mm 厚水泥砂浆抹面或现浇 40mm 厚 C20 细石混凝土面层（宜掺微膨胀剂）的做法，并在其上设置符合相应构造要求的分格缝。在保护层与防水层之间还应设隔离层，以减少它们与防水层之间相互变形的影响，避免渗漏。隔离层材料一般有低等级砂浆、纸筋灰、塑料薄膜、无纺布、粉砂或石灰浆等。

2. 刚性防水屋面构造层次

刚性防水屋面是指以刚性材料作为防水层的屋面，如防水砂浆、细石混凝土、配筋细石混凝土等。其主要优点是施工方便、节约材料、造价经济和维修方便，但这种防水屋面对温度变化和结构变形较为敏感，故多用于我国的南方地区。刚性防水屋面主要适用于防水等级为Ⅲ级的屋面防水，也可用作Ⅰ、Ⅱ级屋面多道防水设计中的一道防水层；不适用于设有松散材料保温层的屋面以及受较大振动或冲击荷载的建筑物屋面。

刚性防水屋面的基本构造层次有结构层、找平层、隔离层和防水层。

（1）结构层

刚性防水屋面的结构层必须具有足够的强度和刚度，故通常采用现浇或预制的钢筋混凝土屋面板。刚性防水屋面一般为结构找坡，坡度以 3%～5%为宜。

（2）找平层

为了保证防水层厚薄均匀，通常应在预制钢筋混凝土屋面板上先做一层找平层，找平层的做法一般为 20mm 厚 1∶3 水泥砂浆，若屋面板为现浇时可不设此层。

（3）隔离层

为减少结构层变形及温度变化对防水层的不利影响，宜在防水层之下设隔离层，也叫浮筑层。隔离层能使防水层与结构层完全脱开，以便于它们各自的变形活动。隔离层的做法一般是先在屋面结构层上用水泥砂浆找平，再铺设沥青、废机油、油毡、油纸、黏土、石灰砂浆、纸筋灰等。有保温层或找坡层的屋面，也可利用它们作隔离层。

（4）防水层

刚性防水屋面防水层的做法有防水砂浆抹面和现浇配筋细石混凝土面层两种，目前通常采用后一种。具体做法是现浇不小于 40mm 厚的细石混凝土，内配 $\phi4$ 或 $\phi6$、间距为 100～200mm 的双向钢筋网片。由于裂缝容易出现在面层，钢筋应居中偏上，上面有 15mm 厚的保护层即可。为使细石混凝土更为密实，可在混凝土内掺外加剂，如膨胀剂、减水剂、防水剂等，以提高其抗渗性能。

刚性防水层应设分格缝（分仓缝），是防止屋面不规则裂缝而设置的人工缝。刚性防水屋面的分格缝应设置在屋面温度年温差变形的许可范围内和结构变形敏感的部位。因此，分格缝的纵横间距一般不宜大于 6m，且应设在屋面板的支承端、屋面转折处，防水层与凸出屋面结构的交接处，并应与屋面板板缝对齐。分格缝宽一般为 20～40mm，为了有利于伸缩，首先应将缝内防水层的钢筋网片断开，然后用弹性材料如泡沫塑料或沥青麻丝填底，密封材料嵌填缝上口，最后在密封材料的上部还应铺贴一层防水卷材。其具体构造见图 6.10。

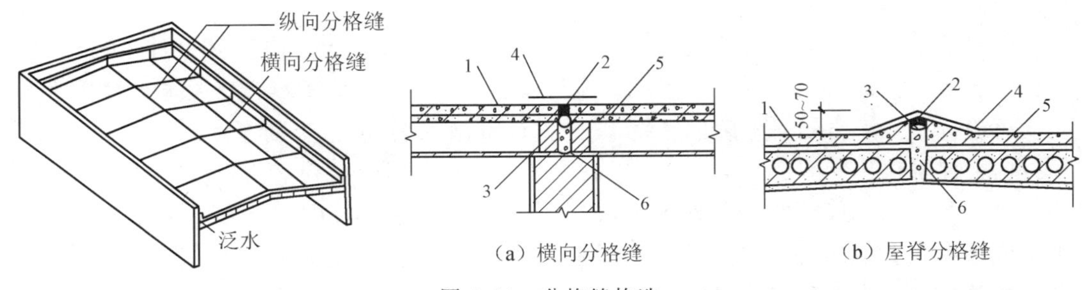

图 6.10　分格缝构造

1. 刚性防水层；2. 密封材料；3. 背衬材料；4. 防水卷材；5. 隔离层；6. 细石混凝土

3. 涂膜防水屋面构造层次

涂膜防水屋面又称涂料防水屋面，是指用可塑性和粘结力较强的高分子防水涂料直接涂刷在屋面基层上而形成不透水的薄膜层来达到防水目的的一种屋面做法。防水涂料一般有乳化沥青类、氯丁橡胶类、丙烯酸树脂类、聚胺脂类和焦油酸性类等。这些材料根据其性质的不同又可分为两类，一类是用水或溶剂溶解后在基层上涂刷，通过水或溶剂蒸发而干燥硬化；另一类是通过材料的化学反应而硬化。这些材料多数具有防水性好、粘结力强、延伸性大和耐腐蚀、耐老化、无毒、不延燃、冷作业、施工方便的优点，但涂膜防水价格较高，故成膜后要格外注意保护，防止硬杂物碰坏。涂膜防水主要适用于防水等级为Ⅲ级、Ⅳ级的屋面防水，也可以作为Ⅰ级、Ⅱ级屋面多道防水设防中的一道防水层。

涂膜防水屋面的构造层次与柔性防水屋面相似，由结构层、找坡层、找平层、结合层、防水层和保护层组成，如图 6.11 所示。

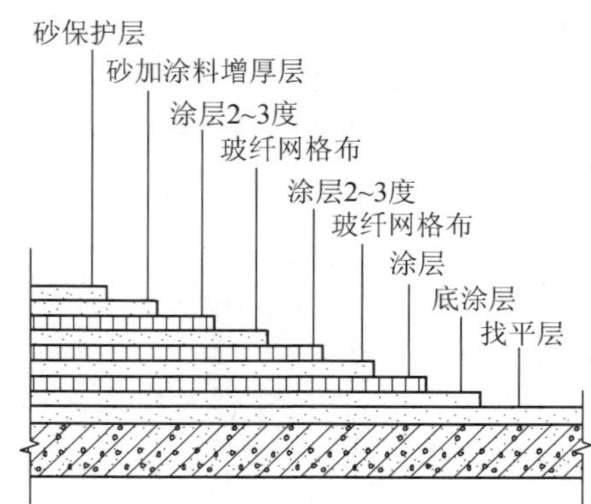

图 6.11　涂膜防水屋面构造

（1）结构层和找坡层

在涂膜防水屋面中，结构层和找坡层的做法均与柔性防水屋面相同。

（2）找平层和结合层

为使防水层的基层具有足够的强度和平整度，找平层通常为 25mm 厚 1∶2.5 水泥砂浆，并且为保证防水层与基层粘结牢固，结合层应选用与防水涂料相同的材料经稀释后满刷在找平层上。找平层上应设分格缝，构造同卷材防水屋面。

（3）防水层

涂膜防水屋面的防水层涂刷时应分多次进行。乳剂性防水材料应采用网状布织层如玻璃布等可使涂膜均匀，一般手涂三遍可做成 1.2mm 的厚度；溶剂性防水材料手涂一次可涂 0.2～0.3mm，干后重复涂 4～5 次，可做 1.2mm 以上的厚度。

（4）保护层

涂膜的表面一般须撒细砂作保护层，为防太阳辐射影响及色泽需要，可适量加入银粉或颜料作着色加强保护作用。上人屋顶一般要在防水层上涂抹一层 5～10mm 厚粘结性好的聚合物水泥砂浆，干燥后再抹水泥砂浆面层。

4. 粉剂防水屋面构造层次

粉剂防水屋面是以脂肪酸钙为主体，通过特定的化学反应组成的复合型粉状防水材料加保护层，来作为屋面防水层的一种做法。它完全打破了传统的防水观念，是一种既不同于柔性防水，又不同于刚性防水的新型的防水形式。这种粉剂组成的防水层透气而不透水，有极好的憎水性、耐久性和随动性，并且具有施工简单、快捷，造价低、寿命长等优点。

粉剂防水屋面的构造层次有结构层、找平层、防水层、隔离层和保护层，如图 6.12所示。

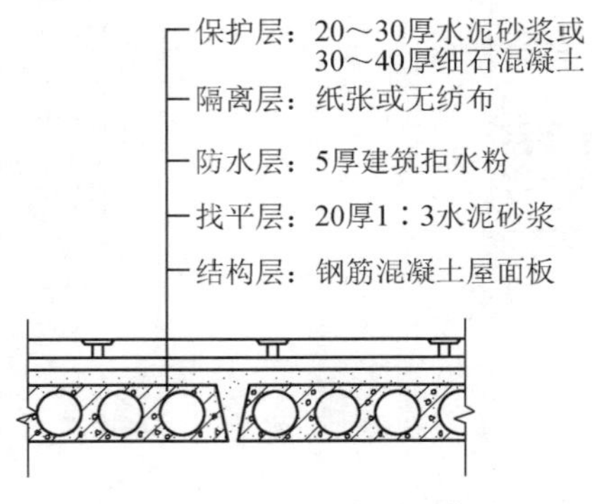

图 6.12 粉剂防水屋面构造

6.2.2 平屋顶防水屋面的细部构造

平屋顶防水屋面的细部构造包括泛水、檐口、雨水口、变形缝、屋面检修孔、屋面上人口等部位。

1. 泛水构造

泛水是屋面防水层与垂直屋面凸出物交接处的防水处理。

(1) 柔性防水屋面的泛水构造

柔性防水屋面在泛水构造处理时应注意：

- 铺贴泛水处的卷材应采取满粘法，并加铺一层卷材。
- 泛水应有足够的高度，一般不低于 250mm。
- 屋面与立墙交接处应做成弧形（R=50～100mm）或 45°斜面，使卷材紧贴于找平层上，而不致出现空鼓现象。
- 做好泛水的收头固定。

当卷材在砖墙上收头时，可在砖墙上预留凹槽，卷材收头应压入凹槽内固定密封，凹槽距屋面找平层最低高度不小于 250mm，凹槽上部的墙体应做好防水处理，如图 6.13 (a)所示。当砖墙较低时，如女儿墙檐口，卷材收头可直接铺压在女儿墙压顶下，压顶做好防水处理。当卷材在混凝土墙上收头时，卷材直接用压条固定于墙上，用金属或合成高分子盖板作挡雨板，并用密封材料封固缝隙，以防雨水渗漏，具体构造见图 6.13 (b)。

(2) 刚性防水屋面的泛水构造

刚性防水屋面的泛水构造可先在屋面与墙交接处预留宽度为 30mm 的缝隙，并且用密封材料嵌填，再铺设一层卷材或涂抹一层涂膜附加层，收头做法与柔性防水屋面泛水做法相同，如图 6.14 所示。

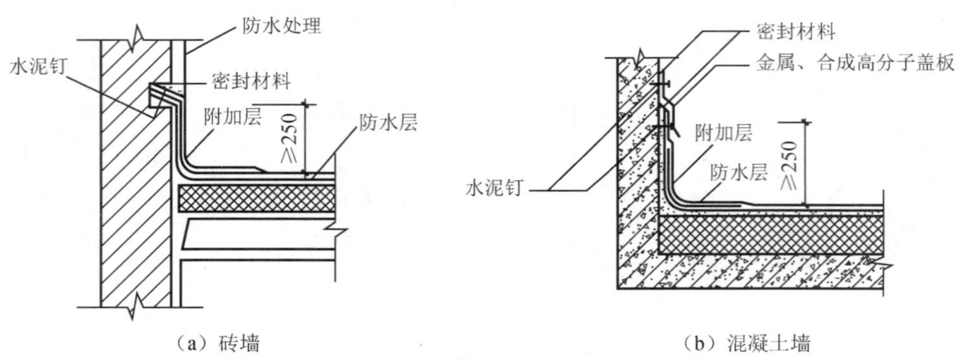

（a）砖墙　　（b）混凝土墙

图 6.13　柔性防水层面泛水构造

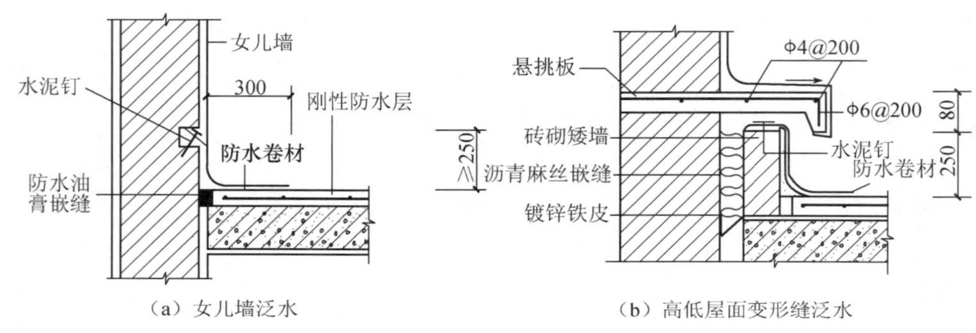

（a）女儿墙泛水　　（b）高低屋面变形缝泛水

图 6.14　刚性防水屋面泛水构造

（3）涂膜防水屋面的泛水构造

涂膜防水屋面的泛水构造与柔性防水屋面基本相同，不同的是在屋面容易渗漏的地方，需根据屋面涂膜防水层的不同再用一布二油、二布六涂等措施加强其防水能力。具体构造见图 6.15。

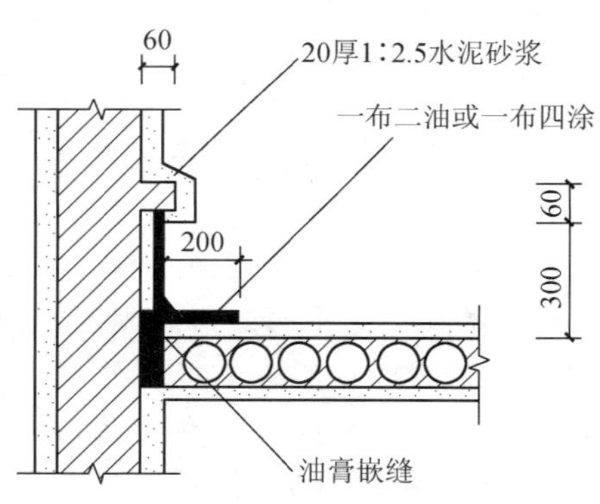

图 6.15　涂膜防水屋面泛水构造

2. 檐口构造

（1）无组织排水檐口

卷材防水屋面的油毡在檐口处收头应固定密封，在距收头 800mm 范围内，卷材应采取满粘法，如图 6.16（a）所示。

刚性防水屋面的挑檐一般是根据挑出的长度，直接利用混凝土防水层悬挑，也可以在增设的钢筋混凝土挑檐板上做防水层。这两种做法都要注意处理好檐口滴水，见图 6.16（b）。

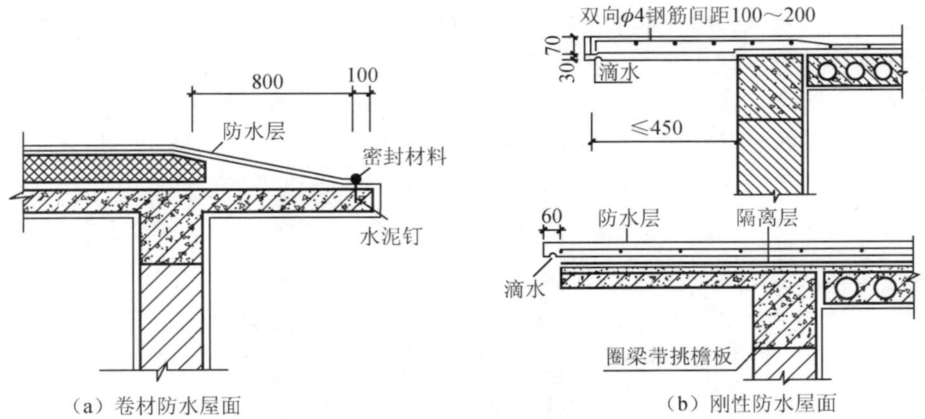

（a）卷材防水屋面　　（b）刚性防水屋面

图 6.16　无组织排水檐口构造

（2）挑檐沟

卷材防水屋面的挑檐沟与屋面交接处应增铺附加层，且附加层宜空铺，空铺宽度应为 200mm，卷材收头应密封固定，同时檐口饰面要做好滴水，如图 6.17（a）所示。

刚性防水屋面的挑檐沟一般是采用现浇或预制的钢筋混凝土槽形天沟板，在沟底用低强度的混凝土或水泥炉渣等材料垫置成纵向排水坡度。屋面铺好隔离层后再浇筑防水层，防水层应挑出屋面至少 60mm，并做好滴水，见图 6.17（b）。

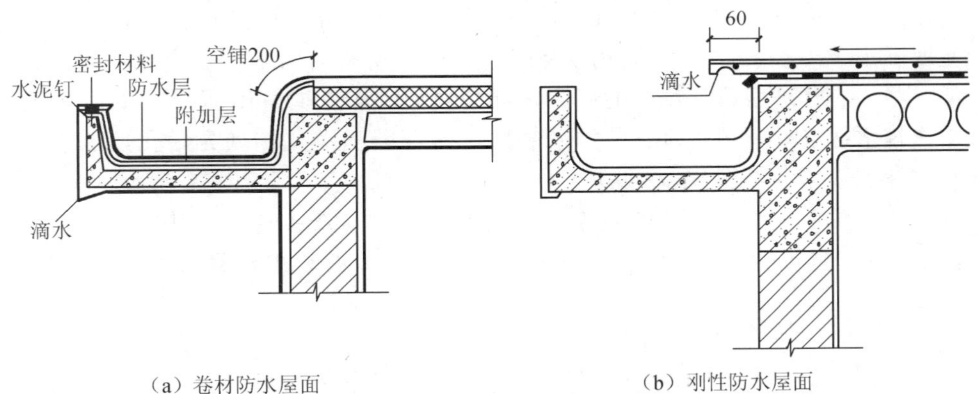

（a）卷材防水屋面　　（b）刚性防水屋面

图 6.17　挑檐沟构造

（3）女儿墙檐口

女儿墙檐口构造处理的关键是做好泛水的构造处理。檐口处做成三角形断面天沟，天沟内设纵向排水坡度。女儿墙顶部通常应做混凝土压顶，并设有坡度坡向屋面，如图 6.18 所示。

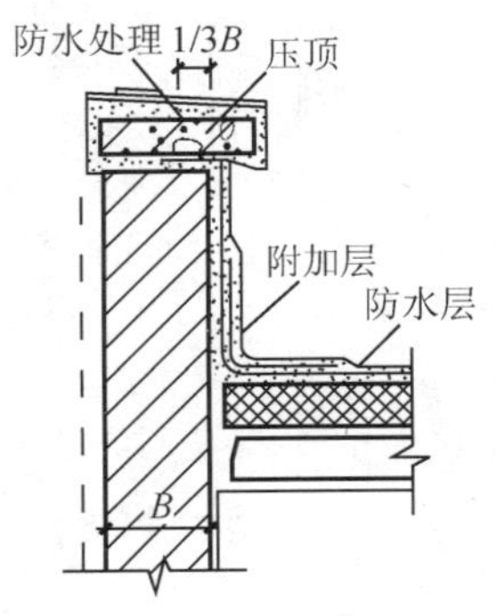

图 6.18　女儿墙构造

3. 雨水口构造

雨水口是汇集屋面雨水并将雨水排至落水管的关键部位，故对雨水口构造的要求是排水通畅，避免渗漏和堵塞。雨水口有直管式雨水口和弯管式雨水口两种。

（1）直管式雨水口

它用于外檐沟排水或内排水。由于直管式雨水口是在水平结构上开洞，故为了防止其周边漏水，应首先用水泥砂浆将漏斗形铸铁定形件埋嵌牢固，然后在雨水口四周加铺一层卷材并贴入漏斗四周不小于100mm，用油膏嵌缝。雨水口上应采用定型带篦铁罩（顶盖与底座）或铅丝球盖住，防止杂物流入造成堵塞［图6.19（a）］。

刚性防水屋面檐口处浇筑的混凝土防水层应覆盖于附加的柔性防水层之上，并在防水层与雨水口交接处用密封材料嵌缝［图6.19（b）］。

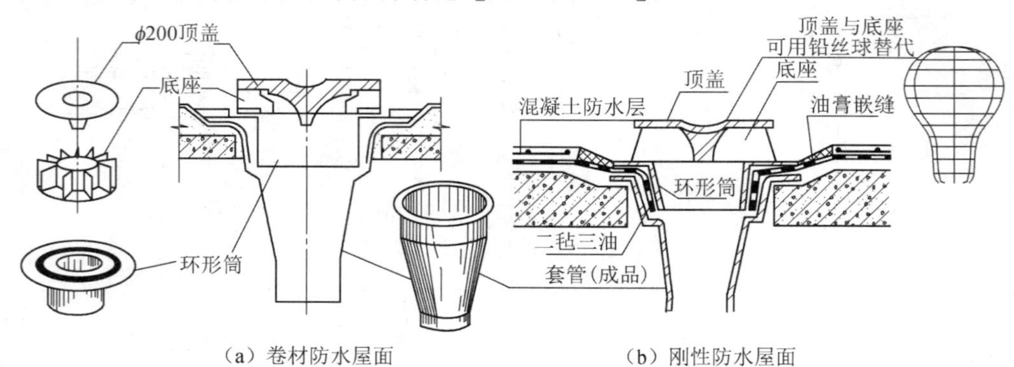

（a）卷材防水屋面　　（b）刚性防水屋面

图6.19　直管式雨水口构造

（2）弯管式雨水口

它用于女儿墙外排水，由于弯管式雨水口需要穿过女儿墙，采用侧向铸铁雨水口。

柔性防水屋面防水层应铺入雨水口内，同时在雨水口内壁四周要加铺一层卷材，加铺宽度不小于100mm，并安装铸铁篦子。另外，所有的雨水口都应尽可能比屋面或檐沟低一些。有找坡层或保温层的屋面，可在雨水口直径500mm周围减薄，形成漏斗形，使之排水通畅，避免积水。冬季采暖房屋这部分积雪比别处先融化，这样就能避免雨水口被冰雪堵塞［图6.20（a）］。

刚性防水屋面在雨水口处的屋面应加铺附加卷材与弯头搭接，其搭接长度不小于100mm，然后浇筑混凝土防水层，防水层与弯头交接处需用密封材料嵌缝［图6.20（b）］。

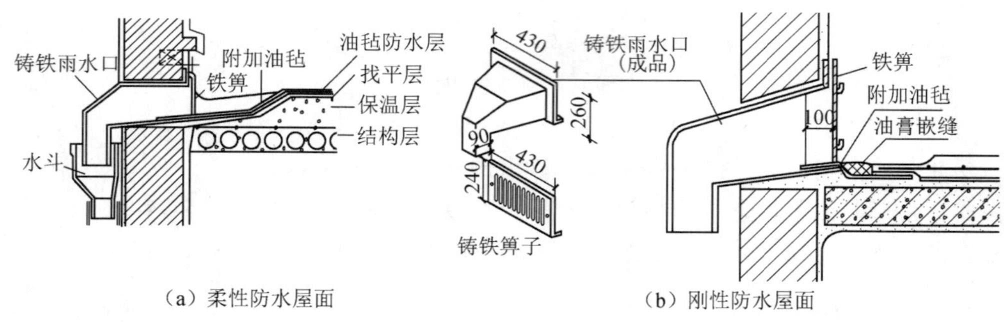

（a）柔性防水屋面　　（b）刚性防水屋面

图6.20　弯管式雨水口构造

4. 变形缝构造

屋面变形缝构造应保证屋顶既能自由伸缩变形又不造成渗漏。常见的处理方式有等高屋面变形缝和高低屋面变形缝两种。等高屋面变形缝一般是在屋面板上缝的两端

加砌矮墙，矮墙高度应不小于 250mm，并做好屋面防水及泛水处理，其要求同屋面泛水构造。高低屋面处变形缝要防止低屋面雨水流入变形缝，故要做好挡水、泛水及缝的处理，如图 6.21 所示。

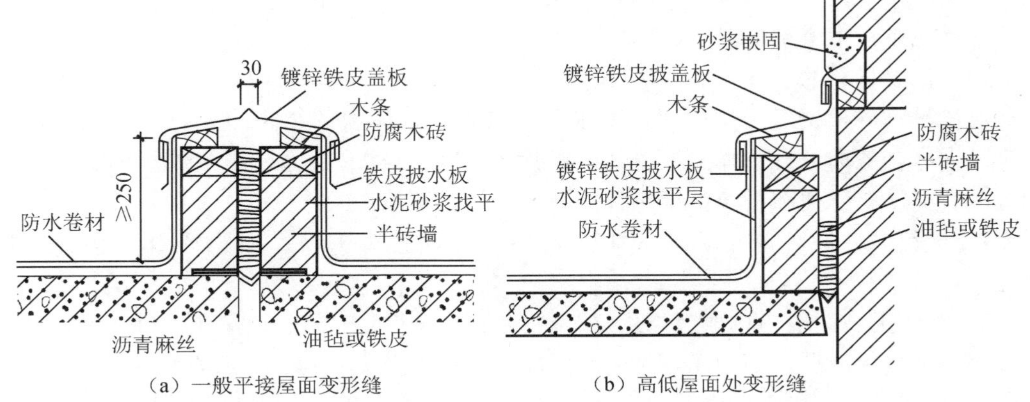

（a）一般平接屋面变形缝　　（b）高低屋面处变形缝

图 6.21　屋面变形缝构造

5. *屋面检修孔、屋面出入口构造*

不上人屋面须设屋面检修孔。检修孔四周的孔壁可用砖立砌，也可在现浇屋面板时将混凝土上翻制成，其高度一般为 300mm；壁外侧的防水层应做成泛水并将卷材收头钉压牢固（图 6.22）。

上人屋面一般须设屋面出入口。一般情况下，出屋面房间（或楼梯间）楼板结构层与屋顶结构层在同一个高度，须在出入口处设挡水门坎。室内和屋面都需做台阶以保证通行。屋面出入口的构造类似于泛水构造（图 6.23）。

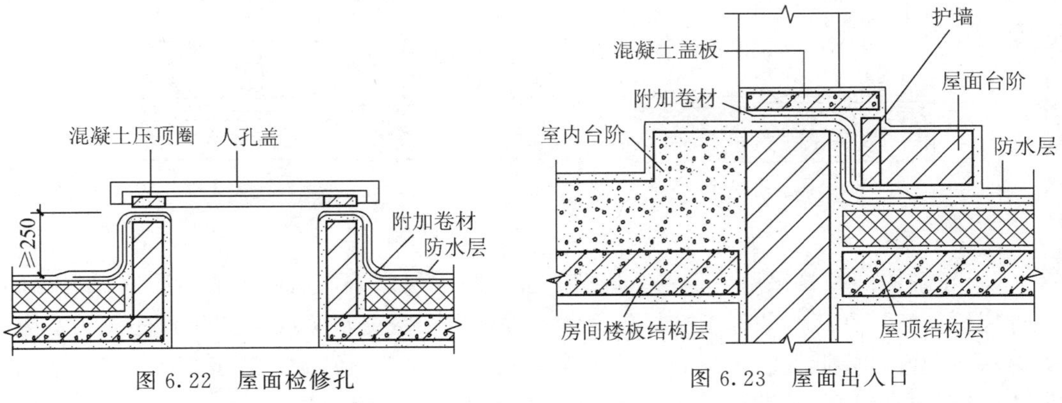

图 6.22　屋面检修孔　　图 6.23　屋面出入口

6.2.3　平屋顶的保温与隔热

屋顶作为建筑物的外围护结构，设计时应根据当地气候条件和使用功能的要求，妥善解决建筑物的保温和隔热问题。

1. 平屋顶的保温

我国的北方地区冬季气候寒冷，室内必须采暖。为了使室内热量不至于散失太快，保证房屋的正常使用并尽量减少能源消耗，屋顶应满足基本的保温要求，在构造处理时通常是在屋顶中增设保温层。

（1）保温材料的选择

保温材料要根据建筑物的使用要求、气候条件、屋顶的结构形式以及当地资源情况等因素综合考虑进行选择。保温材料应为空隙多、容重轻、导热系数小的材料，一般有散料类、整体类和板块类等三种。

1）散料类。如炉渣、矿渣等工业废料，以及膨胀陶粒、膨胀蛭石和膨胀珍珠岩等。

2）整体类。一般是以散料类保温材料为骨料，掺入一定量的胶结材料，现场浇筑而形成的整体保温层，如水泥炉渣、水泥膨胀珍珠岩及沥青蛭石、沥青膨胀珍珠岩等。

3）板块类。一般现场浇筑的整体类保温材料都可由工厂预先制作成板块类保温材料，如预制膨胀珍珠岩、膨胀蛭石以及加气混凝土、泡沫塑料等块材或板材。

（2）保温层的设置

根据屋顶保温层与防水层的相对位置的不同，可归纳为两种保温类型，即正铺法和倒铺法，如图 6.24 所示。

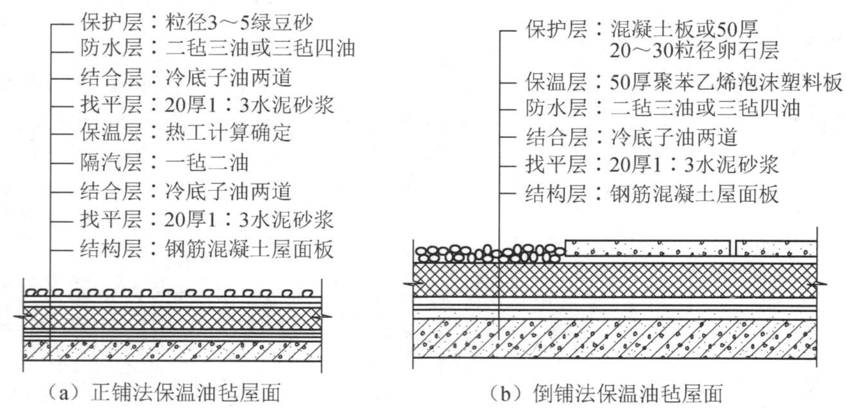

图 6.24　平屋顶的保温构造

1）正铺法。是将保温层设在结构层之上、防水层之下，从而形成封闭式保温层的一种屋面做法。在正铺法保温卷材屋面中，常常由于室内水蒸气会上升而进入保温层，保温材料受潮，降低保温效果，所以通常要在保温层之下先做一道隔气层。隔气层的做法一般是在结构层上做找平层，然后根据不同需要可涂一层沥青，也可铺一毡两油或二毡三油。

2）倒铺法。是将保温层设置在防水层之上，从而形成敞露式保温层的一种屋面做法。倒铺法的屋面层次与传统的屋面铺设层次相反，故称之为倒铺法。它的优点是防水层不受太阳辐射和剧烈气候变化的直接影响，不受外来作用力的破坏。缺点是选择保温材料时受限制，只能选用吸湿性低、耐气候性强的保温材料，并且一般还应进行日晒、雨雪、风力及温度变化和冻融循环的试验。目前我国用于倒置式屋面的保温材料，主要有聚苯乙烯泡沫塑料、硬质聚氨酯泡沫塑料和泡沫玻璃等。保温层很轻，故要用较重的覆盖物作保护层，如混凝土板、水泥砂浆或卵石。卵石保护层与保温层之间应铺设纤维织物，板块保护层可干铺，也可用水泥砂浆铺砌。

2. 平屋顶的隔热

在气候炎热地区，夏季强烈的太阳辐射会使屋顶的温度剧烈上升，严重影响室内人们正常的生活和工作，因此应对屋顶进行适当的构造处理，来达到隔热降温的目的。

屋顶隔热降温通常有以下几种方式。

(1) 通风隔热屋面

通风隔热屋面是在屋顶中设置通风的空气间层，使屋顶的上表面起遮挡阳光的作用，而中间的空气间层则利用风压原理和热压原理散发掉大部分的热量，从而降低了传到屋顶下表面的温度，达到隔热降温的目的。通风隔热屋顶根椐结构层和通风层的相对位置的不同又可分为两种：

1) 架空通风隔热屋面。这种隔热屋面的一般做法是用预制板块架空搁置在防水层上形成架空层，如图 6.25 所示。架空通风隔热屋面架空层应有适当的净高，一般以 180～240mm 为宜；架空层周边应设一定数量的通风孔，以保证空气流通；当女儿墙上不宜开设通风孔时，应距女儿墙 250mm 范围内不铺架空板。

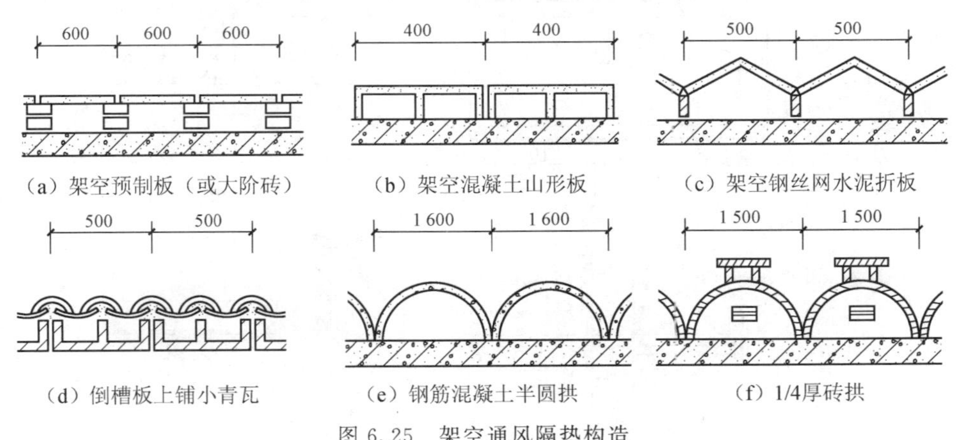

图 6.25　架空通风隔热构造

2) 顶棚通风隔热屋面。这种隔热屋面是将通风层设在结构层的下面，即利用屋顶与室内顶棚之间的空间作隔热层，同时利用檐墙上的通风口将大部分的热量带走，如图 6.26 所示。这种屋面的优点是防水层可直接做在结构层上面，构造简单。缺点是防水层和结构层均易受气候影响而变形。顶棚通风隔热屋面的通风层应有足够的净空高度，一般为 500mm 左右，并设置一定数量的通风孔，以利空气对流；通风孔应考虑防飘雨措施；注意解决好屋面防水层的保护问题，避免防水层开裂而引起渗漏。

(2) 蓄水屋面

这种屋面是在屋顶上蓄积一层水，当太阳辐射到屋顶上时，水吸收热量而蒸发，这样就会减少屋顶吸收的热能，从而达到降温隔热的目的。蓄水屋面宜采用整体现浇的混凝土刚性防水层，在屋顶构造处理时要增加一壁三孔，即蓄水分仓壁、溢水孔、

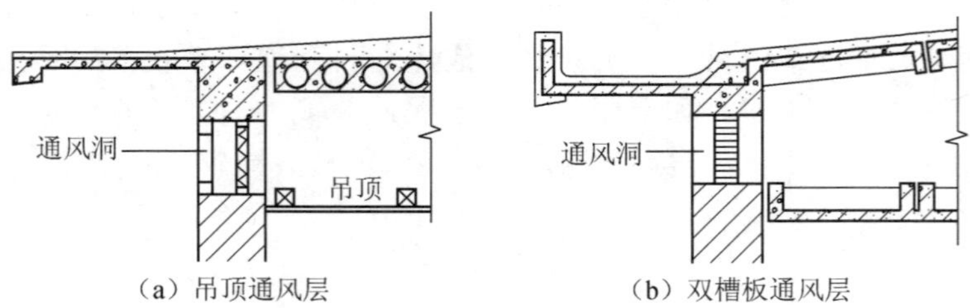

（a）吊顶通风层　　（b）双槽板通风层

图 6.26　顶棚通风隔热屋面构造

泄水孔和过水孔。

蓄水屋面的设计要点：

- 首先应有合适的蓄水深度，一般为 150～200mm。
- 根据屋面面积的大小，用分仓壁将屋面划分为若干个蓄水区，每区的最大边长一般不大于 10m，在分仓壁底部应设过水孔，使整个屋面上水能相互贯通。
- 合理设置溢水孔和泄水孔，保证适宜的蓄水深度以及便于在不需隔热降温时将积水排除。
- 应有足够的泛水高度，至少应高出溢水孔的上口 100mm 左右。
- 应注意做好管道的防水处理，避免渗漏。具体构造如图 6.27 所示。

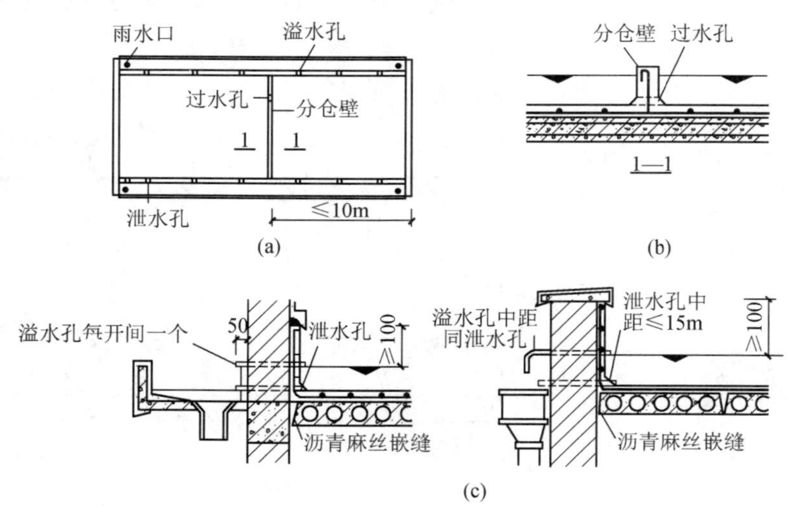

图 6.27　蓄水屋面构造

（3）种植屋面

这种屋面是在屋顶上种植植物，利用植被的蒸腾和光合作用吸收太阳辐射热，从而达到隔热降温的目的。种植屋面也应采用整体现浇的刚性防水层，并必须对其进行防腐处理，避免水和肥料日久天长渗入混凝土中腐蚀钢筋，如图 6.28所示。

种植屋面的设计要点：

- 种植介质应尽量选用谷壳、膨胀蛭石等轻质材料，以减轻屋顶自重。
- 屋顶四周须设栏杆或女儿墙作为安全防护措施，保证上屋顶人员的安全。
- 挡墙下部设排水孔和过水网，过水网可采用堆积的砾石，它能保证水通过而种植介质不流失。

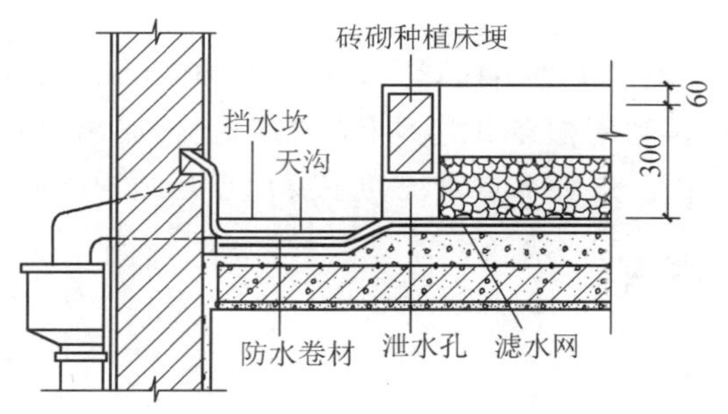

图 6.28　种植屋面构造

（4）反射屋面

这类屋面是利用材料表面的颜色和光滑度对热辐射的反射作用，将一部分热量反射回去，从而达到降温的目的。屋顶表面可以铺浅颜色材料，如浅色的砾石，或刷白色的涂料及银粉，都能使屋顶产生降温的效果。如果在顶棚通风屋顶的基层中加一层铝箔纸板，就会产生二次反射作用，这样会进一步改善屋顶的隔热效果。

6.3　坡屋顶构造

6.3.1　坡屋顶的承重结构

坡屋顶中常用的承重结构类型有山墙承重、屋架承重和梁架承重三类，见图 6.29。

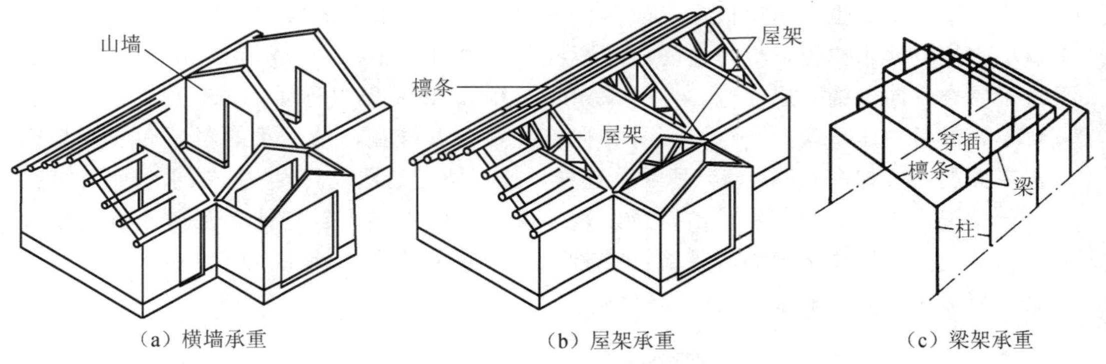

图 6.29　坡屋顶的承重结构

1）山墙承重。又叫横墙承重或硬山搁檩，是指按屋顶设计所要求的坡度，将横墙上部砌成山尖形，在其上直接搁置檩条来承受屋顶重量的一种承重方式。这种承重方式一般适合多数开间相同且并列的房屋，如住宅、旅馆、宿舍等。其优点是节约钢材和木材，构造简单，施工方便，房间的隔音、防火效果好，是一种较为合理的承重体系。

2）屋架承重。是指利用建筑物的外纵墙或柱支承屋架，然后在屋架上搁置檩条来承受屋面重量的一种承重方式。这种承重方式多用于要求有较大空间的建筑，如食堂、教学楼等。屋架一般按房屋的开间等间距排列，其开间的选择与建筑平面以及立面设计都有关系。屋架承重体系的主要优点是建筑物内部可以形成较大的空间，结构布置

灵活，通用性大。

3）梁架承重。是我国传统的结构形式，即用柱和梁形成梁架支承檩条，然后每隔两根或三根檩条立一柱，利用檩条和连系梁（枋）把房屋组成一个整体的骨架，在这里墙只起围护和分隔作用。这种承重系统的主要优点是结构牢固，抗震性好。

6.3.2 坡屋顶的防水构造

1. 平瓦屋面

平瓦又叫机平瓦，是根据防水和排水需要，将黏土或水泥等材料用模具压制成凹凸楞纹后再焙烧而成的瓦片。平瓦的一般尺寸为长 380～420mm，宽 230～250mm，净厚为 20～25mm。为防止下滑，瓦背后有突出的挡头，可以挂在挂瓦条上，其上还穿有小孔，在风速大的地区或屋面坡度较大时，可用铅丝将瓦扎在挂瓦条上，保证瓦的可靠固定。平瓦屋面根据基层的不同有空铺平瓦屋面、实铺平瓦屋面和钢筋混凝土挂瓦板平瓦屋面三种做法。

（1）空铺平瓦屋面

空铺平瓦屋面也叫冷摊瓦屋面，是平瓦屋面中最简单的一种做法，具体做法是在檩条上固定椽条，然后再在椽条上钉挂瓦条并直接挂瓦。这种屋面做法的特点是施工方便、经济，但雨雪易从瓦缝飘进室内，故通常用于质量要求不高的临时建筑中，如图 6.30（a）所示。

（2）实铺平瓦屋面

实铺平瓦屋面也叫木望板瓦屋面，具体做法是在檩条上铺钉一层 15～20mm 厚的平口毛木板，即木望板，板与板间可不留缝隙，也可留 10～20mm 的缝隙，木望板上平行于屋脊方向干铺一层油毡，再用 30mm×10mm 的板条（称压毡条或顺水条）将油毡钉牢，最后在压毡条上平行于屋脊方向钉挂瓦条并挂瓦，挂瓦条的断面和间距与冷摊瓦屋面相同，如图 6.30（b）所示。这样，挂瓦条与油毡之间因夹有顺水条而有了空隙，便于把飘入瓦缝的雨水排出，所以这种屋面的防水能力较空铺平瓦屋面有了很大的提高，同时也提高了屋面的保温隔热性能，但它的缺点是耗用木材较多，造价相对较高，故多用于质量要求较高的建筑中。

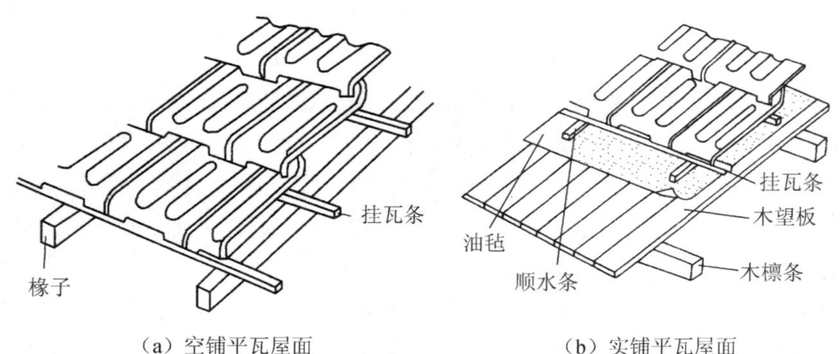

（a）空铺平瓦屋面　　（b）实铺平瓦屋面

图 6.30　平瓦屋面构造

(3) 钢筋混凝土挂瓦板平瓦屋面

这种屋面是用预应力或非预应力的钢筋混凝土挂瓦板直接搁置在横墙或屋架上，代替实铺平瓦屋面中的檩条、屋面板和挂瓦条，成为三合一的构件，如图 6.31所示。挂瓦板的屋面坡度不宜小于 1∶2.5，挂瓦板与砖墙或屋架固定时，可将挂瓦板两端挂在预埋在砖墙或屋架中的钢筋头上，再用 1∶3 水泥砂浆填实。挂瓦板的细部尺寸应与平瓦的尺寸相符，断面形式有 Π 形、T 形、F 形三种，并在板筋根部留有泄水孔，以排除由瓦面渗下的雨水。这种屋面的优点是构造简单，节约木材且防水可靠，但在施工时应严格控制构件的几何尺寸，切实保证施工质量，避免因瓦材搭接不密实而造成雨水渗漏。

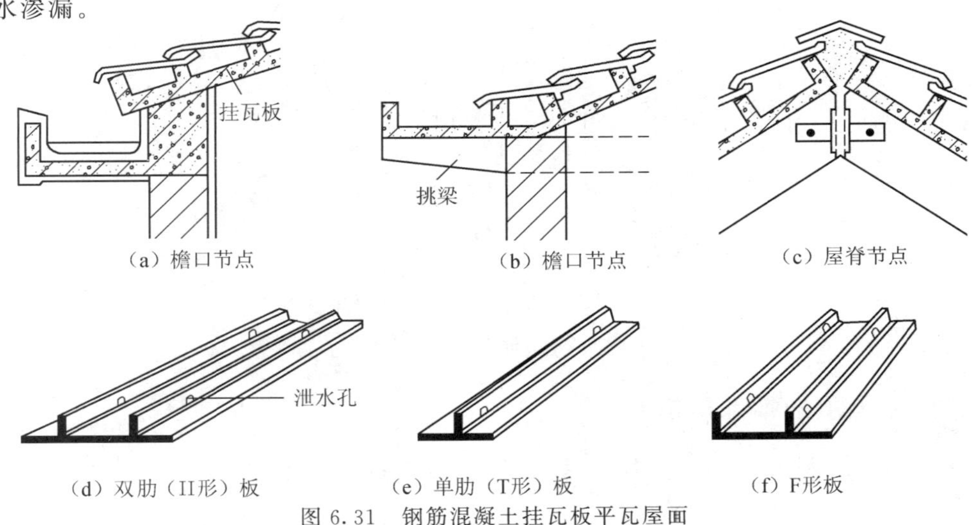

图 6.31 钢筋混凝土挂瓦板平瓦屋面

2. 装饰瓦屋面

近年来，坡屋顶更趋向于在整体现浇钢筋混凝土结构层上设装饰瓦，常有以下做法：

1) 在屋面防水卷材之上再做水泥砂浆来粘贴装饰瓦。这种瓦完全不起防水作用，只不过是表面做成“瓦”形状的面砖。但由于屋面防水卷材表面一般都较光滑，装饰瓦容易产生下滑现象。改进的办法是用在屋面防水卷材表面附设网纹材料的做法来增加与水泥砂浆的粘结力。但由于水泥砂浆是刚性材料，在屋面热胀冷缩的情况下仍易开裂，瓦片下滑仍难以解决。

2) 在屋面防水卷材上仍然使用传统的顺水条和挂瓦条，再铺设传统的屋面瓦，这种做法相当于又增加了一道防水层，效果较好。

3) 改变装饰瓦的材性及与基底的联结方式。例如，油毡瓦是将玻璃纤维和沥青分层粘合成片状，上敷以天然矿石粒，既形成对沥青的保护层，又有了天然石材的质感和色彩。这种可以用粘贴剂直接贴在基层上，也可以用钉子钉在屋面防水层上(图 6.32)。这种瓦比面砖瓦轻得多，又可以减少为贴装饰瓦而设的构造层次，还兼有防水作用。如果屋顶结构层仍然用传统的装配式小构件来构筑，也可以用这种瓦和铺设的方法。

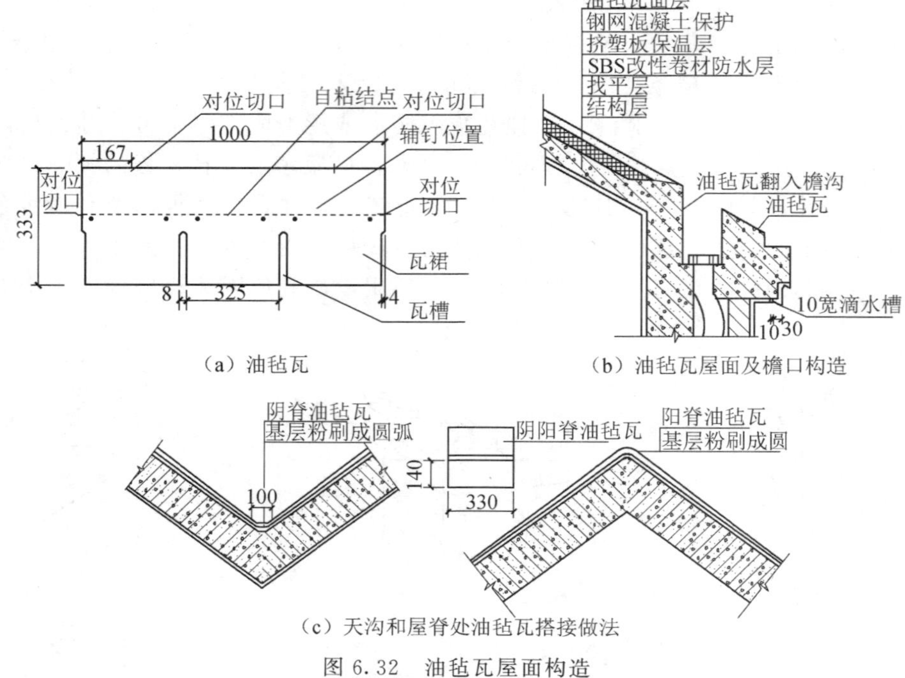

（a）油毡瓦　　（b）油毡瓦屋面及檐口构造

（c）天沟和屋脊处油毡瓦搭接做法

图 6.32　油毡瓦屋面构造

6.3.3　坡屋顶的细部构造

坡屋顶中最常见的是平瓦屋面，故细部构造以平瓦屋面为例。

1. 檐口构造

（1）纵墙檐口

纵墙檐口根据建筑的造型要求可做成挑檐和封檐两种。挑檐是指屋面挑出外墙的构造做法，其具体形式有砖挑檐、屋面板挑檐、挑檐木挑檐、挑椽挑檐等，这种做法可对外墙起到一定的保护作用，如图 6.33 所示。封檐是指檐口外墙高出屋面将檐口包住的构造做法，为了解决排水问题，一般需在檐部内侧做水平天沟，如图 6.34 所示。

（2）山墙檐口

山墙檐口按屋面形式有硬山和悬山两种做法。硬山檐口是指山墙高出屋面的构造做法，在山墙与屋面交接处应做好泛水处理，如图 6.35 所示。悬山檐口是指屋面挑出山墙的构造做法，其构造一般是将檩条挑出山墙，再用木封檐板（也称博风板）封住檩条端部，如图 6.36 所示。

2. 天沟构造

多跨坡屋面两斜面相交形成斜天沟，斜天沟一般用镀锌铁皮制成，镀锌铁皮两边包钉在木条上，木条高度要使瓦片搁上后能与其他瓦片平行，同时还可防止溢水。在天沟两侧的屋面卷材最好要包到木条上，或者在铁皮斜向的下面附加卷材一层。斜沟两侧的瓦片要锯成一条与斜沟平行的直线，挑出木条 40mm 以上。另一种做法是用弧形瓦或缸瓦作斜天沟，搭接处要用麻刀灰窝实，见图 6.37。

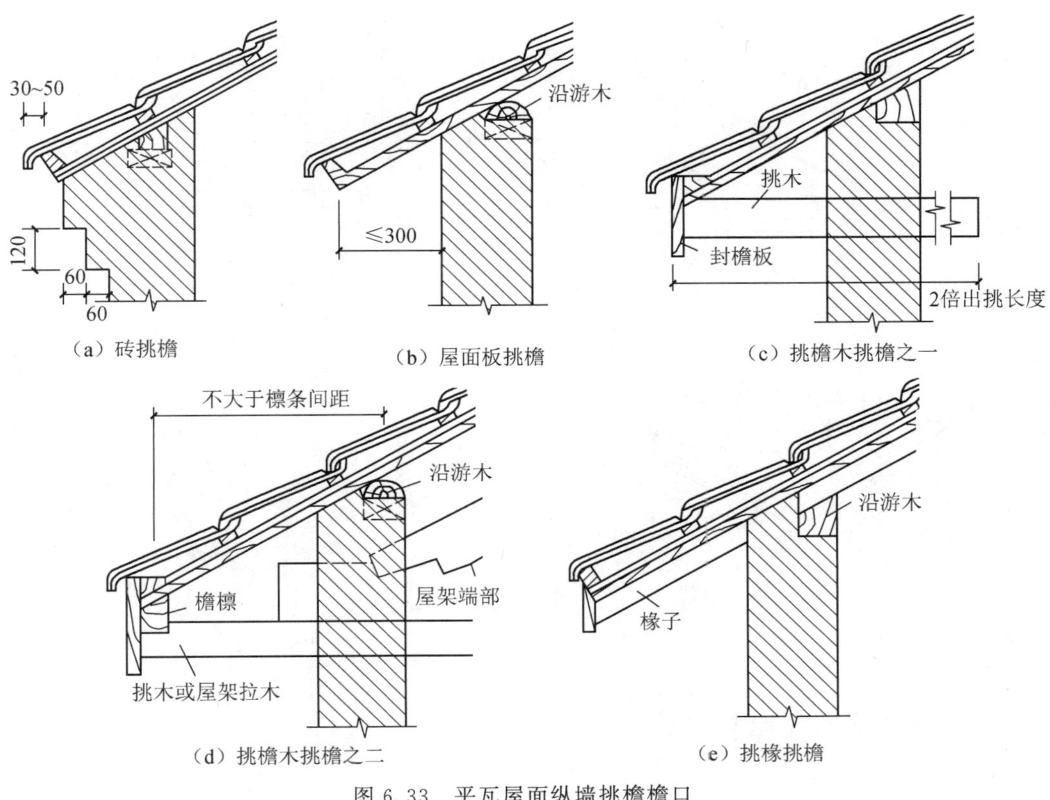

（a）砖挑檐　（b）屋面板挑檐　（c）挑檐木挑檐之一

（d）挑檐木挑檐之二　（e）挑椽挑檐

图 6.33　平瓦屋面纵墙挑檐檐口

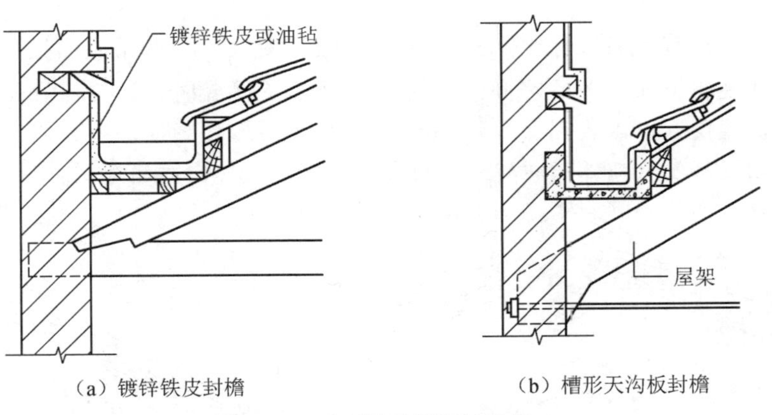

（a）镀锌铁皮封檐　（b）槽形天沟板封檐

图 6.34　平瓦屋面纵墙封檐檐口

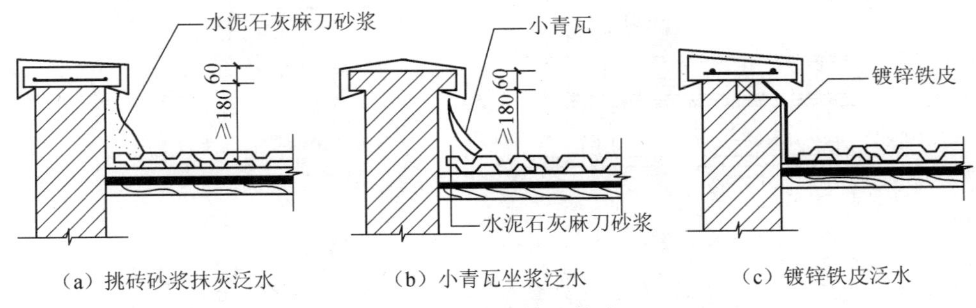

（a）挑砖砂浆抹灰泛水　（b）小青瓦坐浆泛水　（c）镀锌铁皮泛水

图 6.35　硬山檐口构造

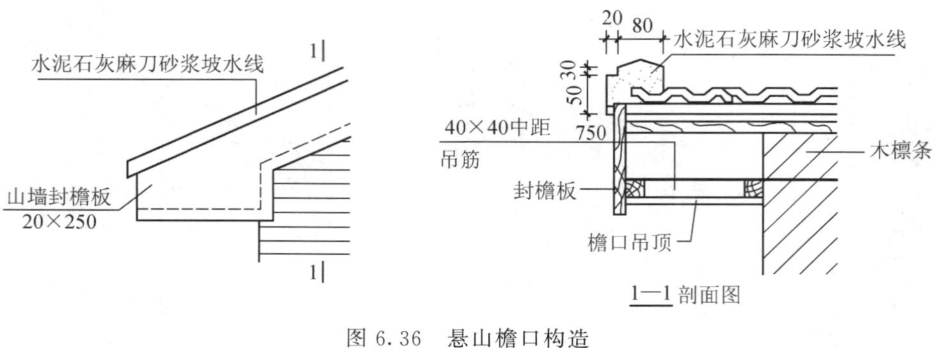

图 6.36　悬山檐口构造

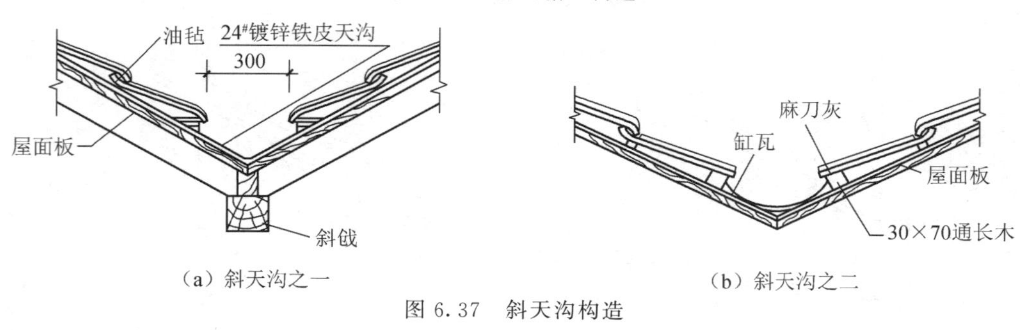

图 6.37　斜天沟构造

6.3.4　坡屋顶的保温与隔热

1. 坡屋顶的保温

坡屋顶的保温有屋面层保温和顶棚层保温两种做法。当采用屋面层保温时，其保温层可设置在瓦材下面或檩条之间。当屋顶为顶棚层保温时，通常需在吊顶龙骨上铺板，板上设保温层，可以收到保温和隔热的双重效果。坡屋顶保温材料可根据工程的具体要求选用散料类、整体类或板块类材料。坡屋顶保温构造如图 6.38 所示。

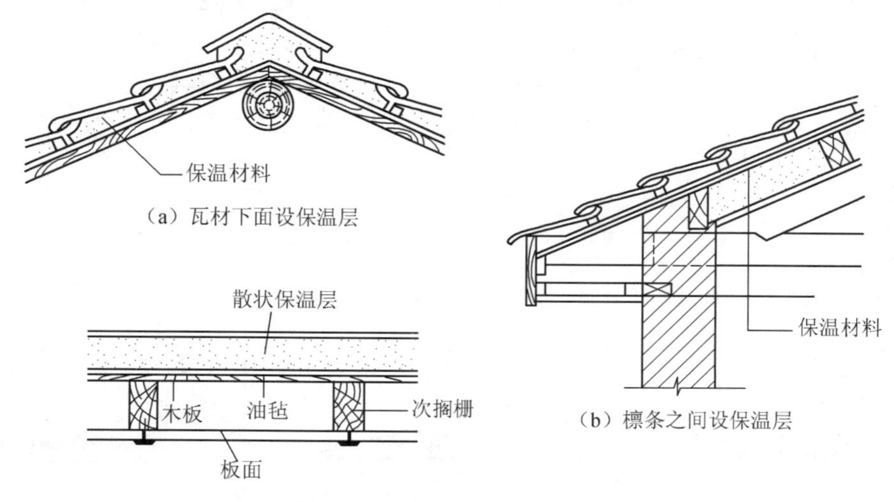

图 6.38　坡屋顶保温构造

2. 坡屋顶的隔热

在炎热地区的坡屋面应采取一定的构造处理来满足隔热的要求，一般是在坡屋顶中设进风口和出气口，利用屋顶内外的热压差和迎风面的风压差组织空气对流，形成屋顶内的自然通风，以减少由屋顶传入室内的辐射热，从而达到隔热降温的目的。进风口一般设在檐墙上、屋檐上或室内顶棚上，出气口最好设在屋脊处，以增大高差，加速空气流通。图 6.39 为几种通风屋顶的示意图。

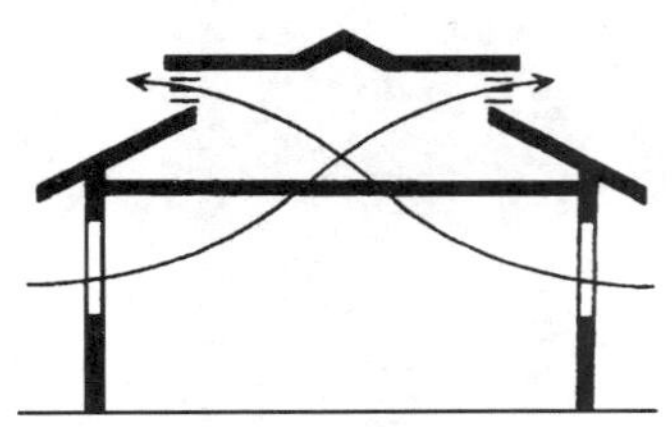

(a) 在顶棚和天窗设通风孔

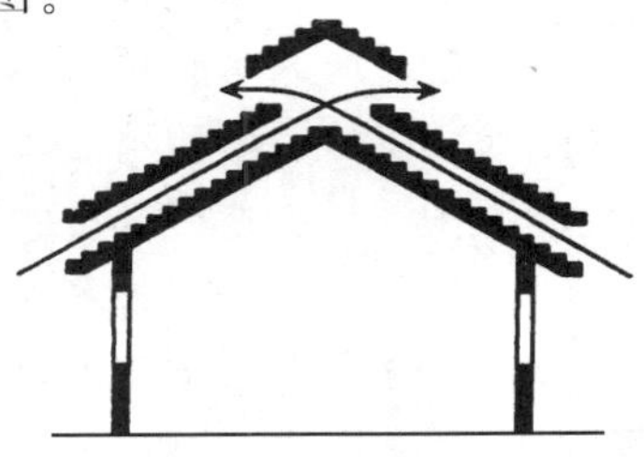

(b) 在外墙和天窗设通风孔之一

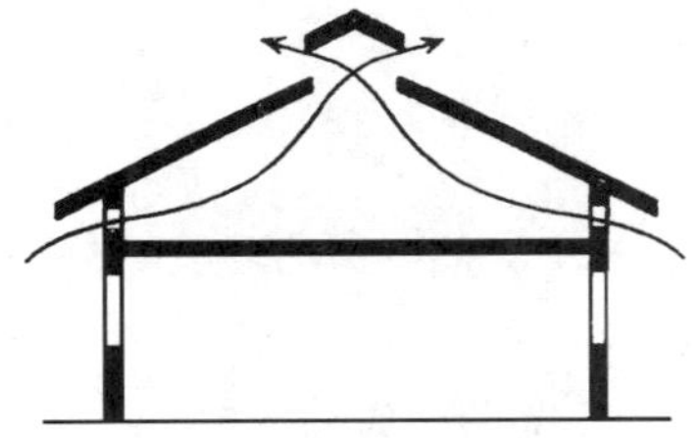

(c) 在外墙和天窗设通风孔之二

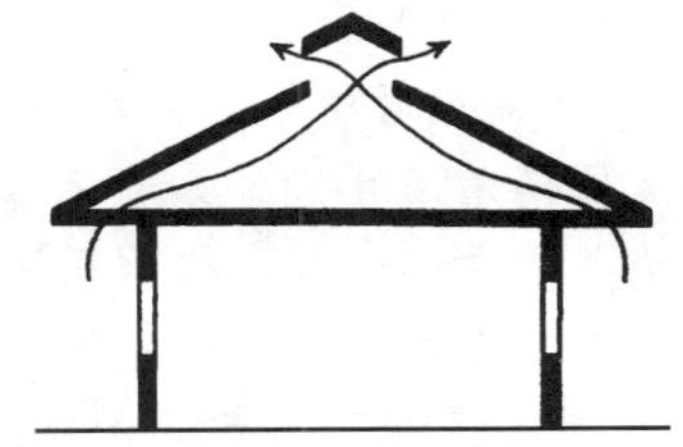

(d) 在山墙及檐口设通风孔

图 6.39　坡屋顶通风示意

小　　结

1. 屋顶按屋面坡度及结构选型的不同可分为平屋顶、坡屋顶及其他形式的屋顶。平屋顶的坡度小于5%，坡屋顶的坡度一般大于10%。

2. 屋面排水设计的内容包括：确定屋面排水坡度、排水方式，进行屋顶排水设计。屋顶排水坡度的形成主要有材料找坡和结构找坡两种。屋顶的排水方式分为无组织排水和有组织排水。屋面排水设计的步骤包括确定屋面坡度的形成方法和坡度大小；选择排水方式，划分排水区域；确定天沟的断面形式及尺寸；确定落水管所用材料和规格及间距，绘制屋顶排水平面图。

3. 平屋顶防水屋面按其防水层做法的不同可分为柔性防水屋面、刚性防水屋面、涂膜防水屋面和粉剂防水屋面等类型。泛水、变形缝、檐口、雨水口、屋面检修孔、上人口等细部构造须有可靠的防水措施。

4. 平屋顶的保温层有正铺法和倒铺法两种类型。平屋顶的隔热降温方式有通风隔热屋面、蓄水屋面、种植屋面、反射屋面等。

5. 坡屋顶的承重结构有山墙承重、屋架承重、梁架承重等方式。坡屋顶屋面的防水包括平瓦屋面、装饰瓦屋面等，坡屋顶的细部构造有檐口、山墙、天沟等部位。

思考与练习题

6.1 简述题

(1) 影响屋顶坡度的因素有哪些？如何形成屋顶的排水坡度？

(2) 屋顶的排水方式有哪几种？简述各自的优缺点和适用范围。

(3) 屋顶排水组织设计主要包括哪些内容？具体要求是什么？

(4) 卷材防水屋面的基本构造层次有哪些？各层次的作用是什么？

(5) 刚性防水屋面的基本构造层次有哪些？各层次的作用是什么？

(6) 涂料防水屋面的基本构造层次有哪些？各层次的作用是什么？

(7) 平屋顶的保温材料有哪几类？其保温构造有哪几种做法？

(8) 平屋顶的隔热构造处理有哪几种做法？

(9) 平瓦屋面的常见做法有哪几种？简述各自的优缺点。

6.2 画图题

(1) 画图表示柔性防水屋面的泛水构造、檐口构造和变形缝构造。

(2) 画图表示刚性防水屋面的泛水构造、檐口构造和变形缝构造。

(3) 画图表示瓦屋面的檐口、天沟构造。

6.3 平屋顶构造设计

图 6.40 为某小学四层教学楼的平面图和剖面图，教学区层高为 3.6m，办公区层高为 3.3m，教学区与办公区的交界处做错层处理。砖混结构，平屋顶，采用有组织排水，檐口形式自定。可采取柔性防水或刚性防水，有保温或隔热要求。

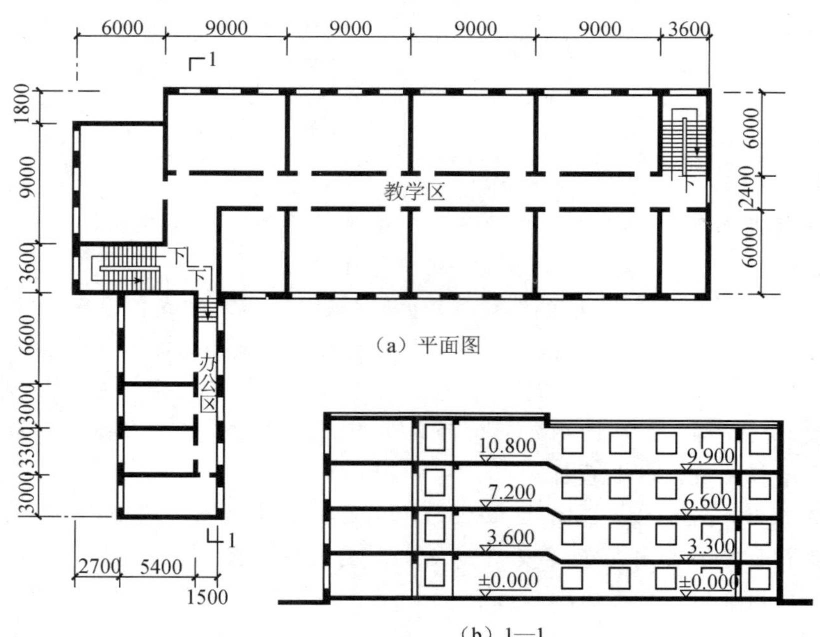

图 6.40　某小学教学楼平面图和剖面图

设计内容及图纸要求：

用 A3 图纸一张，按建筑制图标准的规定，绘制该小学教学楼屋顶平面图和屋顶节

点详图。

（1）屋顶平面图：比例1∶200。

1）画出各坡面交线、檐沟或女儿墙和天沟、雨水口和屋面上人孔等，刚性防水屋面还应画出纵横分格缝。

2）标注屋面和檐沟或天沟内的排水方向和坡度大小，标注屋面上人孔等突出屋面部分的有关尺寸，标注屋面标高（结构上表面标高）。

3）标注各转角处的定位轴线和编号。

4）外部标注两道尺寸（即轴线尺寸和雨水口到邻近轴线的距离或雨水口的间距）。

5）标注详图索引符号，并注明图名和比例。

（2）屋顶节点详图：比例1∶10或1∶20。

1）檐口构造。当采用檐沟外排水时，表示清楚檐沟板的形式、屋顶各层构造、檐口处的防水处理，以及檐沟板与圈梁、墙、屋面板之间的相互关系，标注檐沟尺寸，注明檐沟饰面层的做法和防水层的收头构造做法；当采用女儿墙外排水或内排水时，表示清楚女儿墙压顶构造、泛水构造、屋顶各层构造和天沟形式等，注明女儿墙压顶和泛水的构造做法，标注女儿墙的高度、泛水的高度等尺寸；当采用檐沟女儿墙外排水时要求同上。用多层构造引出线注明屋顶各层做法，标注屋面排水方向和坡度大小，标注详图符号和比例，剖切到的部分用材料图例表示。

2）泛水构造。画出高低屋面之间的立墙与低屋面交接处的泛水构造，表示清楚泛水构造和屋面各层构造，注明泛水构造做法，标注有关尺寸，标注详图符号和比例。

3）雨水口构造。表示清楚雨水口的形式、雨水口处的防水处理，注明细部做法，标注有关尺寸，标注详图符号和比例。

4）刚性防水屋面分格缝构造。若选用刚性防水屋面，则应做分格缝，要表示清楚各部分的构造关系，标注细部尺寸、标高、详图符号和比例。

第 7 章

门窗构造

❖ 知识点

1. 门窗的形式和尺度
2. 木门窗的构造
3. 铝合金门窗的构造
4. 塑钢门窗的构造

❖ 学习要求

1. 掌握木门窗的组成以及门窗框和门窗扇的构造
2. 掌握铝合金和塑钢门窗的特点与构造
3. 了解门窗的形式和洞口尺度的影响因素

门窗是建筑的重要组成构件，它们在不同情况下有分隔、采光、通风、保温、隔声、防水及防火等不同的要求。窗的主要功能是采光、通风及观望；门的主要功能是交通出入、分隔联系建筑空间，有时也兼起通风、采光的作用。此外，门窗对建筑物的外观及室内装修造型影响也很大。因此，对门和窗来说，总的要求应是坚固耐用、美观大方、开启方便、关闭紧密、便于清洁维修。

常用门窗材料有木、钢、铝合金、塑料和玻璃等。木门窗制作简易，较讲究的可以用硬木，一般多用松木、杉木，所用木料常常经过干燥处理，以防变形。为了节约木材，金属和塑料门窗已有了相当规模和数量的应用，其断面形状和构造也比木门窗复杂得多。目前由于门窗在制作生产上已经基本标准化、规格化和商品化，各地均有一般民用建筑门窗通用图集，设计时即可按所需类型以及尺度大小直接从中选用。

7.1 门窗的形式与尺度

7.1.1 窗的形式和尺度

1. 窗的开启方式

窗按其开启方式通常有固定窗、平开窗、悬窗、立转窗和推拉窗等(图 7.1)。

1）固定窗。不能开启的窗。一般将玻璃直接装在窗框上，尺寸可大些。

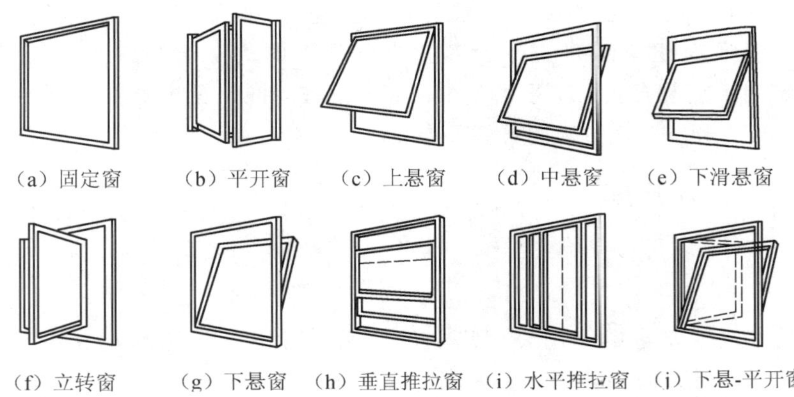

图 7.1　窗的开启方式

2）平开窗。这是一种可以水平开启的窗，有外开、内开之分。平开窗构造简单，制作、安装和维修均较方便，在一般建筑中使用最为广泛。

3）悬窗。按转动铰链或转轴的位置不同可以分为上悬窗、中悬窗和下悬窗。上悬窗与中悬窗一般向外开启，防雨效果比较好，且有利于通风；上悬窗常用于高窗，而下悬窗通风防水性能均较差，在民用建筑中用得极少。

4）立转窗。这是一种可以绕竖轴转动的窗。竖轴沿窗扇的中心垂线而设，或略偏于窗扇的一侧。其通风效果好，但不够严密，防雨防寒性能差。

5）推拉窗。可以左右或垂直推拉的窗。水平推拉窗需上下设轨槽，垂直推拉窗需设滑轮和平衡重。推拉窗开关时不占室内空间，但推拉窗不能全部同时开启，可开面积最大不超过 1/2 的窗面积。水平推拉窗扇受力均匀，所以窗扇尺寸可以较大，但五金件较贵。

2. 窗的尺度

窗的尺度应综合考虑以下几方面因素：

1）采光。从采光要求来看，窗的面积与房间面积有一定的比例关系。

2）使用。窗的自身尺寸以及窗台高度取决于人的行为和尺度。

3）节能。窗户是外围护结构中热工性能最薄弱的部位，从节能角度出发，不易过大。

4）符合窗洞口尺寸系列。为了使窗的设计与建筑设计、工业化和商业化生产以及施工安装相协调，国家标准《建筑门窗洞口尺寸系列》规定窗洞口的高度和宽度（指标志尺寸）为 3M 的倍数。但考虑到某些建筑，如住宅建筑的层高不大，以 3M 进位作为窗洞高度，尺寸变化过大，所以增加 1400mm、1600mm 作为窗洞高的辅助参数。

5）结构。窗的高宽尺寸受到层高及承重体系以及窗过梁高度的制约。

6）美观。窗是建筑物造型的重要组成部分，窗的尺寸和比例关系对建筑立面影响极大。

一般情况，可开窗扇的尺寸从强度、刚度、构造、耐久和开关方便考虑，不宜过大。平开窗扇的宽度一般为 400～600mm，高度一般为 800～1500mm。当窗较大时，

为减少可开窗扇的尺寸，可在窗的上部或下部设亮窗，北方地区的亮窗多为固定的，南方为了扩大通风面积，窗的上亮子多做成可开关的。亮子的高度一般采取 300～600mm。固定扇不需装合页，宽度可达 900mm 左右。推拉窗扇宽度亦可达 900mm 左右，高度不大于 1500mm，过大时开关不灵活。

7.1.2 门的形式和尺度

1. 门的开启方式

门的开启方式主要是由使用要求决定的，通常有以下几种不同方式，即平开门、弹簧门、推拉门、折叠门、转门等，如图 7.2 所示。

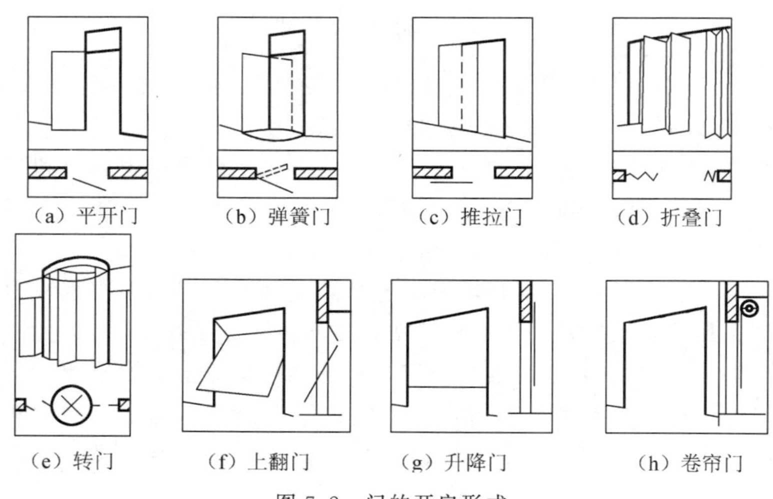

图 7.2　门的开启形式

1）平开门。水平开启的门，铰链安装在侧边，有单扇、双扇，有向内开、向外开之分。平开门的构造简单，开启灵活，制作和维修均较方便，是一般建筑中使用最广泛的门。

2）弹簧门。形式同平开门，稍有不同的是，弹簧门的侧边用弹簧铰链或下面用地弹簧传动，开启后能自动关闭。多数为双扇弹簧门，能内外两个方向弹动；少数为单扇或单向弹动，如纱门。弹簧门的构造与安装比平开门稍复杂，多用于人流出入较频繁或有自动关闭要求的场所。门上一般安装玻璃，以免相互碰撞。

3）推拉门。可以在上下轨道上滑行。推拉门有单扇和双扇之分，可以藏在夹墙内或贴在墙面外，占地少，受力合理，不易变形。因此门扇可以做的大些，但关闭不够严密。推拉门的构造也较复杂，一般用于两个空间需扩大联系的门。在人流众多的地方，还可以用光电管或触动式设施使推拉门自动启闭。

4）折叠门。为多扇折叠，可以拼合折叠推移到侧边的门。当每侧均为双扇折叠门时，在两个门扇侧边用合页连接在一起，开关和普通平开门一样。两扇均为多扇折叠门时，除在相邻各扇的侧面装合页以外，还需要在门顶或门底安装滑轮和导轨以及可以转动的五金配件。每扇折叠三扇或更多的门扇时，虽然仍可称之为门，实际上已成为折叠或移动式隔墙了。折叠门一般用于两个空间需要更为扩大联系的门。

5）转门。为三或四扇连成风车形，在两个固定弧形门套内旋转的门。转门可以作为公共建筑中人流出入频繁，且有采暖和空调设备的情况下的外门，对减弱或防止内外空气对流有一定作用。使用时各门扇之间形成的封闭空间起着门斗作用。一般在转门的两旁另设平开门或弹簧门，以作不需空气调节的季节或大量人流疏散之用。转门构造复杂，造价较高，一般情况不宜采用。

2. 门的尺度

门的尺度一般是指门的高宽尺寸。门的具体尺寸应综合考虑人体尺度和人流量、搬运家具、设备以及与建筑物的比例关系并应遵守国家标准《建筑门窗洞口尺寸系列》。对于外门，在不影响使用的前提下，应符合节能原则，特别是住宅的门不能随意扩大尺寸。

一般房间门的洞口宽度不宜小于0.9m，不超过1m宽的门洞可开一扇门；1.2～1.8m的门洞，应开双扇门；大于2m时，则应开三扇或多扇门。门洞口高应不小于2m。门洞口高度大于2.4m时应设亮子，亮子高为0.3～0.6m。

7.2 木门窗构造

7.2.1 木窗构造

1. 木窗的组成

木窗主要是由窗框、窗扇和五金件及附件组成。窗框由边框、上框、下框、中横框（中横档）、中竖框组成；窗扇由上冒头、下冒头、边梃、窗芯、玻璃等组成。窗五金零件如铰链、风钩、插销等，附加件如贴脸、筒子板、木压条等（图7.3）。

2. 窗框

（1）窗框的断面形式和尺寸

常用木窗框断面形状和尺寸主要应考虑：横竖框接榫和受力的需要；框与墙、扇结合封闭（防风）的需要；防变形和最小厚度处的劈裂等。一般窗扇与窗框之间既要开启方便，又要关闭紧密。通常在窗框上做裁口，深约10～12mm，为了提高防风雨的能力，可以适当提高裁口深度（约15mm），或在裁口处钉密封条；或在窗框背面留槽，形成空腔。木窗的用料采用经验尺寸，南北各地略有差异。单层窗窗框用量较小，一般为(40～60) mm×（70～95) mm；双层窗窗框用料稍大，一般为(45～60) mm×（100～120) mm。木框外形的净尺寸一般均不是整数，这是由于木材毛料尺寸均为整数，单面刨光去掉3mm，双面刨光去掉5mm的结果。窗框参考尺寸如图7.4所示。

（2）窗框在墙中的位置

窗框在墙中的位置一般是与墙内表面平齐，安装时窗框突出墙面20mm，以便墙面粉刷后与抹灰面平。框与抹灰面交接处应用贴脸板搭盖，以阻止由于抹灰干缩形成缝

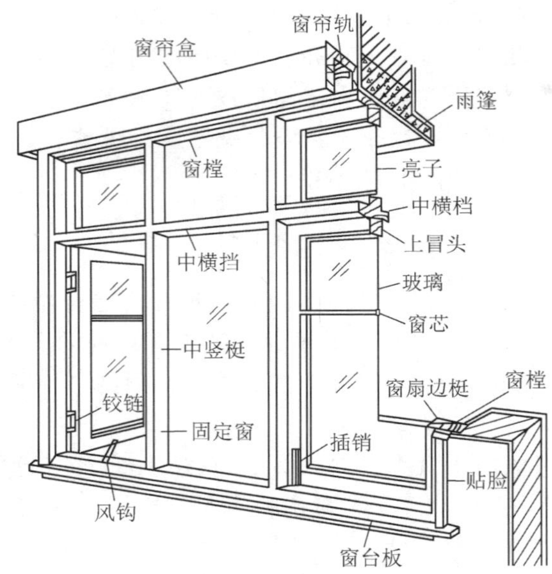

图 7.3 窗的组成

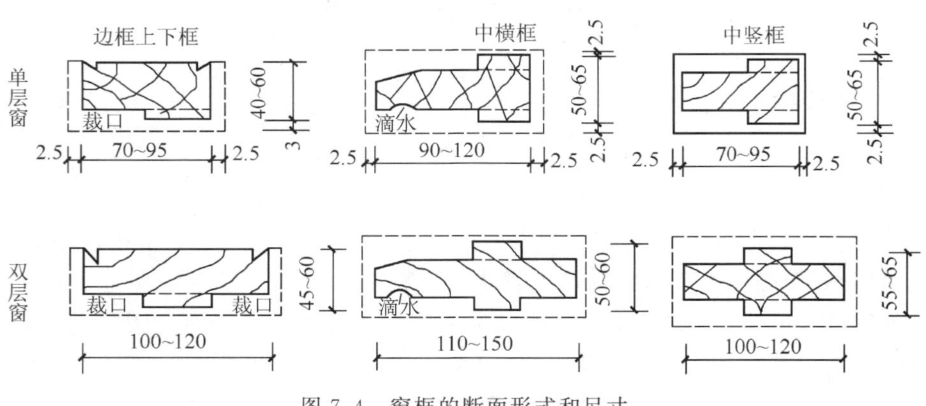

图 7.4 窗框的断面形式和尺寸

隙后风透入室内，同时可增加美观。

当窗框立于墙中时，应内设窗台板，外设窗台。窗框外平时，靠室内一面设窗台板。窗台板可用木板，也可用预制水磨石板，如图 7.5 所示。

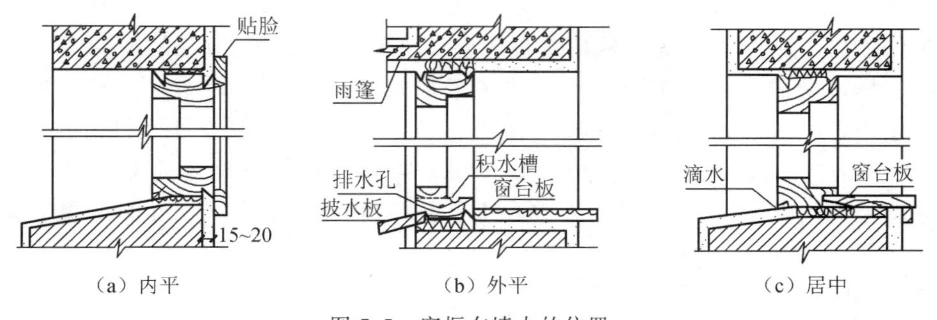

图 7.5 窗框在墙中的位置

(3) 窗框的安装

窗框位于墙和窗扇之间，木窗窗框的安装方式有立口法和塞口法两种(图 7.6)。立口法，即先立窗框，后砌墙。为使窗框与墙体连接得紧固，应在窗口的上下框各伸出 120mm 左右的端头，俗称“羊角”。塞口法是先砌筑墙体预留窗洞，然后将窗框塞入洞口内。不论是立口法还是塞口法，都要等墙体建完后再进行窗扇的整修和安装。

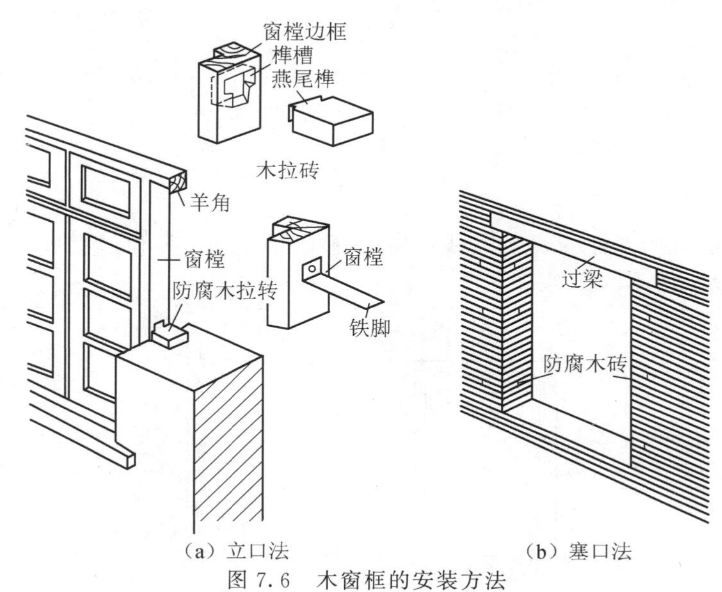

图 7.6 木窗框的安装方法

(4) 窗框与墙的连接

窗框与墙的连接主要应解决固定和密封问题。温暖地区墙洞口边缘采用平口，施工简单；在寒冷地区的有些地方常在窗洞两侧外缘做高低口，以增强密闭效果。如窗的上下框有突出，应砌入墙体中。木窗框的两侧外角做灰口，以增强窗框与抹灰的结合与密封，框墙间可填塞松软弹性材料，增强密封程度，如防风毛毡、麻丝或聚乙烯泡沫棒材、管材等封闭型弹性材料。木窗框靠墙面可能受潮变形，且不宜干燥。所以，当窗框宽超过 120mm 时，背面应做凹槽，以防卷曲，并做沥青防腐处理，如图 7.7 所示。

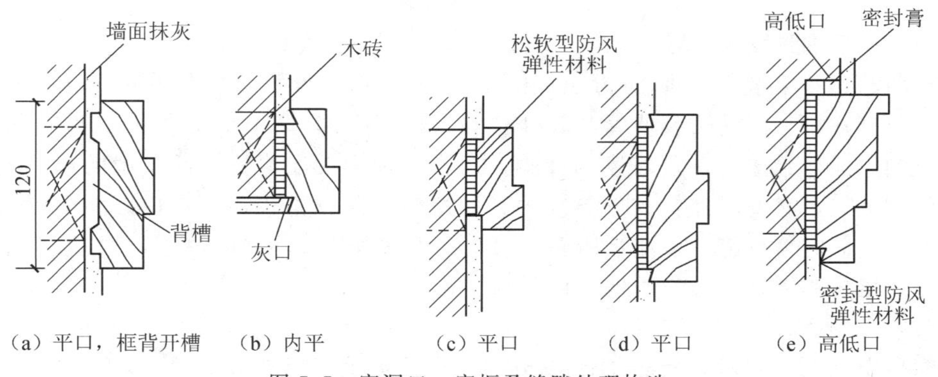

图 7.7 窗洞口、窗框及缝隙处理构造

木窗框和墙之间固定方法视墙体材料而异。砖墙常用预埋木砖固定窗框，先立口

施工法也可以先在窗框外固定铁脚。混凝土墙体常用预埋木砖或预埋螺栓、铁件固定窗框，如图 7.8 所示。

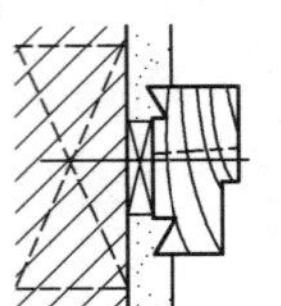

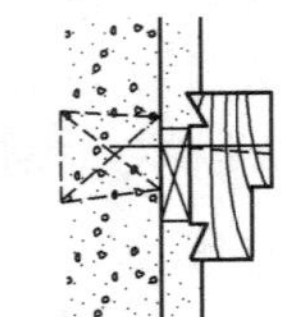

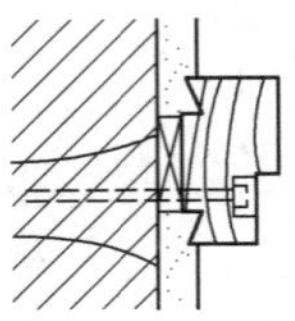

（a）砖墙预埋木砖，铁钉固定（b）混凝土墙预埋木砖，铁钉固定（c）混凝土或石墙预埋螺栓固定

图 7.8　木窗框与墙的固定方法

3. 窗扇

常见的木窗扇种类有玻璃扇和纱窗扇。窗扇由上下冒头和边梃榫接而成，有的还用窗芯分隔（图 7.9）。

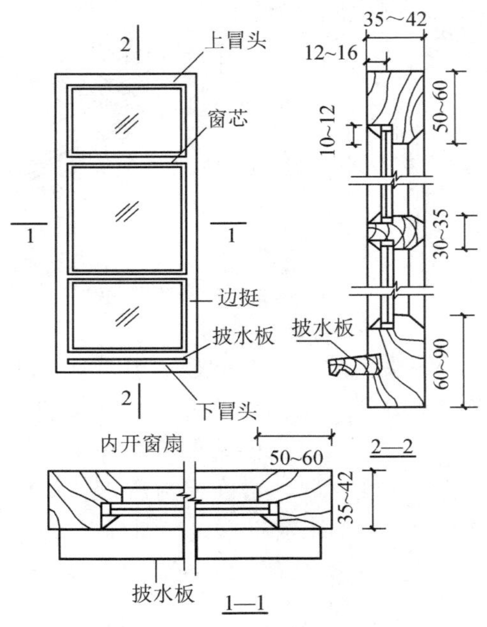

图 7.9　玻璃窗扇构造

（1）窗扇的形状与尺寸

窗扇的边梃和冒头断面约为 40mm×55mm，窗芯断面尺寸约为 40mm×30mm。窗扇也要有裁口，以便安装玻璃，裁口宽不小于 14mm，高不小于 8mm。为减少挡光，在裁口的另一侧做成有一定坡度的线脚。为了使窗扇关闭紧密，两窗扇的接缝处一般做高低缝盖口，必要时加钉盖缝条。内开的窗扇为防止雨水流入室内，在下冒头处应设披水板，同时窗框上应设流水槽和排水孔，做法如图 7.5（b）所示。披水板常用木材制作，也可用镀锌钢板。木披水板下侧要做滴水。

（2）玻璃的选择和安装

窗可根据不同要求选择普通平板玻璃、磨砂玻璃、压花玻璃、夹丝玻璃、吸热玻璃、有色玻璃、镜面反射玻璃等各种不同特性的玻璃。玻璃通常用油灰（桐油灰）或木压条嵌固。

7.2.2 木门构造

1. 木门的组成

门由门框、门扇、亮子、五金零件及附件组成。木门框由上框、边框、中横框、中竖框组成，一般不设下框。门扇有镶板门、夹板门、拼板门、玻璃门、百页门和纱门等。亮子又称腰窗，它位于门的上方，起辅助采光及通风的作用。有时有贴脸板和筒子板等附件，如图 7.10 所示。

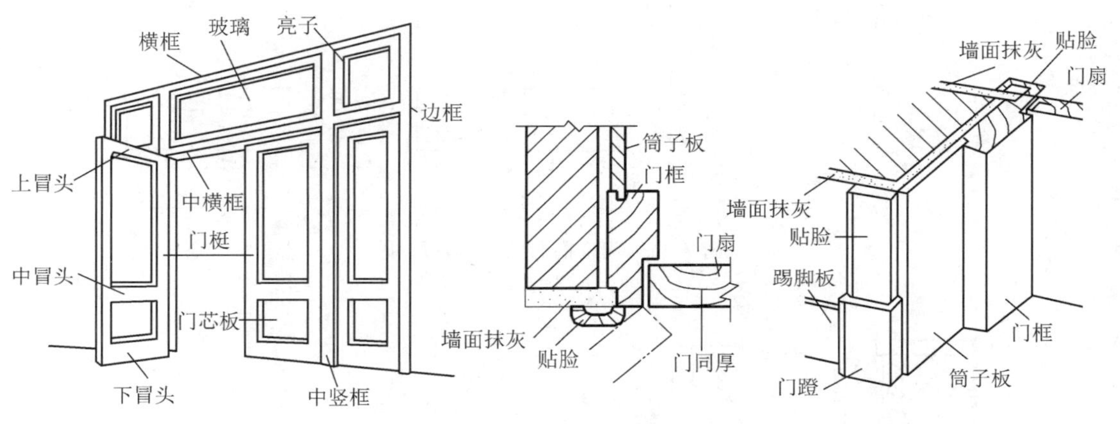

图 7.10 木门的组成

2. 门框

门框是由两个竖向边框和上部横框组成的，门上设亮子时还有中横框，两扇以上的门还设有中竖框，有时根据需要下部还设有下框，即一般称为门槛。设门槛时有利于保温、隔声、防风雨，无门槛时有利于通行和清扫。

(1) 门框的断面形式及尺寸

门框断面尺寸与门的总宽度、门扇类型、厚度、重量及门的开启方式等有关，见图 7.11。一般单、双扇平开门，用于内门时可采用 57mm×85mm，用于外门时为 57mm×115mm。四扇门边框为 57mm×（125～145）mm，中竖框加厚为 75mm。采用自由门时，门框应加厚，一般为 67mm×（125～145）mm，中竖框则为 85mm×（125～145）mm。

(2) 门框在墙中的位置

门框在墙中的位置可在墙的中部或与墙的一边平齐（图 7.12）。一般多与开启方向一侧平齐，尽可能使门扇开启时贴近墙面。门框四周的抹灰极易脱落，因此在门框与墙结合处应作贴脸板和木压条盖缝，贴脸板一般为 15～20mm 厚，30～75mm宽。木压条厚与宽约为 10～15mm，装修标准高的建筑还可在门洞两侧和上方设筒子板。

(3) 门框的安装

门框的安装与窗框的安装相似，只是两边框的下端应埋入地面，设门槛时部分门槛埋入地面。门框安装方式如图 7.13 所示。

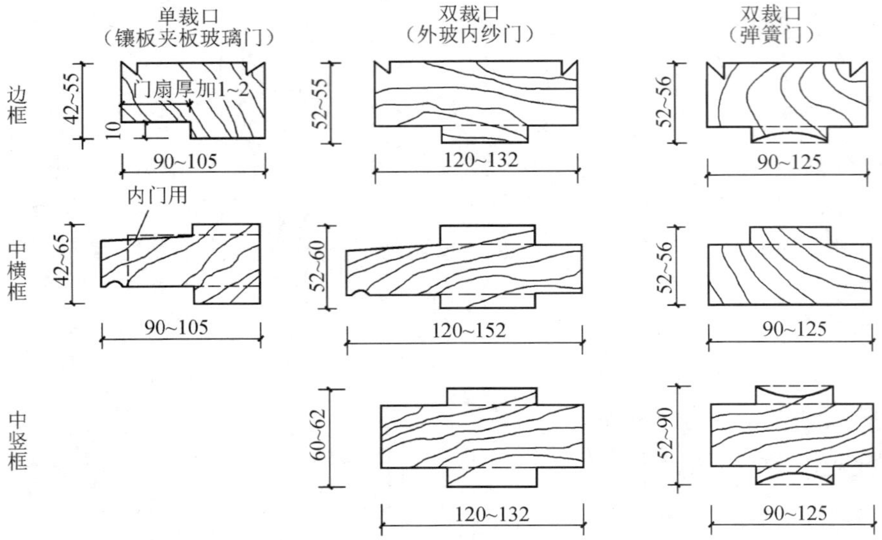

图 7.11　门框的断面形式及尺寸

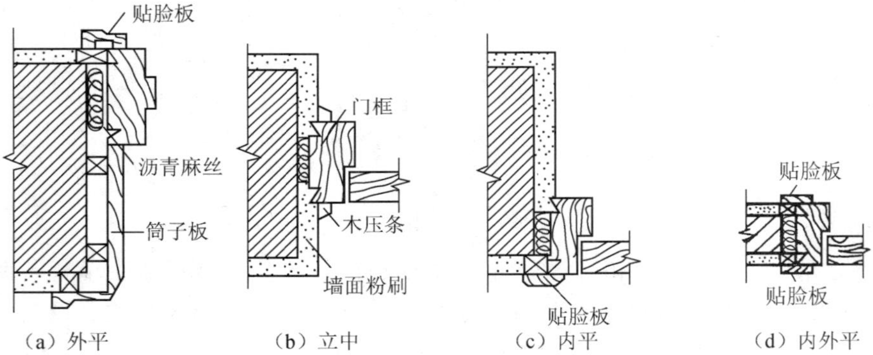

图 7.12　门框在墙中的位置

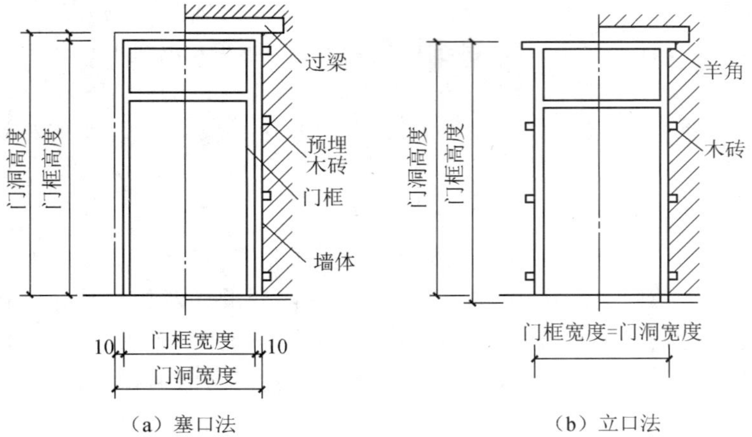

图 7.13　木门框的安装方式

3. 门扇

门扇的种类很多，如镶板门、夹板门、拼板门、玻璃门、百页门和纱门等。

(1) 镶板门

这种门应用最为广泛。门扇的骨架由边梃、上冒头、中冒头、下冒头组成，在骨架内镶门芯板，门芯板可为木板、胶合板、硬质纤维板、玻璃、百页等（图 7.14）。门扇的构造简单，加工制作方便，适于一般民用建筑的内门和外门。

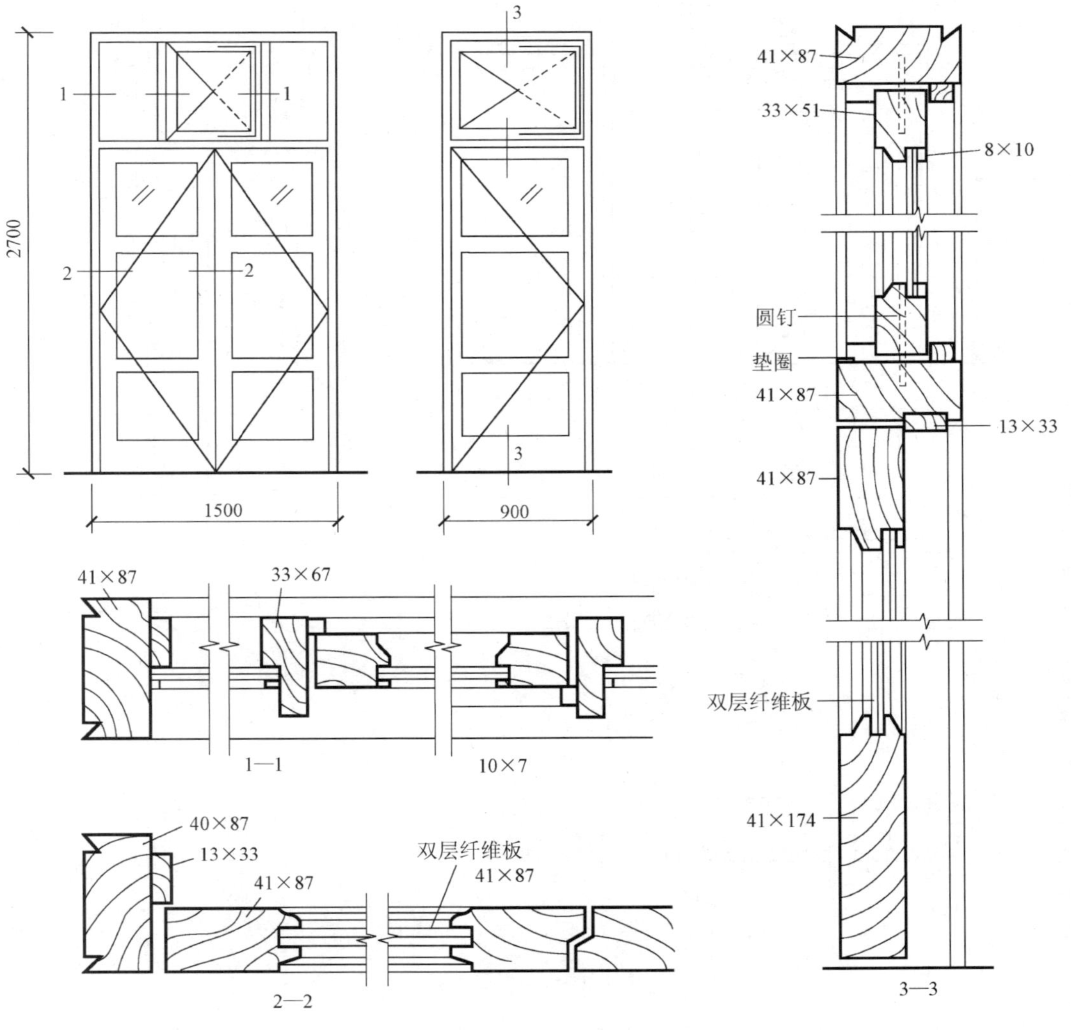

图 7.14　镶板门构造

木门芯板一般用 10～15mm 厚的木板拼成整块，拼缝要严密，以防止木材干缩露缝。当采用玻璃时，即为玻璃门，可以是半玻门和全玻门；若门芯板换成塑料纱（或铁纱），即为纱门。

门芯板与框的镶嵌可用暗槽、单面槽和双边压条做法。玻璃的嵌固用油灰或木压

条，塑料纱则用木压条嵌固。

门扇的安装通常在地面完成后进行，门扇下部距地面应留出 5～8mm 缝隙。

（2）夹板门

夹板门是用断面较小的方木做成骨架，然后两面粘贴面板即成夹板门（图 7.15）。门扇面板可用胶合板、塑料面板和硬质纤维板。面板和骨架形成一个整体，共同抵抗变形。夹板门的形式可以是全夹板门、带玻璃或带百页门。

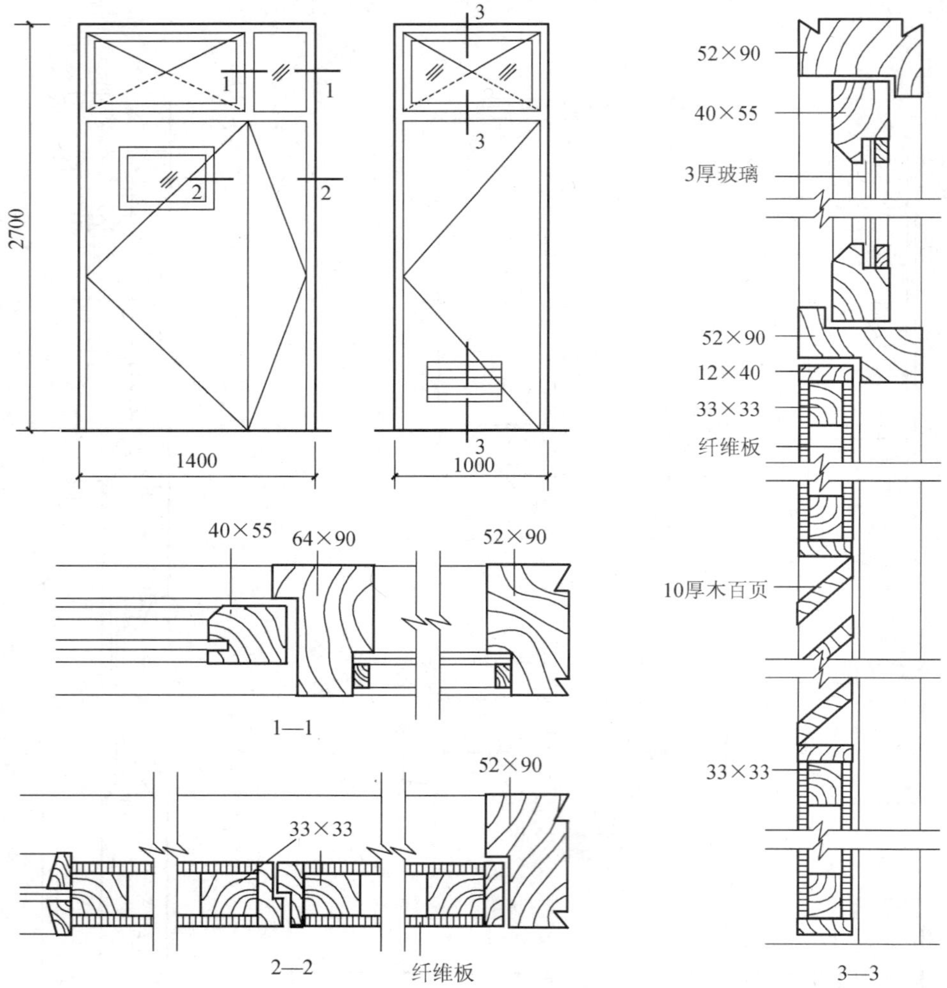

图 7.15　夹板门构造

由于夹板门构造简单，可利用小料、短料，自重轻，外形简单，便于工业化生产，在一般民用建筑广泛用作建筑的内门，而不宜用于建筑的外门和公共浴室等湿度较大的房间门。

7.3 铝合金与塑钢门窗构造

7.3.1 铝合金门窗构造

铝合金门窗以其用料省、质量轻、密闭性好、耐腐蚀、坚固耐用、色泽美观、维修费用低等优点已经得到广泛的应用。

1. 铝合金门窗的特点

1）质量轻。铝合金门窗用料省、质量轻，每 $1m^2$ 耗用铝材质量平均只有80～120N（钢门窗为170～200N）。

2）性能好。铝合金门窗在气密性、水密性、隔声和隔热性能方面较钢、木门窗都有显著的提高。因此，它适用于装设采暖空调设备以及对防水、防尘、隔声、保温隔热有特殊要求的建筑。

3）坚固耐用。铝合金门窗耐腐蚀，不需涂任何涂料，其氧化层不褪色、不脱落。这种门窗强度高、刚度好，坚固耐用，开闭轻便灵活，安装速度快。

4）色泽美观。铝合金门窗框料型材，表面经过氧化着色处理，既可以保持铝材的银白色，也可以制成各种柔和的颜色或带色的花纹，如古铜色、暗红色、黑色等。还可以在铝材表面涂刷一层聚丙烯酸树脂保护装饰膜，制成的铝合金门窗造型新颖大方、表面光洁、外观美丽、色泽牢固，增加了建筑物立面和室内的美观。

铝合金门窗具有如上几个优点，选用时应针对不同地区、不同气候和环境、不同使用要求和构造处理，选择不同的门窗形式。

2. 铝合金门窗的构造

铝合金门窗是由表面处理过的铝材经下料、打孔、铣槽、攻丝等加工工序，制作成门窗框料，然后与连接件、密封件、门窗五金件一起组合而成的。

（1）铝合金门窗型材用料尺寸

铝合金门窗型材用料系薄壁结构，型材断面中留有不同的槽口和孔，它们分别起着空气对流、排水、密封等作用。对于不同部位、不同开启方式的铝合金门窗，其壁厚均有规定：

普通铝合金门窗型材壁厚不得小于0.8mm；地弹簧门型材壁厚不得小于2mm；用于多层建筑外铝合金门窗型材壁厚一般为1.0～1.2mm；高层建筑不应小于1.2mm；必要时可增设加固件。组合门窗拚樘料和竖梃的壁厚则应进行更细致的选择和计算。

（2）铝合金门窗产品的命名

铝合金门窗产品系列名称是以门、窗框厚度的构造尺寸来区分的，例如窗框厚度构造尺寸为70mm，称70系列铝合金窗；再如，TLC70-32A-S，此标记中的“TLC”代表“推拉铝合金窗”，“70”表示“70系列”，“32A”表示为这一系列中的第32号A型窗，字母“S”表示纱扇。平开窗窗框厚度构造尺寸一般采用40mm、50mm、

70mm；推拉窗窗框采用 55mm、60mm、70mm、90mm 的厚度；平开门门框一般采用 50mm、55mm、70mm 的厚度；推拉铝合金门则采用 70mm、90mm 厚度的门框。图 7.16为铝合金平开窗和推拉窗的窗框的几种型材示例。

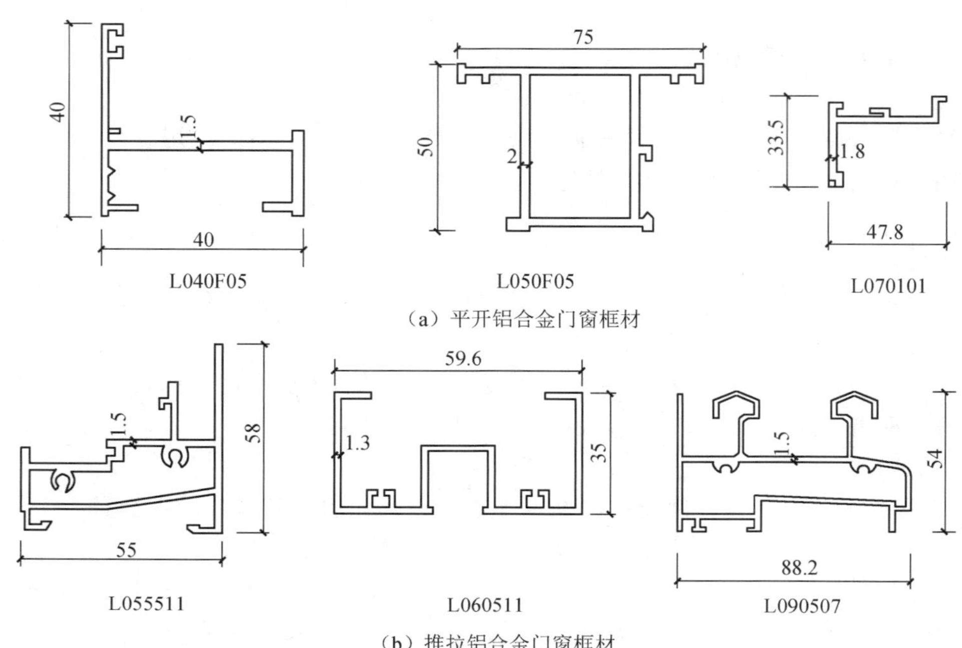

图 7.16 铝合金窗框的几种型材示例

(3) 铝合金门窗的组合

铝合金门窗有基本门、基本窗之分。当门窗洞口较大时，则需要对基本门窗进行组合，形成一樘较大的门或窗。

铝合金门窗进行横向和竖向组合时，应采取组合杆件进行套插、搭接，以保证门窗的安装质量。搭接长度宜为 10mm，并用密封膏密封。铝合金门窗组合如图 7.17 所示。

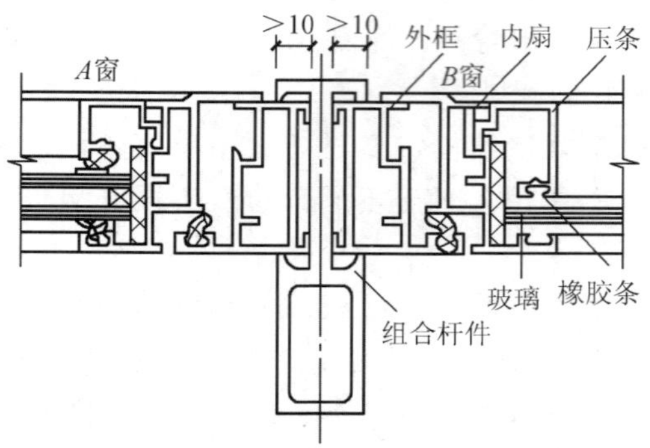

图 7.17 铝合金门窗组合方法示意图

(4) 铝合金门窗的安装

门窗安装时宜采用塞口法的施工程序，在抹灰前将铝合金门窗立于门窗洞口处，与墙内预埋件对正，然后用木楔将三边临时固定，经检验确定门窗框水平、垂直、无

翘曲后，用射钉枪将射钉打入洞口侧墙或过梁内，将连接件或框固定在墙（柱、梁）上。门窗框固定好后，门窗框与门洞四周的缝隙一般采用软质保温材料填塞，如泡沫塑料条、泡沫聚氨酯条、矿棉毡条和玻璃丝毡条等，分层填实，外表留5～8mm深的槽口用密封膏密封。这样做主要是为了防止门窗框四周形成冷热交换区产生结露现象，从而影响门窗的防寒、防风的正常功能和墙体的寿命，也影响了建筑物的隔声、保温等功能。同时，由于门窗框不和混凝土、水泥砂浆等材料直接接触，消除了碱对门窗框的腐蚀。铝合金门窗的安装节点如图7.18所示。

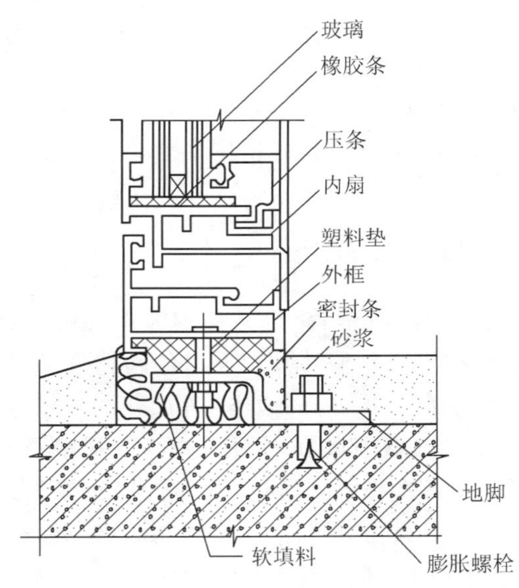

图7.18 铝合金门窗安装节点及缝隙处理示意图

7.3.2 塑钢门窗构造

塑钢门窗是以改性聚氯乙烯（简称UPVC）经挤压机挤出成型为各种断面的中空门窗异型材，轻质碳酸钙为填料，添加适量助剂或改性剂，再根据不同的品种规格选用不同截面异型材料组装而成。由于塑料的变形大、刚度差，一般在竖框、中横框和拼樘料等主要受力塑料型材的空腔内衬以型钢、硬铝等加强筋，以增强抗弯曲能力。这种门窗即为通常所说的塑钢门窗。

1. 塑钢门窗的特点

1）强度高，耐冲击性强。

2）耐候性佳。这种门窗一般可以在－40～70℃的任何气候下使用，经受烈日、暴雨、风雪、干燥、潮湿的侵袭而不脆化、不变质，在正常使用下寿命可达50年左右。

3）隔热性能好、节约能源。塑钢门窗的材质导热系数小，所以相同面积、相同玻璃层数的塑钢门窗的隔热效果优于铝合金和钢门窗，并可节约能源30%左右，是良好的节能门窗。

4）耐腐蚀性强。可以应用于各种需要抗腐蚀的民用建筑和工业建筑。

5）气密、水密性好。塑钢门窗框的各接缝处搭接紧密，且均装有耐久性的弹性密封条或阻风板，能隔绝空气渗透和雨水渗漏，密封性能优良。此外，在窗框的适合位置开设排水孔，能将雨水完全排除室外，水密性佳。

6）隔音性能好。隔音性能优良，隔音效果可达 30dB，因此可以适用于车辆频繁、噪声严重或有宁静要求的环境。

7）具备阻燃性。材料具备阻燃性能，不自燃、不助燃、离火自熄，使用安全性高，符合防火要求。

8）电绝缘性。

9）热膨胀低。塑钢门窗型材的线膨胀系数极小，其伸缩量一般不超过 2mm/m，这种收缩膨胀量不会影响塑钢门窗的结构和使用性能。

10）美观大方。

2. 塑钢门窗的构造和安装

塑钢门窗的构造原理和安装方法与铝合金门窗基本相同，亦采用后塞口安装，不允许采用立口法安装。塑料门窗框与墙体预留洞口的间隙可视墙体的饰面材料而定。

塑钢门窗在安装前先核准洞口尺寸、预埋木砖位置和数量。安装时必须校正前后、左右的平直度，并按设计要求调整高度和墙面距离，做到横平竖直、高低一律、里外一致，然后用木楔塞紧临时定位。塑钢门窗与墙体的固定应采用金属固定片，固定片的位置应距门窗角、中竖框和中横框 150～200mm，固定片之间的间距应不大于 600mm，而且门窗框每边固定点不应少于三个。塑钢门窗型材系中空多腔，壁薄材质较脆，因此应先钻孔后用自攻螺丝拧入（图 7.19）。

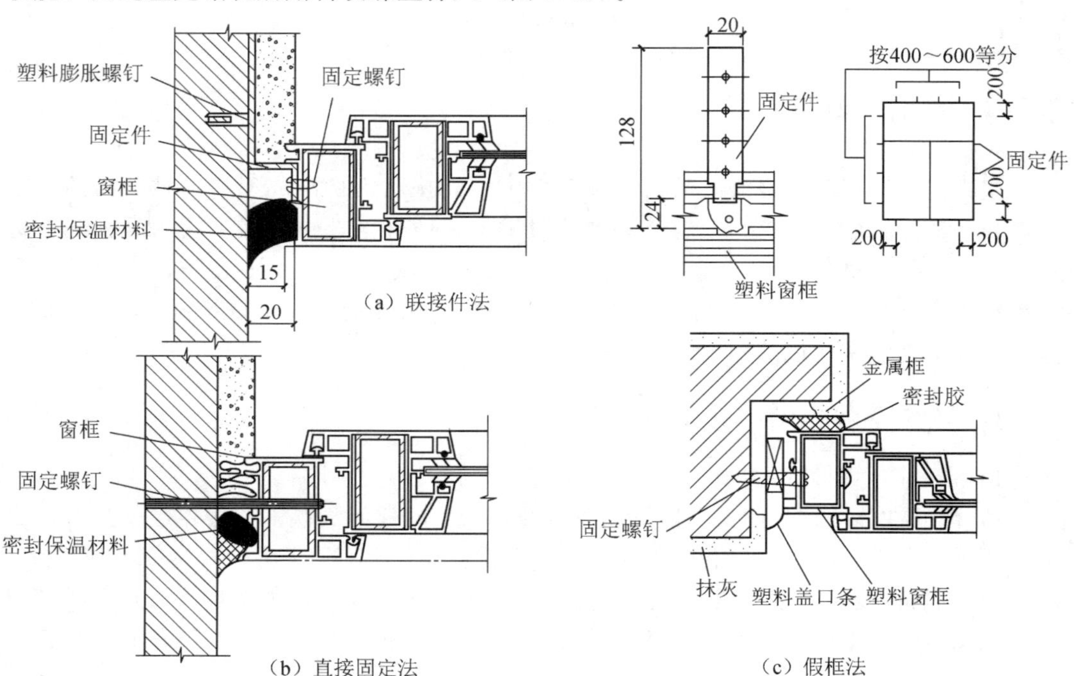

图 7.19 塑料门窗与墙体连接

不同的墙体材料，门窗安装固定的方法也不完全一样：

1）混凝土墙体洞口应采用射钉或塑料膨胀螺钉固定。

2）砖墙洞口应采用塑料膨胀螺钉或水泥钉固定，并不得固定在砖缝处；当采用预埋木砖与墙体连接时，木砖应进行防腐处理。

3）加气混凝土墙体洞口。应先预埋胶粘圆木，然后用木螺钉将金属固定片固定于胶粘圆木之上。

4）设有预埋铁件的洞口，应采用焊接的方式固定，也可以在预埋件上按紧固件规格打基孔，然后用紧固件固定。

安装固定检查无误后，在窗框和墙体间的缝隙处填入毛毡卷或泡沫塑料，注意要分层填塞，填塞不宜过紧，以保证塑料门窗安装后可以自由胀缩。对于保温、隔声等级要求较高的工程，应采用相应的隔热、隔声材料填塞。最后在门窗框四周内外侧与窗框之间用 1∶2 水泥砂浆或麻刀白灰浆嵌实、抹平，用嵌缝膏进行密封处理。安装完毕后 72h 内防止碰撞振动。

塑料门窗安装节点如图 7.20 所示。

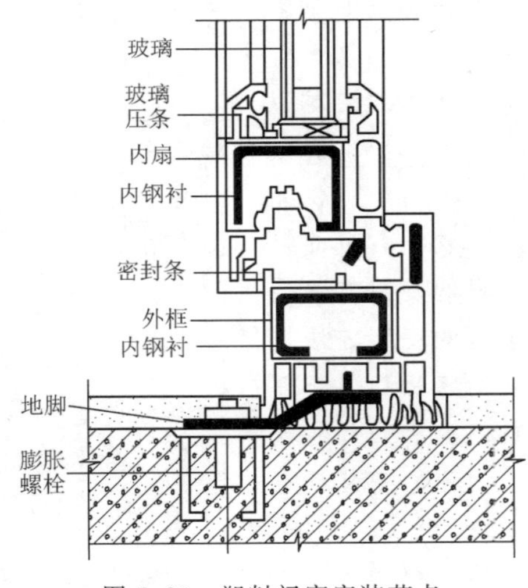

图 7.20　塑料门窗安装节点

小　　结

1. 门窗在不同情况下有分隔、采光、通风、保温、隔声、防水及防火等不同的要求。

2. 窗按其开启方式通常有固定窗、平开窗、悬窗、立转窗、推拉窗等；门的开启方式有平开门、弹簧门、推拉门、折叠门、转门等。

3. 木窗主要是由窗框、窗扇和五金件及附件组成。木门由门框、门扇、亮子、五金零件及附件组成。木门窗框的安装方式有立口法和塞口法两种。门窗框与墙的连接主要应解决固定和密封问题，门窗扇与门窗框以合页（铰链）连接。

4. 铝合金和塑钢门窗以其用料省、质量轻、密闭性好、耐腐蚀、坚固耐用、色泽美观、维修费用低等优点已经得到广泛的应用。产品系列名称是以门、窗框厚度的构造尺寸来区分，门窗安装时采用塞口法。

思考与练习题

7.1 填空题

(1)《建筑门窗洞口尺寸系列》标准规定窗洞口的高度和宽度为______的倍数。当洞口尺寸小于1200mm时，可采用________的基本模数。

(2) 一般房间门的洞口宽度不宜小于______。门洞口高度除卫生间、厕所外，均应不小于______。

(3) 平开窗主要由____、______、______及______组成。

(4) 平开门主要由______、________、______、______及________组成。

(5) 木窗框的安装方式有__________和__________两种。

(6) 单层窗的窗框须做______个裁口，双层窗的窗框须做______个裁口；木窗框的两侧外角应做________，以增强窗框与抹灰的结合。内开的木窗扇为防止雨水流入室内，在下冒头处应设__________。

(7) 铝合金和塑钢门窗产品系列名称以____________________________来命名。铝合金和塑钢门窗框应采用____________的方法来安装。

7.2 问答题

(1) 门和窗各有哪几种形式？各自的特点及适用范围是什么？

(2) 平开窗的组成和窗框的安装方法是什么？

(3) 平开门的组成和窗框的安装方法是什么？

(4) 门窗框与墙体之间的缝隙如何处理？

(5) 铝合金门窗和塑料门窗有哪些特点？

(6) 铝合金门窗和塑料门窗的安装要点是什么？

7.3 实训题

(1) 观察校园里所采用的门窗类型，分析它们是如何与墙体（或柱）连接的，窗框与窗扇是如何连接的。

(2) 参观正在安装的门、窗，分析其安装方法和安装要点。

第 8 章

民用建筑设计

❖ 知识点

1. 建筑平面设计原理
2. 建筑剖面设计原理
3. 建筑立面设计原理
4. 建筑工程节能设计
5. 民用建筑防火设计
6. 无障碍设计

❖ 学习要求

1. 掌握建筑平面设计中主要房间、辅助房间、交通联系部分及平面的组合设计的原理和方法
2. 掌握建筑剖面设计的原理和方法
3. 掌握建筑立面设计原理及体型组合的方法
4. 了解建筑节能设计的现状、目标和节能技术
5. 了解民用建筑防火分区和安全疏散的相关知识
6. 了解无障碍设计的内容和处理方法

8.1 建筑平面设计

8.1.1 建筑平面的组成及设计内容

一幢建筑物的平、立、剖面图，是这幢建筑物在不同方向的外形及剖切面的投影，这几个面之间是有机联系的，平、立、剖面综合在一起，表达一幢三度空间的建筑整体。

建筑平面表示建筑物在水平方向房屋各部分的组合关系，由于建筑平面通常较为集中地反映建筑功能方面的问题，一些剖面关系比较简单的民用建筑，它们的平面布置基本上能够反映空间组合的主要内容。因此，在进行方案设计时，总是先从建筑平面设计入手，始终紧密联系建筑的空间关系，联系建筑的剖面和立面，分析其可行性

与合理性。从建筑整体空间体量和组合的效果考虑，不断修改平面，反复深入。也就是说，虽然我们从平面设计入手，但要着眼于建筑空间的组合。

各种类型的民用建筑，从组成平面各部分的使用性质来分析，主要可以归纳为使用部分和交通联系部分两类。

使用部分主要是指主要使用活动的面积和辅助使用活动的面积，即各类建筑物中的主要房间和辅助房间。主要房间如住宅中的起居室、卧室；学校中的教室、实验室；商店中的营业厅。辅助房间如住宅中的厨房、浴室、厕所以及各种电气、水暖等设备用房。

交通联系部分是指建筑物中各个房间之间、楼层之间和房间内外之间联系通行的面积，如建筑物中的走廊、门厅、过厅、楼梯、坡道以及电梯和自动扶梯等所占的面积。

建筑物的平面面积，除了以上两部分外，还有建筑构件所占的面积，如墙体、柱、隔断等。图 8.1 是住宅单元平面面积的各组成部分示意。

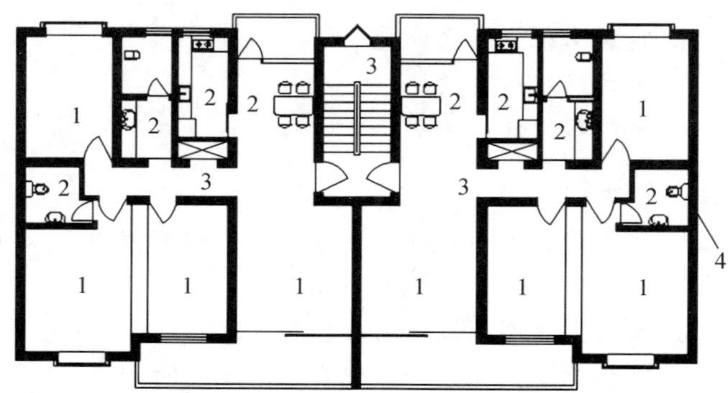

图 8.1　住宅单元平面面积的组成部分

1. 使用部分（主要房间）；2. 使用部分（辅助房间）；3. 交通部分；4. 结构部分

建筑平面设计包括单个房间平面设计及平面组合设计。单个房间设计是在整体建筑合理而适用的基础上，确定房间的面积、形状、尺寸以及门窗的大小和位置。平面组合设计是根据各类建筑功能要求，抓住主要房间、辅助房间、交通联系部分的关系，结合基地环境及其他条件，采用不同的组合方式将各单个房间合理地组合起来。

8.1.2　主要房间的平面设计

主要房间是建筑物的核心，由于它们的使用性质要求不同，对房间的大小、形状、位置、朝向、采光通风等要求也有很大差别。因此，在平面设计时，首先要根据设计任务书和调研资料，理顺各类房间的使用要求，然后从以下几个方面研究。

1. *房间的面积*

房间的面积通常由以下三个因素决定：一是房间人数及人们使用活动所需的面积；二是家具、设备所占面积；三是室内行走需要的交通面积（图 8.2）。

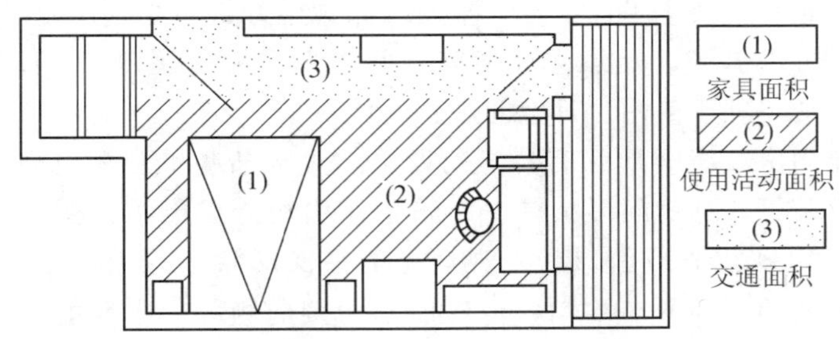

图 8.2　卧室中使用面积分析示例

(1) 房间人数

确定房间面积首先应确定房间的使用人数，它决定着室内家具与设备的多少，决定着交通面积的大小。确定使用人数的依据是房间的使用功能和建筑标准。在实际工作中，房间的面积主要是依据国家有关规范规定的面积定额指标，结合工程实际情况确定。例如：中学普通教室，使用面积定额为 1.12m^2/人；实验室为 1.8m^2/人；办公楼中一般办公室为 3.5m^2/人，有桌会议室为2.3m^2/人。

在具体工作中常遇到一些活动人数不固定，家具设备布置灵活性较大的房间，如展览馆、营业厅等，这就要求设计人员根据设计任务书的要求，对同类型、规模相近的建筑进行调查研究，分析总结出合理的房间面积。

(2) 家具设备及人们使用活动的面积

任何房间为满足使用要求，都需要有一定数量的家具、设备，并进行合理的布置，如教室中的课桌椅、讲台，卧室中的床、衣橱，卫生间中的大小便器、洗脸盆。这些家具、设备的数量、布置方式及人们使用这些家具设备时所需的活动面积都直接影响到房间的面积。

(3) 房间的交通面积

房间的交通面积是指连接各个使用区域的面积，如教室中课桌行与行之间的距离一般取 550mm 左右，图 8.2 中所示的从房间到阳台的通道等。

2. 房间的形状

房间的基本使用面积确定后，还需合理选定房间的平面形状，这要综合考虑房间的使用要求、结构布置、室内空间观感、整个建筑物的平面形状及建筑物周围环境等因素，但不要为追求变化而人为地将可以规整的平面复杂化。房间的形状可以是矩形、扇形、多边形等多种形状（图 8.3）。

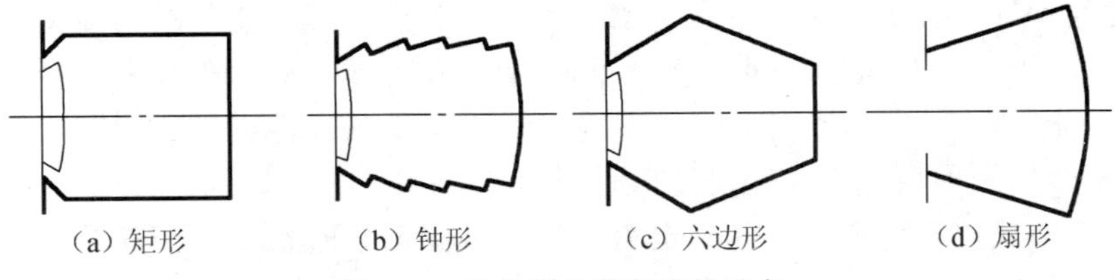

图 8.3　观众厅的平面形状示意

办公室、宿舍、居室等大量性用途单一的房间通常采用矩形，其原因是这种平面形状便于室内家具布置，便于平面组合，室内空间观感好，易于选用定型的预制构件，有利于结构布置和方便施工。矩形平面房间开间与进深的比例以 1：1.2～1：1.5 为宜，方形或狭长矩形不利于使用，且空间观感欠佳。

某些特殊功能用房其房间形状有特定的要求。对于某些单层大空间，如电影观众厅、杂技场、体育馆等，其房间形状首先应满足使用功能在声学、视线及疏散方面的要求，可以采用各种复杂的平面形状。观众厅的平面形状多采用矩形、钟形、扇形、六角形等。矩形平面的声场分布均匀，池座前部能接受侧墙一次反射声的区域比其他平面形状都大。当跨度较大时，前部易产生回声，故常用于小型观众厅；扇形平面由于侧墙呈倾斜状，声音能均匀地分散到大厅的各个区域，多用于大、中型观众厅；钟形平面介于矩形和扇形之间，声场分布均匀；六角形平面的声场分布均匀，但屋盖结构复杂，适用于中、小型观众厅；圆形平面的声场分布严重不均匀，观众厅很少采用，但因为视线好及疏散条件好，常用于大型体育馆。

3. *房间尺寸的确定*

房间尺寸是指房间的面宽和进深，而面宽常常由一个或多个开间组成。这里开间和进深并不是指房间净宽和净深尺寸，而是指房间轴线尺寸。图 8.4 是居室和教室的面宽和进深举例。

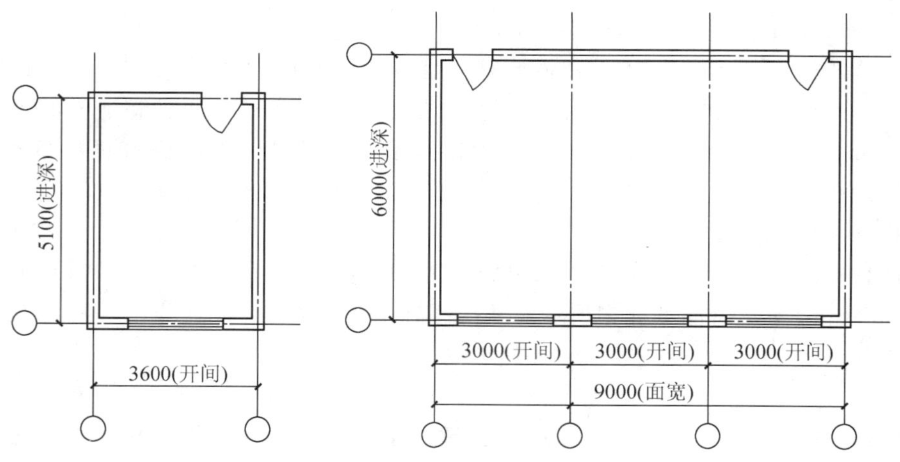

图 8.4　居室和教室的开间和进深举例

影响房间大小的主要因素有：房间的使用特点及容纳的人数；家具设备种类、数量及布置方式；室内交通活动；采光通风；结构经济合理性及建筑模数等。

1）房间的开间、进深尺寸应满足家具的布置要求。图 8.5 是两间面积相近的宿舍平面，其中由于房间开间进深尺寸选择不同，图 8.5（a）只能布置两个床位，如果把门开在一侧能布置三个床位［图 8.5（b）］，而图 8.5（c）将进深适当增大则可布置四个床位，显然后一种布置方式能提高房间利用率。

2）采光通风等环境要求，在确定房间开间进深尺寸时也要给予充分考虑。作为大量性的民用建筑，都要求有良好的天然采光和自然通风，特别是单侧采光的房间，如进深过大会使远离采光面一侧出现照度不够的情况，影响使用。

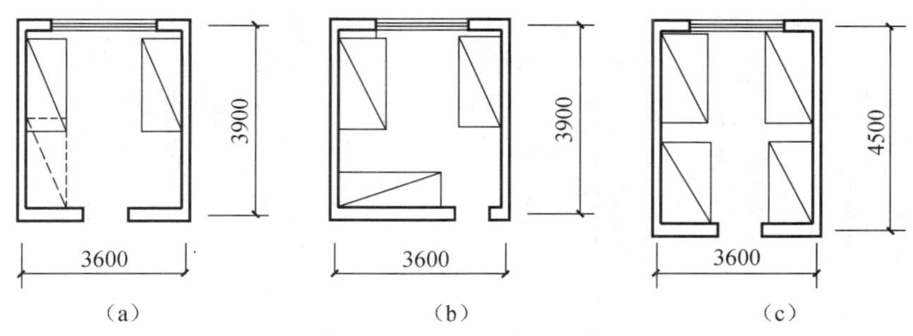

图 8.5 房间尺寸与家具布置的关系

3）结构布置的合理性和符合建筑模数协调统一标准的要求，也是确定房间尺寸的依据之一。开间进深尺寸实际也分别代表房间楼板的跨度和铺板宽度。我国目前预制钢筋混凝土楼板跨度以 3～4.5m 较为经济。因此，在房间没有特殊要求的情况下，应尽量统一开间尺寸，减少构件类型，选择较经济的跨度，使结构布置合理。民用建筑的开间和进深通常用 3M 的模数。

4. 房间门窗布置

(1) 房间门的设置

房间门的设置包括确定房间门的数量、宽度、位置及开启方向。

1）门的数量。门的数量是由房间的面积和可容纳的人数确定的。按防火规范要求，当房间的面积大于 $60m^2$，房间内人数多于 50 人时，门的数量应不少于两个，两门之间应有适当间距，以保证安全疏散。一些人流大量集中的房间，如车站候车厅、商场营业厅等公共建筑房间，门的数量应根据疏散计算来确定。

2）门的宽度。房间门的宽度由房间用途、安全疏散及搬运家具或设备的需要决定。通常门洞口宽度取 0.9～1m。公共建筑的外门，例如门诊所、商店的外门一般取 1.2～1.5m。而辅助用房的门因较少搬运大件家具，其门宽可小些，因此，住宅厨房门不小于 0.8m，阳台、厕所门不小于 0.7m。按防火要求，房间面积大于 $60m^2$，容纳人数 50 人的房间单个门宽不小于 0.9m。

3）门的位置。门的位置要考虑室内人流活动特点和家居布置的要求，尽可能缩短室内交通路线，避免人流拥挤和便于家具布置，同时还要考虑自然通风的需要。此外，门的位置应有利于保留较多的完整墙面，便于家具布置和充分利用空间。如图 8.6（a）所示，门的位置分散，室内墙面不完整，家具不宜布置；图 8.6（b）图适当调整门的位置，保留几个完整的内角，室内布置得到改善。

4）门的开启方式。门的开启方式有多种，其中以平开门使用最为广泛。使用人数少的小房间，当走廊宽度不大时，一般尽量使通往走廊的门向房间里开启，以免影响走廊交通。使用人数较多的房间，考虑疏散安全，门应开向疏散方向。在平面组合时，由于使用需要，有时几个门的位置比较集中，要防止门扇开启式时发生碰撞或遮挡。当然有的门不经常使用，在开启时有遮挡是允许的。图 8.7为门的开启方式比较方案。图 8.7（a～c）门的位置及开启方向均不正确，影响房间使用；图 8.7（d）较好，但左边门的开启方向不利于使用；图 8.7（e)门的位置及开启方向均正确，既节约门开启占用面积，又使交通简捷、流畅。

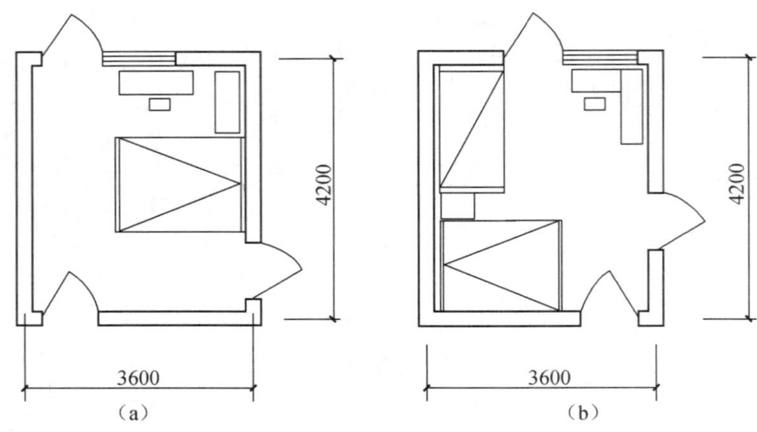

图 8.6　门的位置与家具布置的关系

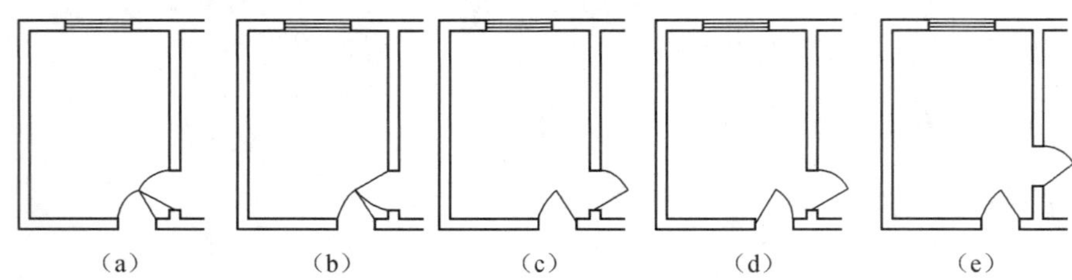

图 8.7　门的开启方式比较方案

（2）房间窗的设置

决定窗的大小和位置时，要考虑室内采光、通风、立面美观、建筑节能及经济等方面的要求。

1）窗的大小。窗的大小取决于房间采光的要求，而采光要求决定于房间用途。在天然采光中，凡需要光线强的房间，窗户面积应大些，反之则小些。一般可根据窗地面积比估算出窗的大小。窗地面积比即窗的透光面积与房间地板面积之比。不同使用性质房间的窗地面积比在现行的建筑设计规范中已有规定，见表 8.1。

表 8.1　民用建筑房间天然采光分级

等级	采光要求	房间类别	窗地面积比
Ⅰ	很高	绘画室、制图室、打字室、手术室、展览室	1/4 左右
Ⅱ	较高	阅览室、健身房、游泳馆、实验室、托儿所、幼儿园	1/5 左右
Ⅲ	一般	礼堂、教室、办公室、餐厅、营业厅、候车室	1/7 左右
Ⅳ	较低	书库、居室、浴室、厕所、洗衣间	1/9 左右
Ⅴ	很低	楼梯间、走道、仓库、储藏间	1/10 以下

具体设计中，尚需考虑地区特点、窗的位置和朝向以及室外遮挡情况进行适当修正，多雾地区，窗的面积应适当加大，北方寒冷地区可适当减小。就建筑节能来看，窗户不宜太大。它不仅冬季散热多，而且窗缝冷空气渗透也相当可观，所以寒冷地区不宜开大窗。就造价而言，由于单位面积窗的造价高于外墙，加大窗就意味着提高了建筑造价。然而在实践中，为了建筑美观或其他方面的要求而加大窗面积的情况也经常出现。设计时应根据具体条件，进行综合分析，做到既合理又美观。

2）窗的位置。窗的平面位置直接影响到房间的照度是否均匀和是否产生眩光。窗一般宜布置在房间或开间中部，这样阴角小，采光效率高。在确定窗的位置时，还要考虑有利于组织良好的室内通风，应尽量减少涡流区，形成“穿堂风”。图 8.8 指示了门窗位置对房间内空气流动的影响。窗不仅是一个物质功能构件，在建筑立面上，窗的平面位置对建筑美观影响很大，设计中常根据立面的需要适当调整窗的平面位置。

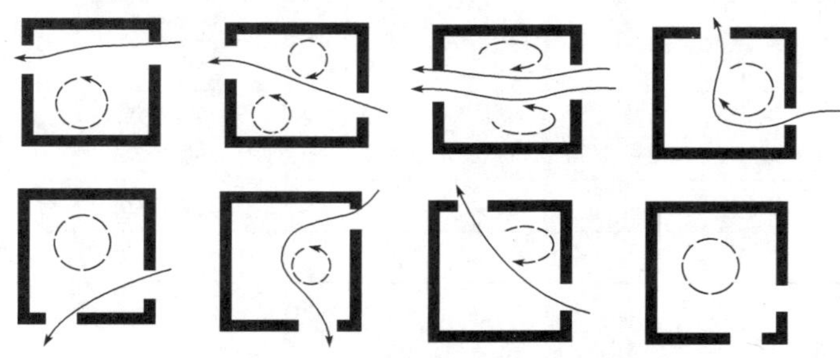

图 8.8　窗的位置对房间内通风的影响

8.1.3　辅助房间的平面设计

辅助用房是保证主要房间正常使用的一些附属房间，包括厕所、盥洗室、浴室、厨房、配电房、水泵房等，在整个建筑中虽处于次要地位，但又是建筑中不可缺少的一部分。辅助用房的设计原理和方法与主要房间基本相同。

1. 厕所平面设计

厕所的面积、形状和尺寸是根据室内卫生器具的数量、布置方式及人体使用所需的基本尺度来确定的。在卫生间平面设计中首先要了解各种卫生设备和人体使用它所需的尺度。

（1）卫生设备的类型及数量

厕所常用的卫生设备有大便器、小便器、洗手盆、污水池等。大便器有蹲式和坐式两种，小便器有小便斗和小便槽两种，可根据建筑的用途、规模、标准、生活习惯进行选用。图 8.9 是一般民用建筑中常用的几种卫生设备及其尺寸。

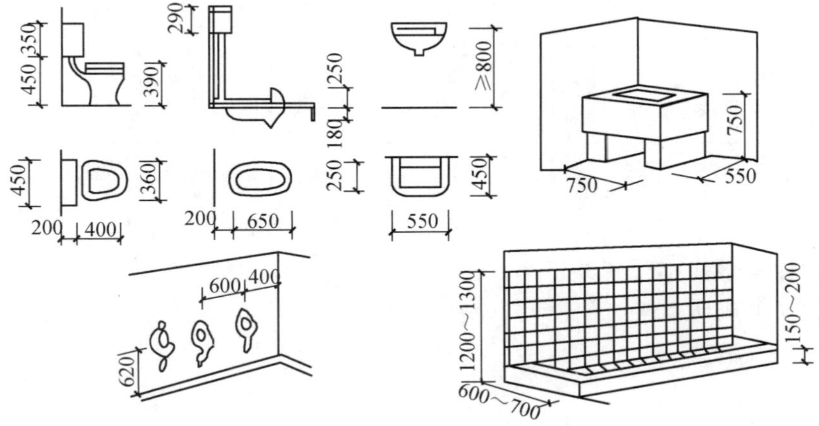

图 8.9　常用的几种卫生设备及其尺寸

卫生设备的数量主要取决于使用人数、使用对象、使用特点。一般民用建筑每一个卫生器具可供使用的人数可参考表 8.2 选用。

表 8.2　部分民用建筑厕所设备个数参考指标

建筑类型	男小便器 /(人/个)	男大便器 /(人/个)	女大便器 /(人/个)	洗手盆 /(人/个)	备　注
中小学	50(40)	50(40)	25(20)	90	男女比例 1∶1 括弧内为小学人数
宿　舍	15	8 人以下 1 个，超过 8 人每 15 人加 1 个	6 人以下 1 个，超过 6 人每 12 人加 1 个	5 人以下 1 个，超过 5 人每 10 人加 1 个	男女比例按实际情况
办公楼	30	40	20	40	男女比例 3∶1～5∶1
幼　托	4(个)	4(个)		6(个)	每班卫生器具个数

(2) 厕所布置

厕所的平面形式可分为公共厕所和专用厕所。公共厕所应设置前室，以改善通往厕所走道和过厅的卫生条件，并有利于厕所的隐蔽。前室的深度一般不小于 1.5m，一般设有洗手盆和污水池（图 8.10）。

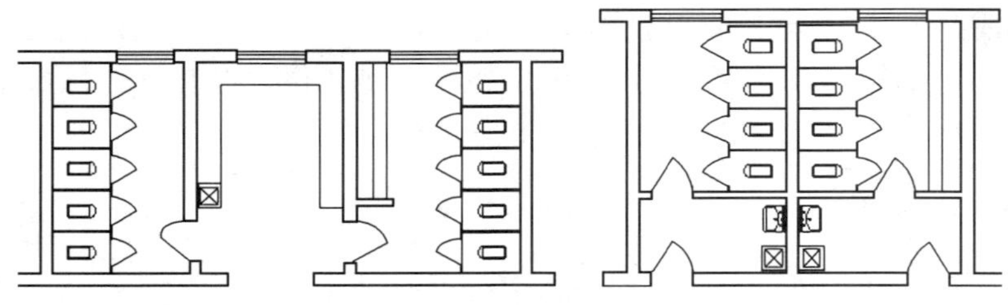

图 8.10　公共厕所布置示例

专用厕所的使用人数较少，常将盥洗、浴室、厕所三部分组成一个卫生间，如图 8.11所示。

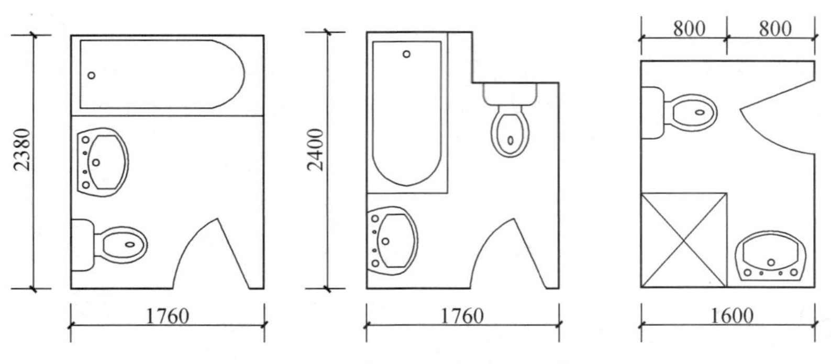

图 8.11　专用卫生间布置示例

厕所在建筑平面中位置要适当，既要隐蔽，又要与走道、大厅、过厅有方便的联系。公共建筑的厕所由于面积较大，使用人数较多，应有良好的自然采光和通风，以保证厕所内空气清新。

2. 浴室、盥洗室平面设计

浴室、盥洗室的设备主要有洗手盆、淋浴器、浴盆等，其尺寸规格见图 8.12。

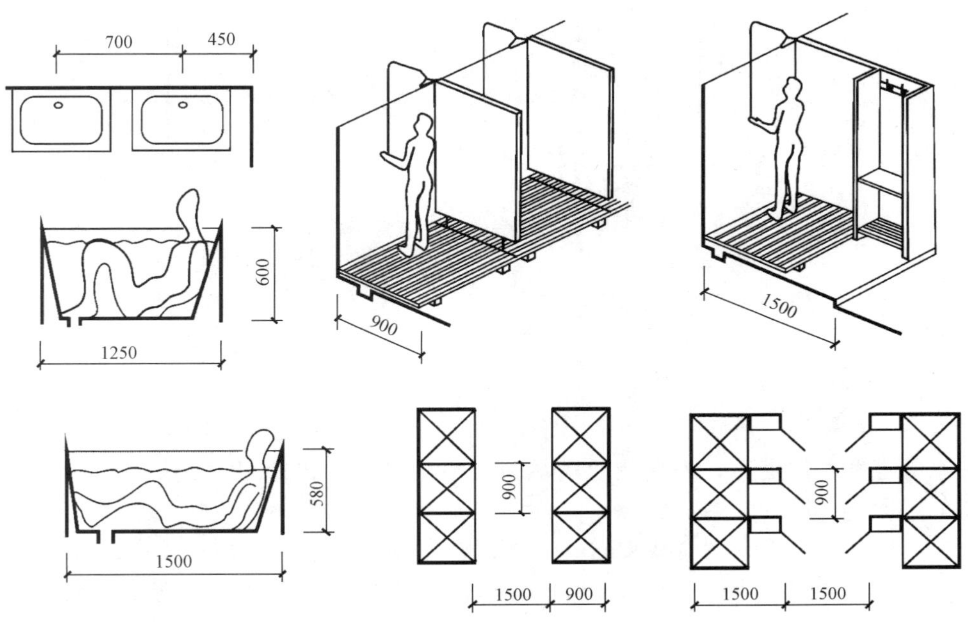

图 8.12　洗手盆、浴盆、淋浴器尺寸规格及其布置

浴室、盥洗室中面盆及淋浴器数量可根据使用人数确定。表 8.3 是旅馆和托幼建筑盥洗室设备个数参考指标。

表 8.3　浴室、盥洗室设备个数参考指标

建筑类型	男淋浴器/（人/个）	女淋浴器/（人/个）	洗脸盆或龙头/（人/个）
旅馆	40	8	15
幼托	每班 2 个		每班 6 个

3. 厨房设计

住宅、公寓中的厨房一般为一户独用，应设置炉灶、洗涤池、案台及排油烟机、热水器等设备，或为其预留位置。厨房的面积大小主要由设备布置和操作空间等因素决定，一般不小于 $4m^2$。设备布置宜紧凑，以减少人们往返走动的距离和方便操作。

厨房设计应满足以下要求：

1）厨房紧靠外墙布置，以满足采光和通风的要求。

2）厨房的墙面、地面应考虑防水，便于清洁，故比一般房间地面低 20～30mm。

3）尽量利用厨房的有效空间布置足够的储藏设施，如壁龛、吊柜等。

4）厨房室内布置应符合炊事操作流程，其形式有单排、双排、L 形、U 形几种，其中 L 形和 U 形较为理想，提供了连续案台空间，与双排式相比，避免了操作过程中频繁转身的缺点。图 8.13 为厨房布置的几种形式。

5）单排布置设备的厨房净宽不应小于1.50m，双排布置设备的厨房其两排设备之间的净距不应小于0.9m。

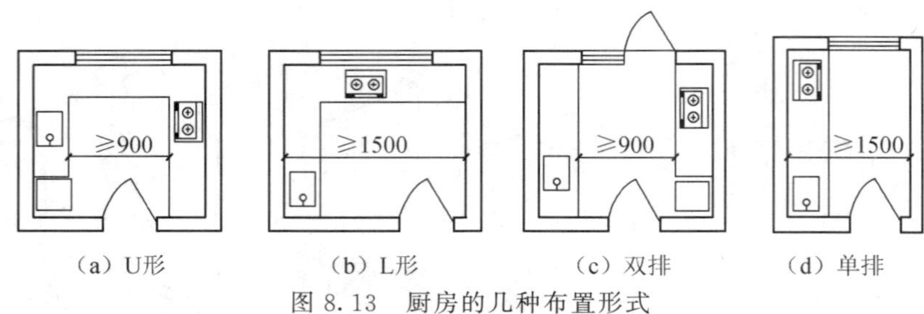

图8.13　厨房的几种布置形式

8.1.4　交通联系部分的平面设计

主要房间和辅助房间是构成建筑的主体部分。但房间与房间之间的水平和垂直方向上的联系都需要交通联系空间来实现。建筑物内部的交通联系部分可以分为水平交通联系的走廊、过道等，垂直交通联系的楼梯、坡道、电梯、自动扶梯等，交通联系枢纽的门厅、过厅等。

交通联系部分设计的主要要求有：流线简捷明确，通行方便；要有足够的宽度和面积，便于疏散；满足一定的采光通风要求；力求节省交通面积，同时考虑空间处理等造型问题。

进行交通联系部分的平面设计，首先需要具体确定走廊、楼梯等通行疏散要求的宽度，具体确定门厅、过厅等人们停留和通行所必需的面积，然后结合平面布局考虑交通联系部分在建筑平面中的位置以及空间组合等设计问题。

1. 走道

走道也叫走廊，用来联系同层各种房间。

走道除了交通联系外，也可以兼有其他的使用功能，如教学楼走道兼设陈列橱窗；医院门诊部的走道兼供候诊之用等。

(1) 走道宽度

走道的宽度主要根据人流通行、安全疏散、走道性质、空间感受以及走道侧面门的开启方向等综合因素来确定。

专为人行的走道宽度可根据人流股数并结合门的开启方向综合考虑，一般走道均双向人流，一股人流宽约为550mm，故走道的最小宽度≥1100mm。对于携带物品为主、有车流或兼有其他功能的走道，应结合实际使用功能和走道内家具设备及人活动方式来适当加宽走道的尺寸。

走道的宽度除满足上述要求外，还要符合安全疏散的防火规范，见下文表8.7。

(2) 走道长度

走道长度可根据组合房间的实际需要来确定，但同时应满足采光、防火规范的有关规定。从安全疏散考虑，走道又分为普通走道和袋形走道。前者即位于两个外部出口或楼梯间之间的房间的走道，后者即位于一个出入口或楼梯间两侧或尽端房间的走

道（图 8.57）。这两种走道的长度根据建筑性质和耐火等级提出不同的要求。走道从房间门到楼梯间或外部出口的最大距离以及袋形走道的长度见下文表 8.6。

（3）采光和通风

走道的采光和通风主要依靠天然采光和自然通风。外走道由于只有一侧布置房间，可以获得较好的采光通风效果。内走道由于两侧均布置房间，如果设计不当，就会造成光线不足、通风较差，一般是通过走道尽端开窗，利用楼梯间、门厅或走道两侧房间设高窗来解决。

2. 楼梯

（1）楼梯的形式

多层民用建筑中，楼梯按其形式划分主要有直跑、平行双跑、多跑等形式，此外还有弧形、螺旋形、剪刀式等多种形式。直跑楼梯有明显的方向感，给人严肃向上的感觉，除常用于层高较小的建筑外，大型公共建筑为解决人流疏散和强调大厅气氛也常用这种形式。平行双跑梯是民用建筑最常用的一种形式，占用面积小，流线简捷，使用方便，往往布置在单独的楼梯间中。多跑楼梯体态灵活，特别适合楼梯间进深不够的建筑。

（2）楼梯的位置

楼梯按其使用性质有主要楼梯、次要楼梯、消防楼梯等。

建筑的主要楼梯常常位于主要出入口附近或直接布置在主门厅内，成为视线的焦点，起到及时分散人流的作用，同时也可增加大厅的气氛。按照防火规范要求，两楼梯之间的距离不宜大于规范的规定，那么配合主要楼梯的次要楼梯应布置在这个范围内。消防楼梯是满足防火疏散需要的，一般布置在建筑物的端部，常做成简易式开敞楼梯。

在确定楼梯间的位置时，还应注意楼梯间要有天然采光，又不宜占用好的朝向。

（3）楼梯的数量和梯段宽度

楼梯的数量应根据使用需要和防火要求计算确定。

通常情况下，一幢公共建筑至少设两部楼梯，对于使用人数少面积不大的一些低层建筑，在不影响使用时也可只设一部楼梯（详见下文表 8.5）。

楼梯梯段宽度考虑单股人流通行时为 900mm，两股人流通行时为 1100mm，三股人流通行时为 1500～1650mm。楼梯的休息平台宽度应不小于梯段宽，以便做到与梯段等宽疏散和搬运家具时方便（图 8.14）。通向走道的开敞式楼梯的楼层平台至少保留 550mm，其余可用走道代替。

3. 电梯与自动扶梯

（1）电梯

电梯在层数较多的民用建筑中或某些特殊需要的建筑中，与楼梯相配合共同来解决垂直运输。设计时应注意以下几点：

- 在设置电梯的同时，必须配置辅助楼梯，供电梯发生故障时使用。
- 当住宅建筑 7 层以上、公共建筑 24m 以上时，电梯就成为主要的垂直交通工

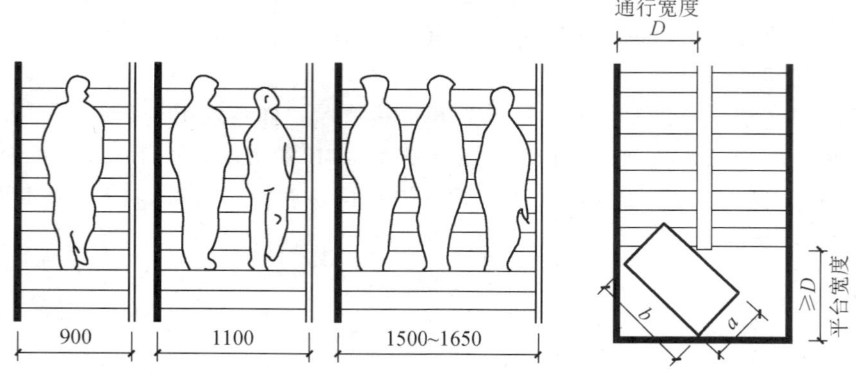

图 8.14　楼梯梯段及平台宽度

具。建筑物内每个服务区，乘客电梯台数不宜少于 2 台。单侧排列的电梯不应超过 4 台，双侧排列的电梯不应超过 8 台。

• 每层电梯的出入口前应留有等候的空间，以免进出人流形成拥挤阻塞现象。

电梯的布置形式有单面式和对面式（图 8.15）。

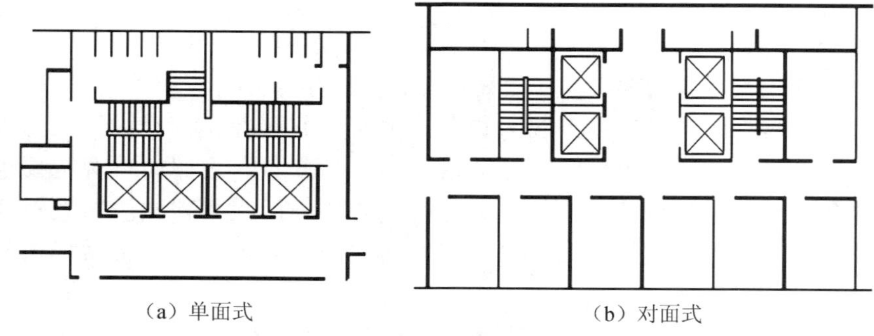

(a) 单面式　　(b) 对面式

图 8.15　电梯间布置方式

（2） 自动扶梯

自动扶梯是一种在一定方向上能大量、连续输送流动客流的装置。除了提供乘客一种既方便又舒适的上下层间的运输工具外，它还可引导乘客走一些既定路线来游览、购物，并具有良好得装饰效果，常用于百货大楼、展览馆、游乐场、火车站、地铁站、航空港等建筑。

自动扶梯可正逆运行，即可作提升或下降之用。在停止运转时，亦可作为临时性的普通楼梯之用。其应布置在明显的位置，两端应较开敞，避免面对墙壁、死角，一般均可设在大厅的中间。公共建筑中设置自动扶梯的同时，仍需布置电梯及一般性楼梯，作为辅助性垂直交通工具。自动扶梯布置方式有单向式、转向式和交叉式几种（图 8.16）。

4. 门厅

公共建筑的主要出入口一般都设有一个较开敞供人流集散的空间，即门厅。门厅是建筑物内部的交通枢纽，它具有人流集散、方向转换、衔接水平和垂直空间等。除

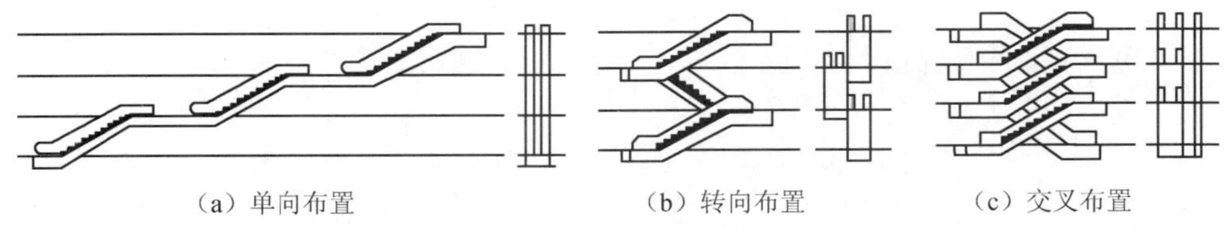

（a）单向布置　（b）转向布置　（c）交叉布置

图 8.16　自动扶梯布置形式

此之外，门厅常根据建筑的性质，设置一定辅助空间。如行政办公建筑门厅内设有传达问讯、接待等内容；医院的门厅有办理挂号、交费、取药等功能；旅店的门厅是接待旅客、办理手续、等候及休息、会客的空间。

（1）门厅的形式

门厅的形式从布局上可分为两类，即对称式和非对称式。对称式布置强调的是轴线的方向感，常用于学校、办公楼的门厅。非对称式布置灵活多样，没有明显的轴线关系，常用于旅馆、医院、电影院等建筑（图 8.17）。

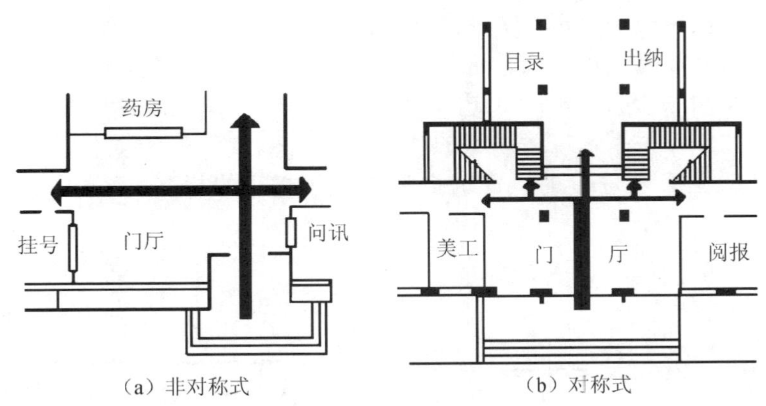

（a）非对称式　（b）对称式

图 8.17　门厅的布置方式

（2）门厅的面积

门厅的大小要根据各类建筑的使用性质、规模以及质量标准等因素而定。一般民用建筑的门厅大小可由定额指标查得。如中小学校为每生 0.06～0.08m^2、门诊部每人为 0.8m^2（按全日门诊人次的 10%～15%为同时集中的人数估算）。从面积指标中查到的门厅大小只确定了为满足基本使用要求所需要的空间大小，至于空间的形状、空间处理仍需根据建筑物的性质，所需达到的特定观感，作进一步的设计。门厅设计中切忌门厅“大而无用”或过小。

（3）门厅的设计要求

门厅的位置应明显而突出，一般应面向主干道，使人流出入方便；门厅内各组成部分的位置与人流活动路线相协调，尽量避免或减少流线交叉，为各使用部分创造相对独立的活动空间；门厅内要有良好的空间气氛，如良好的采光、合适的空间比例等；门厅对外出入口的宽度不得小于通向该门的走道、楼梯宽度的总和。

8.1.5　建筑平面组合设计

建筑平面的组合设计，是在熟悉平面各组成部分特点和使用要求的基础上，进一步分析建筑整体的使用功能，考虑技术经济和建筑艺术等方面的要求，结合总体规划、基地环境等具体条件，将平面各组成部分及其所有的房间组成一个有机的整体。

1. 影响平面组合的因素

(1) 使用功能

建筑的使用功能对平面组合具有决定性的影响。一幢建筑物的合理性不仅体现在单个房间上，而且在很大程度上取决于各种房间按功能要求的组合。

在建筑平面组合设计中，一般先从分析主要房间之间的功能关系着手，这种方法即通常所说的“功能分析”。功能分析是在熟悉各种房间使用特点的基础上，按照房间的性质、要求、使用顺序及相互联系的密切程度，对房间的主与次、内与外、闹与静、联系与分隔等方面加以分析研究，进行分类分组，并画出框线图表示各组成部分的相互关系，这种图叫做功能分析图（图 8.18 和图 8.19）。在功能分析的基础上，根据建筑物中各房间的相互关系，进行适当的功能分区，在建筑平面设计，尤其是较复杂的建筑平面设计时是必须进行的。建筑物中各房间之间的相互关系大致可归结为以下几种。

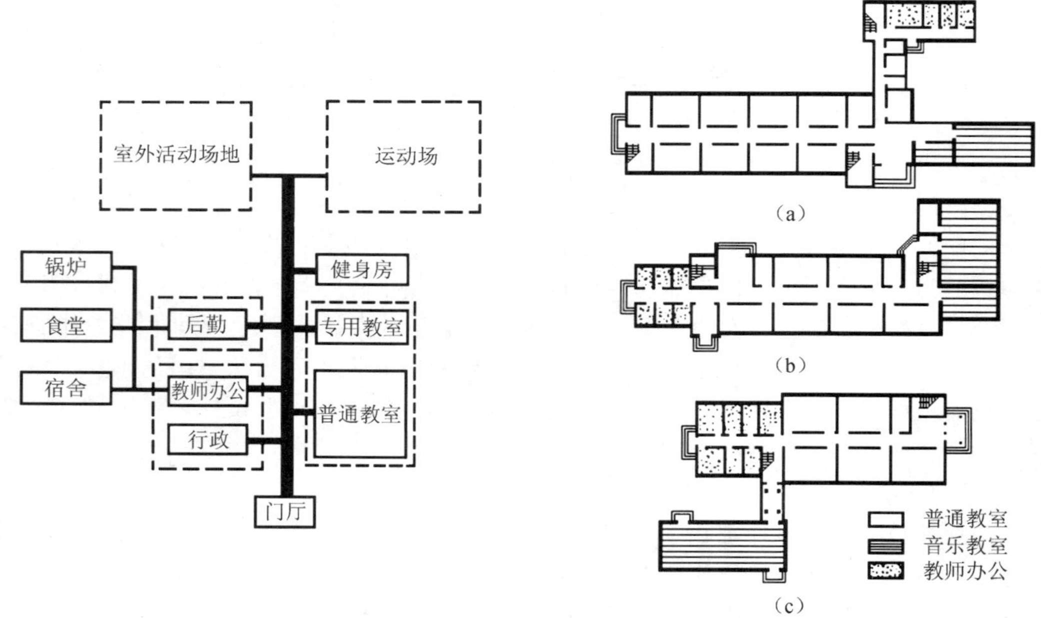

图 8.18　学校建筑的功能分析和平面组合

1) 主次关系。建筑中的房间可分为主要房间及辅助房间，这种划分已充分说明各房间的主次关系。值得注意的是，有些情况下，主要房间的类型及数量较多，根据它们在整个建筑中的地位，仍有相对主要与次要的区别，这也是一种主次关系。如

图 8.18在中小学校建筑中，教室、图书阅览室、实验室、行政办公室等用房均属主要房间，但教学用房由于使用人数多，具有更大的重要性，而行政办公等用房则相对比较次要。平面组合时，要依据各房间的使用要求，分清主次，合理安排。通常应将居住、生活、学习和工作等使用功能的主要房间布置在朝向好、比较安静的位置，以取得较好的日照、采光、通风条件；对于人流量大的主要房间，应布置在疏散方便、接近出入口的部位；对辅助房间和较次要的房间（如卫生间等）可布置在条件较差的位置；库房、贮藏间可布置在比较隐蔽的暗角。

2）内与外的关系。组成建筑的房间中，有的对外联系密切，其位置应设在靠近人流来往的地方或出入口处，有的则主要是供内部人员使用，房间的位置宜设在比较隐蔽的地方。如图 8.19 所示的住宅，将客厅、餐厅、共用卫生间等安排在靠出入口处，而需要安静的卧室则安排在内部。

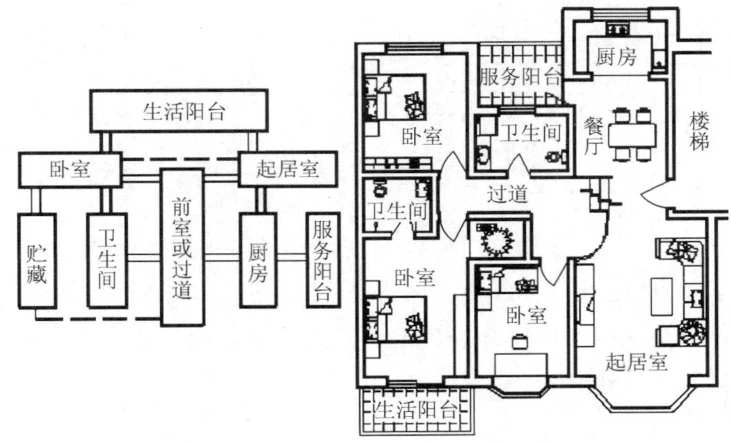

图 8.19　居住建筑的功能分析和平面组合

3）联系与分隔的关系。建筑平面的各组成部分以及房间之间，有些功能联系密切，有些次之，有些还会干扰其他房间，还有些既要严格分隔，又要联系方便。平面组合时，应将联系密切的房间接近布置，对产生干扰的房间，如噪声、震动、视线、病菌、毒气和危害人体健康的各种射线等，应加大间距，予以适当的分隔。对既要“分”又要“联”的房间，则保持适当的距离，又有直接的联系通道。如图 8.18 的学校建筑中，普通教室和音乐教室同属教学用房，但因声音干扰问题，可用较长的走廊将其适当隔开；教室和教师办公室之间虽然联系比较密切，但为了避免学生对教师工作的影响可用门厅将这类房间隔开。

4）顺序与流线。民用建筑中因使用性质、特点不同，各种空间的使用往往有一定顺序。人或物在这些空间使用过程中流动的路线可简称为流线。流线分人流和物流两种。在平面组合设计中，有些房间是按流线顺序关系有机组合起来的。如图 8.20（a，b）所示是火车站流线图和某小型火车站平面图，这里人流分为进站和出站，货流也有进出站两种，火车站平面组合设计自然要体现出这种流线关系。流线组织合理与否，直接影响到平面组合是否合理。当一个建筑或一个空间中有多种流线时要特别注意使各种流线简捷、通畅，无迂回逆行，尽量避免互相交叉干扰。

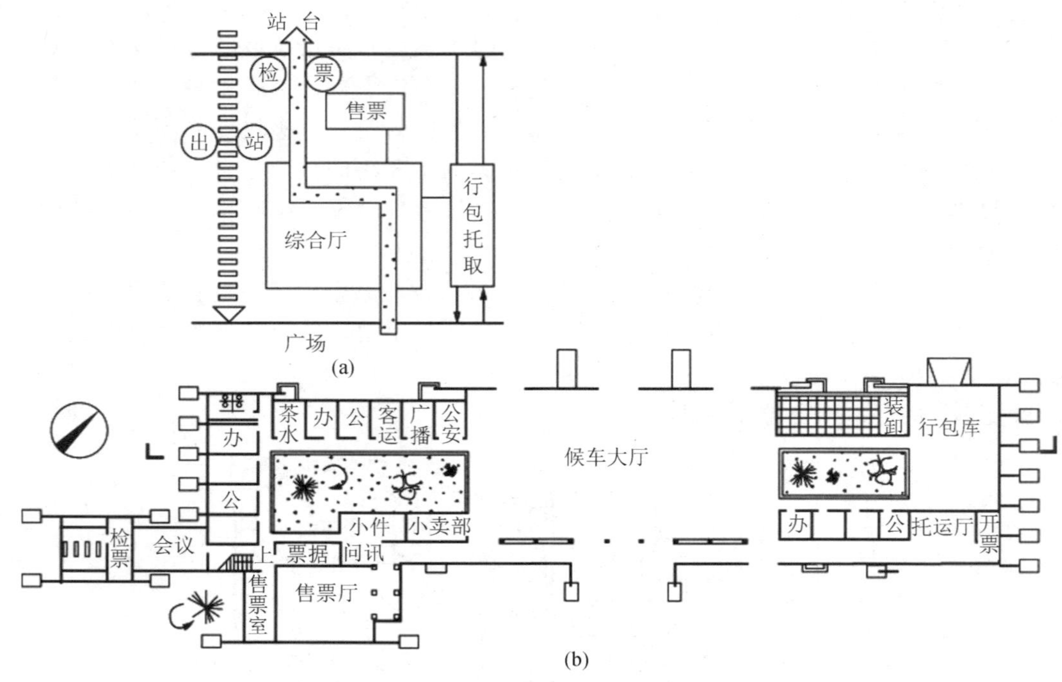

图 8.20　小型火车站流线及平面举例

通过以上分析可以看出，根据各房间的功能要求以及它们之间的相互关系，经过适当的功能分区，是进行平面组合以确定房间具体位置的主要依据，对功能复杂、房间较多的公共建筑尤其如此。

（2）结构类型

材料和结构是构造建筑物的物质基础，在很大程度上影响着建筑物的平面组合。因此，平面组合应考虑建筑物满足使用功能的前提下，采用相应的结构形式。目前常用的结构体系可以概括为砖混结构、框架结构和空间结构等。

1）砖混结构。其特点是：墙体既是承重构件，同时又起着围护和分隔室内外空间的作用。在平面布置上，室内空间的大小和形状受到限制，如横墙承重时房间的开间应尽量统一，纵墙承重时房间的进深应基本相同。房间的组合也不够灵活，上下承重墙要对应重合，承重墙上门窗洞口的位置及大小应符合墙体的传力要求。所以，砖混结构建筑适用于房间不大、层数不多的学校建筑、科研楼、办公楼、医院和居住建筑等。

2）框架结构。其布置的特点是梁柱承重，墙体只起围护、分隔的作用，房间布置比较灵活，门窗开置的大小、形状都较自由，并为立面设计创造了有利条件。但钢材及水泥用量大，造价比砖混结构高。框架结构不仅适用于开间进深较大的商场、教学楼、图书馆之类的公共建筑，也使用于多高层旅馆、住宅、办公楼建筑，是适应性较大的一种结构形式。

3）空间结构。当房间跨度很大（一般指 35m 以上）时，常称为大跨度房间。对大跨度房间的屋面结构，如果采用砖混结构和框架结构是无法满足的，因此宜采用空间结构形式。空间结构有壳体结构、折板结构、网架结构、悬索结构等。它们的特点是受力合理、用材经济、轻质高强、能跨越较大的空间，且造型美观。

（3）设备管线

民用建筑中的设备管线主要包括排水、采暖、空气调节以及电气照明、通信等所需的设备管线，它们都占有一定的空间。在进行平面组合时，应考虑一定的设备位置，恰当地布置相应的房间，除厕所、盥洗室、配电房、空调机房、水泵房等房间外，对于设备管线较多的房间，如住宅中的厨房、卫生间，办公楼中的厕所、盥洗室，旅馆中的客房卫生间、公共卫生间等，在满足使用要求的同时，应尽量将设备管线集中布置，上下对齐，方便使用，有利于施工和节约管线。

（4）建筑形象

建筑的体型及立面与平面组合设计相互制约、相互影响。建筑造型本身离不开功能要求，它一般是内部空间的反映，在平面组合设计时要为建筑体型和立面创造有利的条件。

（5）基地环境

这里所说的环境不单是指建筑所处的空间环境，如基地的地形、地貌、相邻建筑、道路、温度、朝向、日照等，还包括社会、民族、文化。任何建筑，只有当它和周围环境融为一体时，才能充分地显示出它的价值和表现力。如果脱离了周围环境和建筑群体而孤立地存在，即使建筑物本身尽善尽美，也不可避免地会因为失去烘托而大为减色。因此，在进行平面设计时，要从整体出发，考虑总体规划的要求，结合外部因素的具体条件，因地制宜，综合考虑。这里只是就基地的地段环境，即建筑设计中总平面的环境对组合设计的影响进行分析。

1）地形、地貌。地形、地貌主要指基地的大小、形状、道路走向以及基地的起伏情况等。基地大小、形状和道路走向对房屋的平面组合、入口布置等都直接影响。如图 8.21 是在不同基地条件下教学楼的几种平面布置形式。图 8.21（a）中基地面积宽敞，形状规整；图 8.21（b）中基地狭窄，形状也不规则，图 8.21（c）中基地呈三角形，形成了平面形式截然不同的教学楼。

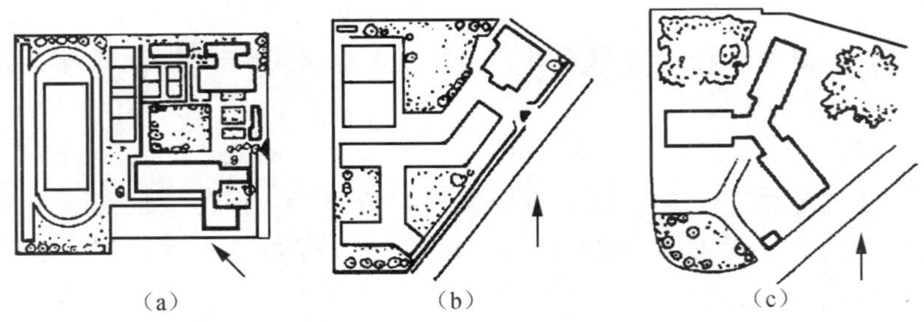

图 8.21　不同基地条件的学校总平面布置示意

2）朝向。平面组合中朝向的影响因素主要指日照、风向。建筑物朝向不同，它在不同季节里获得的太阳辐射强度、日照时间不同。我国地处北半球，大部分地区处于夏热冬冷状态，将主要房间朝南或南偏东、偏西少许角度，能获得良好的日照。日照间距是保证房间有一定的日照时数的建筑物之间的距离。确定建筑物间距应根据以下因素：日照、通风等卫生条件；防火安全要求；建筑群体空间造型艺术效果；建筑物使用性质、规模和扩建要求。节约用地和建设投资的要求；施工条件和室外工程管线及绿化要求等。但对于大量性民用建筑，一般无特殊要求，日照间距通常是确定建筑物间距的主要因素。

日照间距的计算，一般以冬至日正午正南向房屋底层房间的窗台以上墙面能被太阳照到的高度为依据（图 8.22）。

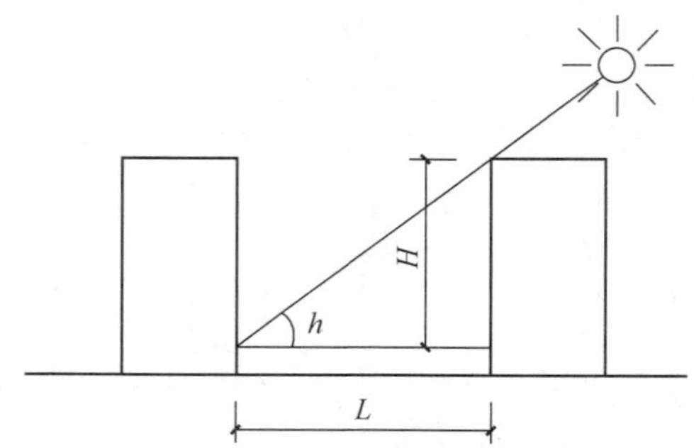

图 8.22　建筑物的日照间距

日照间距计算式为

$$L=H/\tan h$$

式中，L 为建筑物间距；H 为南向前排房屋檐口到后排房屋底层房间窗台的垂直高度；h 为当地冬至日正午太阳的高度角；$1/\tan h$ 称为日照间距系数，我国大部分地区日照间距系数约为 1.0～1.7。越往南日照间距系数越小，越往北则越大。

风向有全年主导风向和季节主导风向之分。如炎热地区建筑常垂直于主导风向展开，尽可能利用夏季主导风向，使房间有良好的通风；严寒地区则使建筑的主要入口尽可能避开冬季主导风向，以利保温。在总平面布置时，也尽可能把有气味污染的建筑放在下风向布置。

2. 平面组合方式

平面组合方式有走道式、套间式、大厅式、单元式等。在工程设计中，绝对以某种单一的组合方式来组合空间是不存在的。在组合时可以是某一种组合方式为主，其他方式为辅，也可以是几种组合方式并存。设计时应根据实际情况具体分析，灵活运用各种方式进行平面空间的组合。

（1）走道式组合

房间之间通过走道来联系。这种组合方式的特点是：使用空间与交通联系空间分隔明确，房间之间的干扰较少；通过走道，各房间又保持着方便的联系；走道的长短随所连接的房间的多少而变，平面组合比较灵活。走道式组合适用于各个房间既要相对独立与分隔，又能保持适当联系的各类建筑，如办公楼、教学楼、科研楼、医院、疗养院、旅馆、宿舍等。

走道式组合有单外廊、双外廊、单内廊、双内廊等几种组合形式（图 8.23）。

（2）套间式组合

套间式组合是把各房间相互穿套，按一定序列组合空间。这种组合方式，房间之间的相互联系简捷，面积利用率高，展览馆、商店常用这种形式。为适应不同人流活动的特点，可采用串联式或放射式的组合形式。串联式是按照一定的顺序将各房间连接起来，如图 8.24（a）所示。放射式是以一个枢纽空间作为联系中心，向两个或两个以上方向延伸，衔接布置房间，如图 8.24（b）所示。

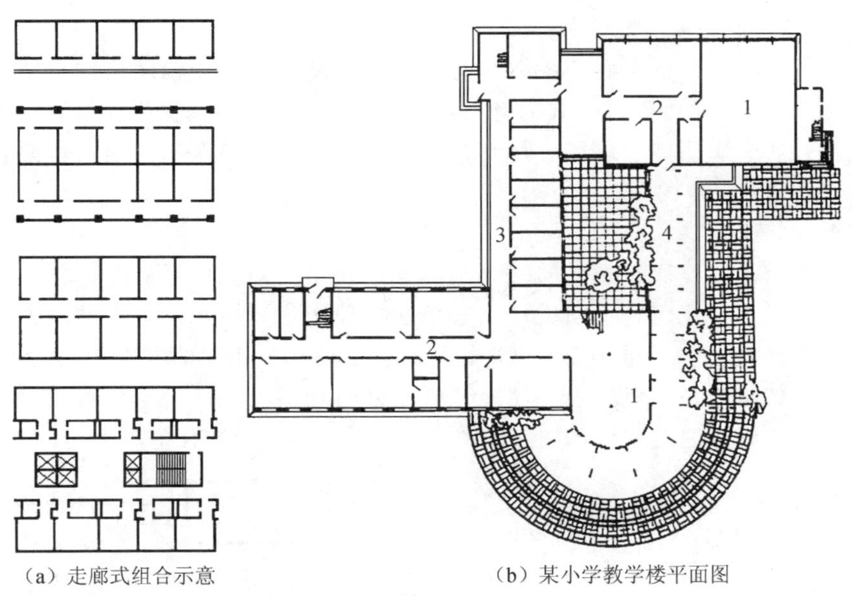

（a）走廊式组合示意　　（b）某小学教学楼平面图

图 8.23　走道式平面组合

1. 门厅；2. 内廊（双侧布置房间）；3. 内廊（单侧布置房间）；4. 外廊

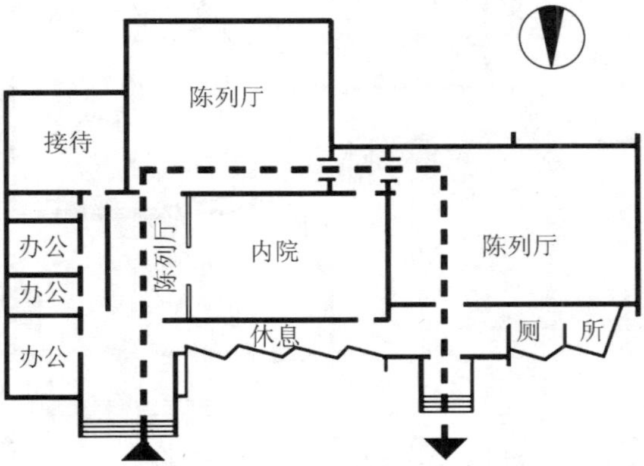

（a）串联式组合的陈列厅

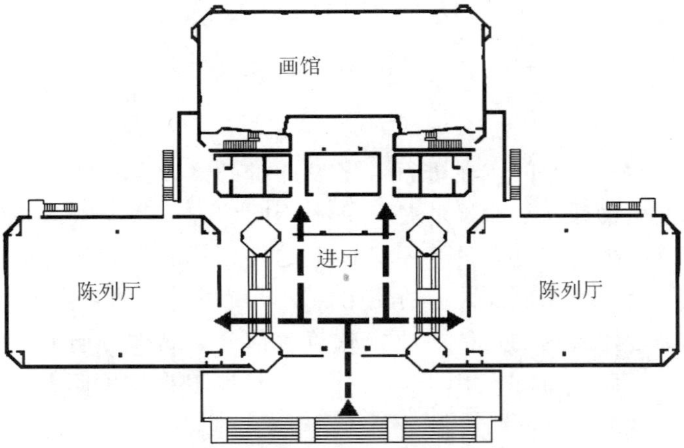

（b）放射式组合的纪念馆

图 8.24　套间式组合

(3) 大厅式组合

大厅式组合是以体量巨大的主体空间为中心，其他附属或辅助房间环绕着它的周围布置（图 8.25）。这种组合形式的特点是主体空间突出，主从关系明确，房间之间相互联系紧密，适于电影院、剧院、体育馆等建筑，某些菜市场、商场、铁路客站等也常用这种组合方式。

(4) 单元式组合

单元式组合是以楼梯间或电梯间等垂直交通联系空间来联系各个房间，构成一个独立的单元；或者是在建筑平面中，联系密切的使用房间成组出现，并形成各自独立的单元。随着建筑规模不同，一幢建筑物可由一个或几个相同的或不相同的单元组成。这种组合形式的特点是平面集中、紧凑、单元之间互不干扰，易于保持安静，因此适用于住宅和幼儿园等建筑类型，如前面图 8.1 所示的一梯两户住宅单元。

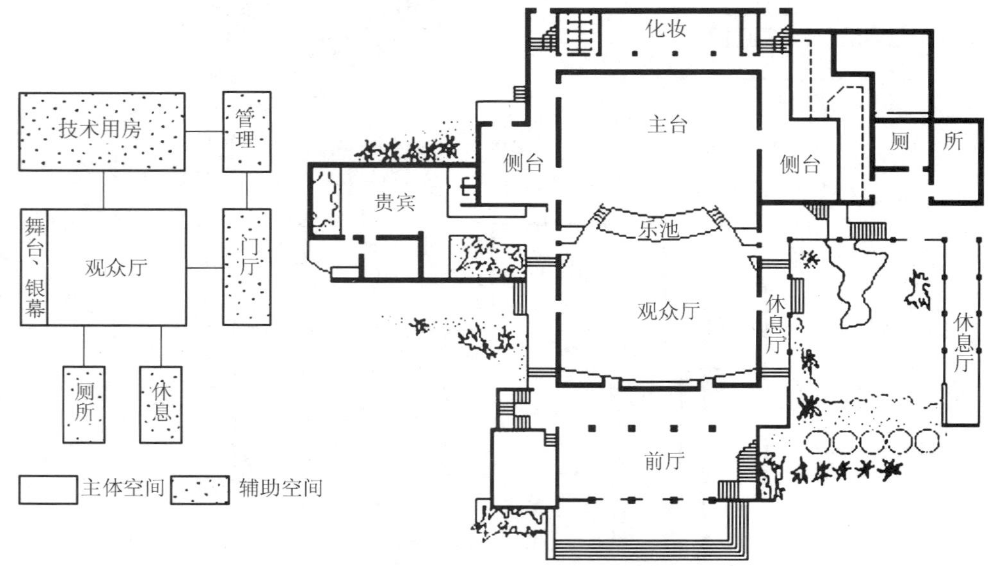

图 8.25　大厅式组合的影剧院

8.2　建筑剖面设计

由于建筑物具有三度空间，在进行方案设计时必然涉及房间的空间情况和高度方面的问题。建筑剖面设计与平面设计是从两个不同的方面来反映建筑物内部空间的关系。平面设计着重解决内部空间的水平方向上的问题，而剖面设计的任务则是根据建筑物的用途、规模、环境条件及人们的使用要求，解决建筑物在高度方向的布置问题，具体内容包括：确定建筑物的层数，决定建筑各部分在高度方向的尺寸，进行建筑空间组合，处理室内空间并加以利用等。此外，对其他工程技术问题，如结构选型、建筑构造也要予以合理解决。

8.2.1　房间的剖面形状和各部分高度的确定

1. 房间的剖面形状

房间的剖面形状主要是根据使用要求和特点来确定，同时要考虑具体的物质技术、经济条件及特定的艺术构思，使之既满足使用又能达到一定的艺术效果。

（1）使用要求对剖面的影响

大多数民用建筑如居室、教室、办公室等均采用矩形。而学校的阶梯教室、电影院和体育馆的观众厅等，室内地面应按一定的坡度变化升起（图 8.26）。为使观众能听得清晰，观众厅的顶部剖面可以做成一定的折线形，以取得良好的音响效果（图 8.27）。

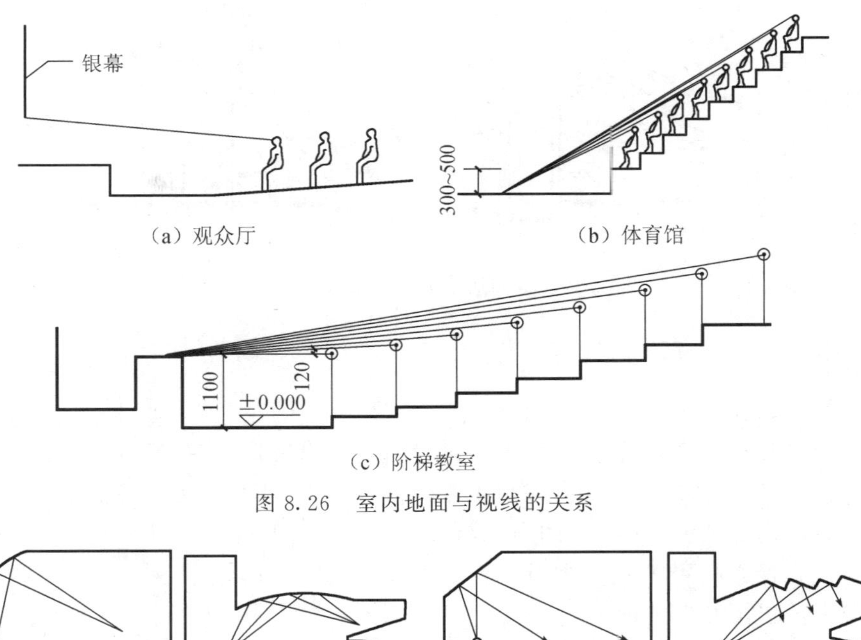

（a）观众厅　（b）体育馆

（c）阶梯教室

图 8.26　室内地面与视线的关系

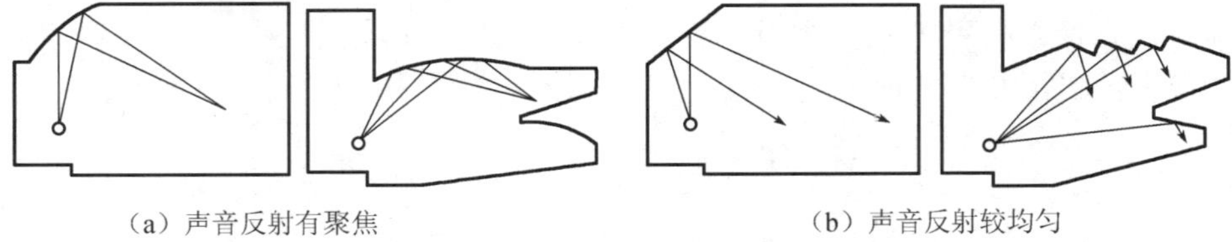

（a）声音反射有聚焦　（b）声音反射较均匀

图 8.27　剖面形状与音质的关系

（2）结构、材料和施工的影响

一般民用建筑房间的剖面形状有矩形和非矩形两类。矩形剖面规整，结构简单，有利于采用梁板式结构，节约空间，施工方便，采用较多。但有些大跨度建筑的空间剖面常受结构形式、材料、施工等的影响而形成特有的剖面形式。

（3）采光、通风要求对剖面的影响

一般进深不大的房间，侧窗采光和通风已满足使用要求。当房间进深较大或房间有特殊要求，侧窗不能满足要求时，常设置各种形式的天窗，从而形成不同的剖面形式。图 8.28为不同采光方式对剖面形状的影响。对于厨房一类房间，由于使用过程中常产生大量蒸汽、油烟等，一般在顶棚设置排气窗（图 8.29）。

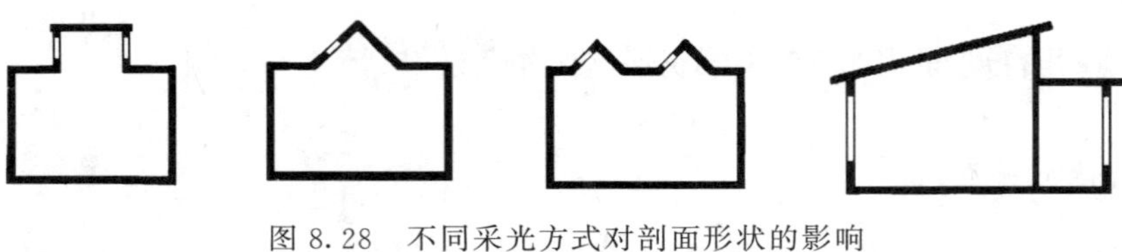

图 8.28　不同采光方式对剖面形状的影响

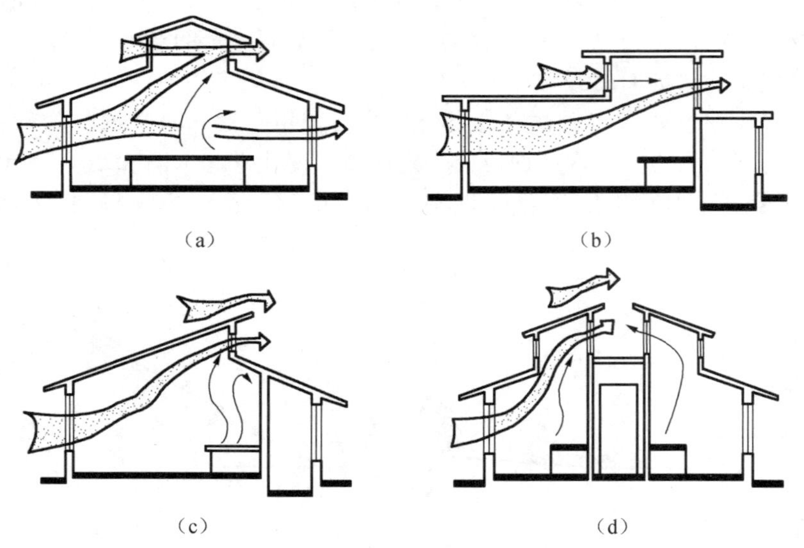

图 8.29　不同通风方式对剖面形状的影响

2. 房屋各部分高度的确定

（1）房间的净高与层高

房间净高是指室内地坪到顶棚底表面之间的垂直距离。如果房间顶棚下有暴露的梁，则净高应算至梁底面。在有楼层的建筑中，楼层层高是指上下相邻两层楼（地）面间的垂直距离（图 8.30）。房间净高与楼板结构构造厚度之和就是层高。房间的高度恰当与否，直接影响到房间的使用、经济以及室内空间的艺术效果，一般房间高度的确定主要考虑以下几个方面：

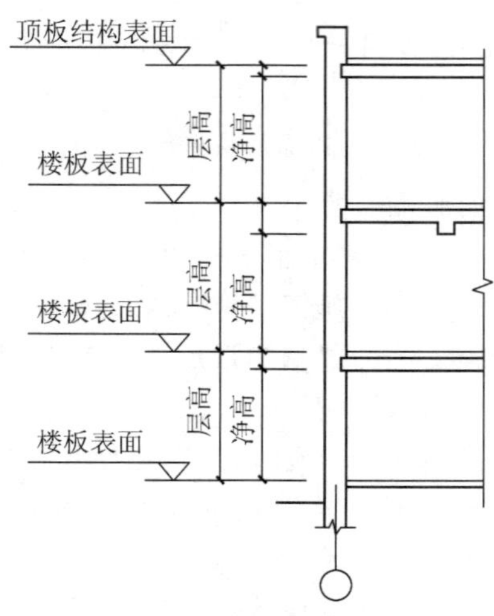

图 8.30　房间净高和层高之间的关系

1）人体活动及家具设备的使用要求。房间的净高与人体活动尺度有很大关系，一般情况下，室内最小净高应使人举手不接触到顶棚为宜。为此，房间净高应不低于 2.2m。室内使用性质和活动特点随房间用途而异。还有一些房间，因使用需要，常在房间顶棚上设置某些设备，如吊灯、手术室的无影灯、剧院舞台的顶棚及天桥等。确定这些房间的高度时，应考虑到设备所占尺寸。

2）采光、通风等卫生要求。一般房间层高越大，窗口上沿越高，光线照射深度越远，所以房间进深大，或要求光线照射深度远的房间，层高应大些。为保证房间有必要的卫生条件，除了组织好通风外，还应考虑房间必要的气容量。其具体取值与房间用途有关，如中小学教室为 3～5m^3/人，影剧院观众厅为 4～5m^3/人。

3）室内比例及空间观感。室内空间的封闭和开敞、宽大和矮小、比例协调与否都会给人以不同的感受。如面积大而高度小的房间，会给人以压抑感，窄而高的房间又会给人以局促感。要改变房间比例不协调或空间观感不好，除通过各种不同处理外，就需要改变某些尺度，这也涉及和影响房间净高。

4）结构层高度及构造方式的要求。结构层和构造层厚度加上净高等于层高。结构层高度主要包括楼板、屋面板、梁和各种屋架所占的尺寸，结构层越高，则层高越大。构造层包括顶棚层、地面面层和附加层次，如房间采用吊顶构造时，层高则应再适当加高，以满足净高需要。

5）建筑经济效益要求。为了力求节约，应尽可能地降低层高。层高降低又导致建筑总高度降低，从而可缩小建筑间距、节约土地。此外，层高降低还能减轻建筑物的自重，减少围护结构面积，节约了材料，有利于结构受力，并能降低能耗。

（2）室内窗台高度

窗台的高度主要根据室内的使用要求、人体尺度和家具或设备的高度来确定。一般民用建筑中生活、学习或工作用房，窗台的高度常采用 900mm 左右，这样的尺寸和桌子的高度（约 800mm）配合关系比较恰当；住宅外窗没有阳台或平台时，窗台距楼面、地面的净高不应低于 900mm，否则应设置防护措施；幼儿园建筑结合儿童尺度，活动室的窗台高度常采用 700mm 左右；对疗养院建筑和风景区的一些建筑物，由于要求室内阳光充足或便于观赏室外景色，常降低窗台高度或做落地窗；一些展览建筑，由于室内利用墙面布置展品，为消除和减少眩光，应避免陈列品靠近窗台布置，一般窗台到陈列品的距离要使保护角大于 14°，为此一般将窗台提高到 2.5m 以上；浴室、厕所走廊两侧的窗台高度可提高到 1.8m 左右，以利于遮挡人们的视线（图 8.31）。以上由房间用途确定的窗台高度，如与立面处理矛盾时，可根据立面需要，对窗台做适当调整。

（3）地面高差

同层各个房间的地面标高要取得一致，这样行走比较方便。对于一些易于积水或者需要经常冲洗的房间，如浴室、厕所、厨房、阳台及外走廊等，它们的地面标高应比其他房间的地面标高约低于 20～50mm，以防积水外溢，影响其他房间的使用。高差过大，不便于通行和施工。

（4）室内外地面的高差

为了防止室外雨水流入室内，防止建筑物因沉降而使室内地面标高过低，底层室内地面要高出室外地面至少 150mm。室内外地面高差要适当，高差过小难于保证基本

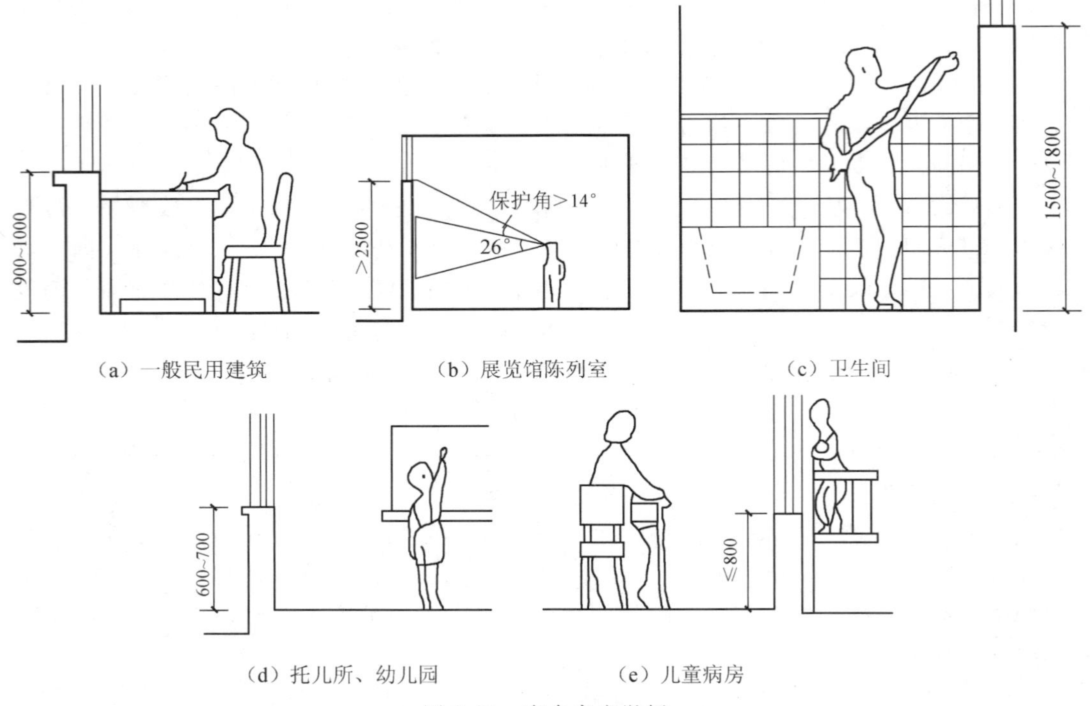

（a）一般民用建筑　（b）展览馆陈列室　（c）卫生间

（d）托儿所、幼儿园　（e）儿童病房

图 8.31　窗台高度举例

要求，高差过大又会增加建筑高度和土方工程量。对大量民用建筑，室内外高差的取值一般为 300～600mm。

对于一些特殊要求的建筑，室内外高差要根据使用要求、建筑性质等确定。如仓库工业建筑一般要求室内外联系方便，常有车辆出入，高差小些做坡道联系；有些纪念性建筑常借助室内外高差值的增大来创造严肃、庄严的气氛；有些山地、坡地建筑则常结合地形、地貌确定室内外高差。

8.2.2　建筑层数的确定和剖面的组合方式

1. 建筑层数的确定

建筑层数是在方案阶段就需要初步确定的问题，层数不确定，建筑各层平面就无法布置，剖面、立面高度也无法确定。影响建筑层数确定的因素很多，主要有建筑的使用要求、结构和材料的要求、城市规划、建筑防火以及经济条件等要求。

（1）建筑使用要求

由于建筑用途不同，使用对象不同，往往对建筑层数有不同要求。如医院门诊部、幼儿园、疗养院、养老院等建筑物，因使用者活动不便，且要求与户外联系紧密，因此建筑层数不应太多，一般以 1～3 层为宜。影剧院、体育馆、车站等建筑物，由于人流量大，考虑人流集散方便，也应以一层或低层为主。公共食堂，在使用中有大量顾客，为了就餐方便，便于排除油烟，便于供煤和清理垃圾，单独建造时宜建成低层。对于中小学建筑，考虑到学生正在发育成长，为了安全及保护青少年健康成长，小学建筑不宜超

过三层，中学教学楼不宜超过四层，对于大量建设的住宅、宿舍、办公楼等建筑，因使用中无特殊要求，一般可建多层，当设置电梯作垂直交通时，也可建高层。

（2）结构、材料和施工的要求

建筑物的结构和材料不同，允许建造的层数也不同。如砖混结构，一般以六层以下为宜；钢筋混凝土框架结构，不宜超过十五层；钢框架不宜超过三十层。如在地震区，建筑物允许建造的层数，根据结构形式和地震烈度的不同，还要受抗震规范的限制。

（3）基地环境和城市规划要求

位于城市干道、广场、道路交叉口的建筑，对城市面貌影响很大，必须重视与环境的关系。位于风景区的建筑，其体量和造型对周围景观有很大影响，为了保护风景区，使建筑与环境协调，一般不宜建造体量大、层数多的建筑物。一般城市规划部门根据城市规划的需要，会对这类地区的建筑高度和层数等提出明确要求，设计者应遵照执行。

（4）防火要求

房屋的耐火等级不同，允许建造的层数不同。当建筑物耐火等级为一、二级时，建筑层数不限；三级时，最多允许建五层；四级时，仅允许建两层。

（5）经济条件

建筑层数与造价的关系很密切。一般情况下，5～6 层砖混结构的房屋较经济。但如果综合考虑征地、搬迁、小区建设及市政设施等投资费用，10～12 层住宅也可能是比较经济合理的层数。

2. 剖面的组合方式

建筑剖面的组合方式主要是由建筑物中各类房间的高度和剖面形状、房间的使用要求和结构布置特点等因素决定的，剖面的组合方式大体上可归纳为以下几种。

（1）单层

单层剖面便于房屋中各部分人流或物品和室外直接联系，它适用于覆盖面及跨度较大的结构布置，一些顶部要求自然采光和通风的房屋，也常采用这种方式，如食堂、车站、展览大厅等。单层房屋的主要缺点是用地很不经济。如把一幢五层住宅和五幢单层平房相比，在日照相同的条件下，用地面积要增加 2 倍左右（图 8.32），道路和室外管线设施也都相应增加。

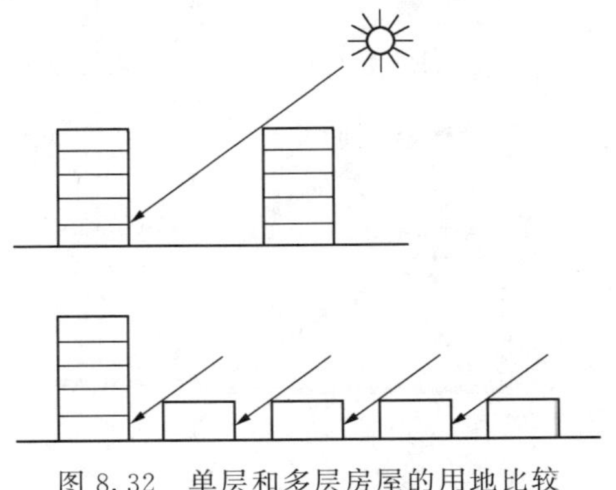

图 8.32　单层和多层房屋的用地比较

（2）多层和高层

多层剖面的室内交通联系比较紧凑，适应于较多相同高度房间的组合，垂直交通通过楼梯联系。多层剖面的组合应注意上下层墙柱等承重构件的对应关系，以及各层之间相应的面积分配。许多单元式平面的住宅和走廊式平面的学校、宿舍、办公、医院等房屋的剖面多采用多层的组合方式。

一些建筑类型如旅馆、办公楼、城市住宅等，也有采用高层剖面的组合方式。高层剖面能在占地面积较小的条件下，建造较多的使用面积，并且有利于室外辅助设施和绿化等的布置，但高层建筑的垂直交通需要电梯联系，管道设备等设施也较复杂，使用费用较高。由于高层房屋受侧向风力和地震力的问题比较突出，通常以框架结合剪力墙以加强房屋的刚度。

（3）错层和跃层

错层剖面是在建筑物纵向或横向剖面中，房屋几部分之间的楼地面，高低错开，它主要适应于结合坡地地形建造住宅、宿舍等房屋。房屋剖面中的错层高差可利用室外台阶或利用楼梯间来解决（图 8.33）。

（a）利用室外台阶解决错层中的高差

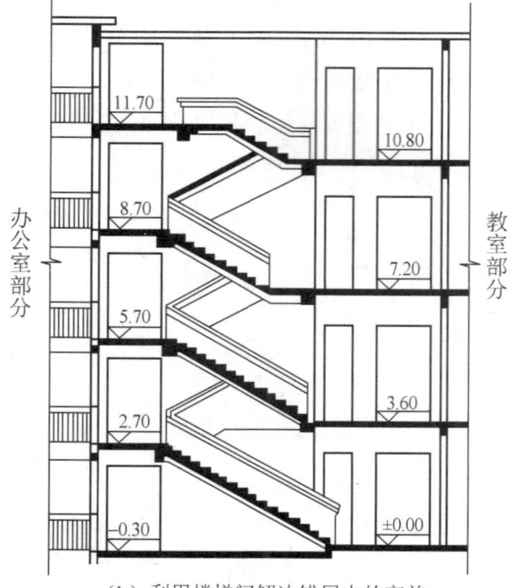

（b）利用楼梯间解决错层中的高差

图 8.33　错层中高差的处理

跃层剖面的组合方式主要用于住宅中，这些房屋的公共走廊每隔 1～2 层设置一条，每个住户可有前后相通的一层或上下层的房间，住户内部以小楼梯上下联系。跃层的特点是节约公共交通面积，各住户之间干扰较少，由于每户都有两个朝向，通风条件好，但跃层房屋的结构布置和施工比较复杂，每户面积较大，居住标准较高。

8.2.3　建筑空间的组合和利用

1. 建筑空间的组合

一幢建筑物包括许多空间，它们的用途、面积和高度各有不同。如果把高低不同的房间简单地按使用要求组合起来，将会造成屋面和楼面高低错落，结构布置不合理，建筑体型零乱复杂的结果。所以，在垂直方向上应当考虑各种不同高度房间合理的空间组合，以取得谐调统一的效果。实际上，在进行建筑平面空间组合设计和结构布置时，就应当对剖面空间的组合及建筑造型有所考虑。

1）层高相同的房间之间的组合。使用性质接近，而且层高相同的房间可以组合在同一层并逐层向上叠加，直至达到所定的建筑层数或高度为止。这种剖面空间组合有利于结构布置和便于施工。

2）层高相近的房间之间的组合。对于层高相近的房间，相互之间的联系又很密切，考虑到结构布置、构造简单和施工方便等因素，在组合时需将这些房间的层高调整到该层主要房间的层高的高度，并逐层叠加。而对于标准层平面面积较大，普遍调整层高不经济不合理时，可采取分区分段调整层高，并仍按前述的组合方式处理。只需在层高变化的地方加设台阶或坡道。

3）层高相差较大的房间之间的组合。在多高层建筑中，对于层高相差较大的房间，可以把少量面积较大、层高较高的房间设置在底层、顶层或作为单独部分（裙房）附设于主体建筑旁，如图 8.34 所示。对于房间高度相差特别大，如体育馆和影剧院建筑的比赛厅、观众厅与办公室、厕所等空间，实际设计中常利用大厅的起坡、楼座等特点，把一些辅助用房布置在看台以下或大厅四周。

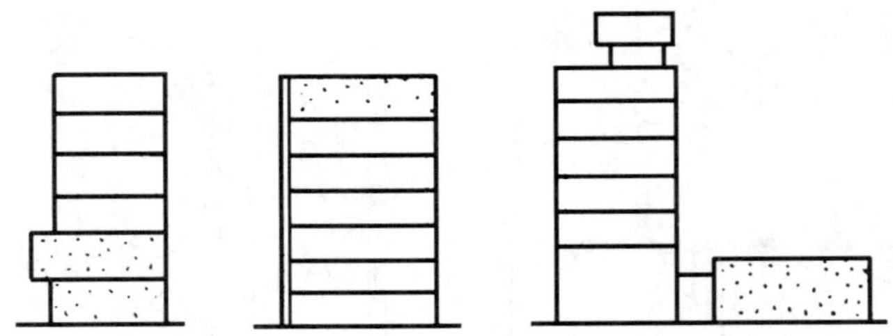

图 8.34　层高相差较大的房间组合

图 8.35 是某中学教学楼的空间组合。教室、实验室与厕所、储藏室等，从使用要求上需要组合在一起，因此把它们调整为同一高度。办公室由于开间进深小，层高比较低，组合中把全部办公室组织在一起，它们和教学楼活动部分的层高高差通过走廊中踏步来解决；平面一端的阶梯大教室，它和普通教室、办公室高度相差较大，故采用单层附建于教学主楼旁。这样的空间组合方式，使用上能满足各房间的要求，结构

布置也较合理，也比较经济。

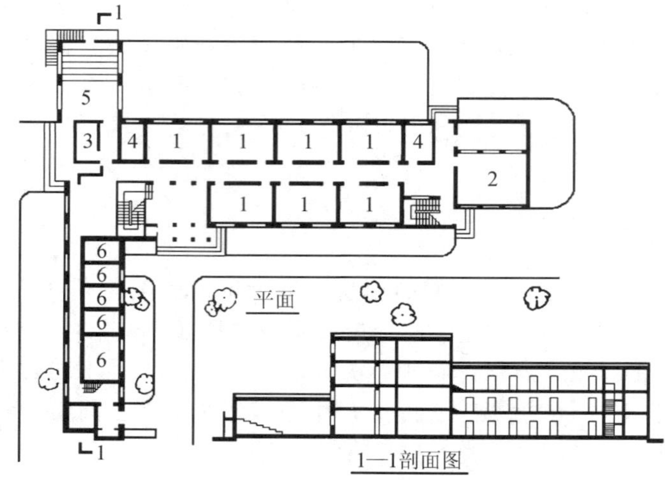

图 8.35　某中学教学楼空间组合方式

1. 教室；2. 阅览室；3. 贮藏室；4. 厕所；5. 阶梯教室；6. 办公室

2. 空间的利用

(1) 楼梯间的利用

底层楼梯间的休息平台下的空间可作仓库或作通向另一空间的通道，住宅建筑常利用这一空间作单元入口，并兼作门厅，如图 8.36 所示。如高度不够时，可适当抬高平台高度或降低平台下部地面标高，以保证通行净高要求。

顶层楼梯间上部的空间通常可以用作贮藏间。利用顶层上部空间时，应注意梯段与贮藏间的净空应大于 2.2m，以保证人们通过楼梯间时不会发生碰撞（图 8.37）。

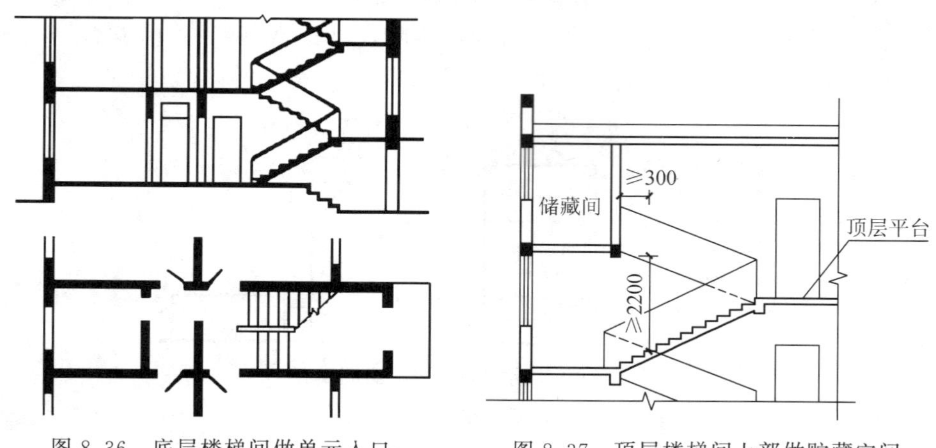

图 8.36　底层楼梯间做单元入口　　图 8.37　顶层楼梯间上部做贮藏空间

(2) 走廊上部空间利用

多高层建筑的走廊一般较窄，净高应比其他房间低些，但为了结构简化，通常与房间的高度相同，使走廊空间造成一定的浪费。这样就可以充分利用走廊上部空间设

置通风、照明等线路和各种管道。

(3) 房间内部的空间利用

房间内除了人们日常活动和家具布置以外的空间要加以充分利用。如居室中设置吊柜、壁柜、搁板等，放置换季衣物、被褥和日用杂物；厨房中设置吊柜、壁龛和低柜，放置杂物、燃料和炊具等；坡屋顶的山尖部分的空间可以作卧室或贮藏室。

8.3　建筑体型和立面设计

建筑不仅要满足人们生产、生活等使用功能的要求，同时建筑的外部形象要给人以美的感受，满足人们精神文化方面的需要。因此，建筑的外部形象设计也是建筑设计中十分重要的内容。建筑的外部形象包括体型和立面两个方面。体型和立面处理贯穿于整个建筑设计的始终，它既不是内部空间被动地直接反映，也不是简单地在形式上进行表面加工，更不是建筑设计完成后的外形处理。建筑体型及立面设计是在内部空间及功能合理的基础上，在物质技术条件的制约并考虑到所处的地理位置及环境的协调，对外部形象从总的体型到各个立面以及细部，按照一定的美学规律加以处理，以求得完美的建筑形象。

8.3.1　建筑体型和立面设计的要求

1. 反映建筑功能要求及建筑的个性特征

不同功能要求的建筑类型具有不同的内部空间组合特点，一幢建筑的外部形象在很大程度上是其内部空间功能的表露，因此采用那些与其功能要求相适应的外部形式，并在此基础上采用适当的建筑艺术处理方法来强调该建筑的性格特征，使其更为鲜明、更为突出，从而能更有效地区别于其他建筑。

2. 体现结构、材料和施工技术特点

建筑结构体系是构成建筑物内部空间和外部形体的重要条件之一。由于结构体系的选择不同，建筑将会产生不同的外部形象和不同的建筑风格。因此，在建筑设计工作中，要妥善利用结构体系本身所具有的美学表现力这一因素。不同的建筑材料对建筑体型和立面处理有一定的影响。如清水墙、混水墙、贴面墙和玻璃幕墙等形成不同的外形，给人以不同的感受；施工技术的工艺特点也常形成特有的建筑外形，尤其是现代工业化建筑，建筑物建成后，在建筑物上所留下来的施工痕迹，都将使建筑物显示出工业化生产工艺的外形特点。

3. 城市规划及环境要求

建筑是构成城市空间和环境的重要因素，它不可避免地要受城市规划和基地环境的制约。建筑体型、立面必然与其所在地区的气候、地形、道路、原有建筑物及绿化等基地环境相适应。如风景区的建筑在体型设计上应同周围环境相协调，不应破坏风景区景色；山地建筑常结合地形和朝向错层布置，从而产生多变的体型；又如南方炎热地区的建筑，为减轻阳光的辐射和满足室内的通风要求，便采用遮阳板和通透花格，使建筑立面富有节奏感和通透感。建筑物处于群体环境之中，既要有单体建筑个性，又要有群体的共性。

4. 社会经济条件

建筑体型与立面的构思和立意必须正确处理适用、经济、美观三者的关系。各种不同类型的建筑物，根据使用性质和规模，在建筑标准、结构造型、内外装修以及建筑造型等方面应区别对待。

5. 符合建筑造型和立面构图的一些原则

建筑造型设计中的美学原则是人们在长期的建筑创作历史发展中的总结，要创造美的建筑形象，就必须遵循建筑构图的基本规律，如统一、变化、均衡、稳定、对比、尺度等。

（1）统一与变化

统一与变化，即“统一中求变化，变化中求统一”，是形式美的根本规律。形式美的其他方面如均衡、稳定、对比、比例、尺度等实际上是统一与变化在各方面的体现。

任何建筑物，无论是内部空间中还是外观形象上，都存在着统一与变化的因素。建筑物各组成部分由于功能不同，存在着空间大小、形状、结构等方面的差异，这自然反映到建筑外形上，这就是建筑形式变化的一面。同时，这些不同中又有某些内在的联系，如使用性质不同的房间在门窗处理、层高、开间及装修方面可采取一致的处理方式，这不仅不影响使用，而且能使结构受力、施工组织等更加合理。这种一致的处理方式，反映到建筑外形上，就是形式统一的一面。在建筑体型及立面设计中必须处理它们之间的相互关系，这是建筑构图中一个非常重要的问题。简单的几何形状本身就是个统一体；体量较复杂的建筑物可以突出主体，以陪衬求统一（图 8.38）。

（a）某体育馆以简单几何形状求得统一

（b）复杂建筑物主从分明，以陪衬求得统一

图 8.38 具有统一感的建筑示例

（2）均衡与稳定

对一个较复杂的建筑物，体型组合还应注意体型的均衡和稳定问题。

均衡是指建筑物各体量在建筑构图中的左右、前后之间保持平衡的一种美学特征。力学的杠杆原理表明，均衡中心在支点，根据均衡中心的位置不同可把均衡分为对称均衡和不对称均衡（图 8.39）。对称均衡具有庄严肃穆的特点，不对称均衡则显得轻巧活泼。

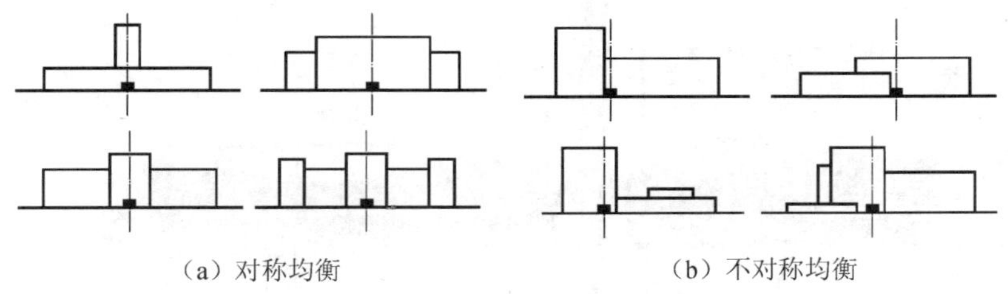

（a）对称均衡　　（b）不对称均衡

图 8.39　不同形式的均衡示例

稳定是建筑物在建筑构图上的上下之间的轻重关系。过去在人们的实际感受中，上小下大、上轻下重就能获得稳定感。随着科学技术的进步和人们审美观念的发展变化，利用新材料、新结构的特点，创造出了上大下小、上重下轻的新的稳定概念（图 8.40）。

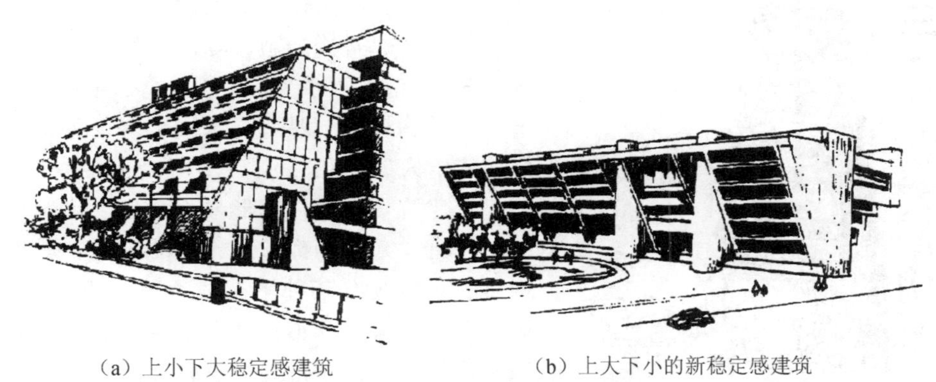

（a）上小下大稳定感建筑　　（b）上大下小的新稳定感建筑

图 8.40　具有稳定感的建筑示例

（3）对比

建筑物中各要素除按一定规律结合在一起外，必然存在各种差异，如体量大小、线条曲直粗细、材料质感色彩、立面的点线面等，这种差异就是对比。

对比可以相互衬托而突出各自的特点。在建筑构图中，恰当地运用对比手法，能取得对比强烈、感觉明显、和谐统一等效果。例如巴西议会大厦(图 8.41)的体型运用了竖向的两片板式办公楼与横向体量的政府宫的对比，上院和下院一正一反两个碗状议会厅的对比，以及整个建筑体型的直与曲、高与低、虚与实的对比。此外，还充分运用了钢筋水泥的雕塑感和玻璃窗洞的透明感以及大型坡道的流畅感，从而协调了整个建筑的统一气氛，给人们留下了强烈的印象。

（4）韵律

所谓韵律，是指建筑物各组成部分、各要素有规律地重复的一种特性。建筑物的体型、门窗、墙柱等的形状、大小、色彩、质感的重复和有组织的变化都可形成韵律来加强和丰富建筑形象，从而取得多样统一的效果（图 8.42）。

图 8.41　对比手法在巴西议会大厦中的应用

图 8.42　渐变韵律在建筑中的应用

（5）比例

比例是指长宽高三个方向之间的大小关系，建筑物从整体到各体部及细部之间都存在着比例关系。如整个建筑的长宽高之比；各房间长宽高之比；立面中的门窗与墙面之比；门窗本身的高宽比等。在建筑设计中，要注意把握建筑物及其各部分的相对尺寸关系，比如大小、长短、宽窄、高低、粗细、厚薄、深浅、多少等，只有这样才能给人以美感。

在建筑外观上，矩形最为常见，建筑物的轮廓、门窗、开间等都形成不同的矩形，如果这些矩形的对角线有某种平行或垂直、重合的关系，那将有助于探求和谐的比例关系（图 8.43）。对于高耸的建筑物或距观赏点较远的建筑部位，应该考虑因透视作用而使比例失调；相反，在设计中也可运用这一特征进行特殊处理。

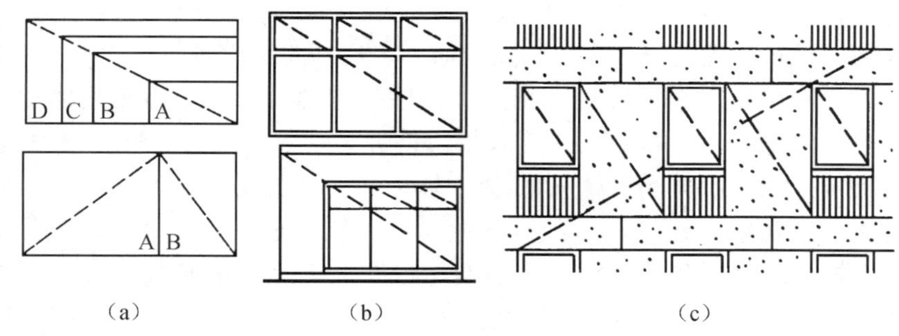

图 8.43　以相似比例求得和谐统一

（6）尺度

尺度是研究建筑物的整体或局部给人感觉上的大小与真实大小之间的关系，用以表现建筑物正确的尺寸或者表现所追求的尺寸效果。

几何形状本身并没有尺度，比例也只是一种相对的尺度。只有通过与人或人所熟悉的某些建筑构件（如踏步、栏杆等）作为尺度标准进行比较，才能体现出建筑物的整体或局部的尺度感，我们称之为自然尺度，大量性建筑都应体现这种实际大小与给人印象大小相一致的自然尺度（图 8.44）。但有些建筑也可采用夸张尺度和亲切尺度。夸张尺度即运用夸张手法有意将建筑的尺寸设计得比实际需要大些，使人感觉建筑物雄伟、壮观，一般用于纪念性建筑和一些大型的公共建筑。亲切尺度是将建筑物的尺寸设计得比实际需要小一些，使人们获得亲切、舒适的感受，一般用于园林建筑的尺寸确定。

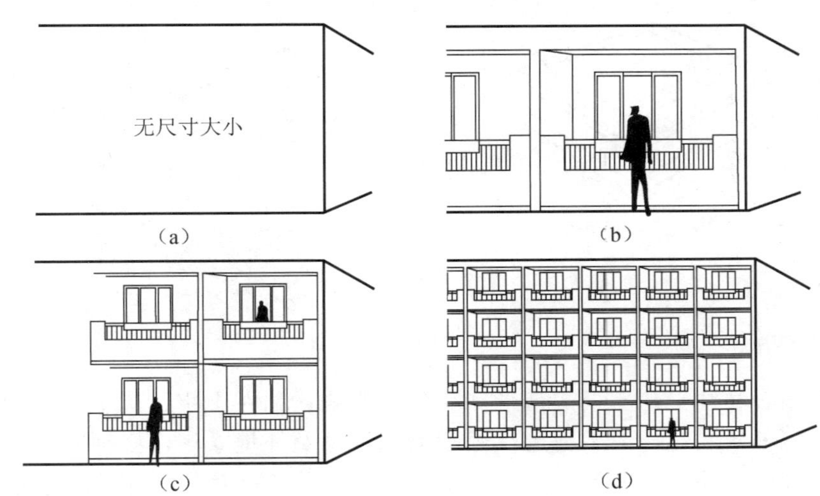

图 8.44　建筑物的尺度感

8.3.2　建筑体型的组合

体型是指建筑物的轮廓形状，它反映出建筑物总的体量大小、组合方式及比例尺度等。不论建筑体型的简单与复杂，它们都是由一些基本的几何型体组合而成。建筑体型设计，就是以建筑的使用功能和物质技术条件为前提，运用建筑构图的基本规律，将建筑各部分体量巧妙地组合成一个有机整体。

1. 体型组合方法

(1) 单一体型

这类建筑的特点是平面和体型都较完整单一，平面形式多采用对称式的正方形、三角形、圆形、多边形、风车形、“Y”形等单一几何形状，给人以统一、完整、简洁大方、轮廓鲜明和印象强烈的效果。这种体型设计方法是建筑造型设计中常用的方法之一。

(2) 单元组合体型

单元组合体型是将几个独立体量的单元按一定方式组合起来，广泛应用于住宅、学校、幼儿园、医院等建筑类型。这种组合体型组合灵活，没有明显的均衡中心及体型的主从关系，而且单元连续重复，形成了强烈的韵律感。

(3) 复杂体型

由两个以上体量组合而成的叫复杂体型。这些体量之间存在着相互协调统一的问题，要根据各体量建筑内部功能要求、体量大小和形状遵循统一变化、均衡稳定、比例尺度等构图要点，将其主要部分、次要部分分别形成主体、附体，突出重点，主次分明，并将各部分有机地联系起来，形成完整的建筑形象。体型组合有对称和非对称两种（图 8.45），对称体型容易获得统一均衡的效果，非对称式要特别注意各部分的体量大小变化，以求得视觉上的均衡和统一。

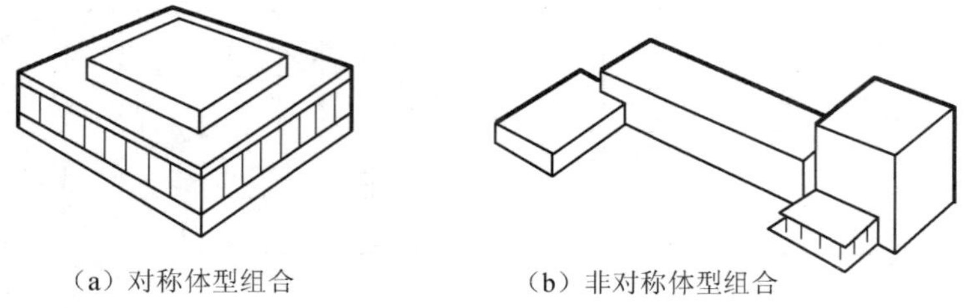
(a) 对称体型组合　　(b) 非对称体型组合

图 8.45　对称和非对称体型组合示意

2. 体型的转折与转角处理

体型的组合往往受到所处的地形和位置的影响，如在十字、丁字或任意转角的路口或地带布置建筑物时，为了创造较好的建筑形象及环境景观，必须对建筑物进行转折或转角处理，以保持与地形环境相协调。转折与转角处理中，应顺其自然地形，充分发挥地形环境优势，合理进行总体布局（图 8.46）。

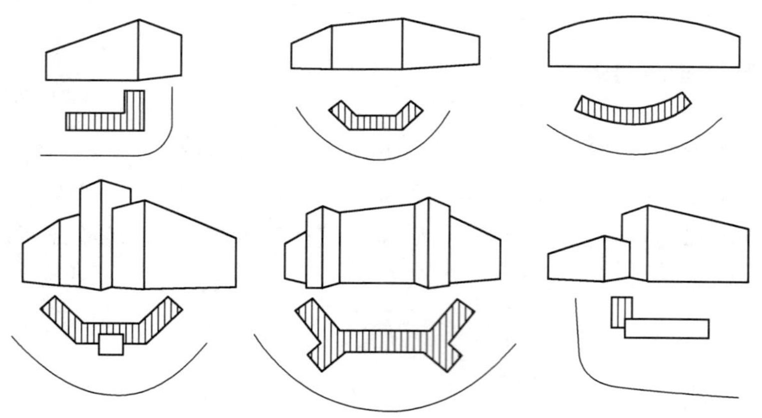

图 8.46　体型的转折与转角处理

3. 体量间的联系与交接

建筑体型的组合还要处理好各组成部分的连接关系，尽可能做到主次分明、交接明确。

各体量之间的联系和交接的形式是多种多样的，可归纳为两大类、四种形式：第一类是直接连接，有拼接和咬接两种形式，如图 8.47（a，b）所示，直接连接具有造型集中紧凑、内部交通短捷等特点；第二类是间接连接，有廊连接和连接体连接两种形式，如图 8.47（c，d）所示，间接连接具有建筑造型丰富、轻快、舒展、空透以及各体量各自独立、有利于庭园组织等特点。

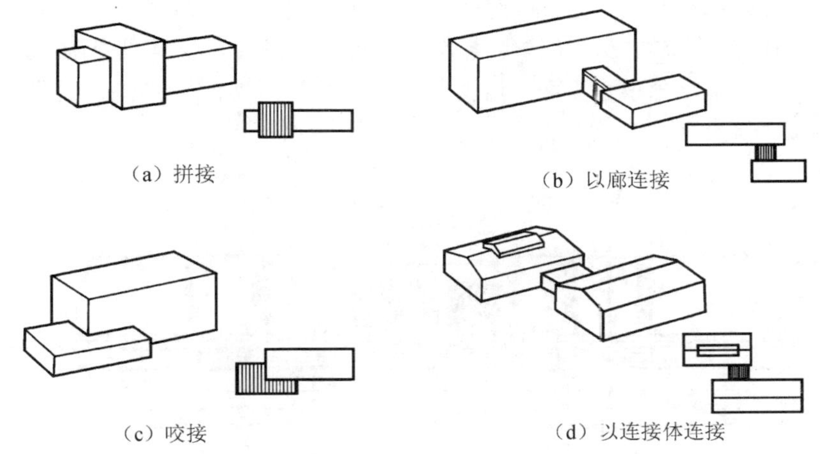

图 8.47　建筑体量间的交接形式

8.3.3　建筑立面设计

建筑立面是表示房屋四周的外部形象。立面设计和建筑体型设计一样，也是在满足房屋使用要求的前提下，运用建筑造型和立面构图的一些规律，紧密结合平面、剖面的内部空间组合进行的。

建筑立面由许多构部件组成的，如门、窗、墙、柱、雨篷、屋顶、檐口、台基、勒脚、凹廊、阳台、线脚、花饰等，立面设计就是恰当地确定这些组成部分和构部件的比例、尺度、材料质感和色彩等，运用构图要点，设计出与总体协调、与内容统一、与内部空间相呼应的建筑立面。

立面设计的步骤，通常根据初步确定的房屋内部空间组合的平剖面关系，例如房屋的大小、高低，门窗位置，构部件的排列方式等，描绘出房屋各个立面的基本轮廓，作为进一步调整统一，进行立面设计的基础。设计时首先应推敲立面各部分总的比例关系，考虑建筑整体的几个立面之间的统一，相邻立面之间的连接和协调，然后着重分析各个立面上墙面的处理，门窗的调整安排，最后对入口门廊，建筑装饰等进一步作重点及细部处理。

1. 立面比例和尺度

立面各部分之间比例尺度以及墙面的划分都必须根据内部功能特点，在体型组合的基础上，考虑建筑结构、构造、材料、施工等因素，仔细推敲，创造出与建筑性格特征相适应的建筑立面比例效果。如立面中窗的大小、形状，檐口方式、尺寸，阳台的长度与造型等，应借助比例尺度的手法，恰当加以运用。

2. 立面虚实与凹凸

立面的虚实、凹凸关系是对比处理当中常用的手法之一，“虚”是指立面上的空虚部分，主要由玻璃、门窗洞口、门廊、空廊、凹廊等形成，能给人以不同程度的空透、开敞、轻盈的感觉；“实”是指立面上的实体部分，主要由墙面、柱面、檐口、阳台、雨篷、栏板等形成，能给人以不同程度的封闭、厚重、坚实的感觉。立面设计中对这些虚实、凹凸结合建筑功能、结构特点等加以巧妙处理，可给人留下强烈、深刻的印象。如图 8.48 为某纪念馆里立面，运用虚实对比手法，增加了建筑的凝重气氛，同时又使入口突出，整个体型和立面简洁大方。

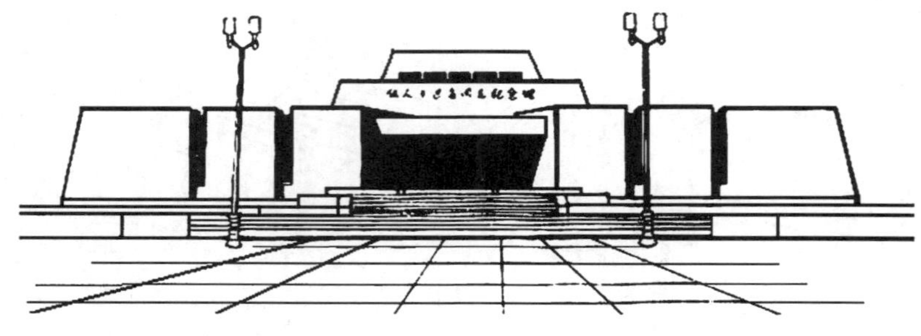

图 8.48　立面虚实关系处理举例

3. 立面线条处理

建筑的构成要素，如柱、遮阳、带形窗、窗间墙、挑廊等在立面上形成了若干方向不同、长短各一的线条。正确运用这些不同类型的线条，如粗细、长短、横竖、曲直、凹凸、疏密与简繁、连续与间断、刚劲与柔和等，对建筑立面韵律的组织、比例尺度的权衡都能带来不同的效果。如图 8.49（a）强调水平线条的建筑，给人以轻快、舒展、亲切的感受；图 8.49（b)强调垂直线条的建筑，则给人以挺拔、雄伟、庄严的感受。

（a）水平线条　　（b）垂直线条

图 8.49　立面线条处理

4. 立面色彩与质感

色彩、质感是材料固有的特性。对于一般建筑而言，主要是通过材料色彩的变化使其相互衬托与对比来增加建筑的感染力。

建筑色彩的处理包括大面积基调色的选择和墙面上不同色彩构图两个方面的问题。一般建筑外形应有主色调，局部运用其他色调容易取得和谐效果。一般说来，以白色和浅色为主的立面色调，常使人感觉明快、清新；以深色为主的立面，又显得端庄、稳重。红、褐等暖色趋于热烈，蓝、绿等冷色感到宁静等。对于各种冷暖和深浅色彩进行组合和搭配，会产生各种不同的效果。色彩运用与周围相邻建筑、环境气氛相协

调。此外，色彩运用应适应气候条件，炎热地区多采用冷色调，寒冷地区宜采用暖色调，同时还应考虑天气色彩的明暗，如常年阴雨天多、天空透明度低的地区宜选用明朗、光亮的色彩。色彩构图应该有利于实现总的调子和气氛，要全面计划，弥补基调的某些不足。色彩构图主要是强调对比或是调和。对比可以使人感到兴奋，但过分强调对比又使人感到刺激；调和则使人有淡雅之感，但过于淡雅又使人感到单调乏味。

建筑立面设计中，材料的运用，质感的处理也是极其重要的。表面粗糙与光滑都能使人产生不同的心理感受，粗糙的混凝土和毛石表面显得厚重坚实，平整光滑的面砖、金属材料及玻璃表面则令人有轻巧细腻之感。立面设计应充分利用材料质感的特性，巧妙处理，有机组合，有助于加强和丰富建筑的表现力。

5. 重点与细部处理

突出建筑物立面中的重点，既是建筑造型的设计手法，也是房屋使用功能的需要。在建筑立面处理中，对一些位置（如建筑物主要出入口、建筑中心、商店橱窗等），进行重点处理，以吸引人们的视线，同时也能起到“画龙点睛”的作用，增强和丰富建筑立面的艺术效果。图 8.50 是住宅单元入口的几种处理方法。重点处理常采用对比手法，使其与主体区分，如采用高低、大小、横竖、虚实、凹凸、色彩、质感等对比。

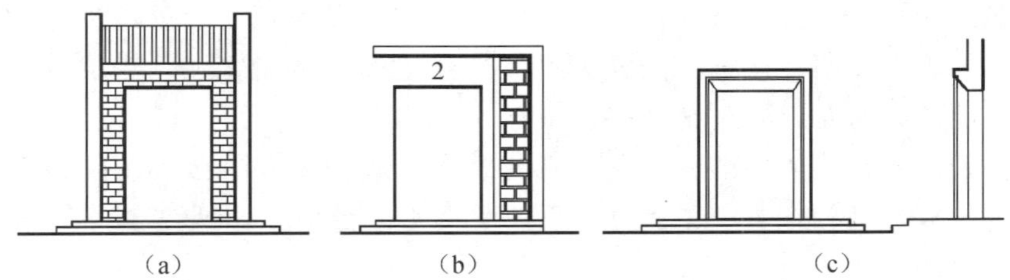

(a)　　(b)　　(c)

图 8.50　住宅单元入口重点处理

立面设计中对于体量较小，人们接近时能看得清的构件与细部装饰等的处理称为细部处理。如阳台、踏步、雨篷、大门、花台、檐口等局部，而其中每一部分都包括许多细部的做法。在造型设计上，首先要从大局着眼，仔细推敲，精心设计才能使整体和局部达到完整统一的效果。图 8.51 为建筑立面上的几种细部处理。

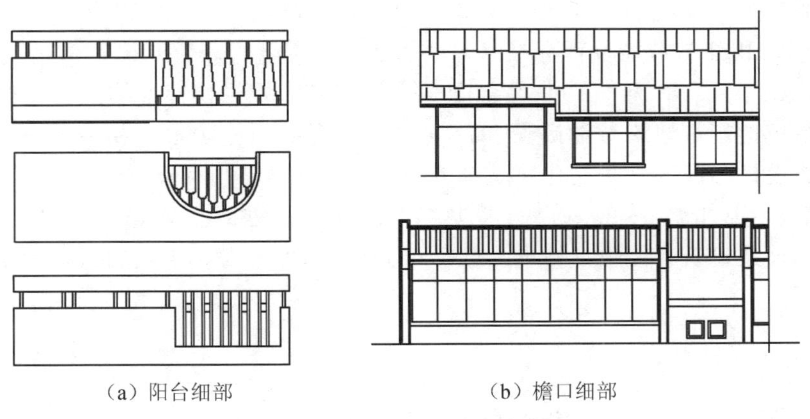

(a) 阳台细部　　(b) 檐口细部

图 8.51　建筑立面上的细部处理

8.4 建筑节能设计

8.4.1 建筑节能概述

1. 建筑节能的定义

节能，是指加强用能管理，采取技术上可行、经济上合理以及环境和社会可以承受的措施，减少从能源生产到消费各个环节中的损失和浪费，更加有效、合理地利用能源。这既是《中华人民共和国节约能源法》对“节能”的法律规定，也是国际能源委员会的节能概念。节能不能简单地认为只是少用能。节能的核心是提高能源效率。从能源消费的角度，能源效率是指为终端用户提供的能源服务与所消耗的能源量之比。

建筑使用过程中所消耗的能量即通常所说的建筑能耗，在社会总能耗中占有很大的比例，而且社会经济越发达，生活水平越高，这个比例越大。西方发达国家，建筑能耗占社会总能耗的30%～45%。我国尽管社会经济发展水平和生活水平都还不高，但建筑能耗已占社会总能耗的20%～25%，正逐步上升到30%。不论西方发达国家还是我国，建筑能耗状况都是牵动社会经济发展全局的大问题。由于建筑能耗在社会总能耗中所占的重大比例，建筑节能成为世界节能浪潮的主流之一，建筑节能技术已成为当今世界建筑技术发展的重点之一。

目前，公认的建筑节能的含义是：在建筑中合理使用和有效利用能源，不断提高能源利用率，减少能源消耗（主要包括采暖、通风、空调、照明、炊事、家用电器和热水供应等的能源效率）。

在发达国家，建筑节能经历了三个阶段：第一阶段，称为在建筑中节约能源，我国称为建筑节能；第二阶段，称为建筑中保持能源，意为在建筑中减少能源的散失；第三阶段，近年来，普遍称为在建筑中提高能源利用率，意为不是消极意义上的节省，而是积极意义上的提高能源利用效率。

我国的建筑节能工作始于20世纪80年代初期，1980～1986年是建筑节能技术的研究与节能标准制定的探索阶段。1986年3月，我国原建设部颁发了第一部节能率为30%的《民用建筑节能设计标准（采暖居住建筑部分）》（JGJ 26—86），于1986年8月1日开始试行。1987年～1994年，是第一个建筑节能设计标准的执行阶段。1994年至今是有组织地制订建筑节能政策和计划并组织全面实施阶段，相继颁布实施了《民用建筑节能设计标准（采暖居住建筑部分）》（JGJ 26—95）、《夏热冬冷地区居住建筑节能设计标准》（JGJ 134—2001）、《夏热冬暖地区居住建筑节能设计标准》（JGJ 75—2003）和《公共建筑节能设计标准》（GB 50189—2005）等标准，明确提出了节能50%的要求。

2. 建筑节能的意义

(1) 建筑节能是改善空间环境的重要途径

建筑节能可改善大气环境。我国建筑采暖能源以煤炭为主，约占采暖能源总量的

75%。目前，我国采暖燃煤排放大量的 CO_2、SO_2 和烟尘使采暖期城市大气污染指标普遍超过标准，造成严重大气环境污染。CO_2 造成的地球大气外层的“温室效应”，严重危害人类生存环境；烟尘、SO_2 和氮氧化物也是呼吸道疾病、肺癌等许多疾病的根源，环境酸化、酸雨也是破坏森林、损坏建筑物的罪魁祸首。显然，降低建筑能耗、提高建筑节能效果是改善大气环境的重要途径。

建筑节能可改善室内热环境。适宜的室内热环境可使人体易于保持平衡，从而使人产生舒适感。节能建筑则可改善室内环境，做到冬暖夏凉。对符合节能要求的采暖居住建筑，屋顶保温能力约为一般非节能建筑的 1.5～2.6 倍，外墙的保温能力约为非节能建筑的 2.0～3.0 倍，窗户约为 1.3～1.6 倍。节能建筑的采暖能耗仅为非节能建筑的一半左右，且冬季室内温度可保持在 18℃左右，并使围护结构内表面保持较高的温度，从而避免其结露、长霉，显著改善冬季室内热环境。由于节能建筑围护结构热绝缘系数较大，对夏季隔热也极为有利。

(2) 建筑节能是发展国民经济的需要

建筑节能是提高经济效益的重要措施。建筑节能需要投入一定的资金，但投入少、产出多。实践证明，只要选择适合当地条件的节能技术，若使用 4%～7%的建筑造价，可达到 30%的节能指标。建筑节能的回收期一般为 3～6 年，与建筑物使用周期 60～100 年相比，其经济效益是非常突出的。可见，节能建筑在一次投资后可在短期内回收，并能长期受益。

3. 建筑节能工作的主要内容

目前我国建筑能耗与能效基本情况是建筑能耗大、能效低、围护结构的保温隔热性能差。建筑能耗的特点是夏季空调用电量大，冬季采暖能耗高。建筑用能已逐步成为我国能源消费的主体之一。建筑能耗是中国可持续发展必须研究解决的重大问题。

建筑节能工作主要包括建筑围护结构节能和采暖供热系统节能两个方面：

(1) 改善建筑围护结构的热工性能

通过改善建筑围护结构的热工性能，供给建筑物的热能在建筑物内部得到有效利用，不至于通过其围护结构很快散失，从而达到减少能源消耗的目的。实现围护结构的节能，提高门窗和墙体的密闭性能，以减少传热损失和空气渗透消耗热量。

(2) 采暖供热系统节能

采暖供热系统包括热源、热网和户内采暖设施三大部分。要提高锅炉运行效率和管网输送效率，而不至于使热能在转换和输送过程中过多地损失。因此，必须改善供热系统的设备性能，提高设计和施工安装水平，改进运行管理技术。在户内采暖设施部分，实行采暖计量收费制度，使住户既是能源的消费者，又是能源节约者，调动人们主动节能的积极性，充分实现建筑节能应有的效益。

4. 建筑节能的目标

为提高建筑利用能源的效率，改善居住热舒适条件，促进城乡建设、国民经济和生态环境的协调发展，建设部提出建筑节能的发展目标是：

第一步目标：1996 年以前，新建采暖居住建筑在 1980～1981 年当地通用设计能耗水平的基础上普遍降低30%，即节能率30%。

第二步目标：1996年起，在达到第一阶段要求的基础上再节能30%，即节能率50%。

第三步目标：2005年起，在达到第二阶段要求的基础上再节能30%，即节能率65%。

到2010年，全国新建建筑普遍实施节能率为50%的节能设计标准。北京、天津等少数大城市率先实施节能率为65%的地方节能标准。

2010～2020年间，在全国范围内有步骤地实施节能率为65%的建筑节能标准，2015年后部分城市率先实施节能率为75%的建筑节能标准。

2015年前供热体制改革在采暖地区全面完成，集中供热的建筑均按表计量收费。集中供热的供热厂、热力站和锅炉房设备及系统基本完成技术改造，与建筑采暖系统技术改造相适应。

到2020年，大中城市基本完成既有高耗能建筑和热环境差建筑的节能改造。小城市完成既有高耗能建筑和热环境差建筑改造任务的50%，农村建筑广泛开展节能改造。累计建成太阳能建筑1.5亿m^2，其中采用光伏发电的500万m^2，并累计建成利用其他可再生能源建筑2000万m^2。

8.4.2 建筑节能技术

1. 建筑能耗的影响因素

(1) 室外热环境的影响

建筑物室外热环境，即各种气候因素，通过建筑的围护结构、外门窗及各类开口直接影响室内的气候条件。与建筑物密切相关的气候因素为：太阳辐射、空气温度、空气湿度、风及降水等。

(2) 太阳辐射强度

冬季晴天多，日照时间长，太阳入射角低，太阳辐射度大，南向窗户阳光射入深度大，可达到提高室内温度，节约采暖用能的效果。

(3) 建筑物的保温隔热和气密性

建筑围护结构的保温隔热性能和门窗的气密性是影响建筑能耗的主要内在因素。围护结构的传热热损失约占70%～80%；门窗缝隙空气渗透的热损失约占20%～30%。加强围护结构的保温，特别是加强窗户，包括阳台门的保温性和气密性，是节约采暖能耗的关键环节。

(4) 采暖供热系统热效率

锅炉在运行过程中，一般只能将燃料所含热量的55%～70%转化为可供利用的有效热量。室外管网的输送效率为85%～90%，47%～63%的热量供给建筑物，成为采暖供热量。

2. 建筑节能设计

(1) 采暖建筑节能规划设计

1) 建筑选址。人类生存、身心健康、卫生、营养、工作效率均与日照有着密切的关系。对于居住的内部空间来讲，争取日照包括争取更长的日照时数、更多的日照量和更好的日照质量三个方面。

2) 建筑布局。建筑布局时，应尽可能注意使道路走向平行于当地冬季主导风向，这样有利于避免积雪。选择合理的建筑朝向是群体组合首先考虑的问题。朝向选择需要考虑的因素有以下几点：冬季能有适量并具有一定质量的阳光射入室内；炎热季节尽量减少太阳直射室内和居室外墙面；夏季有良好的通风，冬季避免冷风吹袭；充分利用地形和节约用地；照顾建筑组合的需要。

3) 建筑形态。节能建筑的形态要求体型系数小、冬季日辐射热多、并且对避寒风有利。体形系数是指建筑物与大气接触的外表面积与其所包围的建筑空间体积的比值。一般建筑物的体形系数宜控制在 0.3 以下。满足以上三个要求所需要的体型常不一致。仅从冬季得热最多的角度考虑，应尽量增大南向得热面积，往往要求进深小，即建筑的长宽比大。节能型建筑的平面形式应追求平整、简洁，使外围面积较小。

(2) 墙体的节能

我国传统建筑外墙一般为实心砖黏土砖墙，严寒地区为 1.5～2 砖，寒冷地区为 1～1.5 砖，不仅占用大量田地，围护结构保温隔热性能也较差。墙体保温节能可采用外墙自保温体系和外墙复合保温体系（内保温、外保温、夹芯保温）等措施。

1) 外墙自保温。采用单一材料，如空心砖、砌块、墙板等替代黏土实心砖，节约原材料，改善使用功能，提高综合经济效益。

2) 外墙内保温。内保温复合外墙是将保温隔热系统置于外墙内侧，使建筑物外墙达到保温效果的一种保温形式。保温结构是由保温板和空气间层所组成，主体结构一般为砖砌体、混凝土墙或其他承重墙体。保温结构中空气间层的作用，主要是防止保温材料受潮，同时可提高外墙的热阻。外墙内保温技术较适用于公共建筑项目和节能改造项目。同时，高层建筑一定高度以上或防火要求较高时使用外墙内保温。

3) 外墙外保温。外保温复合外墙的构造是在主体结构的外侧贴以保温层再做饰面层。外墙外保温的优点有：保护主体结构，延长建筑物寿命；基本消除“热桥”的影响；使墙体的潮湿情况得到改善；有利于室温保持稳定；便于旧建筑物进行节能改造；可以避免维修对保温层的破坏；增加房屋使用面积。

4) 外墙夹芯保温。外墙夹芯保温是一种中保温技术，在国外建筑的保温工程中应用不少，也是一种外墙保温的常用方式。它是将保温材料置于同一外墙的内、外侧墙片之间（外墙为双层墙）。这种保温方式会使外墙厚度增加很多，但外墙两侧均为重质坚硬材料，对公共建筑有一定适用性。

(3) 门窗的节能

建筑围护结构的门窗是影响室内热环境质量和建筑节能的重要因素，是围护结构中热工性能最薄弱的部位。门窗的能耗约占建筑围护结构总能耗的 40%～50%。从建筑节能的角度，建筑外门窗一方面是能耗大的构件，另一方面它也是得热构件，即通

过太阳光投射入室内而获得太阳热能。因此，应根据当地的建筑气候条件、功能要求，以及其他围护构件的情况等因素来选择适当的门窗材料、窗型和相应的节能技术，才能获得良好的节能效果。

门窗热损失大致有三个途径：门窗框扇的热传导；门窗框扇之间、扇与玻璃之间、框与墙体之间的空气渗透热交换；窗玻璃的热辐射。因此，门窗的节能可考虑以下几个方面：

1）限制窗墙面积比。窗墙面积比是指窗户洞口面积与房间立面单元面积的比值。窗户（包括阳台门透光部分）的传热能力比外墙大得多，夏季太阳辐射还通过窗户进入室内，窗户面积越大，进入室内的太阳辐射热就越大。因此，在充分满足采光要求的前提下，必须限制窗墙面积比：北向≤25%；东、西向≤30%；南向≤35%。

2）减少渗透量。建筑物由门窗缝隙渗入的冷空气量是由门窗两侧所承受的风压差和热压差所决定的，而影响因素是很复杂的。一般来说，风压差和热压差与建筑物的型式、门窗所处的高度、朝向及室内外温差等因素有关。设置密闭条，减少透气性是达到气密、隔声的必要措施之一。

3）减少传热量。改善窗户的保温性能，减少传热量需要解决镶嵌材料（玻璃）和窗框扇型材两部分。

镶嵌材料保温性能的提高主要是利用两层玻璃中间的空气间层热阻较大的原理。双层窗和单层窗都是这一原理，只是空气间层的厚度不同。密封中空双层玻璃构件由于密封空间内装有一定量的干燥剂，在寒冷季节时，空气内的玻璃表面温度虽然较低，但仍然可不低于干燥空气的露点温度。这样就避免了玻璃表面结露，并保证了窗户的洁净和透明度。

框扇型材部分保温的加强采用如下办法：采用导热系数小的材料截断金属型材的热桥；采用复合型框扇如钢塑型、钢木型等；采用低导热材料的框扇材料如塑料等。

4）外门节能。居住建筑进户门一般采用双层金属门板，中间填设 15mm 厚玻璃棉板或 18mm 厚岩棉板为保温、隔音材料。阳台下部应采用聚苯板加芯型芯板，上部透明部分单玻或双玻，根据阳台门临窗的玻璃层数而定，独立的阳台门上部透明部分为双层玻璃。

（4）屋顶的节能

屋顶作为一种建筑物外围护结构，所造成的室内外温差传热耗热量大于任何一面外墙或地面的耗热量。因此，提高屋面的保温隔热性能，是改善室内热环境的一个重要措施。加强屋顶保温节能对建筑造价影响不大，节能效益却很明显。

1）保温材料的选择。选择保温材料时，不仅要考虑材料的热物理性能，还应了解材料的强度、耐久性、耐火、耐侵蚀性以及使用保温材料的构造方案、施工工艺、材料来源和经济性等。

2）倒置式屋面。倒置式屋面特别强调了“憎水性”保温材料，性能较传统屋面优越。

3）架空屋面。利用空气间层中气体的流动带走屋面热量，起到隔热的作用。

4）屋面绿化。建筑实行屋面绿化，可以大幅度降低建筑能耗、减少温室气体的排放，同时可增加城市绿地面积、美化城市、改善城市气候环境。

5）蓄水屋面。蓄水屋面就是在刚性防水屋面上蓄一层水，其目的是利用水蒸发时，带走大量水层中的热量，大量消耗晒到屋面的太阳辐射热，从而有效地减弱了屋面的传热量和降低屋面温度，是一种较好的隔热措施，是改善屋面热工性能的有效途径。

6）浅色坡屋面。目前，大多数住宅仍采用平屋顶，在太阳辐射最强的中午时间，太阳光线对于坡屋面是斜射的，而对于平屋面是正射的，深暗色的平屋面仅反射不到30％的日照，而非金属浅暗色的坡屋面至少反射65％的日照，反射率高的屋面大约节省20％～30％的能源消耗。

（5）地面的节能

这里的地面指距离建筑物外墙一定距离内的室外硬质地面，或建筑一层非架空地面。由于地面面积一般均较大且直接与土壤接触，尤其在严寒及寒冷地区的采暖建筑中地面保温对采暖效果有明显的影响。要求与土壤相邻的地面，必须设绝热层，且绝热层下部必须设置防潮层。地板保温处理时，地板周边的保温性能应比中间好。严寒地区采暖建筑的底层地面，当建筑物周边无采暖管沟时，在外墙内侧0.5m的范围内应铺设保温层，其热阻值不应小于外墙的热阻值。地面保温做法一般结合建筑室内外地面构造进行，主要有如下几大类：

1）地面下铺设碎砖、灰土保温层。此方法施工方便、造价低廉，但对保温效果难以进行有效的控制。

2）对部分室内地面可结合装修进行处理。如使用浮石混凝土面层、珍珠岩砂浆面层或使用各类木地板铺装等。此种做法可以通过使用不同的保温材料及不同的厚度对节能效果进行控制，但受室内装修材料选择影响，只可在特定建筑场所内使用。

3）依据不同地面面层的构造在面层下设置保温层。由于地面均需要承受一定的荷载，此类保温层材料均需选用抗压强度较高的产品如挤塑聚苯板、泡沫玻璃等。

（6）太阳能技术

随着科学文化水平的提高，人们不仅已经认识到矿物燃料资源的有限；而且也认识到矿物燃料的大量使用会造成环境污染，导致全球环境恶化，出现生态失去平衡及温室效应等不利于社会可持续发展的现象。节约资源、改善和保护环境，发展建筑节能新技术和新材料，开发、利用新能源，特别是天然资源——太阳能，对于改善建筑围护结构的室内热环境、对于环境保护及社会经济的可持续发展具有重要的意义。

我国太阳能利用有以下方面：

1）太阳能热水器。太阳能热水器利用太阳能直接转换为热能，从而节省燃气、电等能源的消耗。目前主要有真空管型热水器、平板型热水器和闷晒型热水器三大类。

2）被动太阳能技术。对城镇多层住宅利用被动太阳能进行采暖及降温，从而改善建筑室内热环境。这类从合理建筑及热工设计着手，在增加有限的建筑投资下，利用被动太阳能来达到低水平的室内冬夏热环境条件的住宅，称为“节能住宅”。

3）主动太阳能供暖系统及制冷系统。

（7）供热采暖和制冷系统的节能技术

1）采用高效率的供热采暖和制冷系统，发展和完善以集中供热为主导、多种供热方式相结合的城镇供热采暖系统。

2）对供热厂、热力站、锅炉房和供热管网进行节能技术改造。

3）结合供热体制改革，开发和应用采暖温度控制与热量计量技术。

4）开发利用多种能源、不同规模的集中式供冷系统。

（8）建筑节能新技术

目前建筑节能技术的发展趋势表现在：世界各国都在大力加强建筑节能的科学研究，采用新的节能材料和设备，除继续改进多层密封窗，开发各种高效保温材料用于复合墙体、屋面和地面以外，还在研究开发红外热反射技术、硅气凝胶材料、高效节能玻璃、太阳能利用技术、热回收技术、新的建筑节能测试和计算技术等等。与此同时，还十分注意选择经济合理的建筑节能技术，重视节能试点建筑以至节能园区的示范和推广作用，并在继续修订完善建筑节能技术标准，颁布配套的行政法规，不断提高节能要求，挖掘节能潜力。

8.5 民用建筑防火设计

随着社会经济的发展，高层建筑、大型化工企业、商贸大厦、集贸市场的涌现，新工艺、新设备、新型装饰材料的广泛应用，用火用电量激增，火灾的发生也相应增加，给人民的生命财产造成了巨大的损失。民用建筑的防火设计，必须在研究火灾发生原因及火灾蔓延规律的基础上，采取相应的预防、补救措施，才能真正做到防患于未然。

8.5.1 建筑失火与火灾发展

1. 失火原因与燃烧条件

建筑物失火的原因是多种多样、错综复杂的，如违反电气安装及使用安全规定、违反安全操作规定、吸烟、玩火、自然灾害等。

燃烧发生必须具备三个条件：可燃物、助燃物和火源。凡是能在空气、氧气或其他氧化剂中发生燃烧反应的物质都称可燃物。与可燃物相结合能导致燃烧的物质称助燃物，主要是空气中的氧。火源是可燃物与助燃物产生燃烧反应的能量来源。火源可以是明火，也可以是高温物体，它可以由热能、化学能、电能、机械能转换而来。

可燃物、助燃物、火源三者缺一不可。三者同时存在，而且可燃物、助燃物要具备一定的数量或浓度，火源具有一定的能量，可燃物才会被点燃，火灾才会发生。

2. 火灾的发展和蔓延

建筑火灾是指烧损建筑物及其收容物品的燃烧现象。建筑物一旦失火，其火势蔓延之快是十分惊人的。

（1）火灾的发展过程

刚着火时，火源范围很小，火灾的燃烧状况与在开敞空间一样。随着火源范围的

扩大，火焰在最初着火的材料上延烧，或者蔓延到附近的可燃物，当房间的墙壁、屋顶等部件开始影响燃烧的继续发展时，一般说来，就完成了一个发展阶段。若通风充足，可燃物充分，则火灾就会持续发展。火灾发展过程见图 8.52。从图中可以看出，建筑火灾分为火灾初起阶段（轰燃前）、猛烈燃烧阶段（轰燃后）、衰减阶段（熄灭）三个阶段。

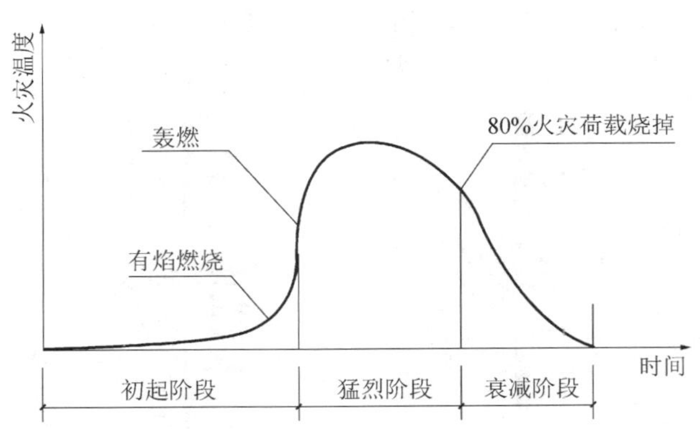

图 8.52　火灾的发展过程

火灾发展过程与建筑防火发生关系的是第一阶段和第二阶段。火灾初起阶段的时间，根据具体条件，可为 5～20min。这时的燃烧是局部的，火势发展不稳定，有中断的可能。故应该设法争取及早发现，把火及时控制和消灭在起火点。为了限制火势发展，要考虑在可能起火的部位少用或不用可燃材料，或在易于起火并有大量易燃物品上空设置排烟窗，万一起火后，炽热的火焰或烟气可由上部排除，燃烧面积就不能扩大，火灾发展蔓延的危险性就有可能降低。

当火灾的初起阶段转变为全面燃烧时为第二阶段，称为轰燃。轰燃经历的时间短暂，它的出现，标志着火灾进入猛烈阶段，室内的物体都在猛烈燃烧，室内的平均温度急剧上升。若在轰燃之前在居人员逃不出火灾房间就会有生命危险。在这一阶段，建筑结构可能被毁坏，或导致建筑物局部（如木结构）或整体（钢结构）倒塌，这一阶段的延续时间与起火原因无关，而主要决定于燃烧物质的数量和通风条件。为了减少火灾损失，建筑设计的任务就是要设置防火分隔物（如防火墙、防火门等），把火限制在起火的部位，以阻火不能很快向外蔓延；并适当地选用耐火时间较长的建筑结构，使它在猛烈的火焰作用下，保持应有的强度和稳定，直到消防人员到达把火扑灭。应要求建筑物的主要承重构件不会遭到致命的损害，便于修复继续使用。

火灾发展到第三阶段，火势趋向熄灭。室内可供燃烧的物质减少，门窗破坏，木结构的屋顶会烧穿，温度逐渐下降，直到室内外温度平衡，把全部可燃物烧光为止。这是发生火灾时假设不进行抢救的情况，对防火已无意义。

（2）火灾的蔓延途径

火势蔓延是通过热的传播。在起火房间内，火由起火点开始，主要是靠直接延烧和热的辐射进行扩大蔓延的。在起火的建筑物内，火由起火房间转移到其他房间的过程，主要是靠可燃构件的直接延烧、热的传导、热的辐射和热的对流。

研究火灾蔓延途径，是设置防火分隔的依据，也是“堵截包围、穿插分割”扑灭

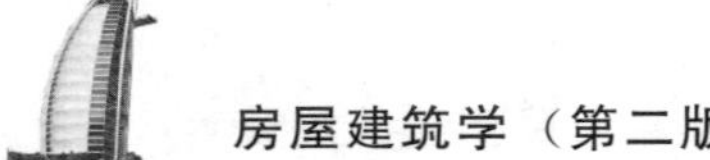

火灾的需要。综合火灾实际，可以看出火从起火房间向外蔓延的途径，主要有以下几个方面：

1）由外墙窗口向上层蔓延。在现代建筑中，火通过外墙窗口喷出烟和火焰，沿窗下墙及上层窗口窜到上层室内，这样逐层向上蔓延，会使整个建筑物起火，见图 8.53（a）。若采用带形窗更易吸附喷出向上的火焰，蔓延更快。为了防止火势蔓延，要求上、下层窗口之间的距离尽可能大些。要利用窗过梁、窗楣板或外部非燃烧体的雨篷、阳台等设施，使烟火偏离上层窗口，阻止火势向上蔓延［图 8.53（b）］。

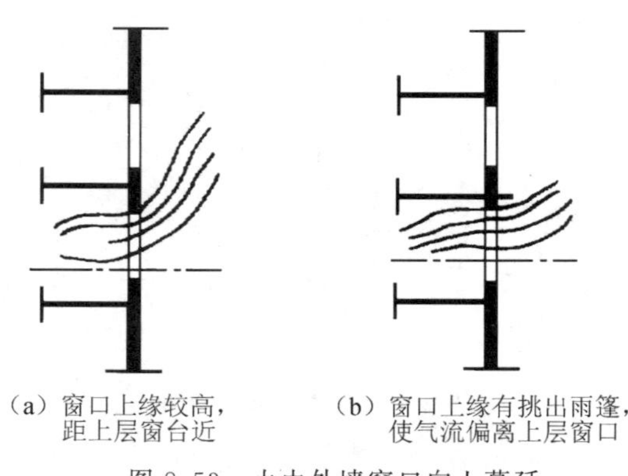
（a）窗口上缘较高，距上层窗台近　（b）窗口上缘有挑出雨篷，使气流偏离上层窗口

图 8.53　火由外墙窗口向上蔓延

2）火势的横向蔓延。火势在横向主要是通过内墙门及隔墙进行蔓延。如户门为可燃的木质门，被火烧穿；铝合金防火卷帘因无水幕保护或水幕未洒水，导致卷帘被熔化；管道穿孔处未用非燃材料密封，导致火势蔓延；铁皮防火门在正常使用时是开着的，一旦发生火灾，不能及时关闭；当采用木板隔墙时，火容易穿过木板缝隙窜到墙的另一面，木板极易燃烧等。

3）火势通过竖井等蔓延。在建筑物中有大量的电梯、楼梯、垃圾井、设备管道井等竖井，这些竖井往往贯穿整个建筑，若未作周密完善的防火设计，一旦发生火灾火势便会通过竖井蔓延到建筑物的任意一层。

此外，建筑物中一些不引人注意的吊装用的或其他用途的孔道，有时也会造成整个大楼的恶性火灾，如吊顶与楼板之间，幕墙与分隔结构之间的空隙，保温夹层，下水管道等都有可能因施工质量等留下孔洞，有的孔洞在水平与竖直两个方面互相穿通，用户往往还不知道，这些隐患的存在，发生火灾时会导致重大生命财产的损失。

4）火势由通风管道蔓延。通风管道蔓延火势一般有两种方式：一是通风道内起火，并向连通的空间，如房间、吊顶内部、机房等蔓延；二是通风管道可以吸进起火房间的烟气蔓延到其他空间，而在远离火场的其他空间再喷吐出来，造成火灾中大批人员因烟气中毒而死亡。因此在通风管道穿通防火分区和穿越楼板之处，一定要设置自动关闭的防火阀门。

因此，针对火灾的发展与蔓延途径，在建筑设计中应采取相应的防火措施，如采用耐火构件划分防火分区、提高建筑结构耐火性能、设置防排烟系统、设置安全疏散楼梯等，尽量不使火势扩大并疏散人员和财物。

8.5.2 民用建筑防火分区

1. 防火分区的概念

设计民用建筑必须遵循国家《建筑设计防火规范》(GB 50016—2014) 的规定，遵照“预防为主，防消结合”的消防工作方针，在设计时根据使用性质，确定建筑物的耐火等级，设置防火分隔物，分清防火分区，保证合理的防火间距，设有安全通道及疏散通口，保证人员及财产的安全，防止或减少火灾的危害。

随着国家建设事业的发展，现代建筑其规模趋向大型化、多功能化，标准层面积、层数很大，若不按面积，按楼层控制火灾，一旦某处起火成灾，造成的危害是难以想象的。因此，要在建筑物内设置防火分区。

所谓防火分区是指采用防火分隔措施划分出的、能在一定时间内防止火灾向同一建筑的其余部分蔓延的局部区域（空间单元）。防火分区采用防火墙、防火门、防火卷帘或水幕等进行分隔。在建筑物内采用划分防火分区这一措施，可以在建筑物一旦发生火灾时，有效地把火势控制在一定的范围内，减少火灾损失，同时可以为人员安全疏散、消防扑救提供有利条件。

按照防止火灾向防火分区以外扩大蔓延的功能，防火分区可分为两类：其一是竖向防火分区，用以防止多层或高层建筑物层与层之间竖向发生火灾蔓延，主要由具有一定耐火能力的钢筋混凝土楼板做分隔构件。其二是水平防火分区，用以防止火灾在水平方向扩大蔓延，也称为防火单元，主要以防火墙、防火卷帘等做分隔构件。

2. 防火分区的设计原则

(1) 防火分区和层数

从防火的角度看，防火分区划分得越小，越有利于保证建筑物的防火安全。但如果划分得过小，则势必会影响建筑物的使用功能，这样做显然是行不通的。防火分区面积大小的确定应考虑建筑物的使用性质、重要性、火灾危险性、建筑物高度、消防扑救能力以及火灾蔓延的速度等因素。我国现行的《建筑设计防火规范》《人民防空工程设计防火规范》等均对建筑的防火分区面积作了规定，不同耐火等级建筑的允许建筑高度或层数、防火分区最大允许建筑面积应符合表 8.4 的规定。

表 8.4 不同耐火等级建筑的允许建筑高度、层数、防火分区最大允许建筑面积

<table>
<tr><th>名　称</th><th>耐火等级</th><th>允许建筑高度或层数</th><th>防火分区的最大允许建筑面积/m^2</th><th>备　注</th></tr>
<tr><td>高层民用建筑</td><td>一、二级</td><td>高度大于 27m 的住宅和大于 24m 的其他非单层建筑</td><td>1500</td><td rowspan="4">对于体育馆、剧场的观众厅，防火分区的最大允许建筑面积可适当增加</td></tr>
<tr><td rowspan="3">单、多层民用建筑</td><td>一、二级</td><td>高度不超过 27m 的住宅和不超过 24m 的其他建筑</td><td>2500</td></tr>
<tr><td>三级</td><td>5 层</td><td>1200</td></tr>
<tr><td>四级</td><td>2 层</td><td>600</td></tr>
</table>

续表

名　称	耐火等级	允许建筑高度或层数	防火分区的最大允许建筑面积/m^2	备　注
地下室或半地下建筑（室）	一级	—	500	设备用房的防火分区最大允许建筑面积不应大于1000m^2

注：1. 表中规定的防火分区最大允许建筑面积，当建筑内设置自动灭火系统时，可按本表的规定增加1.0倍；局部设置时，防火分区的增加面积可按该局部面积的1.0倍计算。
2. 裙房与高层建筑主体之间设置防火墙时，裙房的防火分区可按单、多层建筑的要求确定。

（2）建筑上、下层相连通时的防火分区

建筑内设置自动扶梯、敞开楼梯等上、下层相连通的开口时，其防火分区的建筑面积应按上、下层向联通的建筑面积叠加计算；建筑内设置中庭时，其防火分区的建筑面积应按上、下层相连通的建筑面积叠加计算。

（3）商店营业厅、展览厅最大允许建筑面积

一、二级耐火等级建筑内的商店营业厅、展览厅，当设置自动灭火系统和火灾自动报警系统并采用不燃或难燃装修材料时，其每个防火分区的最大允许建筑面积应符合如下规定：设置在高层建筑内时，不应大于4000m^2；设置在单层建筑或仅设置在多层建筑的首层内时，不应大于10000m^2；设置在地下或半地下时，不应大于2000m^2。

（4）防火分区分隔构件

水平防火分区之间应采用防火隔墙分隔，确有困难时，可采用防火卷帘等防火分隔设施分隔。

8.5.3　民用建筑安全疏散

民用建筑中设置安全疏散设施的目的，在于发生火灾时，使人员能迅速而有序地通过安全地带疏散出去。特别是影剧院、体育馆、大型会堂、歌舞厅等大量人员密集的公共建筑物中，疏散问题更为重要。

1. 安全疏散路线与设计原则

安全疏散设施由室内通道、疏散出口、疏散走道或避难走道、安全出口、疏散指示标志和应急照明灯具等组成。

安全疏散路线一般可分为三种：

- 室内→室外。
- 室内→走道→室外。
- 室内→走道→楼梯（楼梯间）→室外。

疏散路线要简捷，易于辨认，并须设置简明易懂、醒目易见的疏散指示标志，便于寻找、辨别。疏散路线设计应符合人们的习惯要求和人在建筑火灾条件下的心理状态及行动特点。疏散路线设计要做到步步安全。尽量不使疏散路线和扑救路线相交叉，避免相互干扰。建筑物内的任一房间或部位，一般都应有2个不同疏散方向可供疏散，

尽可能不布置袋形走道。疏散通道上的防火门，在火灾时能保持关闭状态。确保各种安全疏散设施在火灾条件下的防火、防烟性能。应避免图 8.54 中所示现象。

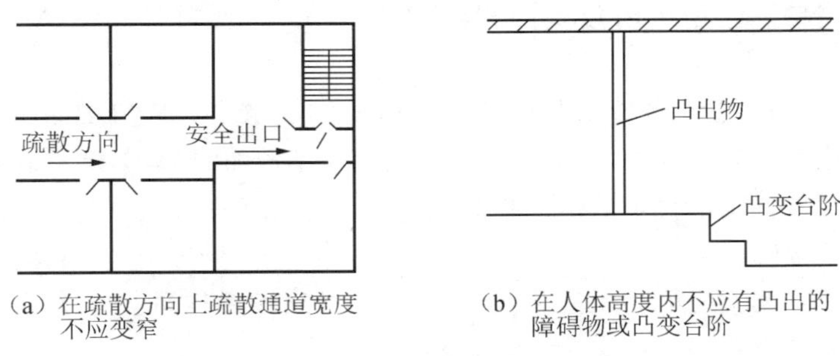

（a）在疏散方向上疏散通道宽度不应变窄　（b）在人体高度内不应有凸出的障碍物或凸变台阶

图 8.54　影响安全疏散的设计

2. 疏散出口与安全出口

疏散出口是指人们走出活动场所或使用房间的出口或门。安全出口是指通往室外、防烟楼梯间、封闭楼梯间等安全地带的出口或门。一般，人们从疏散出口出来，经过一段水平或阶梯疏散走道才达到安全出口。进入安全出口后，可视为到达安全地点。

（1）疏散出口

1）疏散出口的数量。公共建筑内各房间疏散门的数量应经计算确定且不应少于 2 个。除托儿所、幼儿园、老年人建筑、医疗建筑、教学建筑内位于走道尽端的房间外，符合下列条件之一的房间可设置 1 个疏散门（图 8.55)。

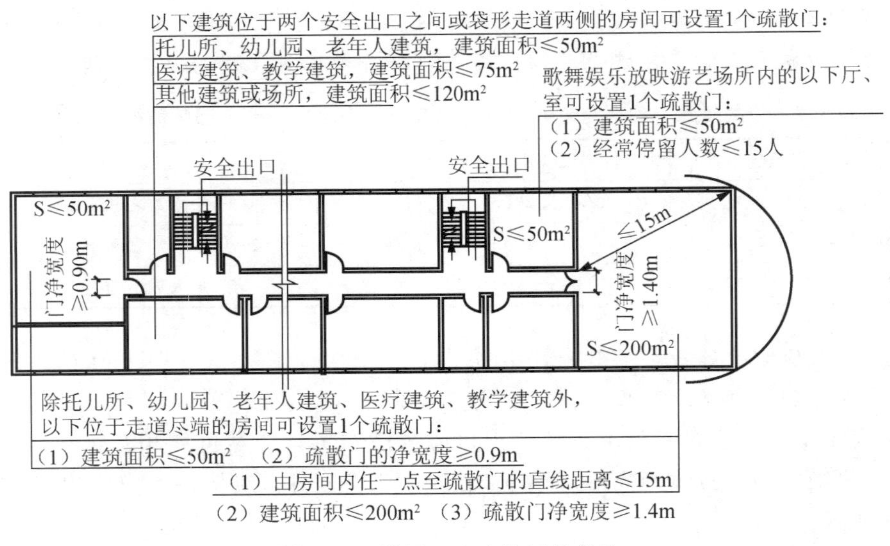

图 8.55　设置一个疏散门的条件

位于两个安全出口之间或袋形走道两侧的房间，对于托儿所、幼儿园、老年人建筑，建筑面积不大于 $50m^2$；对于医疗建筑、教学建筑，建筑面积不大于 $75m^2$；对于其他建筑或场所，建筑面积不大于 $120m^2$。

位于走道尽端的房间，建筑面积小于 $50m^2$ 且疏散门的净宽度不小于 0.90m，或由房间内任一点至疏散门的直线距离不大于15m、建筑面积不大于200m² 且疏散门的净宽度不小于1.40m。

歌舞娱乐放映游艺场所内建筑面积不大于50m² 且经常停留人数不超过15人的厅、室。

2）疏散出口的位置和要求。建筑内每个房间的疏散出口应分散布置且应尽可能相互远离，一般情况下2个疏散出口最远边缘之间的直线距离不小于所在房间或区域内最长对角线的一半。规范要求疏散出口最远边缘之间的直线距离不应小于5m，否则应按一个疏散出口考虑。

疏散出口的总宽度应能满足室内全部人员在可用疏散时间内全部安全疏散到室外的要求。疏散出口应直接通向安全出口，不应经过其他房间。

疏散出口的门应采取措施防止在火灾时无法打开。

（2）安全出口

安全出口的位置和数量，应结合建筑的空间合理组合，兼顾其使用功能和安全性，使建筑物内的人员能在接到火警信息后，在规定的最短时间内，全部安全疏散到室外或其他安全地带。足够数量的安全出口，对保证人员和物质的安全疏散极为重要。

1）安全出口的数量。公共建筑内每个防火分区或一个防火分区的每个楼层，其安全出口的数量应经计算确定，且不应少于2个。符合下列条件之一的公共建筑，可设置一个安全出口或一部疏散楼梯：

- 除托儿所、幼儿园外，建筑面积不大于200m² 且人数不超过50人的单层公共建筑或多层公共建筑的首层。
- 除医疗建筑，老年人建筑，托儿所、幼儿园的儿童用房，儿童游乐厅等儿童活动场所和歌舞娱乐放映游艺场所等外，符合表8.5规定的公共建筑。

表8.5　公共建筑（除医疗老幼娱乐）设置一个安全出口或一部疏散楼梯的条件

耐火等级	最多层数	每层最大建筑面积/m²	人　　数
一、二级	3层	200	第二、三层人数之和不超过50人
三级	3层	200	第二、三层人数之和不超过25人
四级	2层	200	第二层人数不超过15人

- 一、二级耐火等级公共建筑中安全出口全部直通室外确有困难的防火分区，可利用通向相邻防火分区的甲级防火门作为安全出口。

2）安全出口的位置及要求。安全出口应分散布置且应尽可能相互远离。2个安全出口最远边缘之间的直线距离不应小于5m；小于5m时，应按一个安全出口考虑，如图8.56所示。

安全出口的门应采取措施防止在火灾时无法打开。安全出口、疏散出口和疏散通道应畅通，不应设置或放置阻碍人员疏散或减少疏散宽度的物体或物品。

3. 疏散楼梯间

（1）开敞楼梯间（图8.57）

楼梯间与建筑其他部位连在一起，常用于标准不高、层数不多或公共建筑门厅的

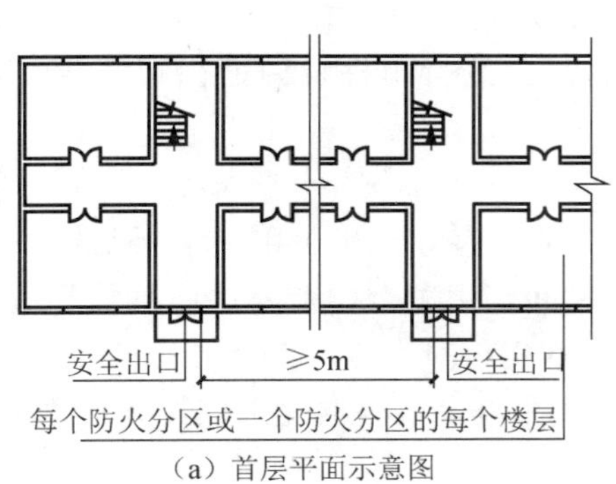

（a）首层平面示意图

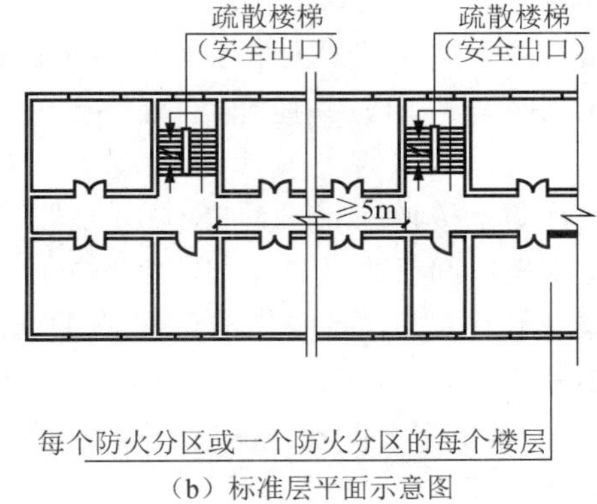

（b）标准层平面示意图

图 8.56 安全出口的数量和位置

室内楼梯和建筑端部的外墙上的室外楼梯。烟气进入楼梯间后能迅速被风吹走，经济性较好。建筑高度不大于 21m 的住宅建筑可采用敞开楼梯间。

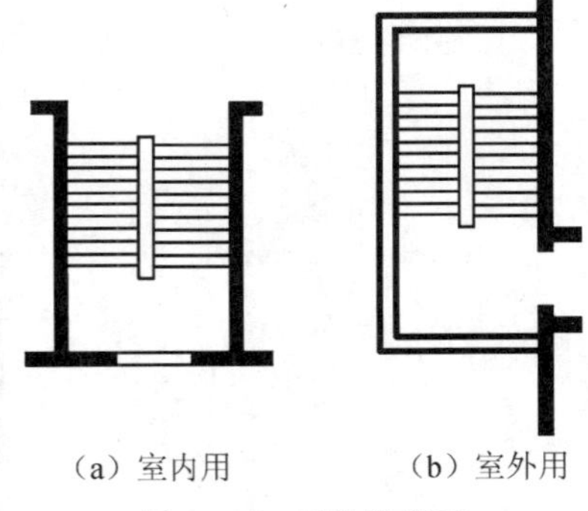
（a）室内用 （b）室外用

图 8.57 开敞楼梯间

疏散用楼梯间应符合下列规定：楼梯间应能天然采光和自然通风，并宜靠外墙设置；楼梯间内不应设置烧水间、可燃材料储藏室、垃圾道；楼梯间内不应有影响疏散的凸出物或其他障碍物；楼梯间内不应敷设甲、乙、丙类液体管道；公共建筑的楼梯间内不应敷设可燃气体管道；居住建筑的楼梯间内不应敷设可燃气体管道和设置可燃气体计量表。当住宅建筑必须设置时，应采用金属套管和设置切断气源的装置等保护措施。

（2）封闭楼梯间［图 8.58（a）］

用建筑构配件分隔，能防止烟和热气进入的楼梯间。下列建筑应采用封闭楼梯间：

1）裙房和建筑高度不大于 32m 的二类高层公共建筑。

2）室内地面与室外出入口地坪高差不大于 10m 或不超过 3 层的地下、半地下建筑（室）。

3）下列多层公共建筑的疏散楼梯，除与敞开式外廊直接相连的楼梯间外，均应采用封闭楼梯间：医疗建筑、旅馆、老年人建筑及类似使用功能的建筑；设置歌舞娱乐放映游艺场所的建筑；商店、图书馆、展览建筑、会议中心及类似使用功能的建筑；6 层及以上的其他建筑。

4）与电梯井相邻布置的疏散楼梯应采用封闭楼梯间，当户门具有防烟性能且耐火完整性不低于 1.00h 时，仍可采用敞开楼梯间。

5）建筑高度大于 21m、不大于 33m 的住宅建筑应采用封闭楼梯间；当户门具有防烟性能且耐火完整性不低于 1.00h 时，可采用敞开楼梯间。

封闭楼梯间除应符合疏散楼梯间的规定外，尚应符合下列规定：

楼梯间应靠外墙，并应直接天然采光和自然通风，当不能天然采光和自然通风时，应按防烟楼梯间的要求设置；楼梯间的首层可将走道和门厅等包括在楼梯间内，形成扩大的封闭楼梯间，但应采用乙级防火门等措施与其他走道和房间隔开；除楼梯间的门之外，楼梯间的内墙上不应开设其他门窗洞口；高层民用建筑、高层厂房（仓库）、人员密集的公共建筑、人员密集的多层丙类厂房设置封闭楼梯间时，通向楼梯间的门应采用乙级防火门，并应向疏散方向开启；其他建筑封闭楼梯间的门可采用双向弹簧门。

(3) 防烟楼梯间［图 8.58（b，c)］

防烟楼梯间是指具有防烟前室和防排烟设施并与建筑物内使用空间分隔的楼梯间。其形式一般有带封闭前室或合用前室的防烟楼梯间，用阳台作前室的防烟楼梯间，用凹廊作前室的防烟楼梯间等。下列建筑应采用防烟楼梯间：

1）一类高层公共建筑和建筑高度大于 32m 的二类高层公共建筑，其疏散楼梯应采用防烟楼梯间。

2）室内地面与室外出入口地坪高差大于 10m 或 3 层及以上的地下、半地下建筑（室)，其疏散楼梯应采用防烟楼梯间。

3）建筑高度大于 33m 的住宅建筑应采用防烟楼梯间。

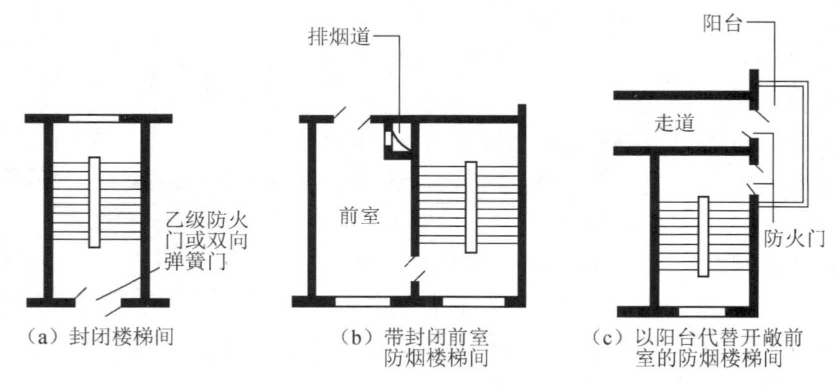

图 8.58 封闭楼梯间和防烟楼梯间

防烟楼梯间的设置要求是：楼梯间入口处应设前室、阳台或凹廊。前室的面积，对公共建筑不应小于 $6m^2$，与消防电梯合用的前室不应小于 $10m^2$；对于居住建筑不应小于 $4.5m^2$，与消防电梯合用前室的面积不应小于 $6m^2$；对于人防工程不应小于 $10m^2$。前室和楼梯间的门均应为乙级防火门，并应向疏散方向开启。如无开窗，须设管道井正压送风。

4. 疏散走道

疏散走道的宽度应综合考虑所在区域的用途、疏散距离和疏散人数，应能满足该区域内全部人员安全疏散的要求，且不应小于安全出口或疏散出口的宽度。

疏散走道应直接通向安全出口，并应考虑能有 2 个或多个不同的疏散方向；走道上不宜设置门槛、阶梯。

疏散走道两侧及顶棚应采用具有足够的防火防烟性能的结构体与周围空间分隔。

疏散坡道应设置围护墙体或高度不低于 1m 的护栏并应采取防滑措施，坡道的坡度不应大于 1∶10。

疏散走道在防火分隔处应设置与该部位分隔要求一致的防火门。

5. 疏散距离

安全疏散的一个重要内容是疏散距离的确定。安全疏散距离直接影响疏散所需时间和人员安全，它包括房间内最远点到房间门或住宅户门的距离和从房间门到安全出口的距离。

公共建筑的疏散距离见表 8.6。公共建筑楼梯间应在首层直通室外，确有困难时，可在首层采用扩大的封闭楼梯间或防烟楼梯间前室。当层数不超过 4 层时，可将直通室外的门设置在离楼梯间不大于 15m 处；一、二级耐火等级公共建筑内疏散门或安全出口不少于 2 个的观众厅、展览厅、多功能厅、餐厅、营业厅等，其室内任一点至最近疏散门或安全出口的直线距离不应大于 30m；当疏散门不能直通室外地面或疏散楼梯间时，应采用长度不大于 10m 的疏散走道通至最近的安全出口。当该场所设置自动喷水灭火系统时，其安全疏散距离可增加 25%。

表 8.6　公共建筑房间门至外部出口或封闭楼梯间的最大距离（m）

<table>
<tr><th colspan="3" rowspan="2">名　称</th><th colspan="3">位于两个安全出口之间的疏散门</th><th colspan="3">位于袋形走道两侧或尽端的疏散门</th></tr>
<tr><th>一、二级</th><th>三级</th><th>四级</th><th>一、二级</th><th>三级</th><th>四级</th></tr>
<tr><td colspan="3">托儿所、幼儿园
老年人建筑</td><td>25</td><td>20</td><td>15</td><td>20</td><td>15</td><td>10</td></tr>
<tr><td colspan="3">歌舞娱乐放映游艺场所</td><td>25</td><td>20</td><td>15</td><td>9</td><td>—</td><td>—</td></tr>
<tr><td rowspan="3">医疗建筑</td><td colspan="2">单、多层</td><td>35</td><td>30</td><td>25</td><td>20</td><td>15</td><td>10</td></tr>
<tr><td rowspan="2">高层</td><td>病房部分</td><td>24</td><td>—</td><td>—</td><td>12</td><td>—</td><td>—</td></tr>
<tr><td>其他部分</td><td>30</td><td>—</td><td>—</td><td>15</td><td>—</td><td>—</td></tr>
<tr><td rowspan="2">教学建筑</td><td colspan="2">单、多层</td><td>35</td><td>30</td><td>25</td><td>22</td><td>20</td><td>10</td></tr>
<tr><td colspan="2">高层</td><td>30</td><td>—</td><td>—</td><td>15</td><td>—</td><td>—</td></tr>
<tr><td colspan="3">高层旅馆、展览建筑</td><td>30</td><td>—</td><td>—</td><td>15</td><td>—</td><td>—</td></tr>
<tr><td rowspan="2">其他建筑</td><td colspan="2">单、多层</td><td>40</td><td>35</td><td>25</td><td>22</td><td>20</td><td>15</td></tr>
<tr><td colspan="2">高层</td><td>40</td><td>—</td><td>—</td><td>20</td><td>—</td><td>—</td></tr>
</table>

注：1. 建筑的外廊敞开时，其通风排烟、采光、降温等方面的情况较好，对安全疏散有利，最大疏散距离可规定增加 5m。

2. 设置自动喷水灭火系统的建筑，其安全性能有所提高，也对这些建筑或场所内的疏散距离按规定增加 25%。

住宅建筑的疏散距离见表 8.7。跃廊式住宅户门至最近安全出口的距离，应从户门算起，小楼梯的一段距离可按其水平投影长度的 1.50 倍计算。跃层式住宅，户内楼梯的距离可按其梯段水平投影长度的 1.50 倍计算。

表 8.7　住宅建筑户门至外部出口或封闭楼梯间的最大距离（m）

住宅建筑类别	位于两个安全出口之间的户门			位于袋形走道两侧或尽端的户门		
	一、二级	三级	四级	一、二级	三级	四级
单、多层	40	35	25	22	20	15
高层	40	—	—	20	—	—

6. 疏散宽度

疏散宽度指疏散走道、安全出口、疏散楼梯和房间疏散门的各自总宽度，应经计算确定。设计时疏散宽度以每 100 人的净宽度（即百人宽度指标）来计算确定（表 8.8）。

表 8.8　安全疏散百人宽度指标（m/100 人）

建筑层数		建筑耐火等级		
		一、二级	三级	四级
地上楼层	一、二层	0.65	0.75	1.00
	三层	0.75	1.00	—
	≥四层	1.00	1.25	—
地下楼层	与地面出入口地面的高差≤10m	0.75	—	—
	与地面出入口地面的高差>10m	1.00	—	—

地下或半地下人员密集的厅、室和歌舞娱乐放映游艺场所，其房间疏散门、安全出口、疏散走道和疏散楼梯的各自总宽度，应根据疏散人数按每 100 人不小于 1.00m 计算确定。

疏散人数计算：首层外门的总宽度应按该层及以上疏散人数最多的一层的疏散人数计算确定，不供其他楼层人员疏散的外门，可按本层疏散人数计算确定；歌舞娱乐放映游艺场所中录像厅的疏散人数，应根据厅、室的建筑面积按不小于 1.0 人/m^2 计算；其他歌舞娱乐放映游艺场所的疏散人数，应根据厅、室的建筑面积按不小于 0.5 人/m^2 计算；有固定座位的场所，其疏散人数可按实际座位数的 1.1 倍计算；展览厅的疏散人数应根据展览厅的建筑面积和人员密度计算，展览厅内的人员密度不宜小于 0.75 人/m^2；商店的疏散人数另有规定。

安全出口、房间疏散门的净宽度不应小于 0.9m；疏散走道和疏散楼梯的净宽度不应小于 1.1m；不超过 6 层的单元式住宅，当疏散楼梯的一边设置栏杆时，最小净宽度不宜小于 1m。人员密集的公共场所、观众厅的疏散门不应设置门槛，其净宽度不应小于 1.4m，且紧靠门口内外各 1.4m 范围内不应设置踏步。

8.6　无障碍设计

8.6.1　无障碍设计的意义及内容

本着"以人为本"的建筑设计理念，城市规划及建筑设计在研究正常人的心理及生理活动规律的同时，应为残疾人及老年人等行动不便者创造条件，使其能正常生活并参与社会活动，消除人为环境中对行动不便者的各种障碍，让全体公民都有平等的机会共享社会发展成果。

本节以下肢残疾者和视力残疾者为主要对象编写，适用于医疗卫生、办公文教、交通旅游、纪念展览、商业服务等各类公建的公共活动部分及残疾人较为集中使用的有关场所，同时也适用于小区规划及居住建筑。

进行无障碍设计首先要研究环境中存在着的对残疾人行动不便的各种障碍因素，然后要针对不同的因素进行具体分析，在设计中采取相应的对策，从而满足残疾人的正常使用要求。在城市规划及总体设计中，无障碍设计的内容贯穿于各部分，如室外坡道、出入口、走道、楼梯、电梯、浴厕等。

残疾人国际通用标志为 100～450mm 的正方形，黑色轮椅图案白色衬底或相反，是国际康复协会制定的，不得随意更改。标志牌位置要醒目，高度要适中，它告知残疾人可以通行、进入和使用有关设施，如图 8.59 所示。建筑物设计内容见表 8.9。

(a) 白色轮椅黑色衬底

(b) 黑色轮椅白色衬底

图 8.59　残疾人国际通用标志

表 8.9　建筑物设计内容

建筑类型	无障碍设施																
	室外通道	坡道	出入口	室内走道	电梯	楼梯	厕所	浴室	公用电话	饮水器	轮椅席	休息室	售物品	客房	柜橱	安全出口	停车车位	标志
政府、会堂建筑	√	√	√	√	√	√	√		√		○					√	√	○
纪念、文化建筑	√	√	√	√	√	√	√		√	√			√			√		○
图书、展览建筑	√	√	√	○	√	√	√		√	○	○					√	○	○
交通、空港建筑	√	√	√	√	√	√	√		√	○		√	○			√	○	○
商业、服务建筑	√	√	√	○	○	○	√		√				○			√	○	○
影院、剧场建筑	√	√	√	○	○	○	√		√	○	○		√			√	○	○

续表

建筑类型	无障碍设施																	
	室外通道	坡道	出入口	室内走道	电梯	楼梯	厕所	浴室	公用电话	饮水器	轮椅席	休息室	售物品	客房	柜橱	安全出口	停车车位	标志
旅游、旅馆建筑	∨	∨	∨	○	○	○	∨	∨	∨					○	○	∨	○	○
公园、游览建筑	○	○	○	○	○	○	○		○	○			○				○	○
体育、学校建筑	∨	∨	∨	○	○	○	○	○	○	○	○	∨	∨			∨	○	○
医疗、福利建筑	∨	∨	∨	∨	∨	∨	∨	∨	∨	○			○		○	∨	○	○
公厕、广场建筑	∨	∨	∨	○														○
小区、住宅建筑	○	○	○										○				○	○

注："∨"表示至少设置一处；"○"表示按实际需要的部位进行设置。

8.6.2 无障碍设计的具体处理

1. 坡道

方便残疾人通行的坡道类型，根据场地条件的不同可分为一字形、L形、U形、一字多段式坡道等，如图8.60所示。每段坡道的坡度、坡段高度和水平长度以方便通行为准则，其最大容许值见表8.10。

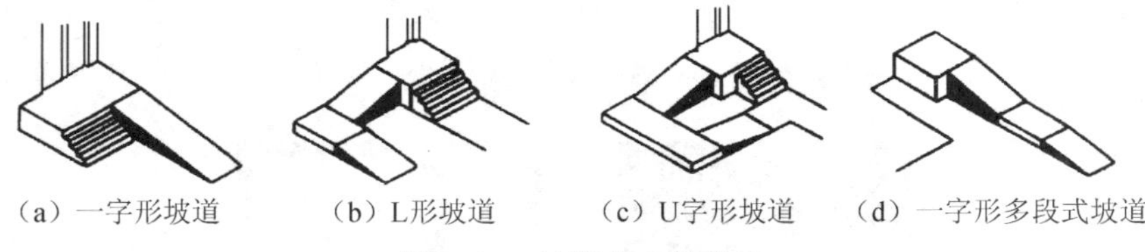

（a）一字形坡道（b）L形坡道（c）U字形坡道（d）一字形多段式坡道

图8.60 坡道的一般类型

表8.10 每段坡道的坡度、坡段高度和水平长度的最大容许值

坡　度	1/20	1/16	1/12	1/10	1/8
坡段最大高度	1500	1000	750	600	350
坡段水平长度	30 000	16 000	9000	6000	2800

室内外坡道最小宽度的确定是以轮椅宽度和人体尺度为依据的。室内坡道最小宽度为1000mm，室外为1500mm。有转折的坡道及直跑超长坡道必须设置休息平台，其最小深度如图8.61所示。

为保证安全及残疾人上下坡道的方便，应在坡道两侧增设扶手，起止步应设300mm长水平扶手。为避免轮椅撞击墙面及栏杆，应在扶手下设置不小于50mm高的安全挡台，如图8.62所示。坡道面层应作防滑处理。

2. 门

方便残疾人通行的门的顺序为：自动门、推拉门、折叠门、平开门，不得采用旋转门和不宜采用弹簧门。自动门开启净宽不应小于1m，其余门开启的净宽不得小于

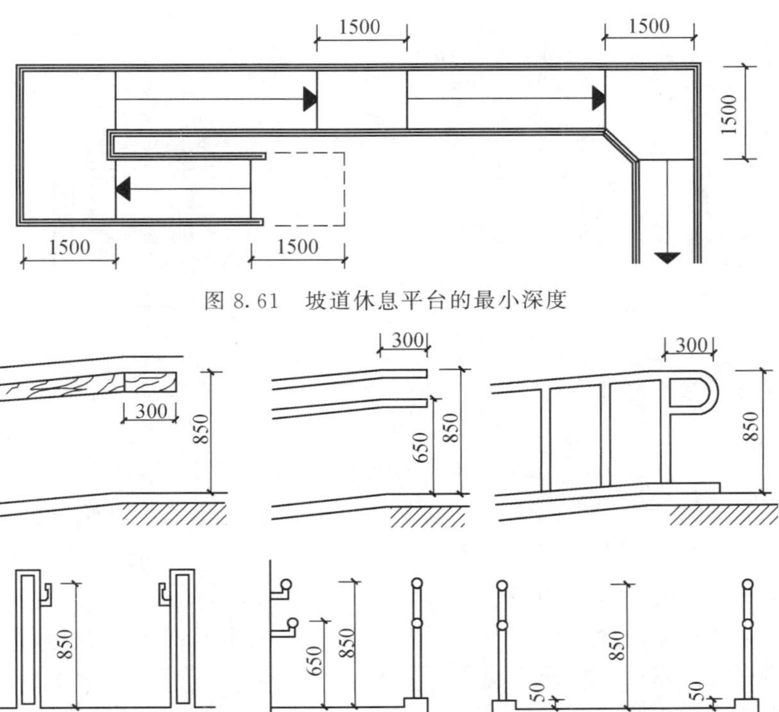

图 8.61　坡道休息平台的最小深度

图 8.62　坡道扶手高度与水平长度

0.8m。门扇及五金等配件应考虑便于残疾人开关，平开门应设横执把手，在开启的门扇设关门拉手。在推拉门、平开门的门把手一侧的墙面，应有宽度不小于 0.5m 的墙面，如图 8.63 所示。

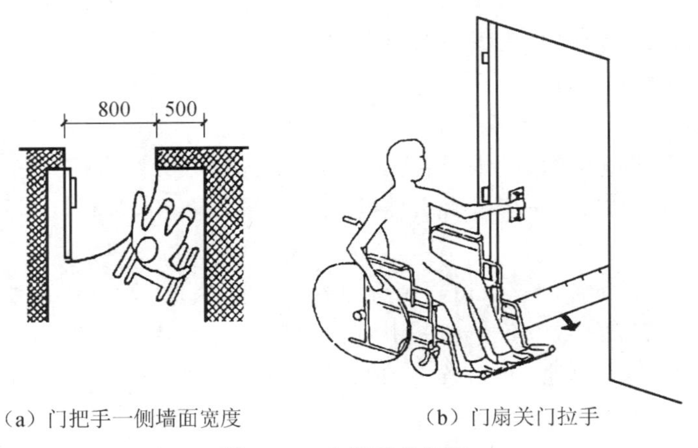

(a) 门把手一侧墙面宽度　　(b) 门扇关门拉手

图 8.63　方便开关的门

3. 楼梯

楼梯作为建筑垂直交通构件，联系上下空间，前面已介绍过。供残疾人使用的楼梯，除满足一般要求外，还应具备方便残疾人通行的特殊要求：梯段坡度尽可能平缓，扶手平滑坚固适用，踏步尺度适宜且要求防滑，梯段宜采用直行式，不宜采用弧形梯段，为便于弱视人通行，色彩对比要强烈，并增加导盲石（路引），细部构造合理，便于通行，如图 8.64 所示。

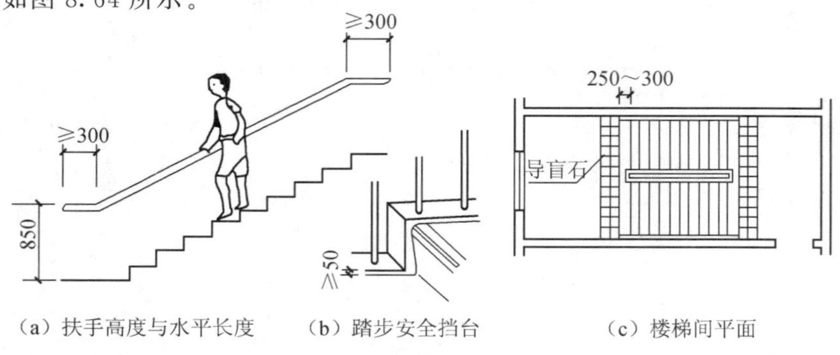

（a）扶手高度与水平长度　（b）踏步安全挡台　（c）楼梯间平面

图 8.64　楼梯基本尺寸

1）扶手。扶手起点与终点应水平延伸 0.3m，首层栏杆式扶手的水平起点应向下 0.1m 以上或延伸到地面以上固定，靠墙面扶手在水平的起点与末端应向下延伸 0.1m 以上或向内拐到墙面。扶手抓握截面为 40～50mm，并与墙面颜色有区别。扶手高 0.85m，需设两层扶手时下层扶手高 0.65m。

2）梯段。梯段的设计应充分考虑柱杖者及视力残疾者使用时的舒适感及安全感，其坡度宜控制在 35°以下。梯段净宽度不宜小于 1.2m，公共建筑主要楼梯宽度不宜小于 1.5m，距踏步起点与终点 0.25～0.3m 应设提示盲道。每梯段踏步数应在 3～18 级范围内，且保持相同的步高。

3）踏步。踏步形状应为无直角突出，踢面完整，左右等宽，临空一侧设立缘、踢缘板或栏板，踏面不应积水并做防滑，防滑条突出向上不大 5mm，栏杆式楼梯，在栏杆下方踏面上，设 50mm 安全挡台，可做成水平式或斜式。

4）平台。上下平台的宽度除满足公共楼梯的要求外，其宽不应小于 1.5m（不含导盲石宽），导盲石内侧距起止步距离为 250～300mm。

4. 电梯

考虑残疾人乘坐电梯的方便，在设计中应将电梯靠近出入口布置，并有明显标志。候梯厅最小深度为 1.8m，轮椅进入轿厢的最小面积为 1.4m×1.1m，电梯门开启净宽不小于 0.8m。

电梯厅按钮高度为 0.9～1.1m，在轿箱侧壁上高 0.9～1.1m 处设带盲文的选层按钮，轿箱三面壁上设高 0.8～0.85m 的扶手，在轿箱运行中与到达时应有清晰显示和报层音响，轿箱正面壁上距地 0.9m 至顶部应安装镜子，如图 8.65 所示。

5. 卫生间

供残疾人使用的卫生间设计与普遍卫生间有许多不同之处，它的设计是否合理，对老年残疾人的使用至关重要。设计中应严格依据残疾人的行为动作，确定适宜的空间，辅助支持物的尺度要适宜，构造合理、坚固实用。公共浴厕应设残疾人专用的浴位及厕位，在布置上与其他部分之间应设遮挡。卫生间要采用坐式便器。残疾人使用的厕所布置方式详见图 8.66 和图 8.67。

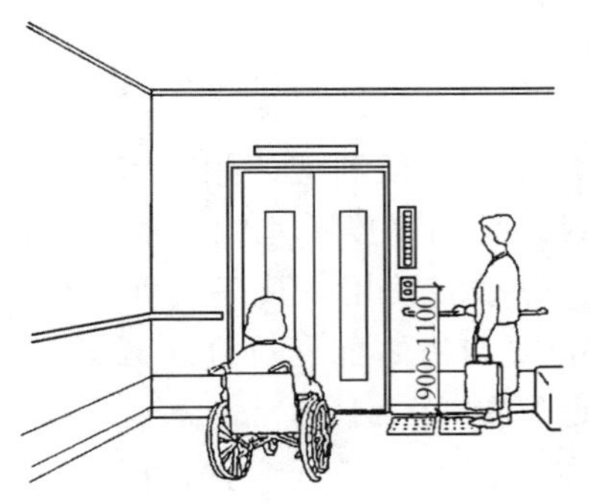

（a）电梯候梯厅按钮与盲道

（b）电梯轿厢按钮与扶手、镜子等

图 8.65　无障碍电梯

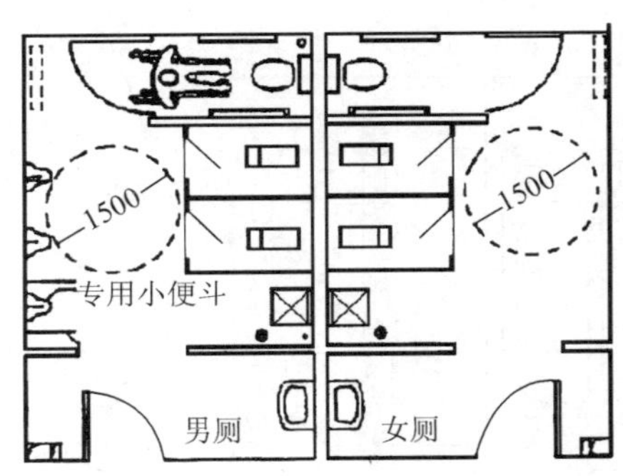

（a）厕所入口、通道及无障碍厕位

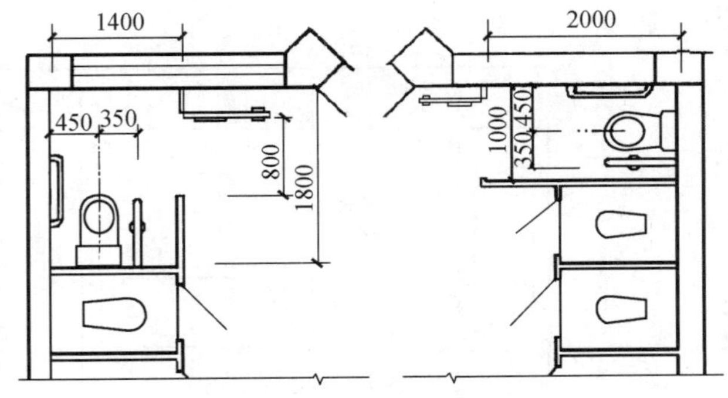

（b）新建无障碍厕位

（c）改建的无障碍耐位

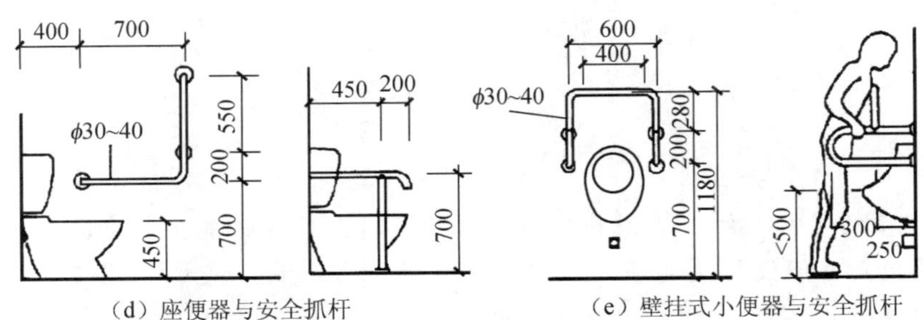

（d）座便器与安全抓杆

（e）壁挂式小便器与安全抓杆

图 8.66　公共厕所无障碍厕位

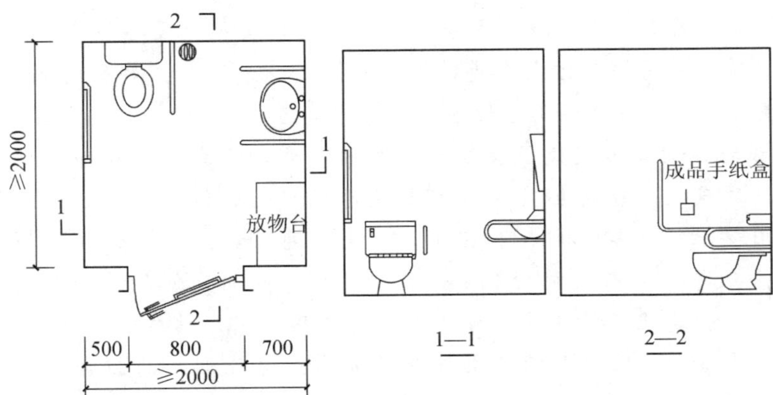

图 8.67　无障碍专用厕所

6. 浴室

浴室必须留有轮椅的回转空间，为残疾人安全便利地使用浴室各项设备提供良好条件。下肢残疾人使用的普通浴缸，其上缘距地面高度不宜大于450mm，其洗浴坐台与浴缸上缘持平，以利乘轮椅者移位乘降。拄杖者使用，其高度可提至500～550mm。浴缸背端宜设固定洗浴坐台，非固定式坐台要与浴缸配套设计，务必使其有良好的稳定性、牢固性。冷热水开关应设在便于接近位置。

淋浴器应设可调节喷头高度的支架。附设的安全抓杆应直接固定于建筑物承重件或浴缸本体上，位置适当，便于抓握。浴缸底要平，表面防滑地面应选用遇水不滑的材料。浴室的设备布置同样要兼顾轮椅的尺度及浴缸的大小，同时要考虑支持物的设计，详见图8.68所示。

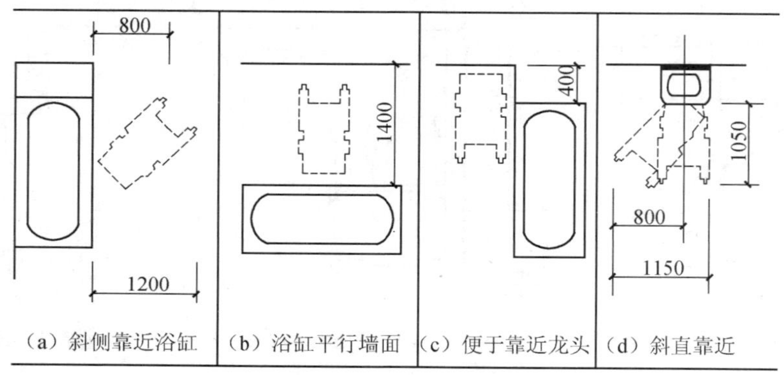

图8.68　轮椅占用的最小空间尺寸

小　　结

1. 民用建筑的平面设计包括主要房间、辅助房间、交通联系部分的设计和平面组合设计。主要使用房间设计主要涉及确定房间的面积、形状、尺寸以及门窗的大小和位置。辅助用房的设备管线较多，设计中要注意房间的布置与其他房间的位置关系。建筑物内各房间之间需要交通联系空间来实现。平面的组合设计是在首先满足不同类型建筑的使用要求的基础上，进一步分析建筑的结构类型、设备管线、建筑形象、基地环境等来进行。平面组合方式有走道式、套间式、大厅式、单元式等。设计时应根据实际情况具体分析，灵活运用各种方式进行平面空间的组合。

2. 剖面设计主要是确定建筑在高度方向的尺寸和形式，包括房间剖面形状和房间各部分高度的确定，建筑层数的确定以及建筑空间的组合和利用。房间的剖面形状应考虑使用要求，结构、材料和施工，采光、通风和经济条件等的影响。层高与净高的确定主要考虑室内使用功能，采光、通风，空间比例，结构及构造，经济效益等因素的影响。建筑层数的确定应考虑建筑使用要求，结构、材料和施工的影响，基地环境和城市规划，防火及经济条件等的要求。建筑剖面的组合有单层、多层和高层、错层和跃层等方式。剖面空间的组合包括层高相同、层高相近、层高相差较大的房间之间的组合等。要充分利用楼梯间首层平台下和上部、走廊上部、房间内部等空间。

3. 建筑体型和立面设计应反映建筑功能、技术特点、城市规划及环境要求、社会经济条件，并要符合建筑造型和立面构图的一些美学原则，如统一与变化、均衡与稳定、韵律、对比、比例、尺度等。体型组合方法包括单一体型、单元体型和复杂体型的组合。在特定的环境下，体型组合应注意体型的转折与转角处理。体量之间联系和交接的形式有拼接、咬接、廊连接和连接体连接。立面设计应注意比例、尺度、虚实、凹凸、线条、色彩、质感以及重点与细部的处理。

4. 建筑节能是指在建筑中合理使用和有效利用能源，不断提高能源利用率，减少能源消耗。建筑节能是改善空间环境重要途径，也是发展国民经济的需要。建筑节能工作主要包括建筑围护结构节能和采暖供热系统节能两个方面。我国制定了建筑节能近期和远期目标。建筑能耗的影响因素有室外热环境、太阳辐射强度、建筑物的保温隔热和气密性、采暖供热系统热效率等。我国的节能技术主要表现在规划设计、墙体、门窗、屋顶、地面的节能处理以及太阳能利用、供热采暖和制冷系统的节能等方面。

5. 发生火灾的三个条件是可燃物、助燃物和火源。建筑火灾分为初起阶段、猛烈燃烧阶段、衰减阶段三个阶段。建筑防火设计主要针对第一、二阶段。防火设计是按照“预防为主，防消结合”的消防工作方针，合理设置防火分区，即在建筑内部采用防火墙、耐火楼板及其他防火分隔设施进行分隔，能在一定时间内防止火灾向同一建筑的其余部分蔓延的局部空间。防火分区按其作用，又可分为水平防火分区和垂直防火分区。民用建筑中设置安全疏散设施的目的在于发生火灾时，使人员能迅速而有序地通过安全地带疏散出去。建筑物内的安全疏散路线应尽量短捷、连续、畅通而无障碍地通向安全出口。疏散楼梯间包括开敞楼梯间、封闭楼梯间、防烟楼梯间。

6. 无障碍设计体现了“以人为本”的建筑设计理念，以下肢残疾者和视力残疾者为主要对象。无障碍设计的内容贯穿于建筑的各部分，如室外坡道、出入口、走道、楼梯、电梯、浴厕等。

思考与练习题

8.1　名词解释

(1) 层高、净高：

(2) 均衡、稳定：

(3) 对比、韵律：

(4) 比例、尺度：

(5) 体形系数：

(6) 防火分区：

8.2　简述题

(1) 建筑平面设计包含哪些内容？

(2) 试举例说明如何确定房间面积和尺寸。

(3) 厕所的平面设计应满足哪些要求？

(4) 楼梯的宽度、位置如何确定？

(5) 影响建筑平面组合的因素有哪些？平面组合形式有哪些？

(6) 确定房间高度应考虑哪些因素？

(7) 建筑层数与哪些因素有关？

(8) 如何进行剖面空间的组合？

(9) 建筑体型及立面设计要求有哪些？

(10) 建筑体型组合的方法有哪些？

(11) 影响节能的因素有哪些？

(12) 我国的节能技术有哪些方面？

(13) 火灾在建筑中是如何蔓延的？

(14) 防火分区的原则有哪些？

(15) 疏散楼梯有哪些类型？

(16) 无障碍设计坡道、楼梯、卫生间有哪些要求？

8.3 实训题

(1) 找几幢身边的建筑物，分析它们的主要房间、辅助房间和交通联系部分，是如何进行平面和竖向组合的。以造型中的美学原则为依据，分析一下它们的体型和立面，看哪些地方处理得好，哪些地方处理得不好。分析这些建筑如何选址、布局；建筑的墙体、门窗、屋顶、地面如何处理以节约能源；有没有利用太阳能。分析这些建筑物如何进行防火分区和安全疏散的。

(2) 单元式多层住宅初步设计。在理论教学和参观的基础上，通过单元式多层住宅的初步设计，使学生进一步了解民用建筑的设计原理，初步掌握建筑设计的基本方法与步骤，并提高绘图技巧。

1) 设计条件。本设计为城市型住宅，位于城市居住小区内，平均每套建筑面积 70～110m^2；套型及套型比自定，层数为五层，层高为 2.8～3.0m，结构类型自定，房间组成及要求如下。

居室：包括卧室和起居室，卧室之间不宜相互串套。居室面积规定：主卧室≥12m^2，其他卧室≥6m^2，起居室≥18m^2。

厨房：每户独用，内设案台、灶台、洗池。

卫生间：每户独用，内设蹲位、脸盆、淋浴（或浴盆）。

储藏设施：根据具体情况设置搁板、吊柜、壁柜等。

阳台：生活阳台 1 个，服务阳台根据具体情况确定。

其他房间：如书房、客厅、储藏室等可根据具体情况设置。

2) 设计内容及深度要求。

① 本设计按初步设计深度要求进行，两单元组合图，2 号图纸。

② 底层平面图 1 个，1∶100。

③ 标准层平面图 1 个，1∶100。

④ 立面图：主要立面图至少 2 个，1∶100。

⑤ 剖面图 1 个，1∶100。

⑥ 厨房、卫生间及阳台布置图及主要节点详图，比例自定。

⑦ 简要说明。

a. 技术经济指标。

平均每套建筑面积＝总建筑面积（m^2）/总套数

使用面积系数＝（总套内使用面积/总建筑面积）×100%

b. 设计依据、标高定位及用料做法。

第二篇
工 业 建 筑

第 9 章

单层厂房设计

❖ 知识点

1. 工业建筑的分类
2. 单层厂房的组成
3. 单层厂房平面设计、剖面设计和立面设计
4. 单层厂房的定位轴线

❖ 学习要求

1. 掌握单层厂房的组成
2. 掌握单层厂房平面设计和剖面设计
3. 掌握单层厂房定位轴线
4. 了解工业建筑的分类
5. 了解单层厂房立面设计

9.1 工业建筑概述

工业建筑是指用于工业生产及直接为生产服务的各种房屋，一般称厂房。我国是20世纪50年代才大量建造工业建筑的。

工业建筑与民用建筑在设计原则、建筑技术及建筑材料等方面有许多相同之处，但厂房多以生产工艺设计为基础，应满足工业生产的要求，并为工人创造良好的劳动卫生条件，以提高产品质量和劳动生产率；同时，厂房内部有较大的面积和空间。厂房的结构、构造复杂，技术要求高，在采光、通风、防水排水等建筑处理上以及结构、构造上都较一般民用建筑复杂。

9.1.1 工业建筑的分类

工业建筑的种类繁多，为便于掌握建筑物的特征和标准，进行设计和研究，常将工业建筑按用途、生产特征、层数进行分类。

1. 按厂房的用途分类

1）主要生产厂房。在这类厂房中，进行着产品生产和加工的主要工序，例如机械制造厂中的铸工车间、机械加工车间及装配车间等。这类厂房的建筑面积较大、职工人数较多，在全厂生产中占重要地位，是工厂的主要厂房。

2）辅助生产厂房。它是为主要生产厂房服务的，例如机械制造厂中的机修车间、工具车间等。

3）动力用厂房。这类厂房是为全厂提供能源的场所，如发电站、锅炉房、变电站、煤气发生站、压缩空气站等。动力设备的正常运行对全厂生产特别重要，故这类厂房必须具有足够的坚固耐久性、妥善的安全设施和良好的使用质量。

4）贮藏用房屋。贮藏各种原材料、成品或半成品的仓库。由于所贮物质的不同，在防火、防潮、防爆、防腐蚀、防变质等方面将有不同要求，设计时应根据不同要求按有关规范采取妥善措施。

5）运输用房屋。停放、检修各种运输工具的车间，如汽车库、电瓶车库等。

2. 按车间内部生产状况分类

1）热加工车间。这类车间在生产中往往散发出大量热量、烟火，如炼钢、轧钢、铸工、锻工车间等。

2）冷加工车间。这类车间的生产是在正常温度条件下进行的，如机械加工车间、装配车间等。

3）有侵蚀性介质作用的车间。这类车间在生产中会受到酸、碱、盐等侵蚀性介质的作用，从而会降低厂房的耐久性，因此在建筑材料选择及构造处理上应有可靠的防腐蚀措施，如化工厂和化肥厂中的某些生产车间、冶金工厂中的酸洗车间等。

4）恒温湿车间。这类车间的生产是在温湿度波动很小的范围内进行的。室内除装有空调设备外，厂房也要采取相应的措施，以减少室外气象对室内温湿度的影响，如纺织车间、精密仪表车间等。

5）洁净车间。在生产过程中，产品对室内空气的洁净度要求很高，除通过净化处理，将空气中的含尘量控制在允许的范围内以外，厂房围护结构应保证严密，以免大气灰尘的侵入，以保证产品质量，如集成电路车间、精密仪表的微型零件加工车间等。

3. 按厂房层数分类

厂房按层数可分为单层厂房、多层厂房和混合层次厂房（图 9.1）。

1）单层厂房。广泛应用于各种工业企业，约占工业建筑总量的 65%。它对于具有大型生产设备、震动设备、地沟、地坑或重型起重运输设备的生产有较大的适应性，如冶金、机械制造等工业部门。单层厂房便于沿地面水平方向组织生产工艺流程，生产设备荷载直接传给地基，也便于工艺改革。

2）多层厂房。适用于垂直方向组织生产和工艺流程的生产企业和设备及产品较轻的企业，多用于轻工、食品、电子、仪表等工业部门。因它占地面积少，更适用于在用地紧张的城市建厂及老厂改建。在城市中修建多层厂房，还易于适应城市规划和建筑布局的要求。

3）混合层次的厂房。厂房内既有单层跨，又有多层跨。

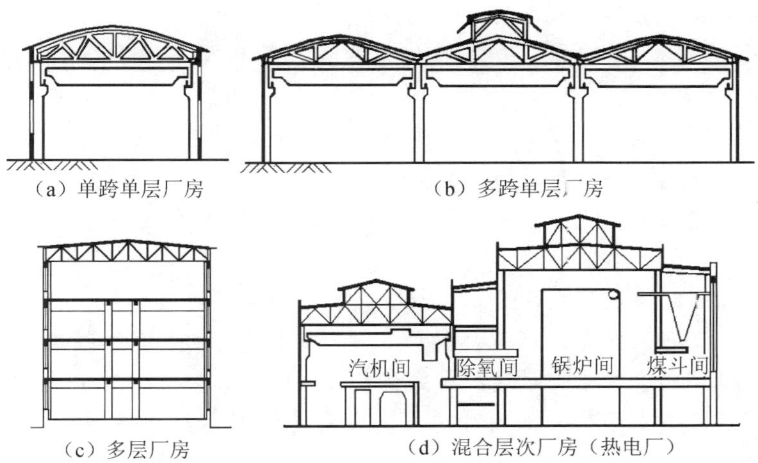

（a）单跨单层厂房　（b）多跨单层厂房

（c）多层厂房　（d）混合层次厂房（热电厂）

图 9.1　厂房按层数分类

9.1.2　单层厂房组成

单层厂房的结构类型主要分为承重墙结构和骨架结构两种。装配式钢筋混凝土骨架结构的单层厂房，坚固耐久、承载力大、构件预制装配和运输简便，广泛用于工业建筑中。其构件组成如图 9.2 所示。

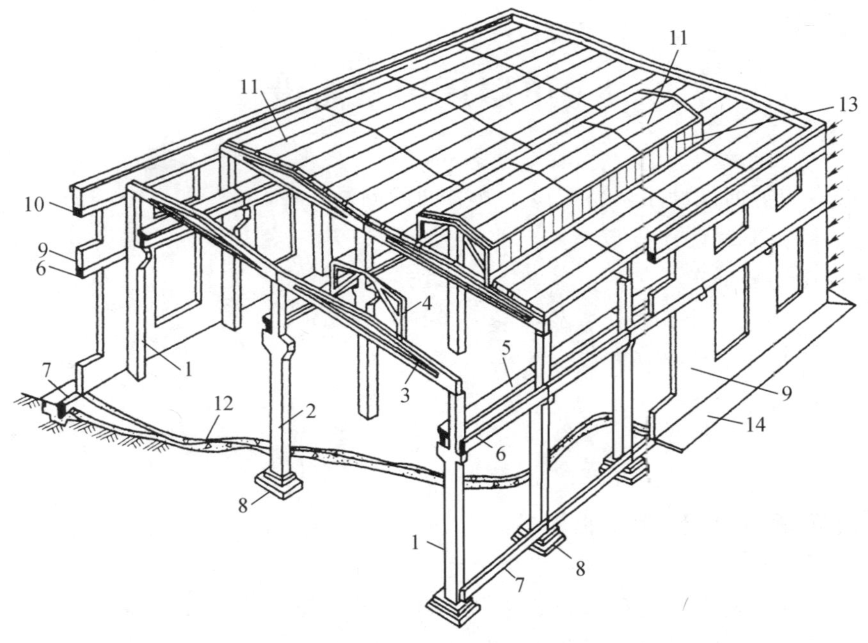

图 9.2　单层厂房构造组成

1. 边柱；2. 中柱；3. 屋面大梁；4. 天窗架；5. 吊车梁；6. 连系梁；7. 基础梁；8. 基础；9. 外墙；10. 圈梁；11. 屋面板；12. 地面；13. 天窗扇；14. 散水

1. 承重构件

基础：承受来自柱和基础梁的荷载，并把它们传给地基。

柱子：承受屋架、吊车梁、连系梁传来的各种荷载及作用于外墙上的风荷载，并将其传给基础。

屋架：承受屋面板、天窗架、悬挂式吊车的荷载，并将其传给柱子。

基础梁：主要承受其上部的墙荷载。

吊车梁：承受吊车自重、被起吊重物以及吊车运行中产生的纵、横向水平冲力，并将其传给柱子。

连系梁：增强厂房的纵向刚度，承受其上部墙荷载并将其传给纵向列柱。

屋面板：承受屋面自重、雨雪、积灰及施工荷载，并将其传给屋架。

天窗架：承受天窗架上部屋面板传来的荷载。

支撑构件：设置在屋架之间的称为屋盖支撑，设置在纵向柱列之间的称为柱间支撑。支撑的主要作用是加强厂房结构的空间整体刚度和稳定性，传递水平荷载。

屋架、柱、基础组成厂房的横向排架。连系梁、基础梁、吊车梁、圈梁、屋面板和支撑构件均为纵向联系构件，它们将横向排架联成一体，组成坚固的骨架结构系统，共同承受各种动荷载。

2. 围护结构

单层厂房的围护结构构件主要有屋面、天窗、外墙、门窗等。它们除了具有民用建筑相应构件的功能外，应能满足生产使用要求和提供良好的工作条件。

9.2 单层厂房平面设计

单层厂房的平面设计主要研究以下几方面的问题：

- 总平面对平面设计的影响。
- 平面设计与生产工艺的关系。
- 平面设计与起重运输设备的关系。
- 单层厂房常用的平面形式。
- 柱网选择。
- 生活间设计。

9.2.1 总平面对平面设计的影响

一个工厂由许多建筑物和构筑物组成。在进行单层厂房个体设计之前，首先要进行工厂总平面设计。工厂总平面设计应满足以下要求：

1）根据全厂的生产工艺流程、交通运输、卫生、防火、气象、地形、地质以及建筑群体艺术等条件，确定这些建筑物与构筑物之间的位置关系。如在温热带地区建筑

物朝向以接近南北向，厂房长向与夏季主导风向垂直或大于 45°为好；而在寒冷地区厂房的长边应平行于冬季主导风向。

2）合理的组织人流、货流，避免交叉和迂回。

3）合理布置地上和地下的各种工程管线。

4）进行厂区竖向布置及美化、绿化厂区等。

图 9.3 是某机械厂总平面示意图。设计中综合考虑了当地自然条件和周围环境，确定各种车间、生活间与道路、出入口的关系，将生活间的位置紧靠厂区主干道，火车货运另设出入口，人货流线分工明确。当总平面确定以后，在进行厂房的个体设计时，必须按照总图布置的要求来确定厂房的平面形式。

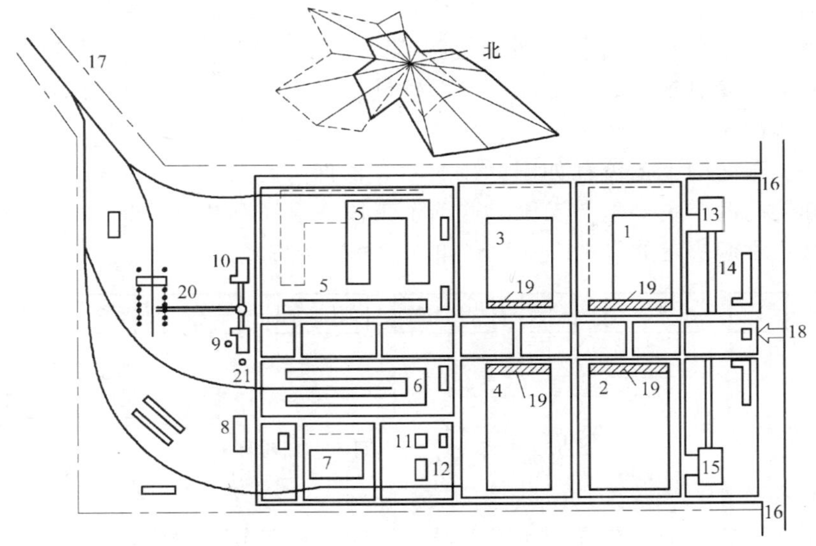

图 9.3　某机械厂总平面布置图

1. 辅助车间；2. 装配车间；3. 机械加工车间；4. 冲压车间；5. 铸工车间；6. 锻工车间；7. 总仓库；8. 木工车间；9. 锅炉房；10. 煤气发生站；11. 氧气站；12. 压缩空气站；13. 食堂；14. 厂部办公室；15. 车库；16. 汽车货运出入口；17. 火车货运出入口；18. 厂区大门人流出入口；19. 车间生活间；20. 露天堆场；21. 烟囱

9.2.2　平面设计与生产工艺的关系

在设计配合上，厂房建筑平面设计和民用建筑是有区别的。民用建筑的平面及空间组合设计，主要是由建筑设计人员根据建筑物使用功能的要求完成的。而厂房的平面及空间组合设计是先由工艺设计人员进行工艺平面设计，建筑设计人员在生产工艺平面图的基础上进行厂房的建筑平面及空间组合设计。所以说，生产工艺是工业建筑设计的重要依据之一，生产工艺平面决定着建筑平面。

一个完整的工艺平面图主要包括以下内容：

- 根据产品的生产要求确定的生产工艺流程。
- 生产和起重运输设备的选择和布置。

- 车间内部各生产工段及其所占面积的划分。
- 运输通道的宽度及其布置。
- 初步拟定厂房的跨间数、跨度和长度。
- 提出生产工艺对建筑设计的要求，如采光、通风、防震、防尘、防辐射等。

生产工艺对平面设计的影响主要表现在下面几个方面。

1. 生产工艺流程的影响

生产工艺流程是指某一产品的加工制作过程，即由原料按一定生产要求的程序，逐步通过特定的生产设备与技术手段进行加工生产，并制成成品或半成品的全部过程。不同类型的车间有不同的工艺流程。在单层厂房里，工艺流程基本上是通过水平生产、运输来实现的。平面设计必须满足工艺流程及布置要求，使生产线路短捷、不交叉、少迂回，并具有变更布置的灵活性。现以机械工厂的金工装配车间为例，将其平面组合与工艺流程的关系进行介绍。

金工装配车间的工艺流程如图 9.4 所示。根据工艺要求，金工装配车间一般包括机械加工和装配两个主要生产工段。这两个工段在全车间中所占的生产面积较大，对平面的组合也常起决定的作用。一般有如下三种组合方式。

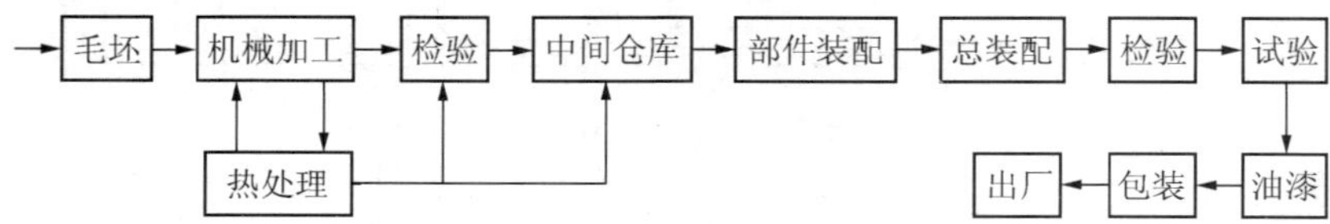

图 9.4　金工装配车间工艺流程图

（1）直线布置

直线布置即装配工段布置在加工工段的跨间延伸部分［图 9.5（a)］。毛坯由厂房一端进入，成品由另一端运出，生产线为直线形。零件可直接用吊车运送到加工和装配工段，生产线路简捷，连续性好。这种布置方式适用于规模不大，吊车负荷较轻的车间。采用这种布置的厂房平面可全部为平行跨，具有建筑结构简单，扩建方便的优点。但当跨数较少时，会形成窄条状平面，厂房外墙面大，土建投资不够经济。

（2）平行布置

平行布置即加工与装配两个工段布置在互相平行的跨间内［图 9.5（b)］。零件从加工到装配的生产线路呈马蹄形，运输距离较长，须采用传送带、平板车或悬挂吊车等越跨运输设备。这种布置方式常用于汽车、拖拉机等装配车间，平面也全为平行跨，同样具有建筑结构简单，便于扩建等优点。

（3）垂直布置

垂直布置即装配工段布置在与加工工段相垂直的横向跨间内［图 9.5（c)］。零件从加工到装配的运输线路较短捷，但须设有越跨的运输设备（如平板车、辊道、传送带等）。装配跨中可设吊车进行运输。在加工工段中可将较重、较大的加工部件布置在靠近材料入口和成品出口的一侧，而较轻、较小的工部件加工工段可设在另一侧，以便相对地缩短重型部件的运距。这种厂房平面虽因跨间互相垂直，建筑结构较为复杂，但在大、中型车间中由于工艺布置和生产运输有其优越性，故应用也颇广泛。

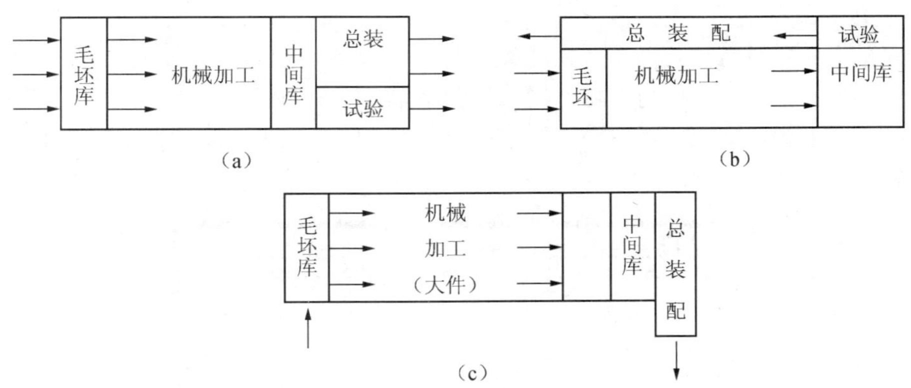

图 9.5　金工装配车间平面组合示意图

2. 生产特征的影响

不同性质的厂房，在生产操作时会出现不同的生产特征，而生产特征也会影响厂房的平面设计。有些车间（如机械工业的铸钢、铸铁、锻工等车间）在生产过程中会散发出大量的热量、烟、粉尘等，此时平面设计应使厂房具有良好的自然通风。有些车间（如机械加工装配车间），生产是在正常的温湿度条件下进行的，室内无大量余热及有害气体散发，但是该车间对采光有一定的要求（根据《工业企业采光标准》，要求Ⅲ级采光），在平面布置时，应综合考虑它所在地区的气象条件、地形特征等，满足采光和通风的要求。还有些车间（如纺织车间），生产环境对温湿度、清洁度有严格的要求，厂房常采用空气调节装置，所以厂房平面宜采用联跨整片式，以减少空调负荷。

3. 生产设备布置的影响

生产设备的大小和布置方式及设备的进出和安装要求直接影响到厂房的平面布局、跨度大小和跨间数，同时也影响到大门尺寸和柱距尺寸等。

9.2.3　运输设备对平面设计的影响

根据生产工艺的要求，车间内部要设置相应的起重运输设备，运输设备会直接影响厂房的平面布置和平面尺寸等。

1. 吊车

吊车也称行车，是单层厂房中被广泛采用的起重设备，主要有三种类型。

(1) 单轨悬挂式吊车（图 9.6）

在厂房屋架下弦悬挂单轨，单轨下设吊车（滑轮组，俗称神仙葫芦），吊车沿单轨运行或起吊重物。它操纵方便，布置灵活，起重量不超过 5 吨，起重幅面不大。

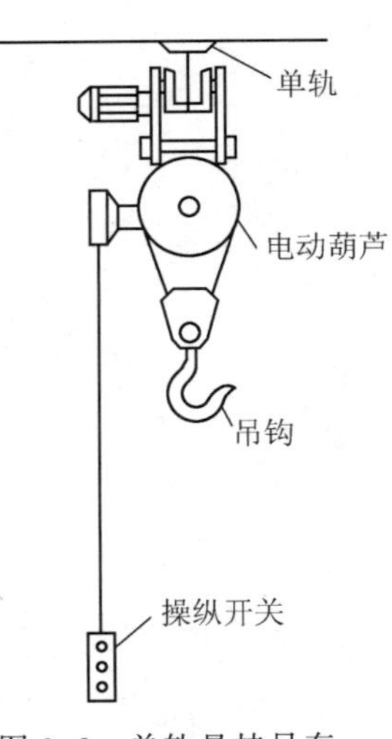

图 9.6　单轨悬挂吊车

（2）梁式吊车（图 9.7）

梁式吊车一种是悬挂式吊车，在屋架下弦悬挂双轨，在双轨下部安装吊车。另一种是支承梁式吊车，在两列柱的牛腿上设吊车梁和轨道，吊车安装在轨道上。横梁沿厂房纵向运行，梁上的电动葫芦沿厂房横向运行和起吊重物。梁式吊车起重量不超过 5 吨，起重幅面较大。

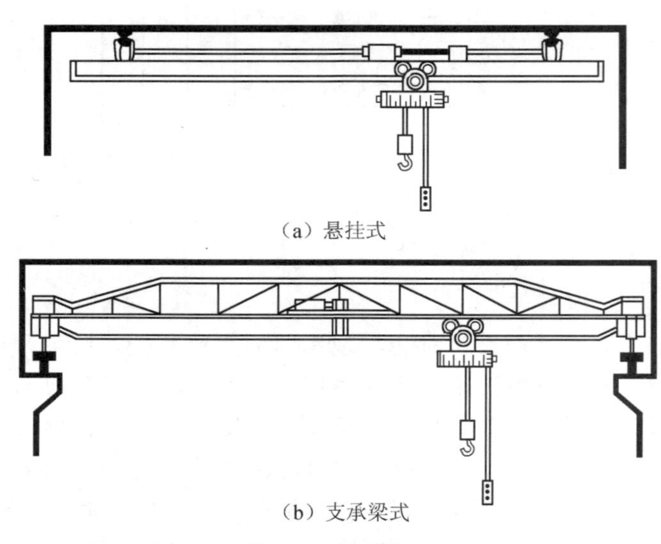

图 9.7　梁式吊车

（3）桥式吊车（图 9.8）

桥式吊车由桥架和起重小车两部分组成。在厂房排架柱的牛腿上设吊车梁，吊车梁上安装轨道，轨道上放置能滑行的桥架，桥架上支撑起重小车。桥架沿厂房纵向运行，起重小车沿厂房横向运行。驾驶室设在吊车下方。桥式吊车起重量从 5 吨到数百吨不等。

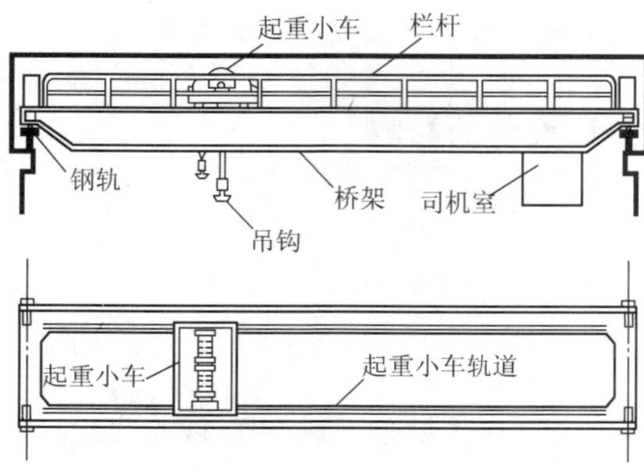

图 9.8　桥式吊车

2. 地面运输设备

厂房的地面运输设备有电动平板车、电瓶车、载重汽车、火车等。

厂房选用哪种类型的吊车和地面运输工具，则厂房的平面布置与尺寸必须与这些设备相适应。

9.2.4　单层厂房常用的平面形式

厂房平面形式与工艺流程、生产特征、生产规模等有直接的关系。常用的平面形式有矩形、方形、L 形、Π 形、Ш 形等（图 9.9）。下面介绍最常用的平面形式。

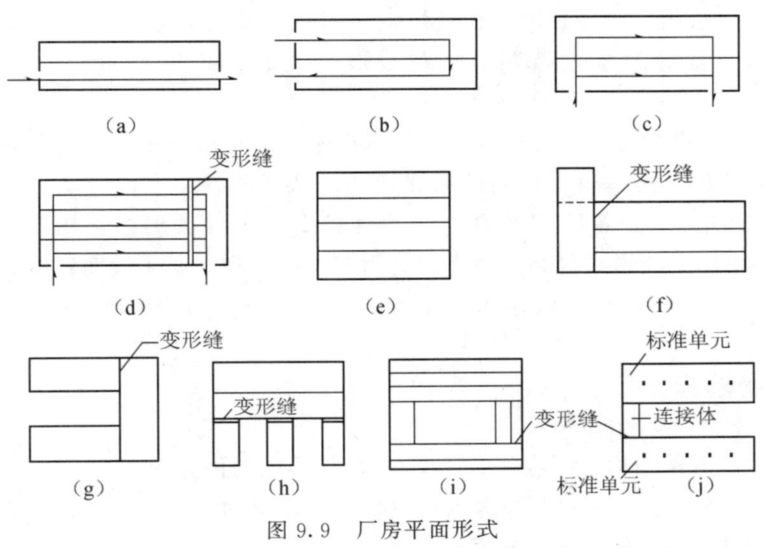

图 9.9　厂房平面形式

1. 矩形平面

矩形平面中最简单的是单跨，它是构成其他平面形式的基本单位。当生产规模较大，要求厂房面积较多时，常用多跨组合的平面，其组合方式多随工艺流程而异。

(1) 平行多跨组合平面

其适用于直线式生产工艺流程，即原料由厂房一端进入，产品由另一端运出[图 9.9 (a)]。同时，它也适用于往复式的生产工艺流程 [图 9.9 (b，c)]。这种平面形式的优点是平面各工段之间靠得较紧，运输路线短捷，工艺联系紧密，工程管线较短；形式规整，占地面积少；如整个厂房柱顶及吊车轨顶标高相同时，结构、构造简单，施工工期短，造价低；在宽度不大的情况下，室内采光通风都较容易解决。

(2) 跨度相互垂直布置组合平面

其适用于垂直式的生产工艺流程，即原料从厂房一端进入，经过加工，最后由与原料进入跨相垂直的装配跨装配成成品或半成品运出 [图 9.9 (d)]。这种平面形式的优点是工艺流程紧凑，零部件至总装配的运输路线短捷。其缺点是跨度垂直相交处结构、构造复杂，施工麻烦。

矩形平面的纵横边之比因工艺流程和厂房面积大小而异。当纵横边长接近时，就形成正方形或近似正方形平面 [图 9.9 (e，i)]。从建筑经济角度看，近似于正方形或正方形的平面较优越。因为在面积相同的情况下，正方形平面外围结构的周长较短，其造价要比矩形、L 形平面厂房的低。这些优点对冬季寒冷地区和夏季炎热地区更有利。由于外墙面积少，冬季可以减少通过外墙的热量损失，夏季可以减少室外气温及太阳辐射热对室内的影响，对防暑降温也有好处。因此，近年来方形或近似方形的平面形式在国外发展较快，特别是在机械工业中应用较多。

2. L形、П形、Ш形平面

生产特征对厂房的平面形式影响很大，为了迅速排除某些车间生产过程中散发出的大量的烟尘、余热，厂房必须具有良好的自然通风条件，厂房不宜太宽，一般将其一跨或二跨和其他跨相垂直布置，形成L形、П形、Ш形平面，如图9.9（f～h）所示。

L、П、Ш形平面的特点是厂房各部分宽度不大，外围护结构周长较长，在外墙上可以多设门窗，使厂房室内有良好的采光通风，从而改善了室内劳动条件。但这几种平面形式共同的缺点是各跨相互垂直，垂直相交处构件类型多，构造复杂［图9.9(j)］；此外，由于平面形式复杂，地震时易引起结构破坏，必须设防震缝；同时，外墙长度较长，厂房内各种管线也相应增长，故造价及维修费均较矩形平面形式高。

9.2.5 柱网选择

在厂房中，承重结构柱子在平面上排列时所形成的网格称为柱网。柱网尺寸是由跨度和柱距组成的（图9.10）。跨度系指屋架或屋面梁的跨度，柱距指相邻两柱子之间的距离。柱网的选择实际上就是选择厂房的跨度和柱距。

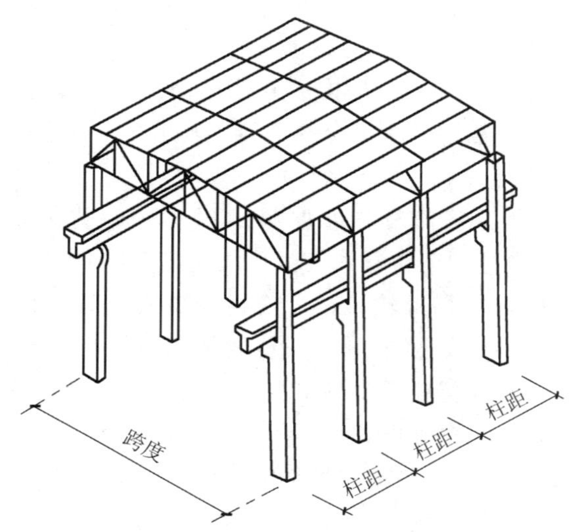

图9.10 单层厂房柱网尺寸示意图

1. 柱网尺寸的确定

柱网尺寸的确定需要考虑多种因素，主要有生产工艺的特征、结构形式、建筑材料特点、施工技术水平、基地状况、经济性以及有利于建筑工业化等。

（1）跨度尺寸的确定（图9.11）

跨度尺寸主要是根据以下因素确定的：

1）生产工艺中生产设备的大小及布置方式。设备面积大，所占面积也大，设备布置成横向或纵向，布置成单排或多排，都直接影响跨度的尺寸。

2）生产流程中运输通道，生产操作及检修所需的空间。不同类型的运输设备，如电瓶车、汽车、火车等所需通道宽度不同，不同生产工艺生产操作及检修所需空间不同，这些都直接影响跨度的尺寸。

3）根据 1）、2）项所得的尺寸，调整为符合《厂房建筑模数协调标准》的要求。当屋架跨度≤18m 时，采用扩大模数 30M 的数列，即跨度尺寸是 18m，15m，12m，9m 及 6m；当屋架跨度＞18m 时，采用扩大模数 60M 的数列，即跨度尺寸是 18m，24m，30m，36m，42m 等。当工艺布置有明显优越性时，跨度尺寸亦可采用 21m，27m，33m。

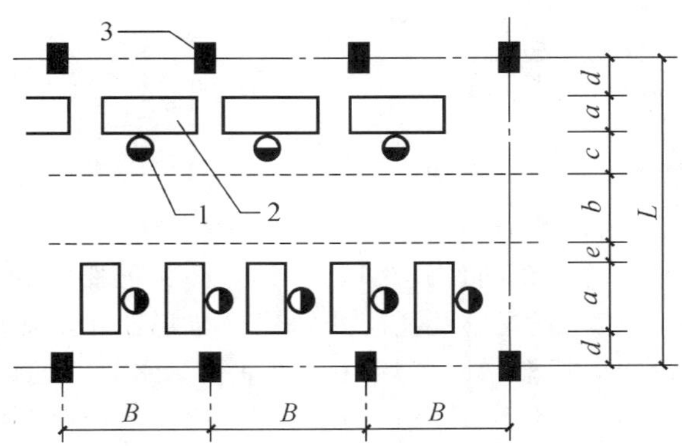

图 9.11 跨度尺寸与工艺布置关系示意

1. 操作位置；2. 生产设备；3. 柱子；*L*. 跨度；*B*. 柱距；*a*. 生产设备宽度或长度；*b*. 通道宽度；*c*. 操作宽度；*d*. 生产设备边缘至柱轴线的距离；*e*. 生产设备边缘至通道边缘的安全距离

（2）柱距尺寸的确定

我国单层厂房主要采用装配式钢筋混凝土结构体系，其基本柱距是 6m，而相应的结构构件如基础梁、吊车梁、连系梁、屋面板、横向墙等，均已配套成型，有全国通用的构件标准图集，设计、制作、运输、安装都积累了丰富的经验。这种体系至今仍广泛采用。当采用砖混结构的砖柱时，其柱距宜小于 4m，可采用 3.9m，3.6m，3.3m 等。

2. 扩大柱网

随着科学技术的发展，厂房内部的生产工艺、生产设备、运输设备等也在不断地变化、更新，为了使厂房有相应的灵活性和通用性，宜采用扩大柱网。扩大柱网实质上是扩大柱距，即柱距采用 6m 的整倍数，如 12m、18m、24m 等。常用扩大柱网（跨度×柱距）为 12m×12m，15m×12m，18m×12m，24m×12m，18m×18m，24m×24m 等。扩大柱网有如下优点：

1）可以提高厂房面积利用率。

2）有利于大型设备的布置及重型产品的运输。

3）适应生产工艺变更及生产设备更新的要求，能提高厂房的通用性。

4）构件数量减少，能加快建设速度，但增加了构件重量。

5）有利于减少柱和柱基础的工程量。

单层厂房采用扩大柱网后，屋顶承重方案有两种，即有托架方案和无托架方案（图 9.12）。

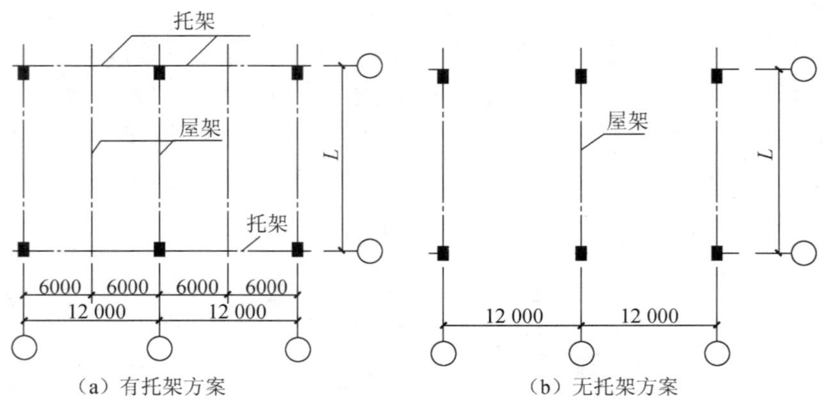

图 9.12　扩大柱网层顶承重方案

有托架方案是在扩大的柱距间设托架（托梁），屋架间距仍为 6m，屋面板、墙板都是 6m。这种方案除托架（托梁）及托架处的柱子与基础外，其他构件均与 6m 柱距系统一致。但是由于设置了托架，设备管道（如垂直落水管，通风竖管等）的布置会受到一定的影响，并且屋面板等仍采用 6m 构件，厂房总的构件数量及安装工程量均未减少，对促进建筑工业化的作用不大。

无托架方案是屋面板和墙板的跨度为扩大柱距。这种方案使厂房的结构形式简单，受力明确，构件数量少，有利于施工吊装及建筑工业化，技术经济指标比较优越。

9.2.6　生活间设计

生活间指为了满足工人在生产过程前后的生产卫生及生活上的需要而在车间附近设置的专用房间。合理的生活间设计可以给工人创造良好的劳动卫生条件，有助于提高劳动生产率，保证产品质量。

1. 生活间设计原则

1）生活间应尽量布置在车间主要人流出入口处，且与生产操作地点有方便的联系，并避免工人上、下班时的人流与厂区内主要运输线（火车、汽车等）的交叉，人数较多集中设置的生活间以布置在厂区主要干道两侧且靠近车间为宜。

2）生活间应有适宜的朝向，使之获得较好的采光、通风和日照。同时，生活间的位置也应尽量减少对厂房天然采光和自然通风的影响。

3）生活间不宜布置在有散发粉尘、毒气及其他有害气体车间的下风侧或顶部，并尽量避免噪声振动的影响，以免被污染和干扰。

4）在生产条件许可及使用方便的情况下，应尽量利用车间内部的空闲位置设置生活间，或将几个车间的生活间合并建造，以节省用地和投资。

5）生活间的平面布置应面积紧凑，人流通畅，男女分设，管道尽量集中。

6）建筑形式与风格应与车间和厂区环境相协调。

2. 生活间的布置形式

生活间的布置形式有三种，即毗连式、独立式和内部式（图 9.13）。

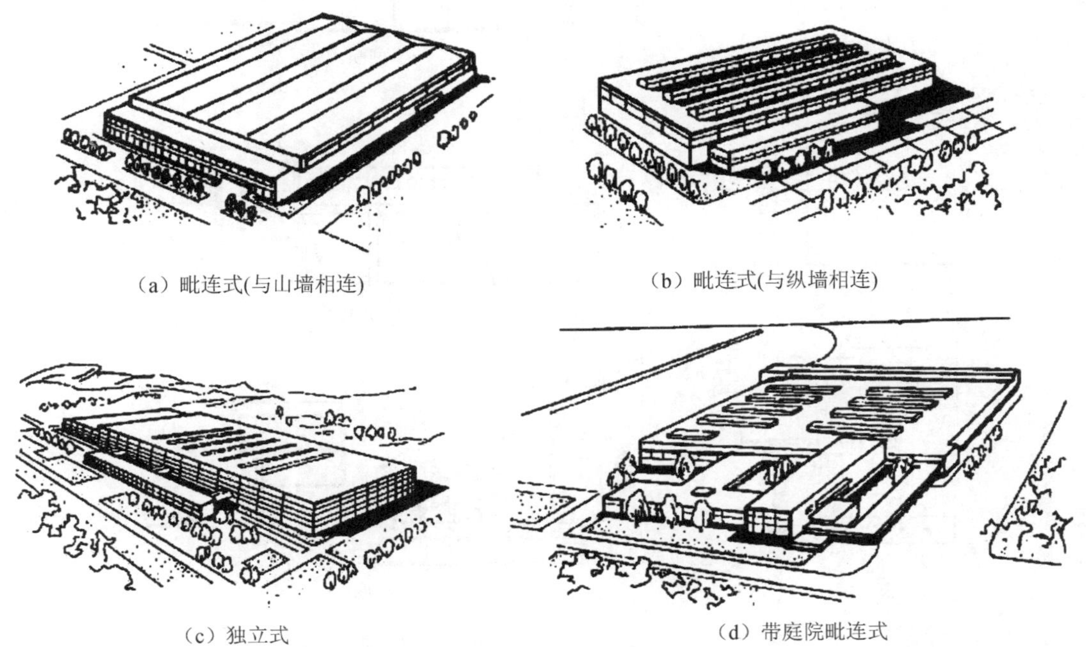

（a）毗连式(与山墙相连)　（b）毗连式(与纵墙相连)

（c）独立式　（d）带庭院毗连式

图 9.13　生活间与车间位置关系图

（1）毗连式生活间

毗连式生活间即生活间紧靠厂房外墙（山墙或纵墙）布置。这种形式的生活间与车间联系方便，有利于行政管理及辅助生产用房的布置，占地面积少，生活间与车间之间只用一道墙，所以外围护结构长度缩短，有利于保温、隔热，节约能源，经济效果比较好。但生活间的布置会对车间的采光和通风造成一定的影响，在设计中要采取相应的措施，如在屋顶设置天窗等。另外，如车间内部有较大振动、噪声、余热、灰尘及有害气体时，对生活间危害较大。

毗连式生活间和厂房的结构方案不同，荷载相差也很大，所以在两者毗连处应设置沉降缝。

（2）独立式生活间

独立式生活间即生活间距厂房有一定距离，分开布置。它适用于露天生产、不采暖车间、热加工车间以及运输频繁、振动较大等车间。由于生活间与车间分开布置，二者的采光、通风互不影响，生活间布置灵活，而且生活间与车间的结构方案互不影响，亦可几幢厂房合用（如设计成综合楼）。但其占地多，造价较高，与车间联系不便。

独立式生活间与车间的连接方式可采用走廊连接、天桥连接和地道连接三种方式，如图 9.14 所示。

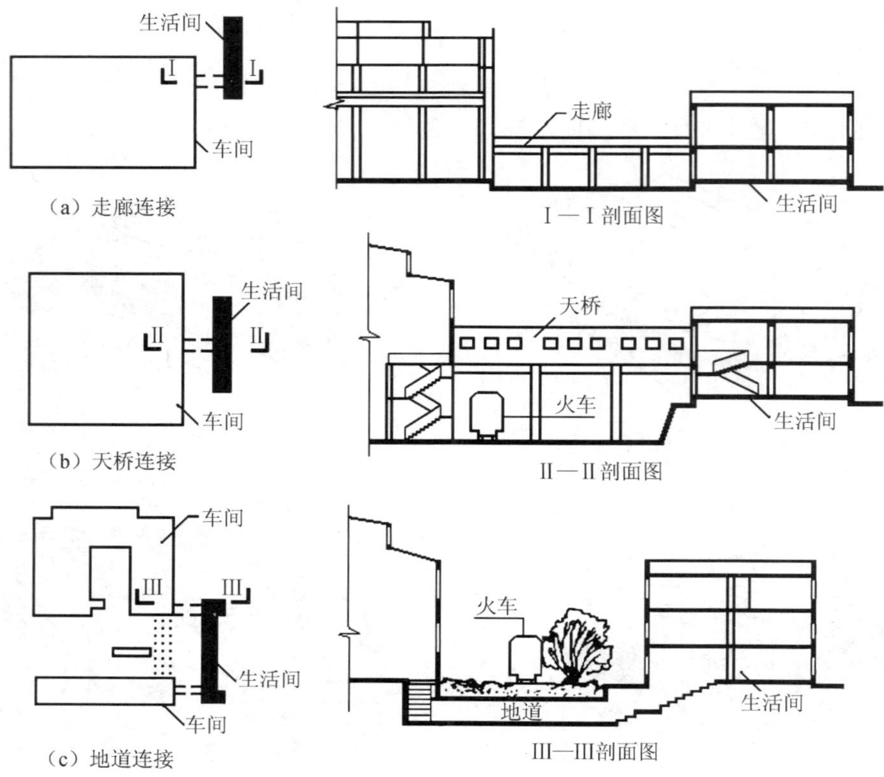

图 9.14 独立式生活间与车间连接的三种方式

(3) 厂房内部式生活间

厂房内部式生活间即在生产工艺和生产状况允许的前提下，生活间布置在车间内部的形式。它具有使用方便、节省建筑面积和体积、经济合理等优点，但车间的通用性会受到约束。内部式生活间通常可布置在车间以下部位：

- 边角、空余地段，如柱子与柱子之间、车间平台下的空间。
- 在车间上部设夹层。
- 车间一角。
- 地下室或半地下室。这种情况需设置机械通风、人工照明，构造复杂，费用较高，所以一般较少采用。

9.3 单层厂房剖面设计

单层厂房的剖面设计是单层厂房设计中的重要一环，它一般是在平面设计的基础上进行的，主要解决建筑空间如何满足生产工艺的各项要求，并为提高建筑工业化创造条件。

剖面设计的具体任务是：

- 确定合理的厂房高度，使其有满足生产工艺要求的足够空间。
- 解决好厂房的采光和通风，使其满足生产工艺的要求和具有良好的室内环境。
- 选择好结构方案和围护结构形式。
- 满足建筑工业化要求。

本节主要研究厂房高度的确定及厂房的采光、通风等三个方面的问题。

9.3.1　厂房高度的确定

厂房高度指厂房室内地坪到屋顶承重结构下表面之间的垂直距离。一般情况下，它与柱顶距地面的高度基本相等，所以单层厂房的高度常以柱顶标高来衡量，当屋顶承重结构是倾斜的，其计算点应算到屋顶承重结构的最低点，同时柱子长度应满足模数协调标准的要求。

1. 柱顶标高的确定

(1) 无吊车厂房

柱顶标高通常是根据最大生产设备的高度和其使用、安装、检修时所需的净空高度确定的。同时，必须考虑采光和通风的要求，以及避免由于单层厂房跨度大，高度低时给空间带来的压抑感。一般不低于 3.9m，柱顶标高应符合 300mm 的整数倍，若为砖石结构承重，柱顶标高应为 100mm 的倍数。

(2) 有吊车厂房

有吊车厂房的柱顶标高可按下式计算求得（图 9.15），即

$$\left.\begin{aligned} H &= H_1 + H_2 \\ H_1 &= h_1 + h_2 + h_3 + h_4 + h_5 \\ H_2 &= h_6 + h_7 \end{aligned}\right\} \tag{9.1}$$

式中，H——柱顶标高；

H_1——轨顶标高；

H_2——轨顶至柱顶高度；

h_1——需跨越最大设备，室内分隔墙或检修所需的高度；

h_2——起吊物与跨越物间的安全距离，一般为 400～500mm；

h_3——被吊物体的最大高度；

h_4——吊索最小高度，根据起吊物大小和起吊方式而定，一般大于 1000mm；

h_5——吊钩至轨顶面的最小尺寸，由吊车规格表中查得；

h_6——吊车梁轨顶至小车顶面的净空尺寸，由吊车规格表中查得；

h_7——屋架下弦至小车顶面之间的安全距离，主要应考虑到屋架下弦及支撑可能产生的下垂挠度，以及厂房地基可能产生不均匀沉降时对吊车正常运行的影响，最小尺寸为 220mm，湿陷性黄土地区一般不小于 300mm，如屋架下弦悬挂有管线等其他设施时还需另加必要的尺寸。

钢筋混凝土结构柱顶标高 H 应为 300mm 的整倍数，轨顶标高 H_1 为 600mm 的整倍数，牛腿标高也应为 300mm 的整倍数。

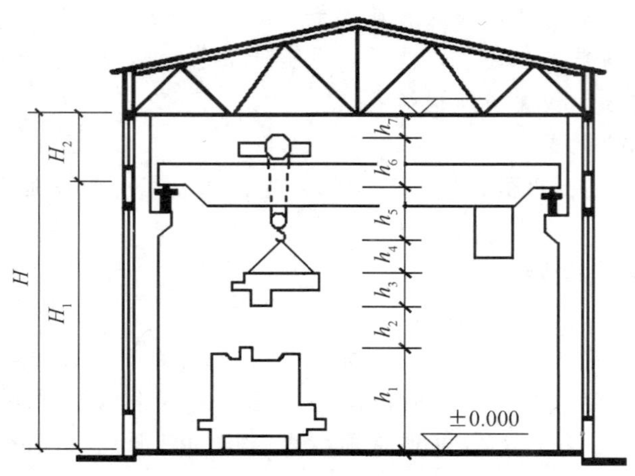

图 9.15　厂房高度的组成

2. 室内外地坪标高的确定

厂房室内外地坪的绝对标高是在厂区总平面设计时确定的，室内外高差的大小应考虑方便运输，防止雨水侵入等因素，常取 100～150mm，并在室外入口处设置坡道。

在地形较平坦的情况下，整个厂房地坪一般取一个标高，相对标高定为±0.000。当在山地建厂时，由于地形起伏不平，为了尽量减少土石方工程量，降低工程造价，应依山就势，因地制宜，采取两个及以上的地坪标高，但主要地坪面的标高为±0.000。

3. 厂房高度的调整

以上仅是单层厂房高度的确定原则，对于多跨厂房和有特殊设备要求的厂房，需做相应的厂房高度的调整，以达到经济合理，并能有效地节约并利用空间的目的。在实际工程中，主要有以下几种情况：

1）在多跨厂房中，当高低跨相差较小，可提高低跨高度，变高低跨为等高跨。使构造简单，施工方便，有利于提高厂房的通用性，比较经济。

2）在工艺条件允许的情况下，把高大设备布置在两榀屋架之间，利用屋顶空间起到缩短柱子长度的作用，从而降低了厂房高度（图 9.16）。

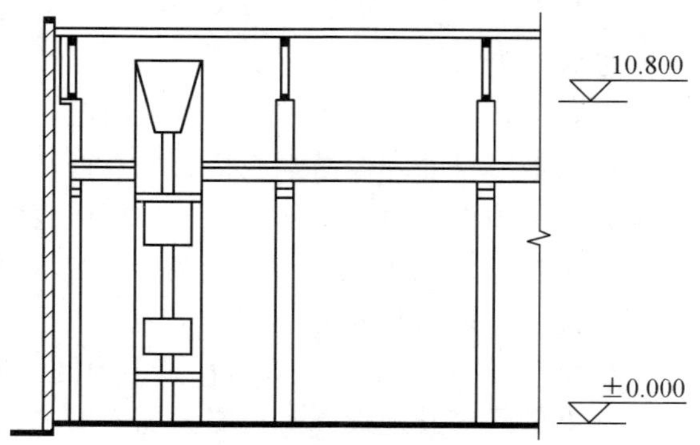

图 9.16　利用屋架间空间布置设备

3）在厂房内部有个别高大设备或需高空间操作的工艺环节时，可采取降低局部地面标高的方法，从而减小厂房空间高度（图 9.17）。

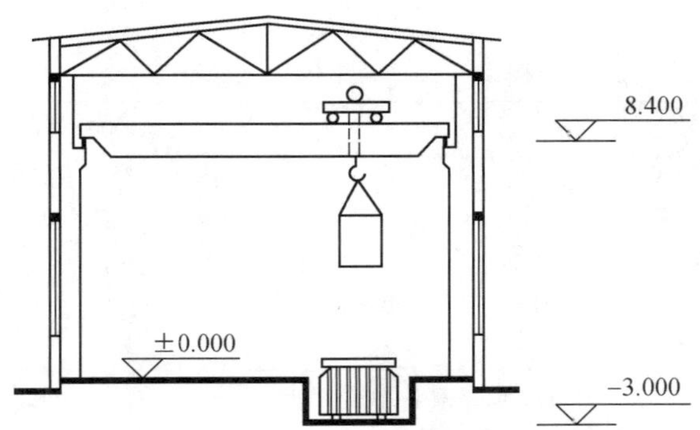

图 9.17　某厂房变压器修理工段剖面图

9.3.2　天然采光

天然光线的质量好，又不耗费电能，故单层厂房白天大多采用天然采光；仅在一些不能利用天然采光（如某些要求洁净、恒温、恒湿而又设计成无窗的厂房），或采光要求高，天然采光不能满足要求的情况下，才采用人工照明或辅以人工照明。采光设计就是根据室内生产对采光的要求来确定窗口大小、形式及其布置，使室内获得良好的采光条件。

1. 天然采光的基本要求

(1) 满足采光系数标准值的要求

室内工作面应有一定的光线，光线的强弱是用“照度”（即单位面积上所接受的光通量）来衡量的。由于季节、天气不同，室外天然光线随时都在变化，室内的照度也随之变化。因此，在天然采光设计中，不可能用这个变化不定的照度值作为采光设计的依据，而是用室内工作面上某一点的照度 E_n 与同一时刻室外全云天水平面上天然光照度 E_w 的百分比表示，这个比值称为室内某点的采光系数 C（图 9.18）。

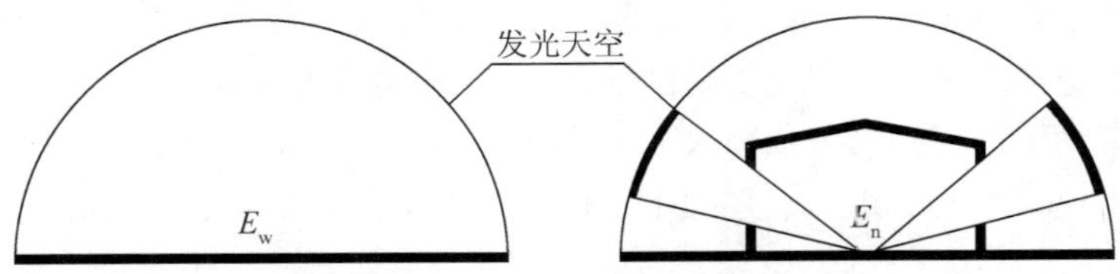

图 9.18　采光系数值的确定

$$C = E_n / E_w \times 100\% \tag{9.2}$$

式中，E_n——室内工作面上某点照度，lx；

E_w——同一时刻室外全云天地面上的天空扩散照射下的照度，lx。

在采光设计中，以此不变的采光系数作为厂房采光设计的标准。

根据我国光气候特征和视觉试验，以及对实际情况的调查等，《建筑采光设计标准》（GB/T 50033—2013）将我国工业生产的视觉工作分为 V 级。为满足车间内部有良好的视觉工作条件，生产车间工作面上（取距地面 1m）的采光系数及室内天然光照度值不应低于表 9.1中规定的数据。

表 9.1　工业建筑的采光标准值

采光等级	车间名称	侧面采光		顶部采光	
		采光系数标准值/%	室内天然光照度标准值/lx	采光系数标准值/%	室内天然光照度标准值/lx
Ⅰ	特精密机电产品加工、装配、检验、工艺品雕刻、刺绣、绘画	5.0	750	5.0	750
Ⅱ	精密机电产品加工、装配、检验、通信、网络、视听设备、电子元器件、电子零部件加工、抛光、复材加工、纺织品精纺、织造、印染、服装裁剪、缝纫及检验、精密理化实验室、计量室、测量室、主控制室、印刷品的排版、印刷、药品制剂	4.0	600	3.0	450
Ⅲ	机电产品加工、装配、检验、机库、一般控制室、木工、电镀、油漆、铸工、理化实验室、造纸、石化产品后处理、冶金产品冷轧、热轧、拉丝、粗炼	3.0	450	2.0	300
Ⅳ	焊接、钣金、冲压剪切、锻工、热处理、食品、烟酒加工和包装、饮料、日用化工产品、炼铁、炼钢、金属冶炼、水泥加工与包装、配、变电所、橡胶加工、皮革加工、精细车库(及库房作业区)	2.0	300	1.0	150
Ⅴ	发电厂主厂房、压缩机房，风机房，锅炉房，泵房，动力站房、(电石库，乙炔库，氧气瓶库，汽车库，大中件贮存库)一般库房、煤的加工、运输、选煤配料间原料间、玻璃退火、熔制	1.0	150	0.5	75

注：1. 表中所列采光系数值适用于我国Ⅲ类光气候区。采光系数值根据室外设计照度值为 15 000lx 制订。其他光气候区对应的光气候系数(K)分别为 0.85(Ⅰ类)、0.90(Ⅱ类)、1.00(Ⅲ类)、1.10(Ⅳ类)、1.20(Ⅴ类)。
2. 采光标准的上限值不宜高于上一采光等级的级差，采光系数值不宜高于 7%。

(2) 满足采光均匀度的要求

采光均匀度是指假定工作面上的采光系数最低值与平均值的比值。要求工作面各处的照度均匀，避免出现过于明亮或阴暗的情况，以免视力反复适应而产生视觉疲劳，影响工人操作，降低劳动生产率。当为顶部采光时，Ⅰ～Ⅳ级采光等级的采光均匀度不宜小于 0.7。为此，相邻两天窗中线间的距离不宜大于工作面至天窗下沿高度的 1.5 倍。

(3) 避免在工作区产生眩光

视野内出现比周围环境突出明亮而刺眼的光叫眩光。眩光会使人的眼睛感到不舒适或无法适应，影响人的视力甚至心理卫生，降低劳动生产率。所以，应采取减少窗口眩光的措施如作业区内减少或避免直射阳光，视觉背景不宜为窗口，窗框内表面和窗间墙用浅色饰面，采用室内外遮阳设施等。

2. 采光方式及布置

在建筑物中的外围护结构上开有窗扇的透明的孔洞，称为采光口。按采光口在外围

护结构上不同的位置分为三种方式，即侧窗采光、顶部采光和混合采光(图 9.19)。

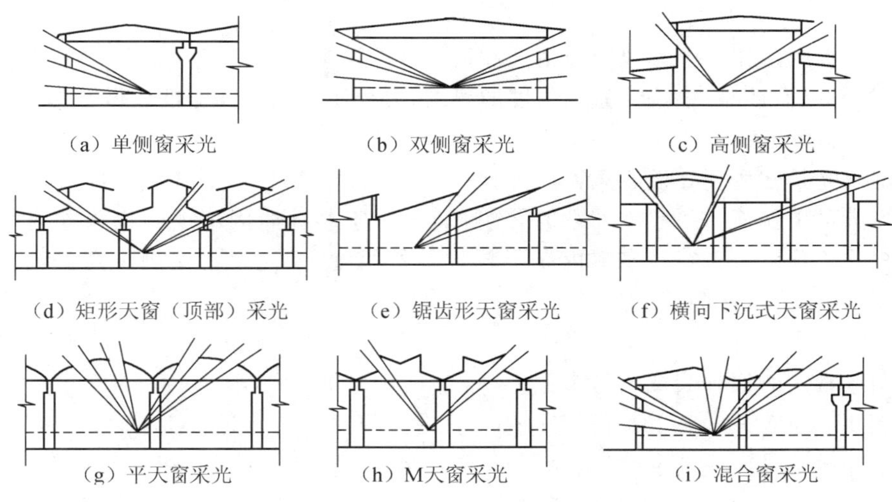

图 9.19　单层厂房天然采光方式

(1) 侧窗采光

侧窗采光的采光口布置在厂房的侧墙上，分为单侧采光和双侧采光两种方式[图 9.19(a,b)]。当房间较窄时，可采用单侧采光。单侧采光光线不均匀，衰减幅度大，单侧采光的有效进深约为侧窗口上沿至工作面高度的两倍，超越单侧采光的有效范围时，就要采用双侧采光或辅以人工照明等方式。

在设有吊车梁的厂房中，在吊车梁处开窗是没有必要的。因此，常将侧窗分上下两段布置，下段高度大一些，称为低侧窗；上段高度小一些，称为高侧窗。高低侧窗结合布置，不仅是结构构件位置所分隔，而且有利于提高远窗点的照度和厂房天然采光的均匀度。为了方便工作(如检修吊车轨等)和不使吊车梁遮挡光线，高侧窗窗台宜高于吊车梁面约 600mm，低侧窗窗台高度应略高于工作面高度，工作面高度一般取 1.0m 左右(图 9.20)。

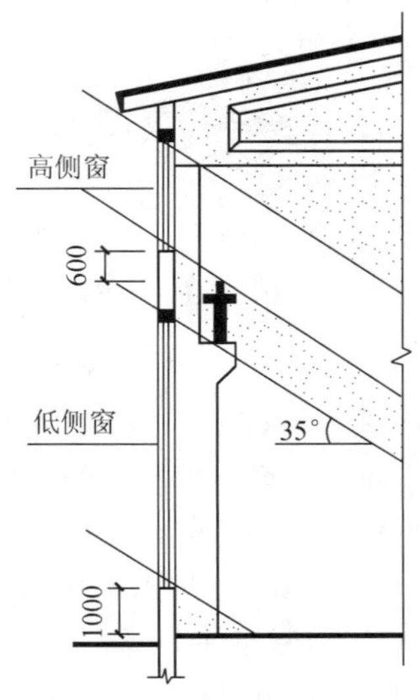

图 9.20　吊车梁遮挡光线与高低侧窗的位置关系

在设计多跨厂房时，可以利用厂房高低差来开设高侧窗，使厂房的采光均匀（图 9.19c）。

沿侧窗纵向工作面上光线分布情况和窗子及窗间墙宽度有关。窗间墙愈宽，光线均匀度愈差，所以设计时，根据采光均匀度的要求，要控制窗间墙的宽度或做带形窗。

(2) 顶部采光

顶部采光是在屋顶处设置天窗，见图 9.19(d～h)。当厂房为连续多跨，中间跨无法通过侧窗满足工作面上的照度要求时，或侧墙上由于某种原因不能开设采光窗时，可采用这种方式。顶部采光容易使室内获得较均匀的照度，采光率也比侧窗高，但它的结构与构造复杂，造价也比侧窗采光高。

采光天窗有多种形式，如矩形、梯形、锯齿形、三角形、下沉式、平天窗等(图 9.21)。下面介绍最常用的四种天窗及其布置。

1) 矩形天窗[图 9.19(d)、图 9.21(a)]。是沿跨间纵向升起局部屋面，在高低屋面的垂直面上开设采光窗而形成的，是我国单层工业厂房应用最广的一种天窗形式，其采光特点与侧窗采光类似，具有中等照度。若天窗扇为南北向时，室内光线均匀，可减少直射阳光进入室内。窗关闭时，积尘少，易于防水；窗开启时，可兼起通风作用。但矩形天窗的构件类型多，结构复杂，抗震性能较差。

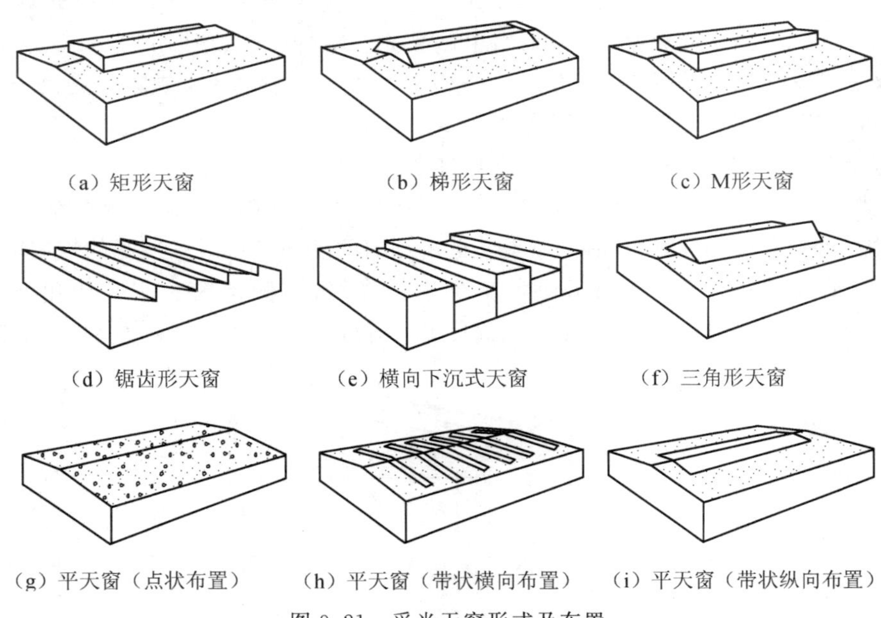

图 9.21　采光天窗形式及布置

2) 锯齿形天窗[图 9.19(e)、图 9.21(d)]。是将厂房屋盖做成锯齿形，在两齿之间的垂直面上设采光窗而形成的。这种天窗可利用倾斜的天棚反射光线，因此采光效率比矩形天窗高。窗扇开启时，能兼起通风的作用。天窗窗口常采用北向或接近北向，阳光不会直射入室内，室内光线均匀稳定。因此，锯齿形天窗多适用于要求光线稳定和需要调节温湿度的厂房，如纺织厂、印染厂、精密车间等。

3) 横向下沉式天窗[图 9.19(f)、图 9.21(e)]。是将相邻柱距的屋面板上下交错布置在屋架的上下弦上，通过屋面板位置的高差作采光口形成的。这种天窗可根据使用要

求每隔一个柱距或几个柱距灵活布置，采光效率与纵向矩形天窗相近，但造价较矩形天窗低(约为矩形天窗的62%)。当厂房为东西向时，横向下沉式天窗为南北向，因此它多适用于朝向为东西向的冷加工车间。同时，它的排气路线短捷，可开设较大面积的通风口，因此也适用于要求通风量大的热加工车间。其缺点是窗扇形式受屋架限制，构造复杂，厂房纵向刚度差。

4) 平天窗[图9.19(g)、图9.21(g～i)]。是在屋面板上直接设置采光口而形成的。这种天窗采光效率最高，在采光面积相同的条件下，照度约为矩形天窗的3～5倍；而且构造简单，布置灵活(可以成点、成块或成带布置)，施工方便，造价低(约为矩形天窗的1/3～1/4)。但直射光多易产生眩光，窗户一般不开启，起不到通风作用，采暖地区玻璃易结露，形成水滴下落，玻璃表面易积尘、积雪、玻璃破碎易伤人，所以平天窗在工业建筑中未得到广泛采用。

(3) 混合采光[图9.19(i)]

当厂房很宽，侧窗采光不能满足整个厂房的采光要求时，则须在屋顶上开设天窗，即采用混合采光的方式。特点是可以充分发挥侧窗采光和天窗采光的优点，采光效率高。

3. 采光面积的确定

采光面积一般是根据厂房的采光、通风、立面设计等综合因素来确定的。首先大致确定窗户面积，然后根据厂房对采光的要求进行计算校核，验证其是否符合采光标准。采光计算的方法很多，《工业企业采光设计标准》中介绍的图表计算法是我国目前较为简便的方法。由于一般厂房对采光要求不很精确，可按窗地面积比估算窗面积。在方案设计时，对Ⅲ类光气候区的采光，窗地面积比和采光有效深度可按表9.2进行估算，其他光气候区的窗地面积比应乘以相应的光气候系数。

表9.2 窗地面积比和采光有效深度

采光等级	侧面采光		锯齿形天窗
	窗地面积比 (A_c/A_d)	采光有效深度 (b/h_s)	窗地面积比 (A_c/A_d)
Ⅰ	1/3	1.8	1/6
Ⅱ	1/4	2.0	1/8
Ⅲ	1/5	2.5	1/10
Ⅳ	1/6	3.0	1/13
Ⅴ	1/10	4.0	1/23

注：顶部采光指平天窗采光，锯齿形天窗和矩形天窗可按平天窗的1.5倍和2倍窗地面积比进行估算。

9.3.3 自然通风

厂房的通风方式有自然通风和机械通风两种方式。自然通风是利用空气的自然流动将室外的空气引入室内，将室内污浊和较高温度的空气排至室外，这种通风方式受地区气候和建筑物周围环境的影响较大，通风效果不稳定。机械通风是用专门的机械

设备做动力，使厂房内部空气流动，达到通风、降温的目的，它的通风效果比较稳定，并可根据需要进行调节，但设备费较高，耗电量较大。所以，在无特殊要求的厂房中，尽量以自然通风的方式解决厂房通风问题。

1. 自然通风的基本原理

单层厂房自然通风是利用空气的热压作用和风压作用进行的。

（1）热压作用

厂房内部由于生产过程中产生的热量和人体散发热量的影响，室内空气膨胀，密度减小而上升，室外空气温度相对较低，密度较大，便由外围护结构下部的门窗洞口进入室内，使室内外的空气压力趋于相等。进入室内的冷空气又被热源加热，变轻上升。由于热空气的上升，上部窗口内侧的气压大于天窗外侧的气压，使室内热气不断排出，如此循环，达到通风的目的。这种利用室内外冷热空气产生的压力差进行通风的方式，称为热压通风。图 9.22 是设矩形天窗的单层厂房热压通风原理示意图。

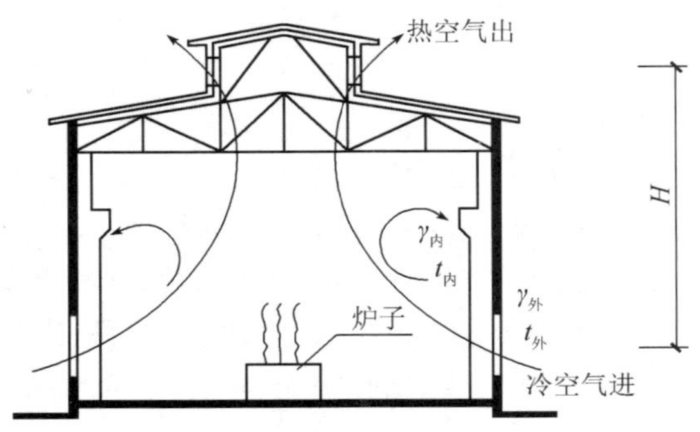

图 9.22　热压通风原理示意图

热压值的大小与上下进排风口中心线的垂直距离（H）和室内外空气密度差（$\gamma_{外}\sim\gamma_{内}$）成正比。因此，在无天窗的厂房中，应尽可能提高高侧窗的位置，降低低侧窗的位置，以增加进排风口的高差，进行热压通风。而中部侧窗可采用固定窗或便于开关的中悬窗。

（2）风压作用

当风吹向建筑物时，房屋迎风面气流受阻，速度变慢，空气压力增大，超过大气压力，此区称为正压区，用“+”号表示；背风面的空气压力则小于大气压力，称为负压区，用“—”号表示。单层厂房中，在正压区设进风口，而在负压区设排风口，使室内外空气进行交换，这种由于风压的作用而产生的空气压力差进行通风的方式称为风压通风（图 9.23）。

在剖面设计中，应根据自然通风的原理，正确布置进、排风口的位置，合理组织气流，达到通风换气及降温的目的。应当指出，为了增大厂房内部的通风量，应考虑主导风向的影响，特别是夏季主导风向的影响。

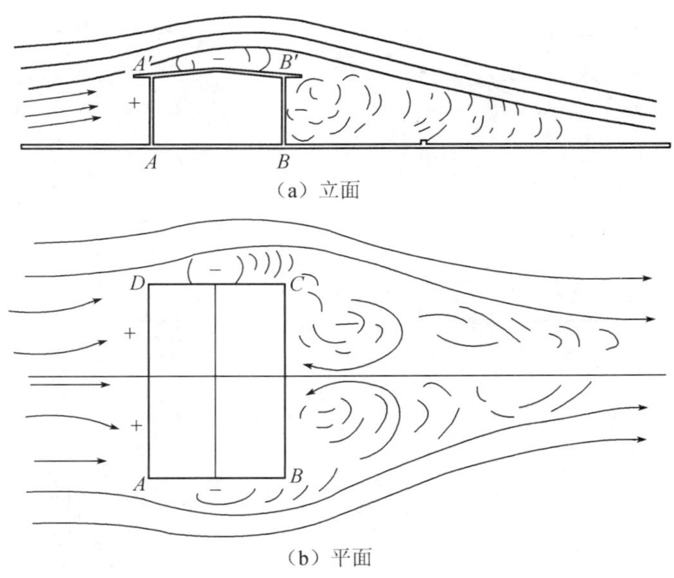

图 9.23　风绕房屋流动时压力状况示意图

2. 冷加工车间的自然通风

冷加工车间无大的热源，室内余热量较小，利用门窗就可以满足室内通风换气的要求。由于室内外温差小，组织自然通风时可结合工艺与总平面设计进行，尽量使厂房纵向垂直于夏季主导风向或不小于45°倾角，厂房宽度限制在60m以内。在外墙上设窗，在纵横贯通的通道端部设门，以便组织穿堂风。为避免气流分散，影响穿堂风的流速，冷加工车间不宜设置通风天窗，但为了排除积聚在屋盖下部的热空气，可以设置通风屋脊。

3. 热加工车间的自然通风

热加工车间生产时散发出大量的余热、有害气体和烟尘，在剖面设计中，应合理布置进、排风口的位置，有效地组织好自然通风，提高通风效果。

(1) 进、排风口的布置

根据热压通风原理，进风口的位置应尽可能低。南方炎热地区低侧窗窗台可低至0.4～0.6m，或不设窗扇而采用下部敞口进气；寒冷地区低侧窗可分为上下两排，夏季将下排窗开启，上排窗关闭［图9.24 (a)］；冬季将上排窗开启，下排窗关闭［图9.24 (b)］，避免冷风直接吹向人体。侧窗开启方式有：上悬、中悬、平开和立转四种，其中立转窗通风效果最好。排风口的位置尽可能高，一般高侧窗设在柱顶处或靠近檐口一带［图9.25 (a)］。当设有天窗时，天窗一般设在屋脊处［图9.25 (b)］，另外，为了尽快排除热空气，需要缩短通风距离，天窗宜设在散发热量较大的设备上方［图9.25 (c)］。外墙中间部分的侧窗，应按采光窗设计，常采用固定窗或中悬窗，一般不采用上悬窗，以免影响下部进风口的进气量和气流速度。

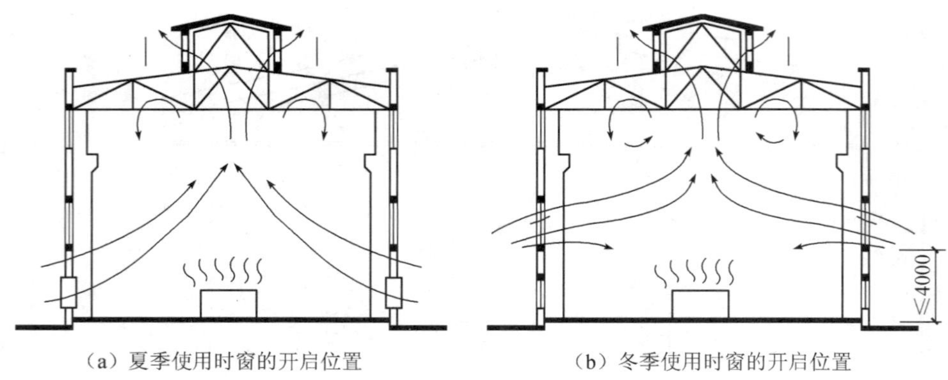

（a）夏季使用时窗的开启位置　　（b）冬季使用时窗的开启位置

图 9.24　寒冷地区低侧窗进风口位置

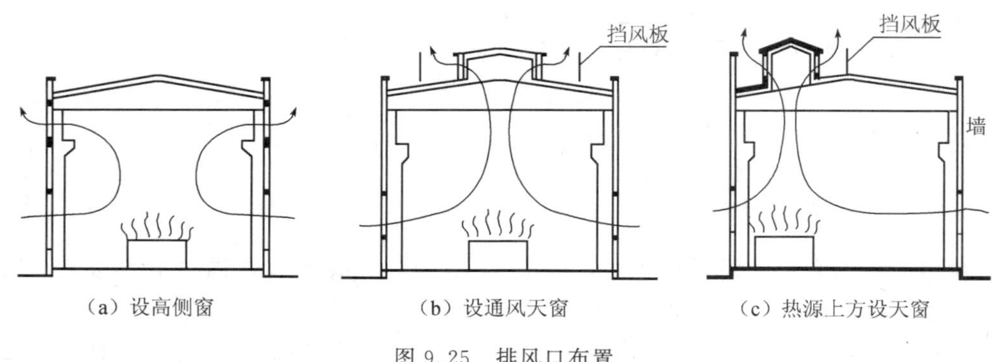

（a）设高侧窗　　（b）设通风天窗　　（c）热源上方设天窗

图 9.25　排风口布置

（2）通风天窗

以通风为主要功能的天窗称为通风天窗，类型主要有矩形通风天窗和下沉式通风天窗。

1）矩形通风天窗。在矩形天窗两侧加设挡风板，一般不设窗扇，即为矩形通风天窗。热车间的自然通风是在风压和热压的共同作用下进行的，其空气流动出现三种状态：

当风压小于室内热压时，背风面与迎风面的排风口均可排气［图 9.26（a）］；当风压等于室内热压时，迎风面排风口停止排气，只能靠背风面的排风口排气［图 9.26（b）］；当风压大于热压时，迎风面的排风口不但不能排气，反而出现风倒灌的现象［图 9.26（c）］，阻碍室内空气的热压排风。这时如果关闭迎风面排风口，打开背风面的排风口，则背风面排风口也能排气。但由于风向是不断变化的，要适应风向的改变不断开启或关闭排风口是困难的。要防止迎风面风压对室内排风口产生的不良影响，最有效的措施是在迎风面距离排风口一定的位置设置挡风板，无论风从哪个方向吹来，均可使排风口始终处于负压区。设有挡风板的矩形天窗称为矩形通风天窗或避风天窗。当无风时，厂房内部靠热压通风；有风时，风速越大则负压区绝对值也越大，排风量也大。挡风板至矩形天窗的距离等于排风口高度的 1.1～1.5 倍为宜。

2）下沉式通风天窗。在屋顶结构中，部分屋面板铺在屋架上弦上，部分屋面板铺在屋架下弦上。利用屋架上弦与下弦之间的空间构成在任何风向下均处于负压区的排风口，这样的天窗称为下沉式通风天窗。下沉式通风天窗与矩形通风天窗相比有荷载

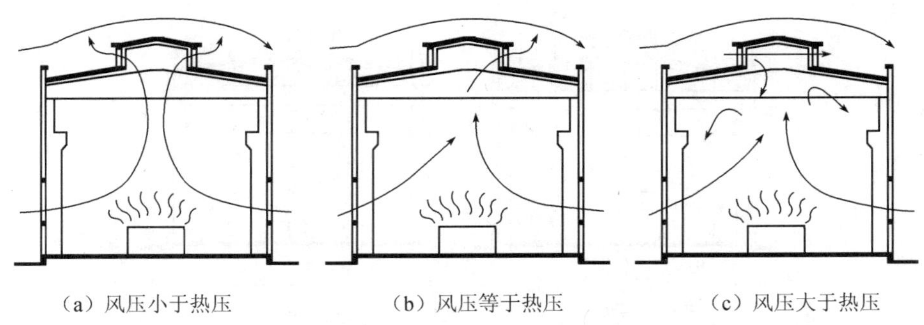

（a）风压小于热压　　（b）风压等于热压　　（c）风压大于热压

图 9.26　风压和热压共同作用下的三种气流状况示意图

小、造价低、通风稳定、布局灵活等特点，但也存在着排水构造复杂、易漏水等缺点。

下沉式通风天窗有以下三种常见形式，即井式通风天窗、纵向下沉式通风天窗、横向下沉式通风天窗，如图 9.27 所示。

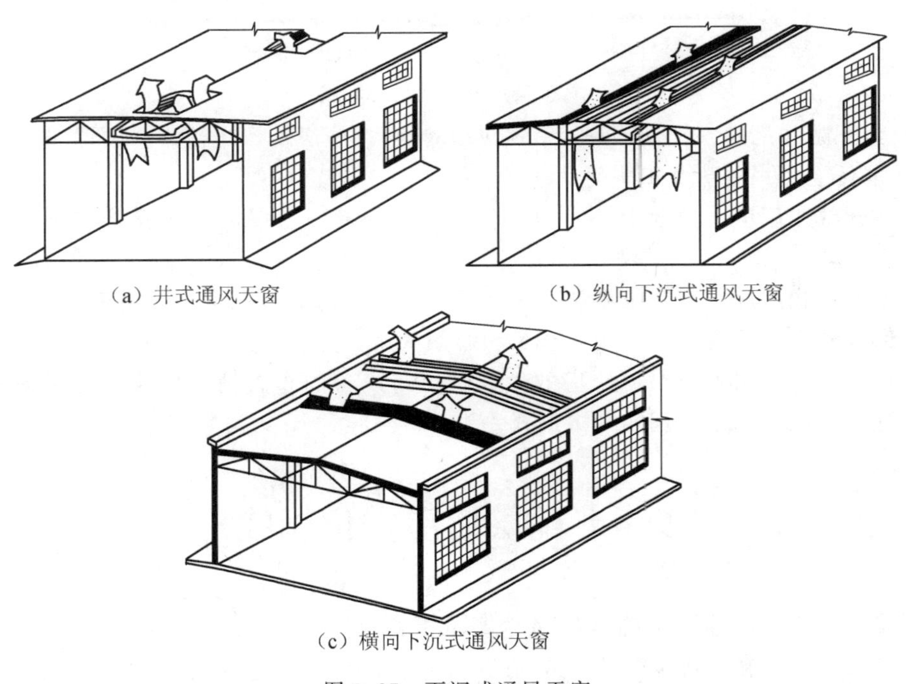

（a）井式通风天窗　　（b）纵向下沉式通风天窗

（c）横向下沉式通风天窗

图 9.27　下沉式通风天窗

（3）开敞式厂房

我国南方及长江流域地区，夏季气候炎热，这些地区的热加工车间除采用通风天窗外，外墙还可以不设窗扇而采用挡雨板，形成所谓的开敞式厂房。开敞式厂房具有通风量大、气流阻力小、散热快、构造简单、施工方便等优点，缺点是防寒、防雨、防风沙的能力差。按照开敞式厂房的开敞部位，可分为全开敞式厂房、下开敞式厂房、上开敞式厂房和部分开敞式厂房四种形式（图 9.28）。

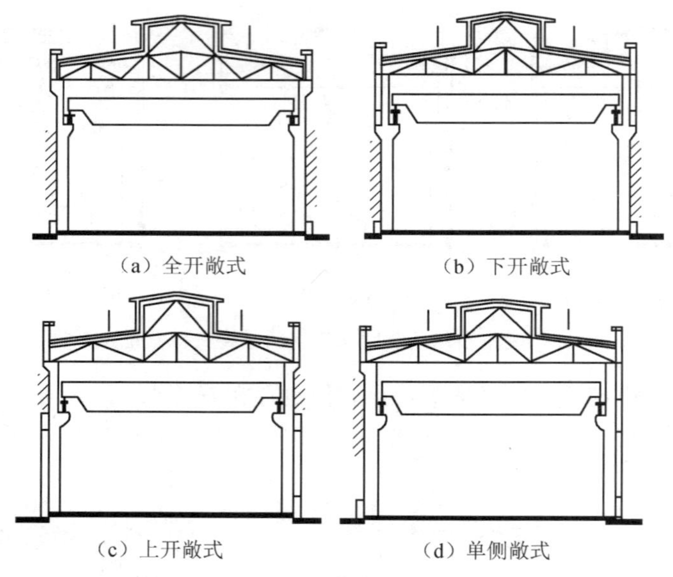

图 9.28 开敞式厂房形式

- **全开敞式厂房** 开敞面积大，通风、散热、排烟快，适用于只要求防雨而不要求保温的一些热加工车间和仓库。
- **下开敞式厂房** 排风量大、排烟稳定、可避免风倒灌，缺点是冬季冷空气直吹至人体。
- **上开敞式厂房** 可防止冬季冷风直吹人体，但风大时，会出现倒灌现象。
- **部分开敞式厂房** 有一定的通风和排烟效果。

设计开敞式厂房时应根据厂房的生产特点，设备的布置情况以及当地风向和气候等因素综合考虑，确定合理的开敞形式。

9.4 单层厂房定位轴线

单层厂房的定位轴线是确定厂房主要承重构件标志尺寸及其相互位置的基准线，也是厂房施工放线和设备安装定位的依据。为了减少厂房建筑主要构配件的规格，增加构件的互换性和通用性，提高厂房建筑工业化水平，厂房设计应执行我国现行的《厂房建筑模数协调标准》的有关规定。

与民用建筑相类似，厂房的定位轴线也分为纵向与横向。通常把与厂房长度方向相垂直的定位轴线称为横向定位轴线，横向定位轴线之间的距离称为柱距；与厂房长度方向相平行的定位轴线称为纵向定位轴线，纵向定位轴线之间的距离称为跨度（图 9.29）。

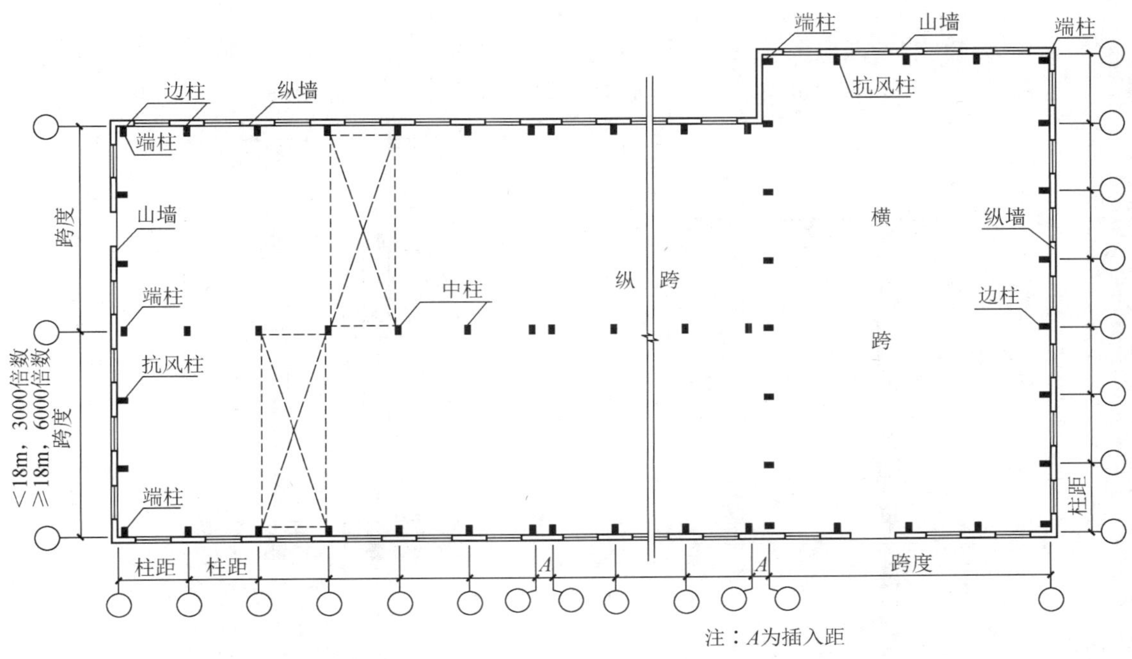

图 9.29　单层厂房定位

9.4.1　横向定位轴线

横向定位轴线用来标注厂房纵向构件如屋面板、吊车梁、连系梁、纵向支撑等长度的标志尺寸，以及其与屋架（或屋面梁）之间的相互关系。

1. 中间柱与横向定位轴线的联系

除横向变形缝处及山墙端部柱外，中间柱的中心线应与柱的横向定位轴线相重合，在一般情况下，横向定位轴线之间的距离也就是屋面板、吊车梁长度方向的标志尺寸（图 9.30）。

2. 变形缝处柱与横向定位轴线的联系

在单层厂房中，横向伸缩缝、防震缝处采用双柱双轴线的定位方法，柱的中心线从定位轴线向缝的两侧各移 600mm，双轴线间加插入距 A 等于伸缩缝或防震缝的宽度 C，这种方法可使该处两条横向定位轴线之间的距离与其他轴线间柱距保持一致，不增加构件类型，有利于建筑工业化（图 9.31）。

3. 山墙与横向定位轴线的联系

单层厂房的山墙按受力情况可分为承重墙和非承重墙，其横向定位轴线的划分有所不同。一般山墙按非承重墙处理。

山墙为非承重墙时，墙内缘与横向定位轴线重合，端部柱的中心线从横向定位轴线内移 600mm，这样做是由于山墙一般需设抗风柱，该柱通至屋架上弦或屋面梁上翼缘处，为避免与端部屋架或屋面梁发生矛盾，端部屋架或屋面梁与山墙间应留出抗风柱通上去的位置，同时也与横向变形缝处柱离开轴线 600mm 的处理一致（图 9.32）。

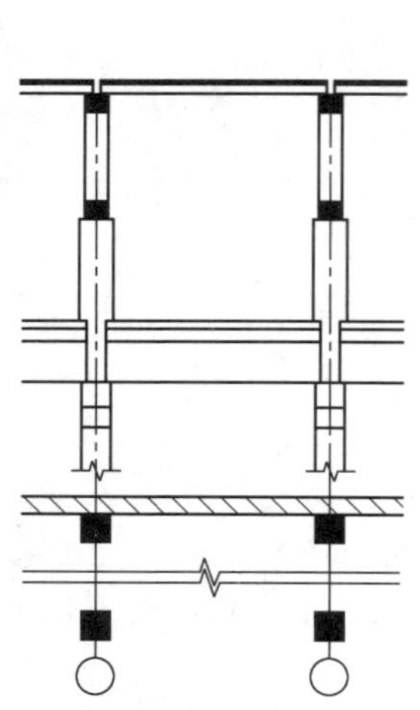

图 9.30　中间柱与横向定位轴线的联系

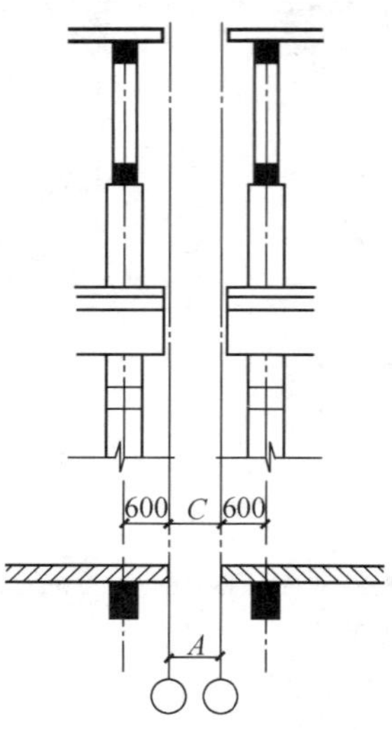

图 9.31　横向伸缩缝兼做防震缝时柱与横向定位轴线的联系

A. 插入距；*C*. 防震缝宽度

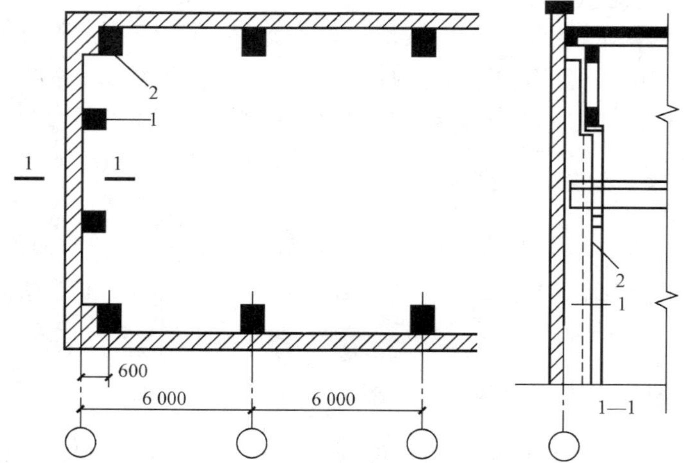

图 9.32　非承重山墙与横向定位轴线的联系

1. 山墙抗风柱；2. 厂房排架柱（端柱）

9.4.2　纵向定位轴线

纵向定位轴线用来标注厂房横向构件如屋架（或屋面梁）长度的标志尺寸和确定屋架（或屋面梁）、排架柱等构件间的相互关系。

1. 外墙、边柱与纵向定位轴线的联系

在有吊车的厂房中，为了保证吊车安全运行，以及使厂房结构与吊车规格相协调，吊车跨度与厂房跨度之间应满足以下关系式，即

$$L = L_k + 2e \tag{9.3}$$

式中，L——厂房跨度，即纵向定位轴线之间的距离；

L_k——吊车跨度，即吊车轨道中心线的距离（也就是吊车的轮距）；

e——吊车轨道中心线与纵向定位轴线之间的距离，一般为 750mm，当吊车为重级工作制而需要设安全走道板，或者吊车起重量大于 50 吨时采用 1000mm。

图 9.33 为吊车跨度与厂房跨度的关系，从图中可知

$$e = h + K + B \tag{9.4}$$

式中，h——上柱截面高度；

K——吊车端部外缘至上柱内缘的安全距离；

B——吊轨中心线至吊车端部外缘的距离，可从吊车规格表中查到。

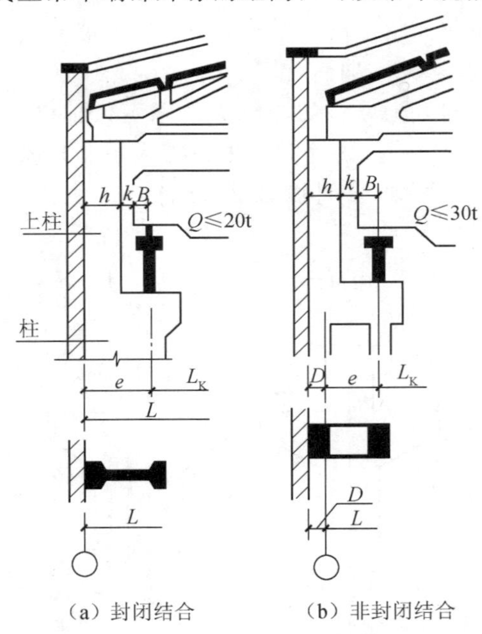

（a）封闭结合　　（b）非封闭结合

图 9.33　外墙边柱与纵向定位轴线的联系

由于吊车形式、起重量、厂房跨度、柱距不同，以及是否设置安全走道板等因素，外墙、边柱与纵向定位轴线的联系有以下两种情况。

（1）封闭结合

当纵向定位轴线与柱外缘和墙内缘相重合，屋架和屋面板紧靠外墙内缘时，称为封闭结合［图 9.33（a）］。它适用于无吊车或吊车起重量 $Q \leqslant 20t$ 的厂房。当吊车起重量 $Q \leqslant 20t$ 时，查吊车规格表可得出：$B \leqslant 260mm$，$K \geqslant 80mm$，在一般情况下，上柱截面高 $h = 400mm$，此时 $e = 750mm$，则 $K = e -（h + B）= 90mm$，能满足 $K \geqslant 80mm$ 的要求。

封闭结合具有构造简单，无附加构件，施工方便，造价经济等优点。

（2）非封闭结合

当纵向定位轴线与柱子外缘有一定距离，此时屋面板与墙内缘之间有一段空隙（D）时称为非封闭结合［图 9.33（b）］。它适用于起重量 $Q\geqslant 30\text{t}$ 的厂房。当吊车起重量 $Q=30\text{t}/5\text{t}$ 时，查吊车规格表可得出：$B=300\text{mm}$，$K\geqslant 100\text{mm}$，上柱截面高度 h 仍为 400mm，$e=750\text{mm}$，若按封闭结合的情况下考虑，则 $K=e-(B+h)=750-(300+400)=50\text{mm}$，不能满足 $K\geqslant 100\text{mm}$ 的要求，这时需将边柱从定位轴线向外移一个距离，这个值称为联系尺寸，用 D 表示，此时 $D+e=h+k+B$。

在吊车为重级工作制的厂房，吊车运行中可能需设安全走道板，或者当起重量大于 50t 时，e 值取 1000mm。

非封闭结合构造复杂，施工不便，吊车荷载对柱的偏心距也较大，厂房占地面积增大，成本较高。

2. 中柱与纵向定位轴线的联系

在多跨厂房中，中柱有平行等高跨和平行不等高跨两种形式，且有设变形缝与不设变形缝两种情况，这里仅介绍不设变形缝的中柱与定位轴线的关系。

（1）平行等高跨中柱

当厂房为平行等高跨时，通常设置单柱和一条定位轴线，柱的中心线一般与纵向定位轴线相重合［图 9.34（a）］。当等高跨中柱需采用非封闭结合时，仍可采用单柱，但需设两条定位轴线，在两轴线间设插入距 A，并使插入距中心与柱中心相重合［图 9.34（b）］。

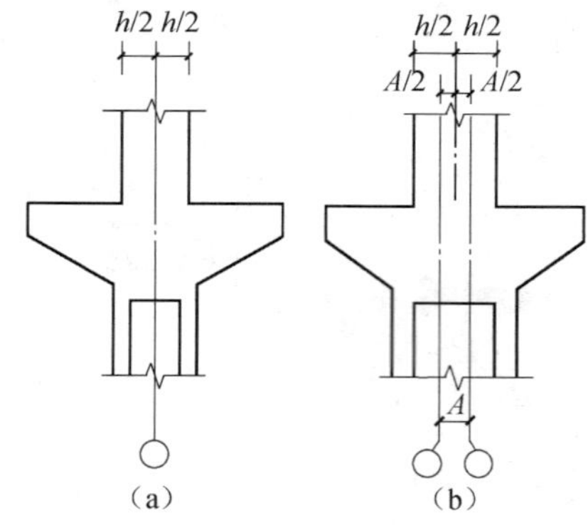

图 9.34　平行等高跨中柱与纵向定位轴线的联系

（2）平行不等高跨中柱

平行不等高跨中柱与纵向定位轴线的关系，主要有以下几种形式：

1）单轴线封闭结合。高跨上柱外缘与纵向定位轴线重合，纵向定位轴线按封闭结合设计，不需设联系尺寸［图 9.35（a）］。

2）双轴线封闭结合。高低跨都采用封闭结合，但低跨屋面板上表面与高跨柱顶之间的高度不能满足设置封墙的要求，此时需增设插入距 A，其大小为封墙厚度 B［图 9.35（b）］。

3）双轴线非封闭结合。当高跨为非封闭结合，且高跨上柱外缘与低跨屋架端部之间不设封闭墙时，两轴线增设插入距 A 等于轴线与上柱外缘之间的联系尺寸 D［图 9.35（c）］；当高跨为非封闭结合，且高跨柱外缘与低跨屋架端部之间设封墙时，则两轴线之间的插入距 A 等于墙厚 B 与联系尺寸 D 之和［图 9.35（d）］。

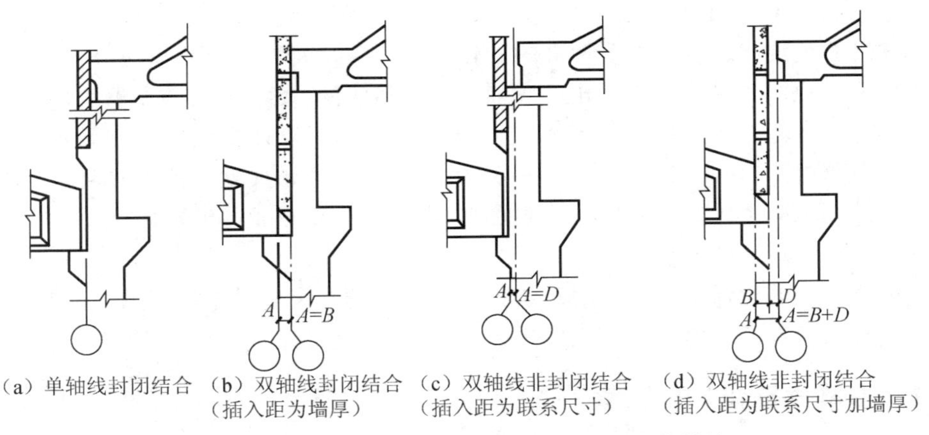

（a）单轴线封闭结合　（b）双轴线封闭结合（插入距为墙厚）　（c）双轴线非封闭结合（插入距为联系尺寸）　（d）双轴线非封闭结合（插入距为联系尺寸加墙厚）

图 9.35　无变形缝平行不等高跨中柱纵向定位轴线

9.4.3　纵横跨相交处的定位轴线

厂房的纵横跨相交时，常在相交处设变形缝，使纵横跨在结构上各自独立。纵横跨应有各自的柱列和定位轴线，两轴线间设插入距 A。当横跨为封闭结合时，$A=B+C$［图 9.36（a）］；当横跨为非封闭结合时，$A=B+C+D$［图 9.36（b）］。

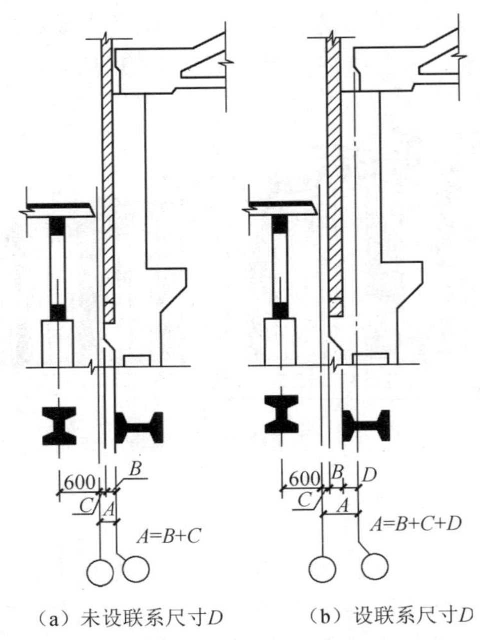

（a）未设联系尺寸D　（b）设联系尺寸D

图 9.36　纵横跨相交处柱与定位轴线的联系

9.5 单层厂房立面设计

建筑物在满足使用要求的同时，它的体型、立面、空间组合均应给人以精神上的享受。建筑的美观问题也反映了社会的文化生活、精神面貌和经济基础。

单层厂房的体型是由生产工艺、平面形状、剖面形式和结构类型所决定的，而立面处理是在建筑体型的基础上进行的，所以厂房的立面设计受到的限制要比民用建筑多得多。而单层厂房的主体车间又往往具有较大的体量和尺度，占据外环境的主要空间，成为外环境的主体，对人们有明显的吸引力和一定的强制性。因此，主体车间的好坏直接影响外环境的质量。

在单层厂房的设计中，应合理确定各构件的比例、尺度，把握好节奏和虚实对比，同时通过装饰材料的质感及色彩的变化，设计出具有现代气息的工业建筑形象。

9.5.1 影响立面设计的因素

1. 使用功能的影响

工业建筑类型较复杂，从重工业到轻工业，从小型到大型，从冷加工车间到热处理车间……可以说它们的造型基本上都是由内部的生产工艺决定的；外部造型在构成上，一般成规则式，等跨、等高等。工业建筑很少有复杂的进退变化，体现了它的秩序性，造型的处理也反映了具有理性的逻辑。图 9.37 是某无缝钢管厂的金工车间，屋顶有锯齿形天窗，通过天然采光来解决厂房内有吊车、空间较高、面积较大的要求而产生的光照问题。竖向布置的预应力夹心墙板，具有明显的垂直方向感，有规律相间布置的条形窗，条形墙和锯齿形屋顶，都富有节奏韵律感。

图 9.37 某无缝钢管厂的金工车间

2. 结构形式的影响

结构形式对厂房的体型影响较大，而屋顶形式在很大程度上决定着厂房的体型。图 9.38 是意大利某造纸厂车间，它采用两组 A 形钢筋混凝土塔架，钢缆通过塔架顶部将厂房屋顶的四根纵向钢梁悬挂起来。车间的外墙悬挂在屋盖的边梁上，与屋顶不连接，车间内没有柱子，空间灵活。今后，厂房根据需要可在任一端按同样结构扩建，并可与原厂房隔开。运用新型的结构使工业建筑造型产生了一种独特的形象，是工业建筑的一个杰作。

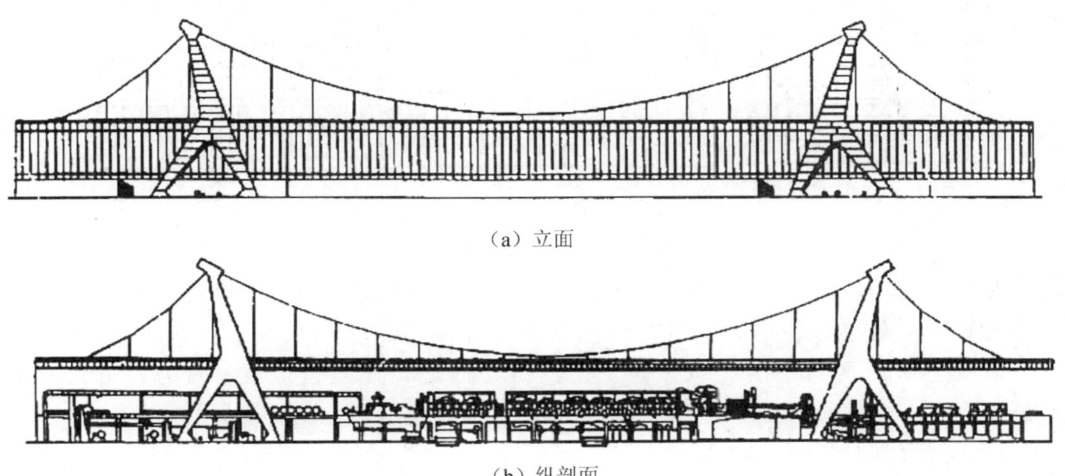

（a）立面

（b）纵剖面

图 9.38　意大利某造纸厂

3. 气候、环境的影响

太阳辐射强度、室外空气的温度与湿度等因素对立面设计均有影响。寒冷地区的厂房要求防寒保暖，窗口面积不宜过大，空间组合集中，给人以稳重、深厚的感觉；炎热地区的厂房，为了满足通风散热的要求，常采用开敞式外墙，空间组合分散、狭长，反映出轻巧、明快的个性。

9.5.2　立面处理方法

1. 墙面划分

墙面在单层厂房外墙中所占比例与厂房的生产性质、采光等级、室外照度等因素有关，因此墙面处理的关键在于墙面如何划分，主要是安排好门、窗的位置，墙面色彩的搭配以及窗墙的合适比例。厂房立面设计是在已有的体型基础上利用柱子、勒脚、窗台线、遮阳板、雨篷等部件，结合建筑构图规律进行有机的组合与划分，使立面简洁大方，比例恰当，达到完整匀称，节奏自然，色调质感协调统一的效果。

在实践中，立面设计常采用垂直划分、水平划分和混合划分等手法(图 9.39)。

（1）水平划分

墙面水平划分的处理方法主要采用带形窗，使窗洞口上下的窗间墙构成水平横线条；用通长的窗楣线或窗台线将窗连成水平条带；或采用悬挑的水平遮阳板，利用阴影的作用，使水平线条的效果更为显著。亦可采用不同材料、不同色彩处理水平的窗间墙，使厂房立面显得明快、大方。

（2）垂直划分

根据结构构造的特点及其合理性，利用承重的柱子、壁柱、略为凸出的垂直窗间

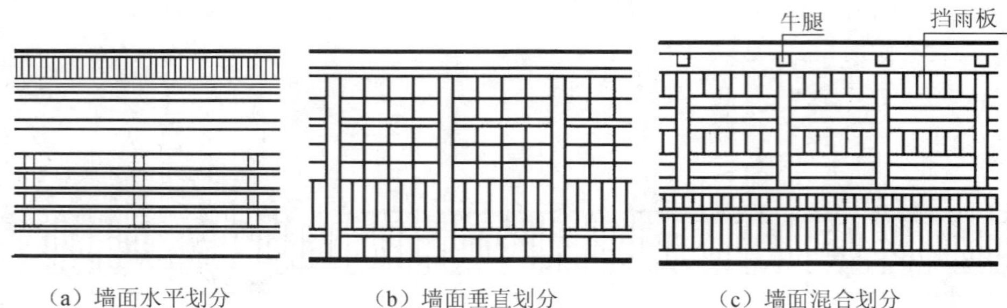

（a）墙面水平划分　（b）墙面垂直划分　（c）墙面混合划分

图 9.39　墙面划分方法

墙和竖向组合的侧窗等构件，有规律地重复，使立面具有垂直的方向感。这种组合大多以柱距为重复单位。单层厂房的纵向外墙面大多是扁平的长条形，采用垂直划分，可以改变单层厂房扁平的比例关系，使厂房立面显得庄重、挺拔、有力，给人以节奏感。

（3）混合划分

立面的垂直划分与水平划分，经常不是单独存在的，一般都是结合运用，而以其中某一种为主；或将上述两种处理方法混合运用，互相结合，互相衬托，没有明显的主次关系，从而构成了垂直与水平的混合划分。在设计中，要处理好垂直与水平的关系，达到互相渗透，而取得生动和谐的效果。

2. 墙面的虚实处理

厂房立面中，窗洞面积的大小是根据采光和通风要求来确定的。窗与墙的比例关系不同，会产生不同的艺术效果。当窗面积大于墙面积时，立面以虚为主，显得明快、轻巧；当窗面积小于墙面积时，立面以实为主，显得稳重、墩实；当窗面积接近墙面积时，虚实平衡，显得安静、平淡，运用较少。

小　结

1. 装配式排架结构单层厂房由承重构件和围护构件组成。承重构件由基础、柱子、屋架、基础梁、吊车梁、连系梁、天窗架、支撑构件等组成。屋架、柱、基础组成厂房的横向排架。连系梁、基础梁、吊车梁、屋面板和支撑构件均为纵向联系构件，它们将横向排架联成一体，组成坚固的骨架结构系统，共同承受各种动荷载。单层厂房的围护结构构件主要有屋面、天窗、外墙、门窗等。

2. 单层厂房的平面设计主要研究以下几方面的问题：总平面对平面设计的影响；平面设计与生产工艺的关系；平面设计与起重运输设备的关系；单层厂房常用的平面形式；柱网选择；生活间设计。

3. 生产工艺对平面设计的影响主要表现在生产工艺流程的影响、生产特征的影响、生产设备布置的影响、运输设备的影响等方面。吊车是单层厂房中被广泛采用的起重设备，主要有单轨悬挂式吊车、梁式吊车和桥式吊车等三种类型。厂房常用的平面形式有矩形、方形、L 形、Π 形、Ш 形等。在厂房中，承重结构柱子在平面上排列时所形成的网格称为柱网。柱网尺寸是由跨度和柱距组成。生活间的布置形式有毗连式、独立式和内部式等三种形式。

4. 单层厂房的剖面设计一般是在平面设计的基础上进行的，主要解决建筑空间如何满足生产工艺的各项要求，并为提高建筑工业化创造条件。剖面设计的具体任务是：确定合理的厂房高度、解决好厂房的采光和通风、选择好结构方案和围护结构形式、满足建筑工业化要求等。

5. 厂房高度指厂房室内地坪到屋顶承重结构下表面之间的垂直距离。天然采光的基本要求是满足采光系数标准值要求、满足采光均匀度要求、避免在工作区产生眩光。按采光口在外围护结构上不同的位置分为侧窗采光，顶部采光和混合采光三种方式。采光面积一般是根据厂房的采光、通风、立面设计等综合因素来确定的。厂房的通风方式有自然通风和机械通风两种方式，单层厂房自然通风是利用空气的热压作用和风压作用进行的。以通风为主要功能的天窗称为通风天窗，主要有矩形通风天窗和下沉式通风天窗。

6. 单层厂房的定位轴线是确定厂房主要承重构件标志尺寸及其相互位置的基准线，也是厂房施工放线和设备安装定位的依据。厂房的定位轴线分为纵向与横向，横向定位轴线之间的距离称为柱距，纵向定位轴线之间的距离称为跨度。横向定位轴线用来标注厂房纵向构件如屋面板、吊车梁、连系梁、纵向支撑等长度的标志尺寸，以及其与屋架（或屋面梁）之间的相互关系。纵向定位轴线用来标注厂房横向构件如屋架（或屋面梁）长度的标志尺寸和确定屋架（或屋面梁）、排架柱等构件间的相互关系。

7. 影响单层厂房立面设计的因素有使用功能、结构形式、气候、环境等。墙面划分常采用垂直划分、水平划分和混合划分等手法。

思考与练习题

9.1　名词解释

（1）跨度、柱距：

（2）采光系数：

9.2　简答题

（1）排架结构单层厂房的横向排架由哪些构件组成？纵向联系构件有哪些？

（2）影响平面设计的主要因素有哪些？举例说明。

（3）什么是柱网？如何确定柱网的尺寸？扩大柱网有哪些特点？

（4）生活间有哪几种布置形式？

（5）厂房高度如何确定？为什么要进行厂房的高度调整？

（6）天然采光的基本要求是什么？天然采光方式有哪几种？常用采光天窗及其布置方式有哪些？

（7）自然通风的基本原理是什么？热加工车间的进、排气口如何布置？

（8）什么叫矩形通风天窗？挡风板如何设置？

（9）下沉式通风天窗有哪几种形式？

（10）影响厂房立面设计的主要因素有哪些？立面设计有哪些处理方法？

9.3 实训题

（1）在一装配式排架结构单层厂房中，识别柱子、屋架、基础梁、吊车梁、连系梁、天窗架、支撑等构件；目测厂房的跨度和柱距分别是多少；有无变形缝，如果有，该处构件如何移动；厂房采用何种吊车；采用何种采光和通风方式。

（2）单层厂房平面设计及定位轴线布置

1）设计条件。某金工装配车间平面轮廓如图 9.40 所示。车间采用支座式桥式吊车，中级工作制，吊车起重量及轨顶至柱顶高度 h_6 分别为：$Q=10t$，$h_6=2.1m$；$Q=20t/5t$，$h_6=2.4m$；$Q=30t/5t$，$h_6=3.0m$。平面轮廓图中有“▲”符号处，应设通行汽车大门，门洞宽×高=3300mm×3300mm。低侧窗可在每个 6m 柱距内设一樘或两樘，或作带形窗。

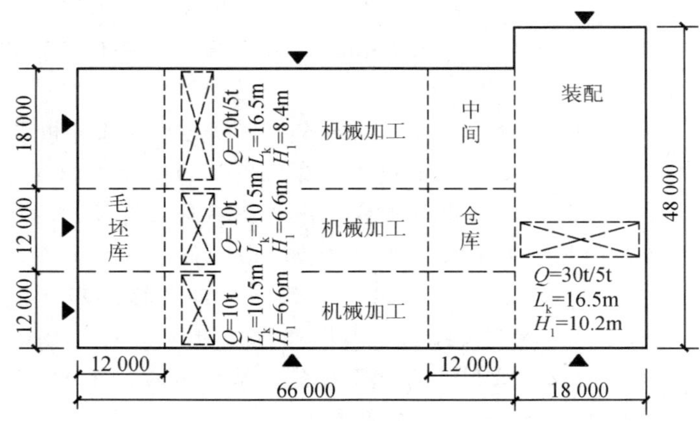

图 9.40 某金工装配车间工艺平面图

2）图纸内容。

① 平面图（例 1∶200）。

a. 布置柱网。

b. 划分定位轴线。

c. 确定围护结构及门窗的位置。

d. 每个入口设坡道，墙脚设散水。

e. 表示吊车轮廓、吊车轨道中心线，标明吊车吨位 Q、吊车跨度 L_K、吊车轨顶标高 H_1、柱与轴线的关系以及吊车轨顶中心线至纵向定位轴线的水平距离、室内外地坪标高。

f. 标注局部剖面图索引号。

g. 标明各工段名称。

h. 标注三道尺寸、室内外标高。

i. 注写图名和比例。

② 局部剖面图（比例 1∶20）。

“局部剖面图”在此是指表示牛腿及以上部分（以下折断）包括柱、外墙、吊车梁、高侧窗、屋架（中间部分折断）以及相关的围护结构等与定位轴线的联系。局部剖面图的内容包括：

a. 平行不等高跨中列柱与定位轴线的联系。

b. 外墙、纵向边列柱与定位轴线的联系。

c. 纵横跨交接处柱与定位轴线的联系。

3）设计要求。

① 绘出外墙、柱、吊车梁、高侧窗、屋架。

② 标明定位轴线与屋架端部标志尺寸的关系、插入距 A、联系尺寸 D、沉降缝宽度 C 及封墙厚度 B。

③ 吊车轨顶中心线至定位轴线的水平距离 e。

④ 标明索引号及比例。

第 10 章

单层厂房构造

❖ 知识点

1. 单层厂房承重构件及其连接构造
2. 单层厂房屋面构造
3. 单层厂房天窗构造
4. 单层厂房外墙、侧窗、大门等的构造

❖ 学习要求

1. 掌握单层厂房各承重构件的连接构造
2. 结合民用建筑掌握屋面、天窗、外墙的构造做法
3. 了解各组成构件的构造原理
4. 联系民用建筑了解侧窗、大门等的构造做法

10.1 单层厂房承重构件

10.1.1 屋盖结构

1. 屋盖结构类型

单层厂房屋盖结构的组成方式基本上有两种，即无檩体系和有檩体系，如图 10.1 所示。无檩体系是将各种大型屋面板直接搁置在屋架或屋面梁上。无檩体系屋盖的整体性和刚度较好，可在一定程度上保证厂房的稳定，构件数量及种类较少，施工速度较快，适用范围广，是目前单层厂房采用比较广泛的一种体系。有檩体系是将小型板、波瓦等搁置在檩条上，檩条则支承在屋架或屋面梁上。有檩体系屋盖的整体刚度较前者差，适用于吊车吨位较小的一般中小型厂房。

2. 屋盖结构构件的连接构造

(1) 屋架与柱的连接构造

屋架与柱的连接方式有焊接和螺栓连接两种形式，如图 10.2 所示。连接多采用柱顶和屋架端部的预埋件相互焊接在一起的方式。螺栓连接方式主要考虑到安装后不能

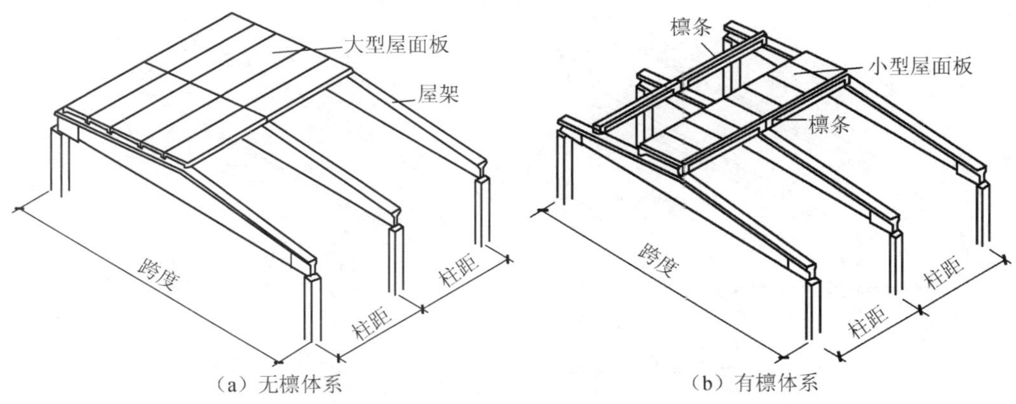

（a）无檩体系　（b）有檩体系

图 10.1　屋盖结构类型

及时进行校正和电焊工作，故柱顶的预埋螺栓可作为屋架就位的临时固定措施，经过校正后用电焊将垫板与柱顶预埋钢板焊牢，同时也将螺母焊牢以防松动。采用螺栓连接方式时其螺栓的预埋件加工较麻烦，在屋架就位时应注意防止把螺栓撞坏。

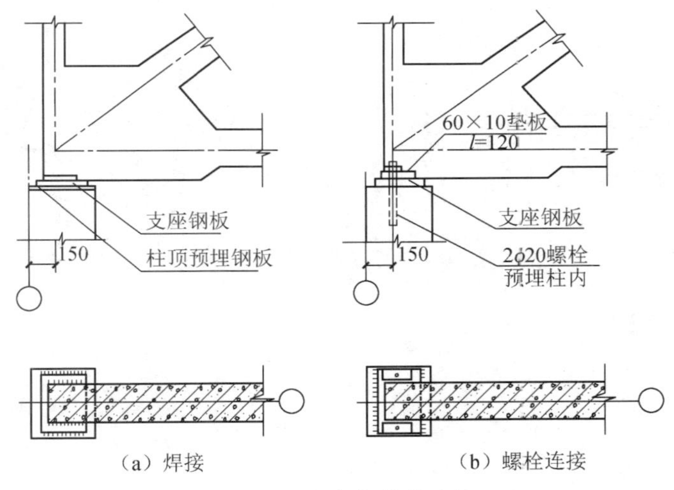

（a）焊接　（b）螺栓连接

图 10.2　屋架与柱的连接

（2）大型屋面板与屋架的连接构造

预应力混凝土屋面板是目前厂房屋盖结构中采用最广泛的一种无檩覆盖构件，它与屋架（或屋面大梁）构成刚度较大和整体性较好的屋盖系统。屋面板的外形尺寸常用 1.5m×6.0m 规格（图 10.3）。

屋面板与屋架上弦焊接连接，焊接点应不少于三点，板与板之间缝隙均用不低于 C15 细石混凝土填实，以保证屋盖的整体刚度。

（3）檩条与屋架的连接构造

檩条用于有檩体系的屋盖结构中，它起支撑槽瓦或小型屋面板的作用，并将屋面荷载传给屋架。檩条应与屋架上弦连接牢固，以保证厂房纵向刚度。

檩条可用钢材或钢筋混凝土制成。钢筋混凝土檩条的截面有 L 形和 T 形两种，端部支承处为矩形截面。钢檩条可用角钢和钢板焊成或用薄钢板压制成 S 形。檩条与屋

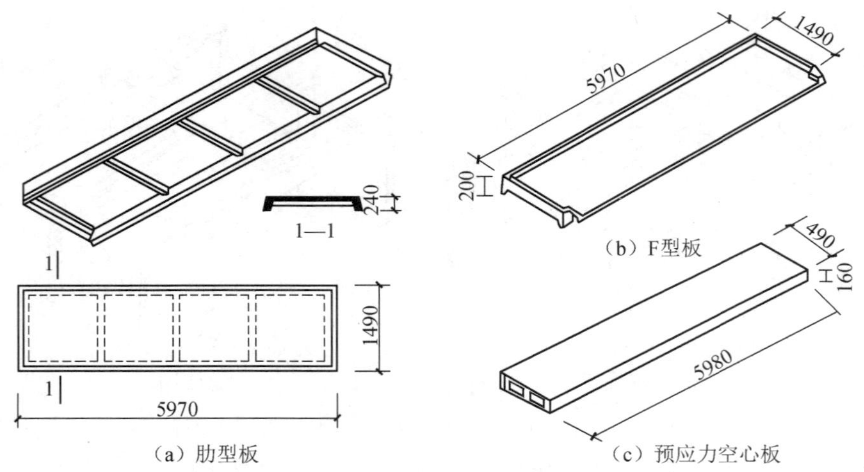

图 10.3　常见钢筋混凝土大型屋面板

架的连接一般采用焊接，在屋架上常采用斜放的搁置方式(图 10.4)。两檩条在屋架上弦的对头空隙用水泥砂浆填实。

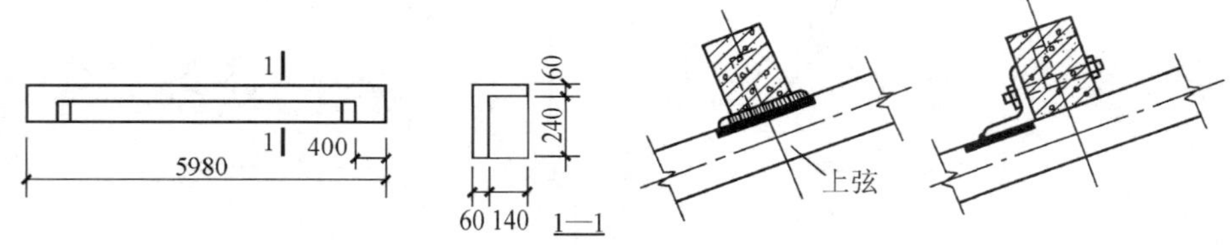

图 10.4　檩条与屋架连接构造

10.1.2　柱与基础

1. 柱

(1) 柱的截面形式

柱是厂房结构的重要承重构件之一。它主要承受屋盖、吊车梁等竖向荷载、风荷载、及吊车产生的纵、横向水平动荷载，有时还承受墙体、管道设备等其他荷载。所以，柱应具有足够的抗压强度和抗弯能力，通过计算确定合理的断面尺寸和形状。柱的结构形式对厂房结构的强度、刚度及其施工都有很大的影响。一般工业厂房广泛采用钢筋混凝土柱。大型厂房、高温、产生较大振动及吊车起重量比较大的情况下可以采用钢柱。

钢筋混凝土柱基本上可分为单肢柱和双肢柱两大类。单肢柱有矩形、工字形和单管圆形，双肢柱是由两肢矩形或两肢圆形管柱用腹杆（平腹杆或斜腹杆）连接而成。图 10.5 为单层厂房常见的几种钢筋混凝土柱的类型。

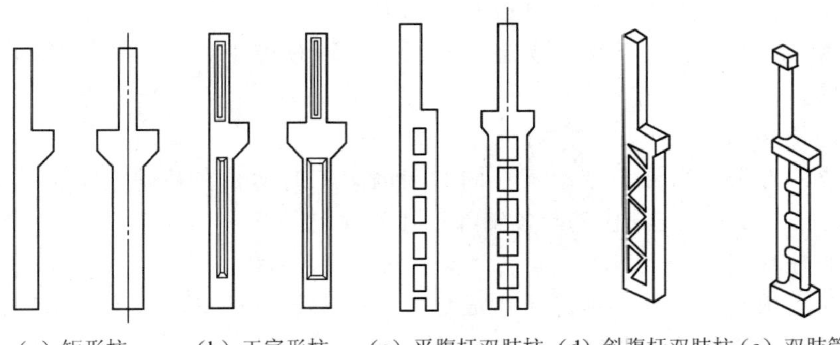

图 10.5　钢筋混凝土柱类型

(2) 柱的预埋件

钢筋混凝土柱除了计算需要配置一定数量的钢筋外，还要根据柱的位置以及柱与其他构件的需要，在柱上埋设铁件。如柱与屋架、柱与吊车梁、柱与连系梁（或圈梁）、柱与砖墙（或墙板）及柱间支撑等处相互连接，均需在柱上埋设铁件（如钢板、螺栓及锚拉钢筋等）。因此，在进行柱子设计和施工时，必须将铁件准确地设置在柱上，不能遗漏。图 10.6 为柱子模板图，在模板图中表示出了柱子各部尺寸、预埋件位置及预埋件规格尺寸。图中①与圈梁连接，②与墙体连接，M－1 与屋架连接，M－2、M－3 分别与吊车梁端部下面和侧面连接，M－4、M－5 分别与上柱支撑和下柱支撑连接。

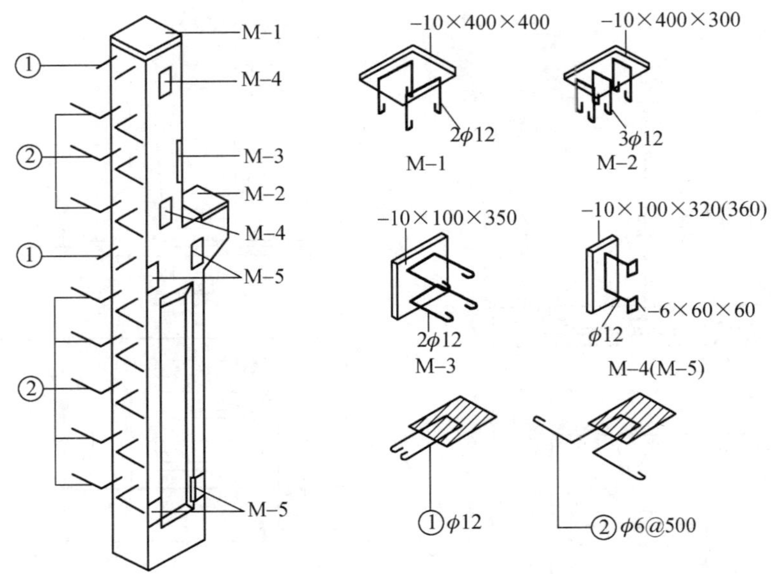

图 10.6　柱子预埋铁件

2. 基础

基础是厂房结构的重要组成部分，厂房上部结构的全部荷载，通过柱子传递到基础，基础将力传递到地基中，基础起着承上启下的作用。

单层厂房柱基础，主要有独立基础和条形基础两类，前者应用较多。独立基础最常见的形式为杯口基础。由于柱有现浇柱和预制柱两种施工方法，柱与基础的连接方法也有所不同。

（1）现浇柱基础

采用现浇的方法，当柱与基础不在同时间内施工时，要在基础上预留插筋，以便与柱子连接。图 10.7 为现浇柱基础各细部尺寸的规定。

（2）预制柱基础

钢筋混凝土预制柱下基础顶部应作成杯口，柱安装在杯口内，这种基础称为杯口基础。为便于柱子的安装，杯口应大于柱子截面尺寸，周边留有空隙，杯口顶比柱子每边大出 75mm，杯口底比柱子每边大出 50mm；杯口深度应满足锚固长度的要求，柱必须有足够的插入深度，并按结构规定确定适宜深度。杯口底面与柱底面间应预留 50mm 找平层，在柱子就位前用高强度细石混凝土找平。杯口与柱子四周缝隙用 C20 细石混凝土填实。图 10.8 为预制柱杯口基础构造。

基础杯口底板厚度一般应≥200mm。基础杯壁厚度一般也应≥200mm，当杯壁上需搁置基础梁时，则基础杯壁厚度应满足基础梁宽度的要求。基础杯口顶面标高一般应距室内地坪至少 500mm。

基础混凝土一般不应低于 C15 级，为便于施工放线和保护钢筋，在基础底通常要铺设 C10 素混凝土垫层，厚度一般为 100mm。

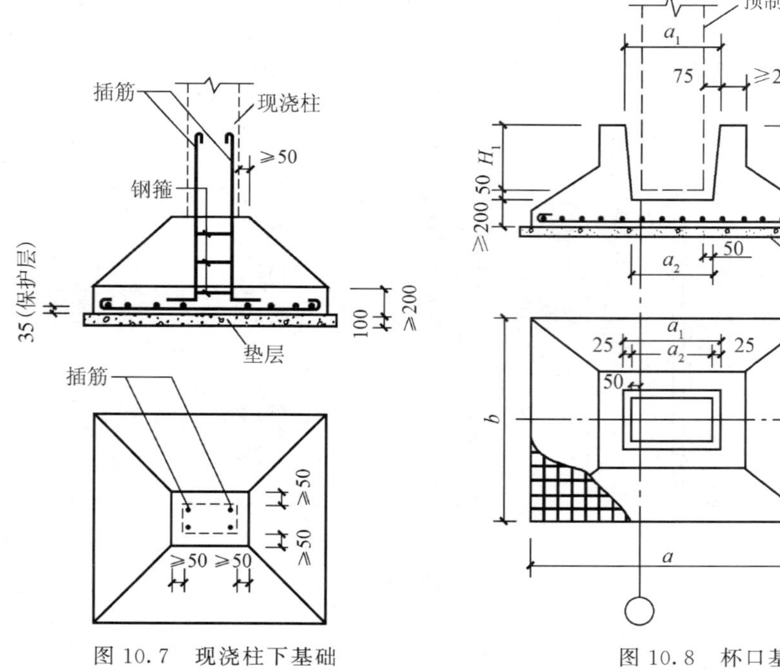

图 10.7　现浇柱下基础

图 10.8　杯口基础

10.1.3 基础梁与连系梁

1. 基础梁

当厂房用钢筋混凝土柱作为承重骨架时，墙体为非承重墙，其内外墙下均设置基础梁。块材墙的重量直接由基础梁承担，基础梁两端搁置在杯口基础顶上，墙重通过基础梁传到基础上。由于外墙一般都在柱的外面，基础梁搁置在柱的外边；内墙的基础梁通常搁置在两个柱之间。

基础梁的截面形状有梯形、矩形和Γ形几种。

基础梁顶面标高至少应低于室内地坪 50mm，以免影响开门。基础梁可直接搁置在杯口上，当基础杯口顶面距室内地坪大于 500mm 时，可在梁底与杯口之间设置混凝土垫块；当基础埋置较深时，可将基础梁搁置在高杯口基础或柱牛腿上（图 10.9）。

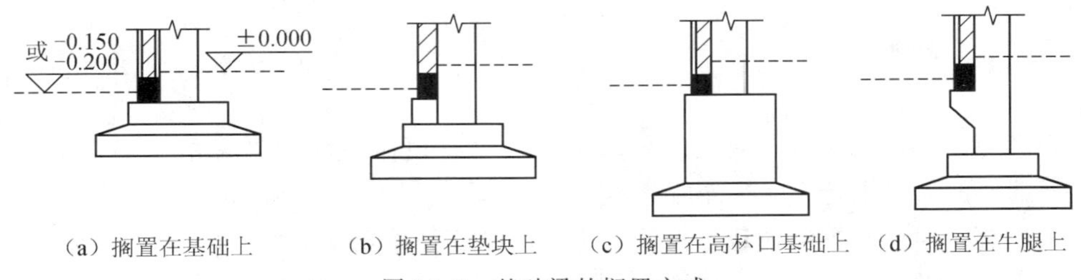

（a）搁置在基础上（b）搁置在垫块上（c）搁置在高杯口基础上（d）搁置在牛腿上

图 10.9 基础梁的搁置方式

基础梁底的回填土不需要夯实，应留有不小于 100mm 的空隙，以备随基础一起沉降。寒冷地区为防止土壤冻胀对基础梁及墙体产生不利的反拱影响，应在基础梁下及周围铺一定厚度的砂或炉渣等松散材料，并留有 50～150mm 的空隙（图 10.10）。

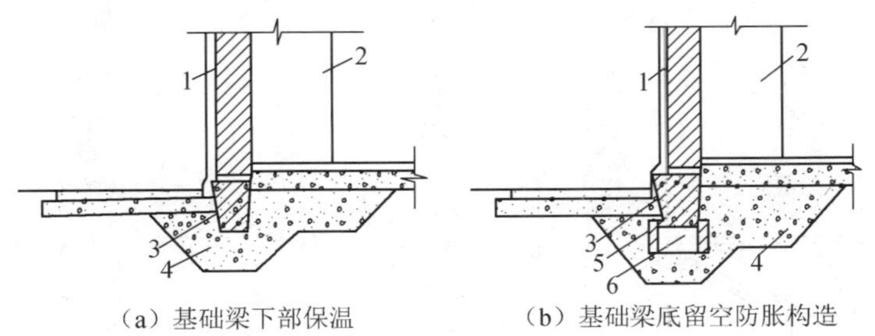

（a）基础梁下部保温（b）基础梁底留空防胀构造

图 10.10 基础梁防冻胀措施

1. 围护墙；2. 柱子；3. 基础梁；4. 保温材料；5. 挡砖；6. 空隙

2. 连系梁

当墙体高度超过一定限度（如 15m 以上时），块材墙的强度不足以承受其自重，则应设置连系梁以承受其上部的墙体重量。同时，连系梁是厂房纵向列柱的水平连系构件，它可增强厂房的纵向刚度，并传递风荷载到纵向列柱。通常连系梁是预制构件，其断面形式有矩形（用于一砖厚墙）及 L 形（用于一砖半厚墙）两种。它支承在牛腿上，与柱的连接采用螺栓连接或焊接的办法（图 10.11）。

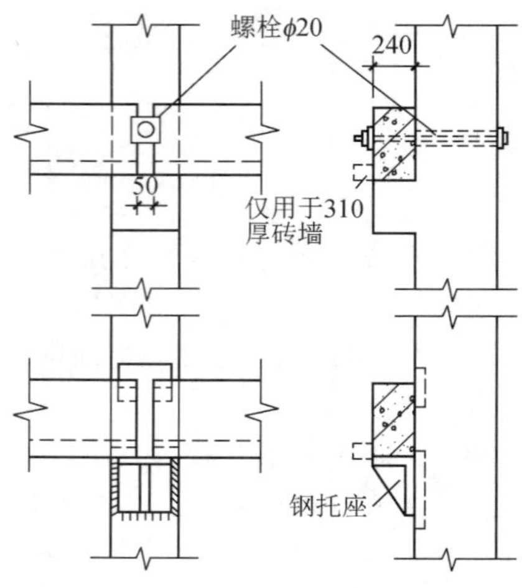

图 10.11　连系梁与柱的连接

10.1.4　吊车梁

当厂房设有桥式吊车（或梁式吊车）时，需要在柱牛腿上设置吊车梁，吊车在吊车梁上铺设的轨道上行走。吊车梁直接承受吊车起重、运行、制动时产生的各种荷载。吊车梁还有传递厂房纵向荷载、保证厂房纵向刚度和稳定性的作用。

吊车梁的形式较多，有等截面的 T 形、工字形吊车梁和变截面的鱼腹式、折线形吊车梁（图 10.12）。

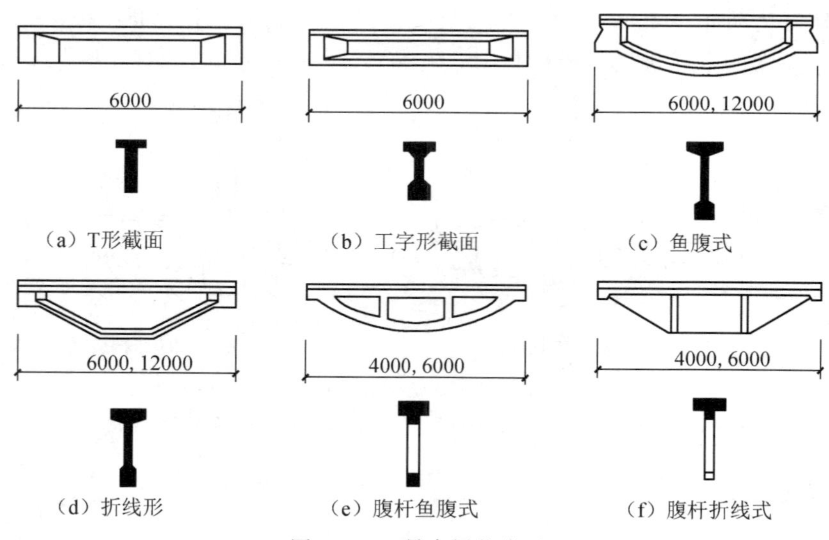

图 10.12　吊车梁的类型

吊车梁与柱的连接多采用焊接连接的方法。为承受吊车横向水平刹车力，在吊车梁上翼缘与柱间用钢板或角钢焊接；在端部支撑处，吊车梁底部预埋一块垫板称为支撑钢板，将梁安装在柱的牛腿上，并与牛腿顶面的预埋钢板焊牢。吊车梁的对头空隙、吊车梁与柱之间的空隙均需用 C20 混凝土填实。

吊车梁上部安装轨道。为防止吊车行驶时冲撞到山墙上，在吊车梁的尽端应设置车挡装置。吊车梁与柱的连接以及吊车梁尽端车挡如图 10.13 所示。

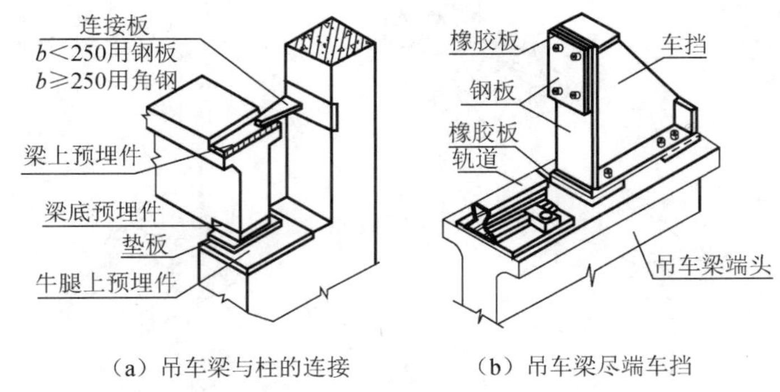

（a）吊车梁与柱的连接　　（b）吊车梁尽端车挡

图 10.13　吊车梁的连接构造

10.1.5　支撑与抗风柱

1. 支撑系统

在单层厂房结构中，由于作用在厂房的水平力（如水平荷载、吊车水平刹车力等）比较大，而装配式厂房中大多数构件节点为铰接，整体刚度较差，为保证厂房的整体刚度和稳定性，必须按结构要求布置必要的支撑构件。

支撑分屋盖支撑及柱间支撑两类。

（1）屋盖支撑

屋盖支撑包括（上、下弦）横向水平支撑、（上、下弦）纵向水平支撑、垂直支撑及纵向水平系杆（或称加劲杆）等（图 10.14）。

1）上弦横向水平支撑。其作用是保证屋架或屋面梁的侧向稳定，增加屋面刚度，将抗风柱作用于屋架上弦（或屋面梁上翼缘）的风荷载传递到柱顶。下弦横向水平支撑，其作用是在下弦有悬挂吊车，或山墙抗风柱风荷载传到屋架下弦时，能保证纵向水平荷载或风荷载传至柱顶。横向水平支撑一般布置在厂房端部第二（或第一）柱间和伸缩缝两侧的第二（或第一）柱间。

2）纵向水平支撑。一般布置在下弦，沿柱列纵向水平布置，其作用是提高厂房的纵向刚度，使排架承受的横向荷载，能纵向分布至相邻的排架上，以增强排架的空间作用。

3）纵向水平系杆。一般在屋架下弦或下弦中间节点，沿纵向通常设置一道，当设有天窗架时，在屋面中间开了缺口，会引起屋架侧向不稳定，因此，需要在屋架上弦中间设一道水平系杆，以保证天窗下屋架的侧向稳定。系杆为受压构件，通常采用钢筋混凝土制成。

4）屋架垂直支撑。其主要作用是保证屋架或屋面梁在使用和安装阶段的侧向稳定，并能提高厂房的整体刚度。垂直支撑构件可设置在屋架间跨中或支座处，其位置一般与横向水平支撑在同一柱间。

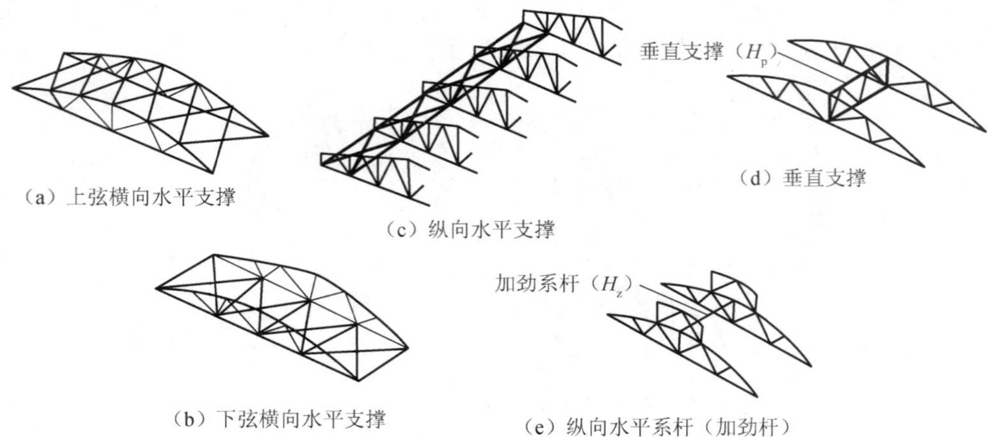

图 10.14　屋盖支撑种类

(2) 柱间支撑

柱间支撑的主要作用是加强厂房的纵向刚度和稳定性。它分上部和下部两种。前者位于上柱间，用以承受作用在山墙上的风荷载，并保证厂房上部的纵向刚度；后者位于下柱间，承受上部支撑传来的力和吊车梁传来的吊车纵向刹车力，并传至基础。当柱间需要通行、放置设备或柱距较大而不宜或不能采用交叉式支撑时，可采用门架式支撑。柱间支撑一般设置在与横向支撑的同一柱间(图 10.15)。

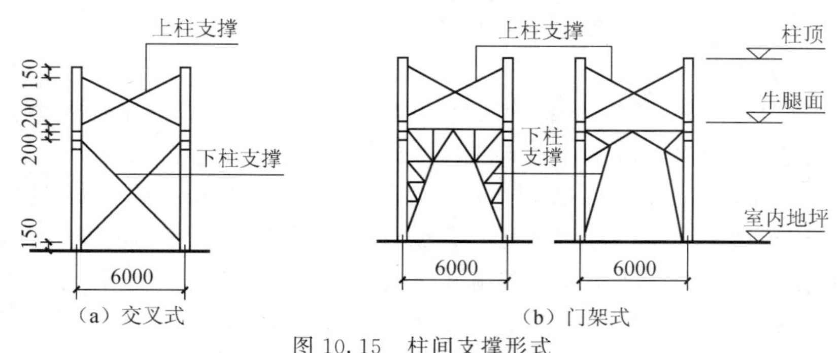

图 10.15　柱间支撑形式

2. 抗风柱

单层厂房的山墙，由于面积较大，所受到的风荷载也很大，要在山墙处设置抗风柱来承受风荷载。墙面上的风荷载，一部分由抗风柱上端通过屋盖系统传到厂房纵向柱列上去，一部分由抗风柱直接传到基础。当厂房高度或跨度较大时，一般都设置钢筋混凝土抗风柱，在抗风柱外砌山墙。有时为了减小抗风柱截面尺寸，可在山墙内侧设置水平抗风梁，作为抗风柱的支点。

抗风柱间距可根据厂房跨度大小取 6m 或 4.5m。抗风柱的下端插入杯口基础内，上柱截面比下柱小。抗风柱的位置应对准屋架上下弦节点，柱顶在一般情况下与屋架上弦铰接，当屋架设有下弦横向水平支撑时，可将抗风柱与屋架下弦连接，作为抗风柱的另一支点。抗风柱与屋架的连接必须满足两个要求：一是柱顶在水平方向应与屋架上弦（下弦）有可靠的连接，保证有效地传递风荷载；二是在竖向应能使屋架和抗风柱之间有一定的相对竖向位移的可能性，以防止抗风柱与厂房沉降不均匀时屋盖的竖向荷载传给抗风柱，对屋盖结构产生不利影响，所以屋架与抗风柱间在竖向应留有不小于 150mm 的空隙。屋架与抗风柱一般采用竖向可以移动、水平方向又具有一定刚度的弹簧板连接（图 10.16）。

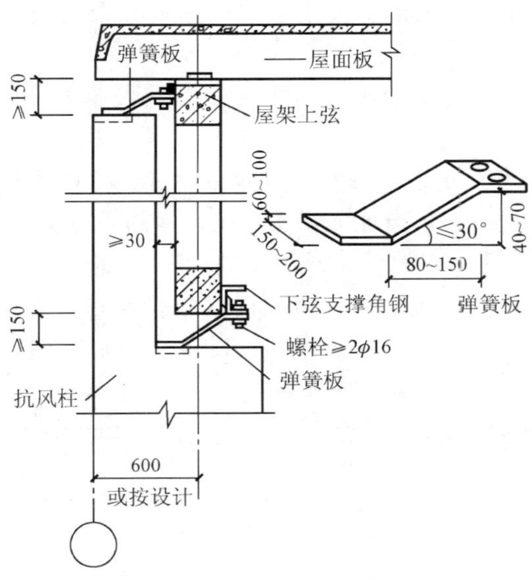

图 10.16　抗风柱与屋架的连接

10.2　屋面构造

屋面是厂房重要的围护结构，其主要特点是屋面面积较大，在多跨厂房中屋面构造较复杂，还要受到吊车的冲击荷载和机械振动的影响。因此，屋面要解决好防水、排水、保温、隔热等问题，并且要具有足够的强度和刚度。

10.2.1　屋面排水

1. 屋面排水坡度

排水坡度的选择主要取决于屋面基层的类型、防水构造方式、材料性能、屋架形式及当地气候等因素。卷材防水屋面坡度要求较平缓，以免气温较高时卷材下滑或沥青流淌。非卷材防水屋面则要求排水快。各种不同防水材料的屋面坡度可参考表 10.1。

表 10.1　屋面坡度选择参考表

防水类型	卷材防水	构件自防水		
		嵌缝式	板	石棉瓦等
选择范围	(1∶4)～(1∶50)	(1∶4)～(1∶10)	(1∶3)～(1∶8)	(1∶2)～(1∶5)
常用坡度	(1∶5)～(1∶10)	(1∶5)～(1∶8)	(1∶4)～(1∶5)	(1∶2.5)～(1∶4)

2. 屋面排水方式

屋面排水分为有组织排水（外排水和内排水）和无组织排水（自由落水）两种。

无组织排水适用于在少雨地区或较低的厂房中，应采用无组织排水。以使排水通畅，构造简单，降低造价。对可能有大量积灰的屋面以及有腐蚀性介质的厂房，更应优先采用无组织排水。

有组织内排水是将屋面汇集的雨水引向中间跨和纵墙天沟处，经雨水斗进入厂房内的雨水竖管及地下排水管网［图 10.17（a）］。内排水的优点是不受厂房高度限制，排水组织灵活，在严寒地区可防止因冰冻引起屋檐和外部雨水管的破坏。不足之处为构造复杂，造价和维修费用高，与地下管道、设备基础等易发生矛盾，需妥善解决。

有组织外排水适用于冬季室外气温不低的地区。多跨厂房用水平悬吊管将雨水斗连通到外墙的雨水竖管处。温暖气候地区，雨水竖管设在墙外，寒冷地区雨水竖管设在墙内侧，从墙脚处穿出墙外。水平悬吊管一般沿屋架横向布置［图 10.17（b）］。

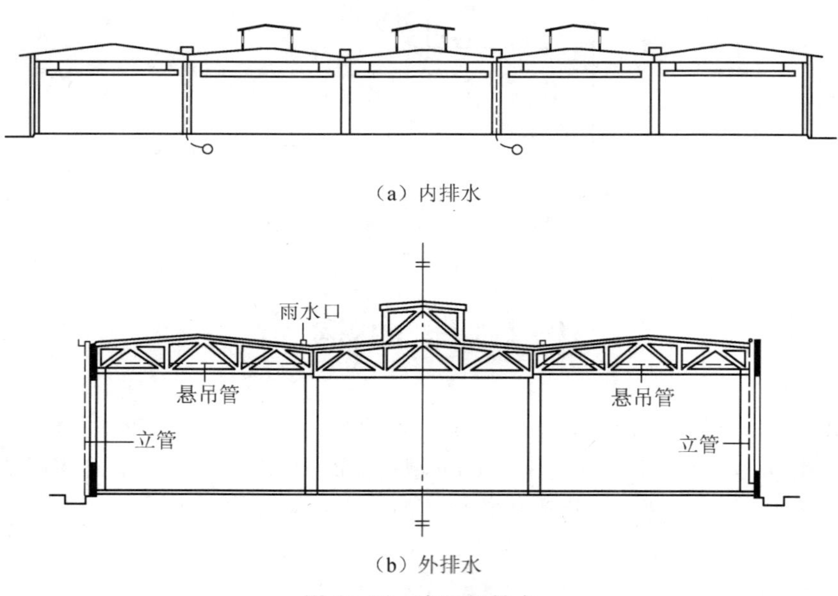

（a）内排水

（b）外排水

图 10.17　有组织排水

10.2.2　屋面防水

单层厂房的屋面面积大、天沟长、积水量大、冲刷力强，而且由于厂房内部的振动、高温的影响，易使屋面的接缝开裂渗漏。因此，屋面防水、排水构造设计及施工质量的好坏，是确保屋面防水功能和耐久性的关键。

1. 卷材防水屋面

卷材防水屋面的构造原则和做法与民用建筑相同，不再赘述。但由于厂房中的吊车及生产设备的运行，会引起厂房的振动，对卷材屋面是不利的。据调查，屋面防水层在横向板缝处的开裂时较普遍的，纵缝也有开裂，但较少。产生横向裂缝的主要原

因有：

1）温度变形。屋面板受外界气温变化及内部生产热源影响，板面和板底产生温差，因而产生了板端的角变形。

2）挠度变形。屋面板在荷载作用下，产生挠度下垂，引起横缝处板端的角变形，致使屋面开裂。

3）结构体系的变形。地基的不均匀沉降，吊车的运行及刹车力的影响造成屋面振动，促使屋面裂缝的开展。

在以上因素的作用下，横缝处的油毡被拉伸，当超过油毡本身的极限抗拉强度时，油毡就会被拉裂。防止横缝处卷材开裂的措施有：

1）增强屋面基层的刚度和整体性，以减小屋面变形。如选择刚度大的板型；保证屋面板与屋架的焊接质量；填缝要密实；合理设置支撑系统等。

2）选用性能优良的卷材。选用卷材时，应首先考虑其耐久性和延展性，要优先选用改性沥青油毡等新型防水材料。

3）改进油毡的接缝构造。在无保温层的大型屋面板上铺贴油毡防水层时，先将找平层沿横缝处做出分格缝，缝中用油膏填充，缝上先干铺宽为 300mm 左右的油毡条作为缓冲层，然后再铺油毡防水层。

2. 构件自防水屋面

构件自防水屋面是利用屋面构件（如屋面板、F 屋面板、槽瓦、折板等）自身的防水性能，达到防水的目的（有时板面加刷涂料）。这种屋面具有施工简单、造价低廉、减轻屋面重量的优点，但也容易出现一些问题，如混凝土暴露在大气中易引起风化和碳化、板面产生后期裂缝引起渗漏等。解决这些问题的措施有提高施工质量，增强混凝土的密实性，板面刷涂料防止风化和碳化等。

构件自防水屋面防水的关键是板缝的处理，常用的有嵌缝式、脊带式和搭盖式。

1）嵌缝式。是利用大型屋面板做防水层，板缝嵌油膏防水（图 10.18）。

2）脊带式。为提高其防水效果，可在嵌缝上再粘贴一层卷材或玻璃布做防水层，则成为脊带式防水（图 10.19）。

3）搭盖式。是用 F 形屋面板做防水构件，板纵缝上下搭接，横缝和脊缝用盖瓦覆盖（图 10.20）。这种屋面安装简便，但板型复杂，不便制作，盖瓦在振动影响下易滑脱，屋面易渗漏。接缝处需进行防水处理，其做法是用水泥砂浆嵌缝，注意不能在缝内填满砂浆，以免引起爬水。

3. 波形瓦（板）屋面

波形瓦屋面有石棉水泥波瓦、镀锌铁皮波瓦和压型钢板等，目前常采用压型钢板层面。

压型钢板颜色丰富，又名彩板，是近十年来在大跨度建筑中广泛采用的高效能屋面。它自重轻、强度高、施工安装方便，而且彩板色彩绚丽、质感好，大大增加了建筑艺术效果。

压型钢板只有一层薄钢板，根据压型钢板断面形式不同，可分为波形板、梯形板、带肋梯形板。带肋梯形板是在普通梯形板的上下翼和腹板上增加纵（或纵、横）向凹凸槽，起加劲肋的作用，提高了彩板的强度和刚度。

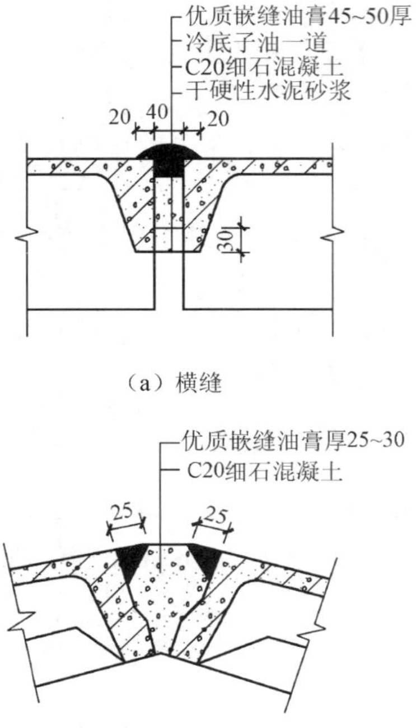

（a）横缝

（b）脊缝

图 10.18　嵌缝式防水构造

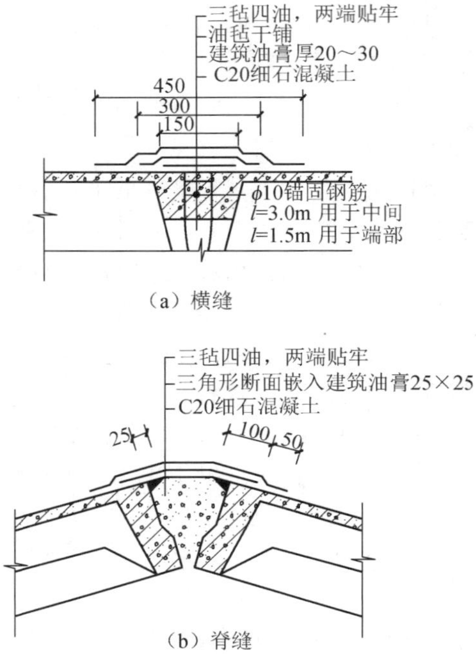

（a）横缝

（b）脊缝

图 10.19　脊带式防水构造

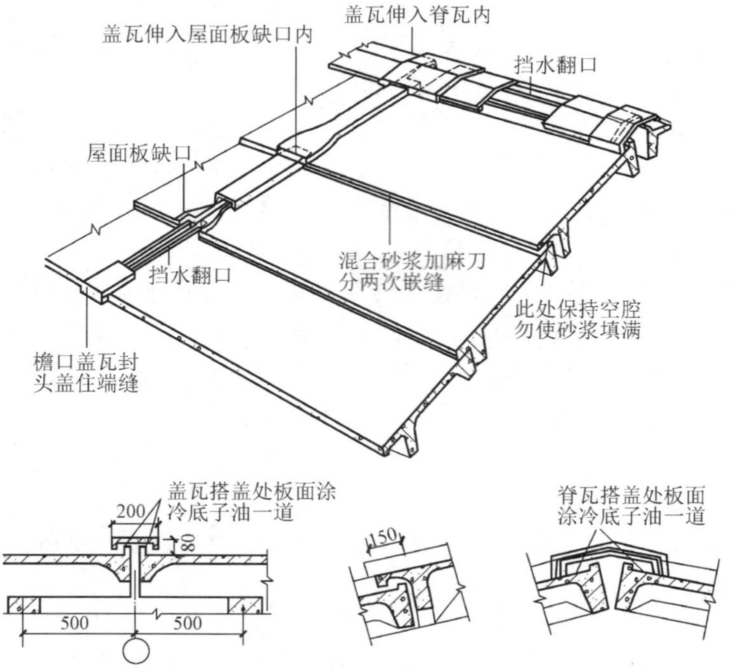

图 10.20　“F”板屋面防水构造

压型钢板屋面大多数将彩板直接支撑于檩条上，一般为槽钢、工字钢或轻钢檩条。檩条间距视屋面板型号而定，一般为 1.5～3.0m。

屋面板坡度与降雨量、板型、拼缝方式有关，一般不小于 3°。屋面板与檩条的连接采用各种螺栓、螺钉等紧固件，把屋面板固定在檩条上。螺钉一般在屋面板的波峰上。为了不使连接松动，当屋面板波高超过 35mm 时，屋面板应先连接在铁架上，铁架再与檩条连接。连接螺钉必须用不锈钢制造，保证螺孔周围的屋面板不被腐蚀。钉帽均要用带橡胶垫的不锈钢垫圈，防止钉孔处渗水。压型钢板屋面构造见图 10.21。

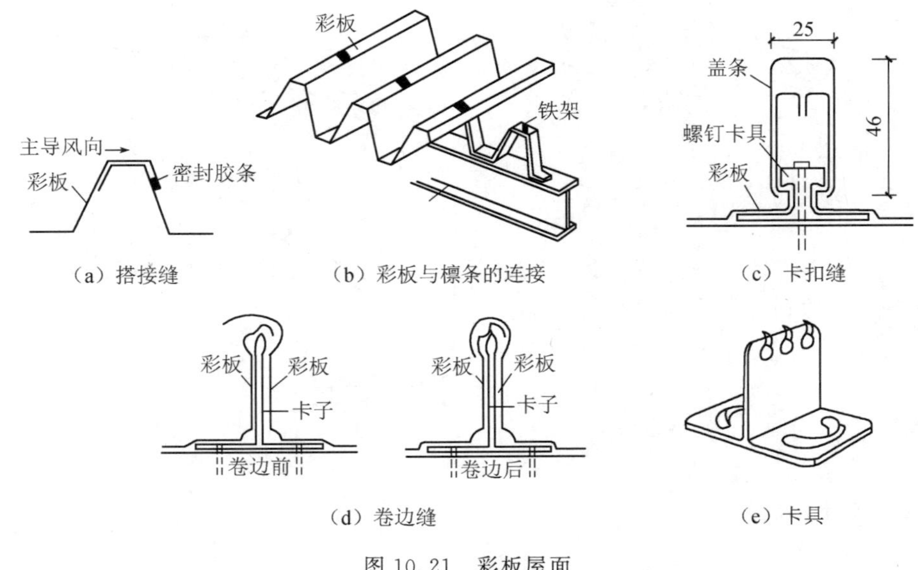

图 10.21 彩板屋面

10.2.3 屋面保温与隔热

1. 屋面保温

屋面保温层的构造做法与民建屋面保温有所不同，根据保温层所处位置可分三种：

1）保温层位于屋面板下部。主要用于构件自防水屋面。一种是将水泥拌和的保温材料如水泥膨胀蛭石直接喷涂在屋面板下部，见图 10.22（a）。另一种是将轻质保温材料如聚苯乙烯泡沫塑料、玻璃棉毡、铝箔等固定或吊挂在屋面板下部，见图 10.22（b）。这两种做法施工均较复杂，容易局部脱落。

2）保温层位于屋面板上部，见图 10.22（c）。常用于柔性防水屋面。

3）保温层位于屋面板中间，见图 10.22（d）。这种夹心保温屋面板具有承重、保温、防水三种功能。其优点是能叠层生产、减少高空作业、施工进度快，部分地区已有使用。它的缺点易产生板面裂缝和变形，存在着冷桥等问题。

2. 屋面隔热

厂房的屋面隔热措施与民用建筑相同。当厂房高度大于 8m，且采用钢筋混凝土屋面时，屋面对工作区的辐射热有影响，屋面应考虑隔热措施。通风屋面隔热效果较好，

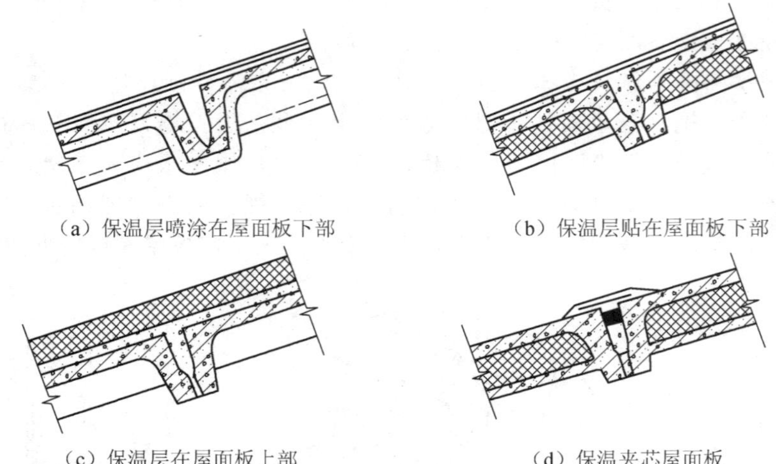
（a）保温层喷涂在屋面板下部　　（b）保温层贴在屋面板下部

（c）保温层在屋面板上部　　（d）保温夹芯屋面板

图 10.22　保温层设置

构造简单，施工方便，在一些地区采用较广。也可在屋面的外表面涂刷反射性能好的浅色材料，以达到降低屋面温度的效果。

10.3　天窗构造

10.3.1　矩形天窗

矩形天窗应用比较普遍。一般是沿厂房纵向布置，在厂房屋面两端和变形缝两侧的第一个柱间不设天窗。这样一方面可简化构造，另一方面还可作为屋面检修和消防的通道。在每段天窗的端壁应设置上天窗屋面的检修梯。

矩形天窗主要由天窗架、天窗端壁、天窗屋顶、天窗侧板与天窗扇等组成（图 10.23）。

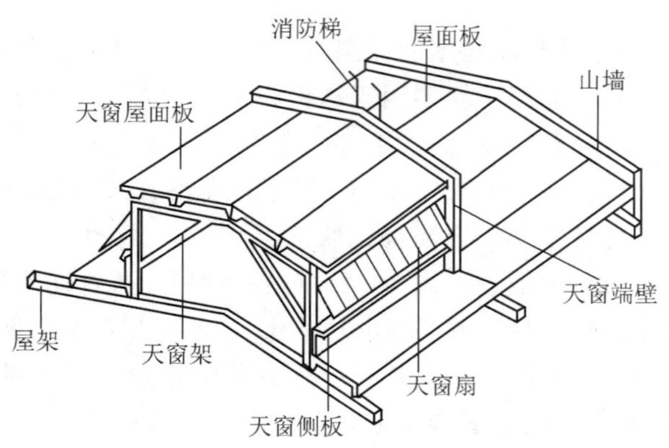

图 10.23　矩形天窗组成

（1）天窗架

天窗架是天窗的承重结构，它直接支承在屋架上，天窗架的材料与屋架相同，常用钢筋混凝土天窗架和钢天窗架。天窗架的宽度根据采风和通风要求一般为厂房跨度的 1/3～1/2，且应尽可能将天窗架支承在屋架的节点上，目前常采用的钢筋混凝土天窗架的宽度为 6m 和 9m 两种。天窗架的高度应根据采光和通风的要求，并结合所选用的天窗扇尺寸确定，一般高度为宽度的 0.3～0.5 倍。

钢筋混凝土天窗架通常由两个至三个三角架拼装而成，制作及安装均较方便。钢天窗架多与钢屋架配合使用。因为其重量轻，故适用于较大的天窗宽度，有时也用于钢筋混凝土屋架上，如图 10.24 所示。

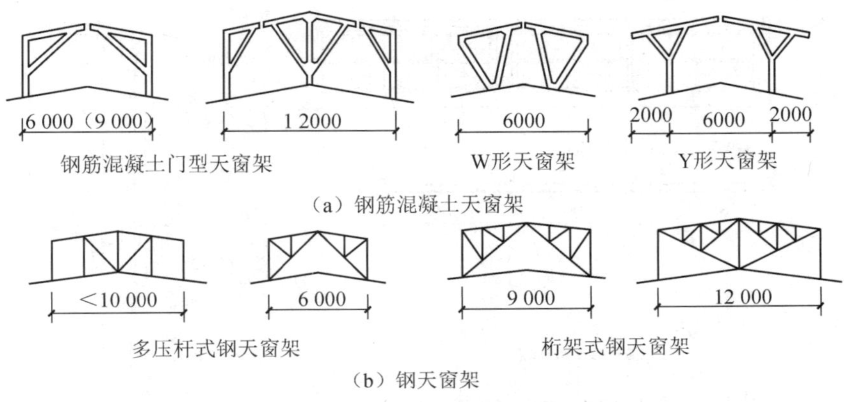

图 10.24　天窗架形式

（2）天窗扇

天窗扇有钢制和木制两种。钢天窗扇具有耐久、耐高温、重量轻、挡光少、不宜变形、关闭严密等优点，因此工业建筑中多采用钢天窗扇。

1）上悬钢天窗扇。上悬钢天窗扇高度有 900mm、1200mm 和 1500mm 三种，由开启扇和固定扇等基本单元组成，可以布置成通长窗扇和分段窗扇（图 10.25）。通长窗扇是由两个端部固定窗扇及若干个中间开启扇连接而成，用机械开关器能同时启动。分段窗扇是在每一个柱距内设置能独立启闭的天窗扇。不管是通长的还是分段的窗扇，在开启扇之间以及开启扇与天窗端壁之间，均设置固定窗扇来起竖框的作用。为防止从开启扇的两端飘进雨水，可在固定窗扇后侧面安装 600mm 宽的固定挡雨扇。

上悬钢天窗扇由上下冒头、垂直楞即边梃组成。窗扇上冒头为槽钢，它挂在统长的弯铁上，弯铁用螺栓固定在窗框上，窗框通过一个短角钢与天窗架连接。窗扇的下冒头为“ ⊏ ”形断面，关闭时搭在下档或中档上。边梃为角钢。当设置两排以上的窗扇时，在上下两排窗扇之间设置角钢中档。

2）中悬钢天窗扇。中悬钢天窗扇只能分段设置（图 10.26），每个柱距内设一个窗扇，窗扇的构造是上下冒头及边梃均为角钢，只有垂直窗楞为“⊥”形。每个窗扇之间设槽钢做竖框，窗扇转轴固定在竖框上。中悬钢天窗在变形缝处窗扇是固定的。

钢窗玻璃一般为 3mm 厚，安装玻璃之前应先铺底灰，用玻璃卡子将玻璃固定后，再嵌外面油灰。

（3）天窗檐口及侧板

一般情况下，天窗屋面的构造与厂房屋面相同。天窗檐口常采用无组织排水，由带挑檐的屋面板构成，挑出长度一般为 300～500mm。

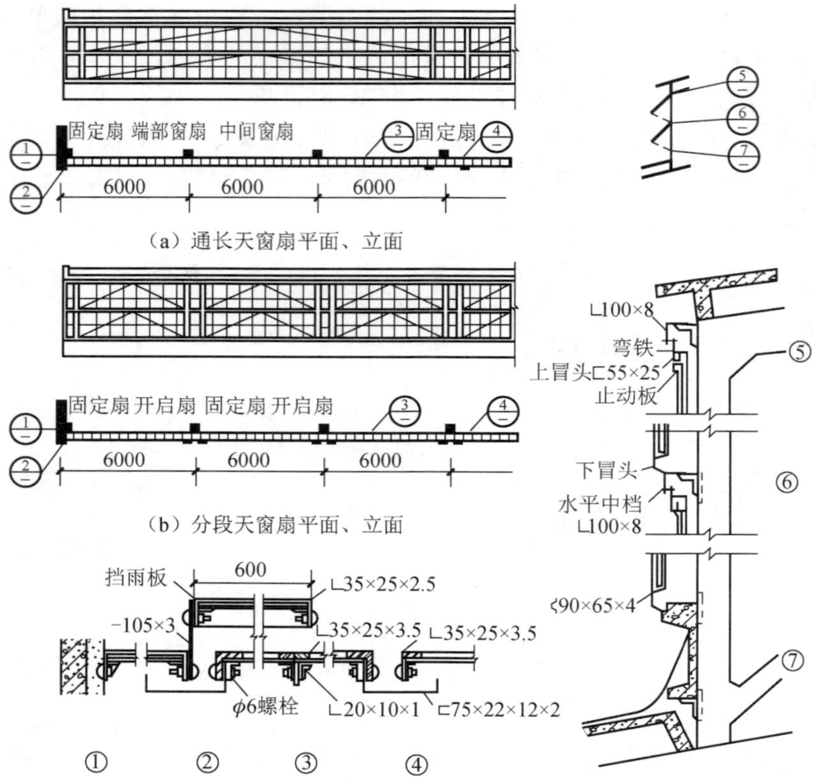

固定扇 端部窗扇 中间窗扇 固定扇
6000 6000 6000

（a）通长天窗扇平面、立面

固定扇 开启扇 固定扇 开启扇
6000 6000 6000

（b）分段天窗扇平面、立面

挡雨板
600
∟35×25×2.5
-105×3
∟35×25×3.5 ∟35×25×3.5
ϕ6螺栓
∟20×10×1
⊏75×22×12×2
① ② ③ ④

∟100×8
弯铁
上冒头⊏55×25
止动板
⑤
下冒头
⑥
水平中档
∟100×8
⊊90×65×4
⑦

图 10.25　上悬钢天窗扇

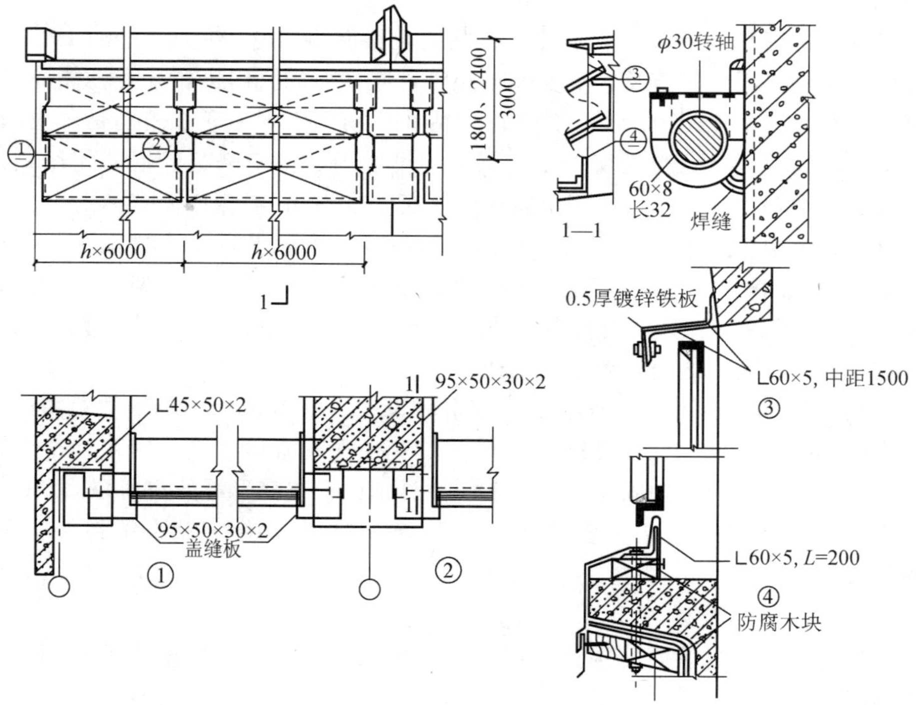

1800、2400
3000
h×6000 h×6000
1

ϕ30转轴
60×8
长32
焊缝
1—1

0.5厚镀锌铁板
∟60×5，中距1500
③
∟60×5，L=200
④
防腐木块

∟45×50×2
1
95×50×30×2
95×50×30×2
盖缝板
① ②

图 10.26　中悬钢天窗扇

天窗侧板是天窗窗口下部的围护构件，其主要作用是防止屋面上的雨水流入或溅入室内。天窗侧板应高出屋面不小于 300mm。钢筋混凝土侧板与层面板长度一致，侧板与屋面交接处应做好泛水处理。保温和不保温层面的天窗檐口及侧板构造见图 10.27。

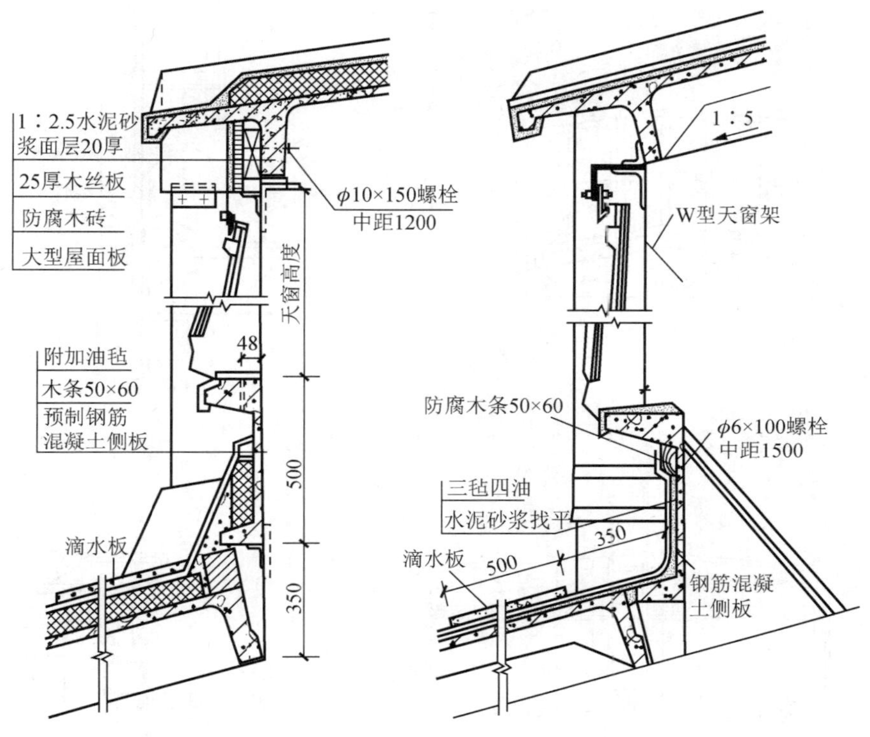

（a）门形钢筋混凝土天窗架（保温）　　（b）W型钢筋混凝土天窗架（不保温）

图 10.27　天窗檐口及侧板

（4）天窗端壁

天窗端壁有预制钢筋混凝土端壁和石棉水泥瓦端壁。

预制钢筋混凝土端壁板常做成肋形板，它代替端部的天窗架支承天窗屋面板（图 10.28）。端壁板由两块或三块预制板拼接而成，端壁板通过焊接固定在屋架上弦。

端壁板顶部与天窗屋面板之间的缝隙，用砖填实并做压檐，端壁板下部与屋架相交处应做好泛水处理。在需要保温的厂房，端壁板内侧填以保温材料，然后在保温材料表面钉以钢丝网，再抹 20mm 厚的水泥砂浆。

石棉水泥瓦端壁的做法，是先在钢（或钢筋混凝土）天窗架上焊接间距 1500mm 的横向角钢，再将石棉水泥瓦用螺栓固定在角钢上（图 10.29）。

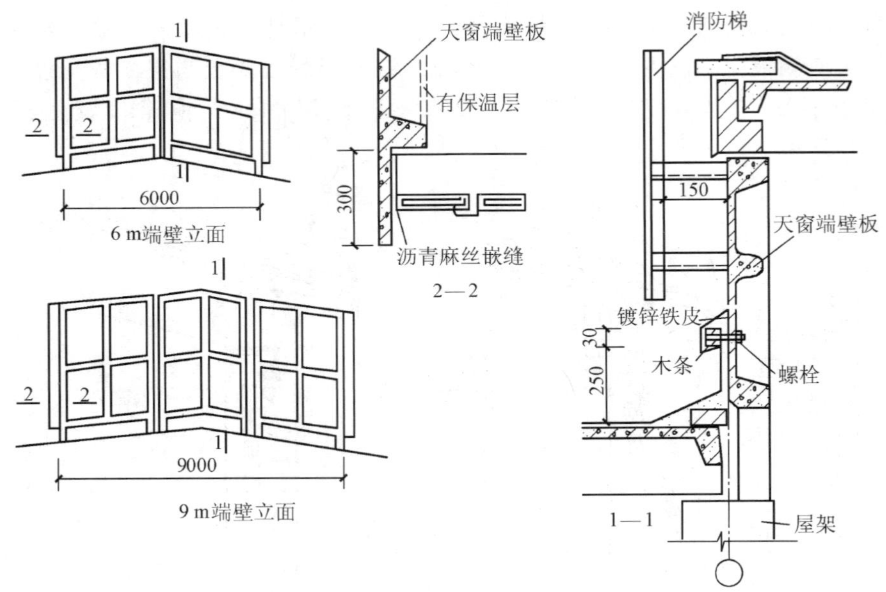

图 10.28　钢筋混凝土端壁

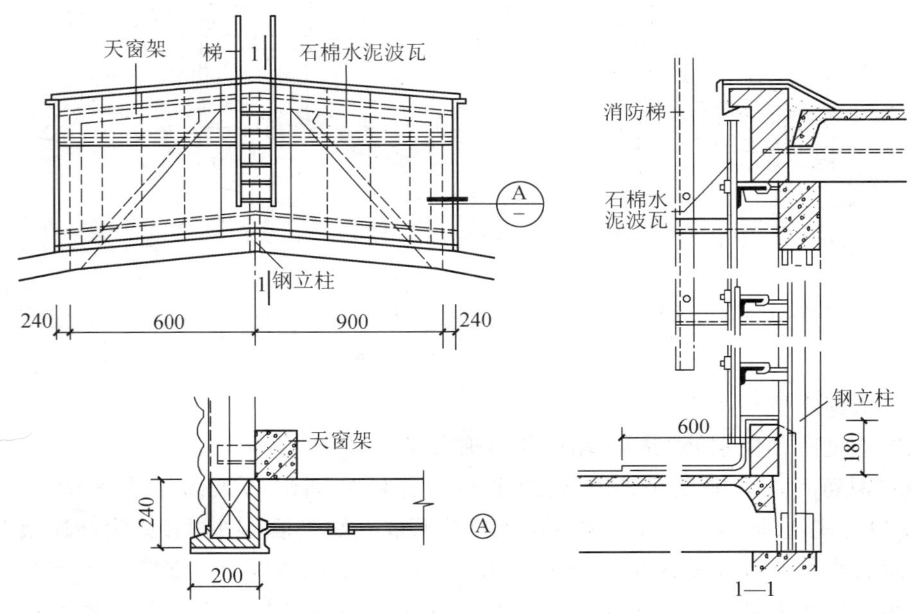

图 10.29　石棉水泥瓦端壁

10.3.2　矩形通风天窗

1．挡风板

矩形通风天窗是在矩形天窗两侧加设挡风板构成（图 10.30）。主要用于热加工车间。矩形通风天窗的挡风板高度不宜超过天窗檐口，一般应比檐口低，$E=(0.1\sim0.15)H$。挡风板与屋面之间应留空隙，$D=50\sim100\text{mm}$，便于排出雨雪和积灰，在多

雪地区不大于200mm。挡风板的端部必须封闭，中间是否设置隔板，则根据天窗长度、风向和周围环境等因素而定。在挡风板上还应设置供清灰和检修时通行的小门。

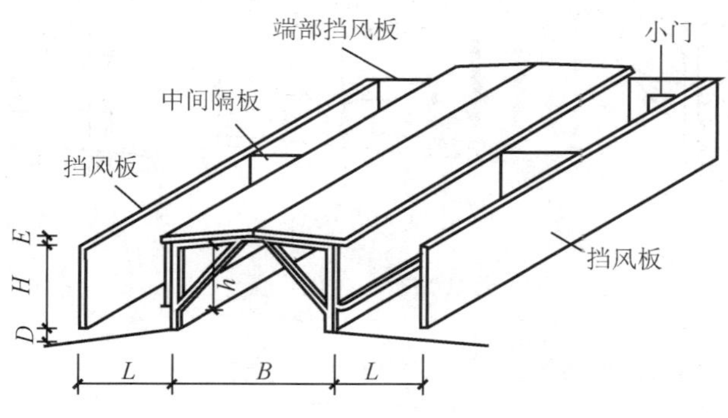

图 10.30　矩形通风天窗示意

挡风板的形式有立柱式（直或斜立柱式）和悬挑式（直或斜悬挑式）（图 10.31）。

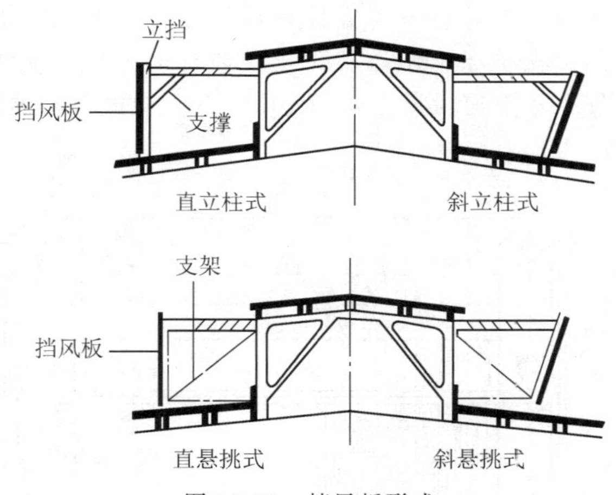

图 10.31　挡风板形式

1）立柱式。是将立柱支承在屋架上弦的柱墩上，用支撑与天窗架相连，结构受力合理，但挡风板与天窗之间的距离受屋面板排列的限制，立柱处防水处理较复杂。

2）悬挑式。支架固定在天窗架上，挡风板与屋面板脱开，处理灵活，适用于各类屋面，但增加了天窗架的荷载，对抗震不利。挡风板可向外倾斜或垂直设置，向外倾斜的挡风板，倾角一般与水平面成50°～70°，当风吹向挡风板时，可使气流大幅度飞跃，从而增加抽风能力，通风效果比垂直的好。

2. 挡雨设施

矩形通风天窗常用于热加工车间，为了提高通风效率，除寒冷地区外，这种天窗常不设窗扇。为防雨水飘入，必须考虑挡雨设施。挡雨设施有三种：屋面做大挑檐；水平口设挡雨片；垂直口设挡雨板（图 10.32）。

设大挑檐方式，使水平口的通风面积减小。垂直口设挡雨板时，挡雨板与水平夹角越小通风越好，但不宜小于15°。水平口设挡雨片时，通风阻力较小，是较常用的方式，挡雨片与水平面的夹角多采用60°。挡雨片高度一般为200～300mm。在大风多雨

地区和对挡雨要求较高时，可将第一个挡雨片适当加长。

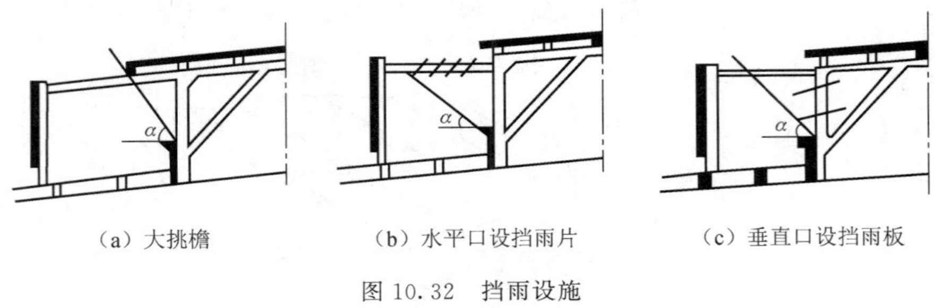

（a）大挑檐　（b）水平口设挡雨片　（c）垂直口设挡雨板

图 10.32　挡雨设施

3. 矩形通风天窗细部构造

挡风板常用石棉波形瓦、钢丝网水泥瓦、瓦楞铁等轻型材料，用螺栓将瓦材固定在檩条上。檩条有型钢和钢筋混凝土两种，其间距视瓦材的规格而定。檩条焊接在立柱或支架上，立柱与天窗架之间设置支撑使其保持稳定。当用石棉水泥波瓦做挡雨片时，常用型钢或钢三角架做檩条，两端置于支撑或支架上，水泥波瓦挡雨片固定在檩条上。图 10.33 为立柱式矩形避风天窗，图 10.34 为悬挑式矩形避风天窗构造示例。

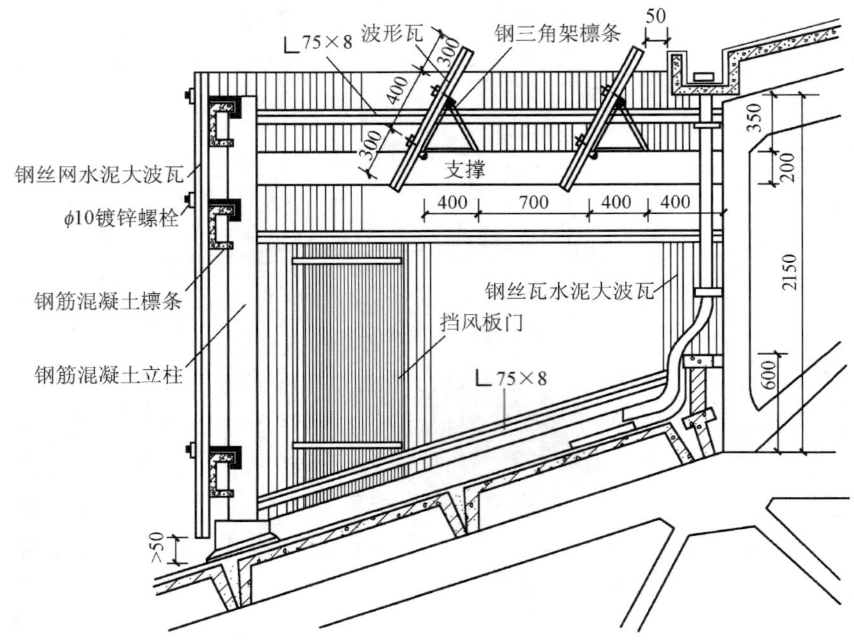

图 10.33　立柱式矩形避风天窗构造

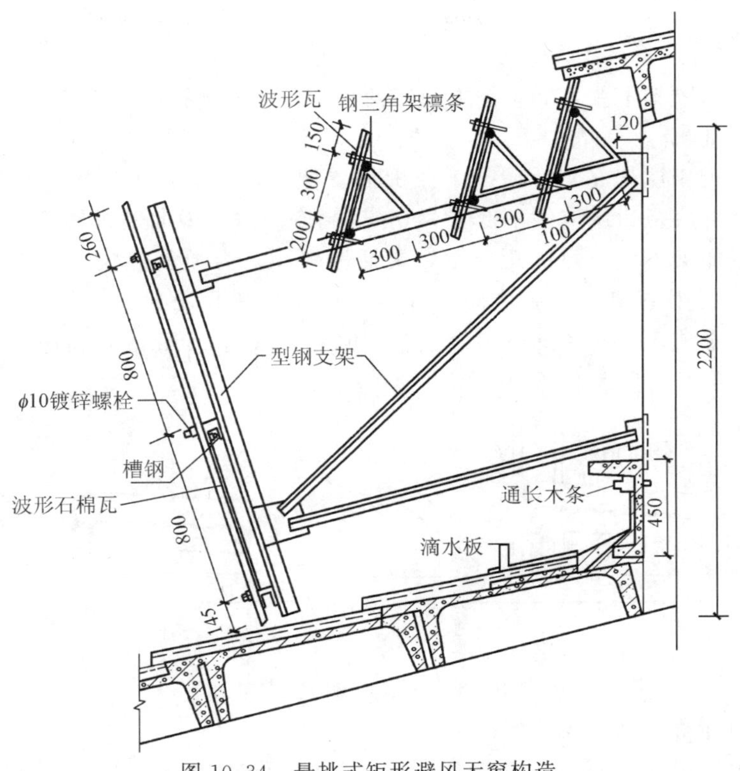

图 10.34　悬挑式矩形避风天窗构造

10.3.3　井式天窗

井式天窗的构造组成包括井底板、井底檩条、井口空格板或檩条、挡雨设施、挡风墙以及排水设施等（图 10.35）。

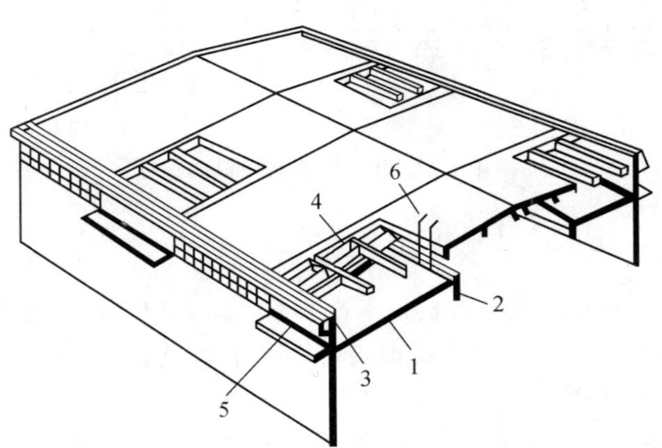

图 10.35　井式天窗构造组成

1. 井底板；2. 檩条；3. 檐沟；4. 挡雨片；5. 挡风侧墙；6. 铁梯

1. 井底板

井底板位于屋架下弦，搁置的方法有两种，即横向铺板和纵向铺板。

(1) 横向铺板

井底板平行于屋架布置，屋架下弦上搁置檩条，在檩条上铺设井底板。为防止雨水溅入车间，井底板边缘应做不低于300mm高的泛水。横向铺板施工吊装较方便，井底板的长度受屋架下弦节点间距所限，灵活性较小。为了争取较多的天窗垂直口的通风面积，充分利用屋架上下弦之间的净空，檩条常采用下卧式、槽形、L形等形式。屋面板放在槽形或工形檩条的下翼缘上，不但可争取到200mm天窗净高，同时槽形和L形檩条的上部又可以兼起泛水作用（图10.36）。

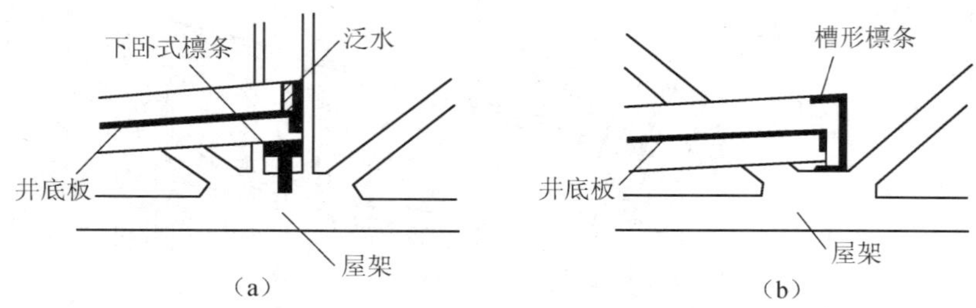

图10.36 井式天窗底板横向铺板

(2) 纵向铺板

井底板直接放在屋架下弦上（图10.37），既省去檩条，又增加了天窗的垂直口净空高度。井底板有时会与屋架腹杆相碰，井底板须做成异形的卡口板或出肋板。这种形式铺板吊装较困难，故只有在跨中布置井式天窗时才采用。

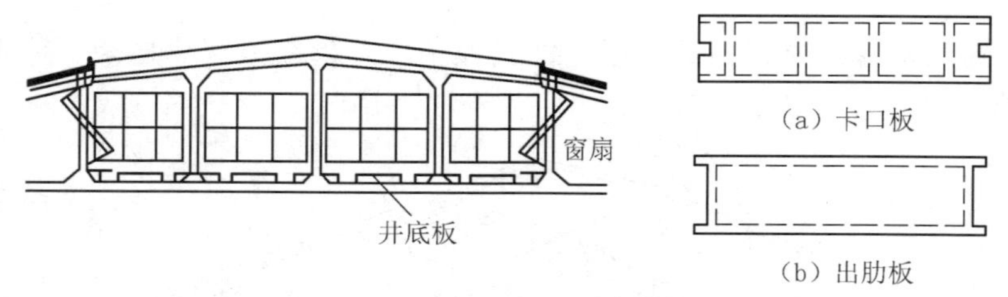

图10.37 井式天窗底板纵向铺板

2. 井口板及挡雨设施

井式天窗通风口一般做成开敞式，不设窗扇，但井口必须设置挡雨设施。做法有：井上口挑檐、设挡雨片、垂直口设挡雨板等。井上口挑檐，影响通风效果；因此多采用井上口设挡雨片的方法。

井上口设挡雨片（图10.38），是在井上口铺设空格板（大型屋面板中间部分板面去掉，仅保留板肋），挡雨片固定在空格板上。挡雨片的角度常用60°，材料一般用石棉瓦、钢丝网水泥片、玻璃等。挡雨片的固定方法有插槽法和焊接法（图10.39）。插槽法是在空格板大肋上预留槽口，安装时只需将挡雨片插入槽内。焊接法是安装时将挡雨片焊接在空格板的预埋件上。

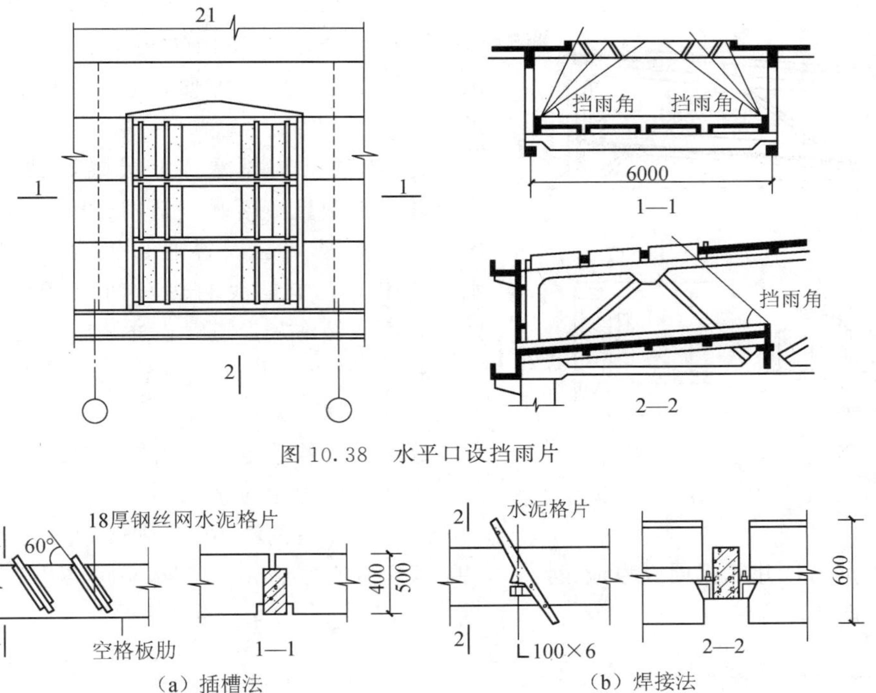

图 10.38　水平口设挡雨片

图 10.39　挡雨片固定方法

3. 窗扇设置

如果厂房有保暖要求，可在垂直井口设置窗扇。沿厂房纵向的垂直口，可以安设上悬或中悬窗扇。在厂房的横向垂直口上，由于屋架上弦与井底板之间不是矩形，又有屋架的腹杆，故设置窗扇较困难。采用中悬窗，通风好，开启方便，但构造复杂。采用上悬窗紧靠屋架布置，但通风较差。

4. 排水措施

井式天窗因有上下两层屋面，排水处理较复杂。当井式天窗布置在厂房屋面的边部时，通常可以采用以下几种方式，即无组织排水、单层天沟排水、双层天沟排水，如图 10.40 所示。

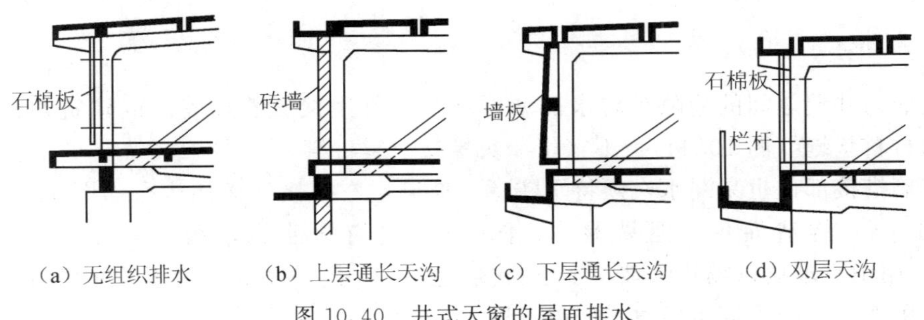

图 10.40　井式天窗的屋面排水

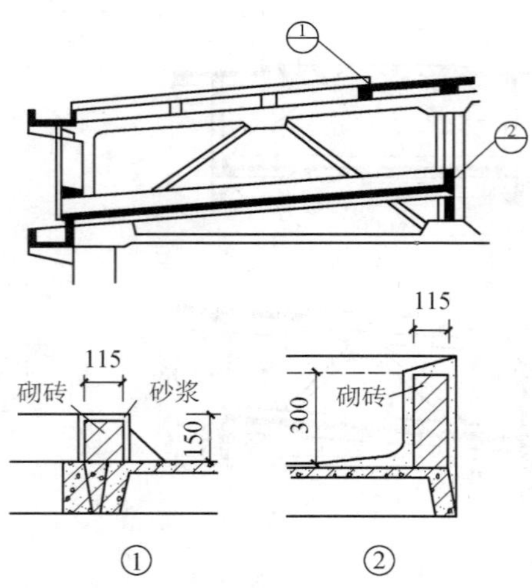

图 10.41　井口及井底泛水构造

1）无组织排水。上下层屋面均做无组织排水，井底板的雨水经挡风板与井底板的空隙流出，构造简单，施工方便，适用于降雨量不大的地区。

2）单层天沟排水。上层屋檐做通长天沟，下层井底板做自由落水，适用于降雨量较大的地区。另一种是下层设置通长天沟，上层自由落水，适用于烟尘量大的热车间及降雨量大的地区。天沟兼做清灰走道时，外侧应加设栏杆。

3）双层天沟排水。在雨量较大的地区，灰尘较多的车间，采用上下两层通长天沟有组织排水。这种形式构造复杂，用料较多。

为使屋面雨水不流入井内，在井上口周围做150～200mm 高的泛水。同理，为防止雨水溅入或流入车间，井底板周围也应设泛水，高度不小于 300mm。泛水可用砖砌，外抹水泥砂浆（图 10.41）。

10.3.4　平天窗

平天窗的类型有采光板、采光罩和采光带三种。采光板是在屋面板上留孔，装设平板透光材料。采光罩是在屋面板上留孔装弧形透光材料，如弧形玻璃钢罩、弧形玻璃罩等。采光带是指采光口长度在 6m 以上的采光口，根据屋面结构的不同形式，可布置成横向和纵向。

平天窗由井壁和透光材料等组成（图 10.42）。平天窗在构造上主要应解决好井壁泛水、防水、透光材料的防辐射和眩光以及安全、厂房通风等问题。

1. 井壁泛水

平天窗在采光口周围做井壁泛水（图 10.43），井壁上安放透光材料。泛水高度一般为 150～200mm。井壁有垂直和倾斜两种，可用钢筋混凝土、薄钢板、塑料等材料制成。预制井壁现场安装，工业化程度高，施工快，但应处理好与屋面板之间的缝隙，以防漏水。

2. 防水

玻璃与井壁之间的缝隙是防水的薄弱环节，可用聚氯乙烯胶泥或建筑油膏等弹性较好的材料垫缝（图 10.44），不宜用油灰等易干裂材料。

玻璃搭接部位也易漏水，须特别注意。玻璃左右搭接处横挡构造如图 10.45 所示。其中图（a）构造简单，但易漏水；图（b）设有排水沟，用料较多，但防水好；图（c）用中空玻璃以隔热。玻璃上下搭接一般不小于 100mm。为了防止雨雪和灰尘渗入，可用油膏、胶管等柔性材料嵌缝（图 10.46）。

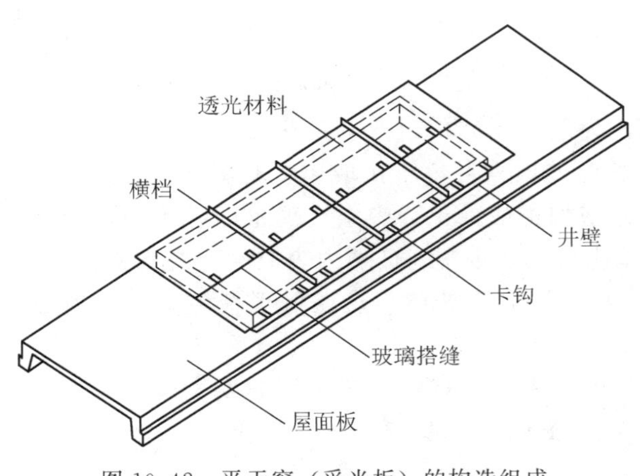

图 10.42　平天窗（采光板）的构造组成

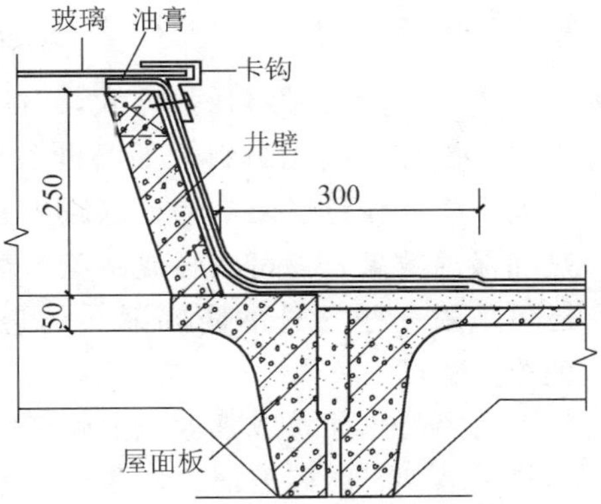

图 10.43　井壁泛水

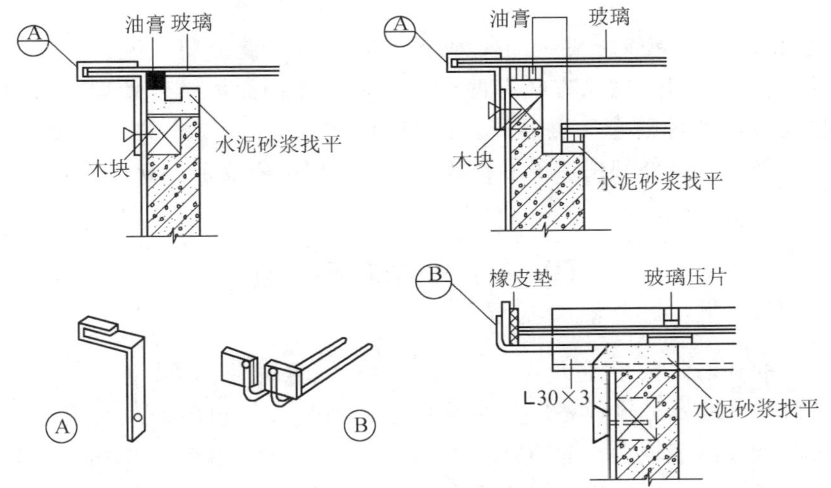

图 10.44　井壁防水构造

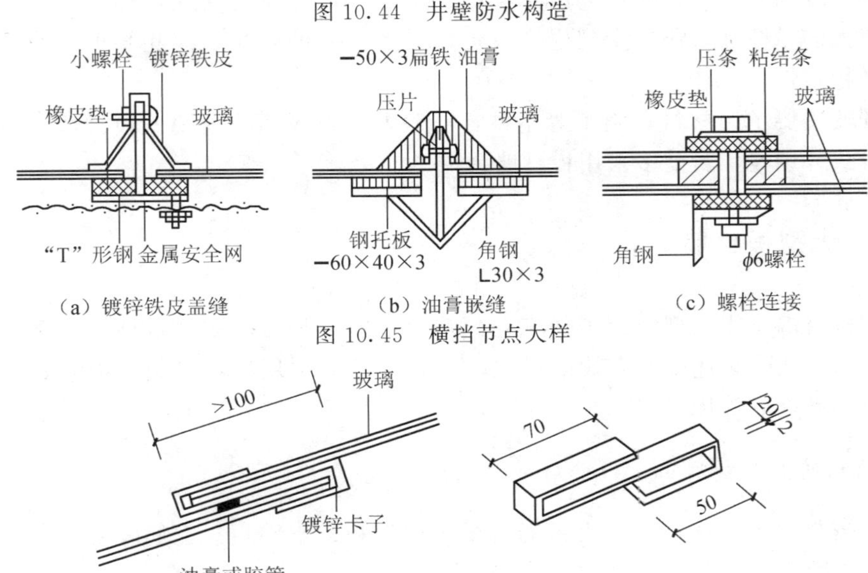

（a）镀锌铁皮盖缝　（b）油膏嵌缝　（c）螺栓连接

图 10.45　横挡节点大样

图 10.46　玻璃搭接构造

3. 透光材料

平天窗受直射阳光强度大，时间长，为避免车间内过热和产生眩光，应优先选用扩散性能好的透光材料，如磨砂玻璃、乳白玻璃、夹丝压花玻璃、玻璃钢等。也可在玻璃下面加浅色遮阳格卡，以减少直射光增加扩散效果。中空玻璃也能起到一定的隔热和保温效果，并可减轻或避免严寒地区或高温采暖车间玻璃内表面的冷凝水。另外，还可采用一些先进的防辐射热的透光材料，如吸热玻璃、热反射平板玻璃、变色玻璃等。

为了防止冰雹或其他原因破坏玻璃，可采用夹丝玻璃。若采用非安全玻璃（如普通平板玻璃、磨砂玻璃、压花玻璃等），须在玻璃下加设一层金属安全网。

4. 通风

南方地区采用平天窗时，必须考虑通风散热措施，使滞留在屋盖下表面的热气及时排至室外。目前采用的通风方式有两类：一是采光和通风结合处理，采用可开启的采光板、采光罩，既可采光又可通风，但使用不够灵活；二是采光和通风分开处理，平天窗只考虑采光，另外利用通风屋脊解决通风，构造较复杂。

10.4 外墙构造

单层厂房的外墙，按承重方式分为承重和非承重两种。当厂房跨度及高度不大，没有或只有较小的起重运输设备时，可采用承重墙直接承担屋盖及起重运输设备等荷载。当厂房跨度及高度较大、起重运输设备较重时，通常用钢筋混凝土排架或钢排架承担荷载，外墙只起围护作用。由于单层厂房的外墙本身的高度与跨度都比较大，又要承受较大的风荷载，还要受到生产及运输设备振动的影响，因此要求外墙具有足够的刚度和稳定性。

根据使用要求、材料和施工等条件，厂房外墙可采用块材墙、板材墙、轻质板材墙及开敞式外墙等，目前多采用板材墙。

10.4.1 大型板材墙

大型板材墙是用大型墙板来做工业厂房的围护结构，这是实行墙体改革，促进建筑工业化，加快建设速度的有效途径之一。它还具有利用工业废料、减轻自重、节省土地、抗震性能好等优点。

1. 墙板的类型和尺寸

墙板按其构造和材料可分为钢筋混凝土槽形板、空心板、配筋轻混凝土墙板、复合墙板等（图 10.47）。

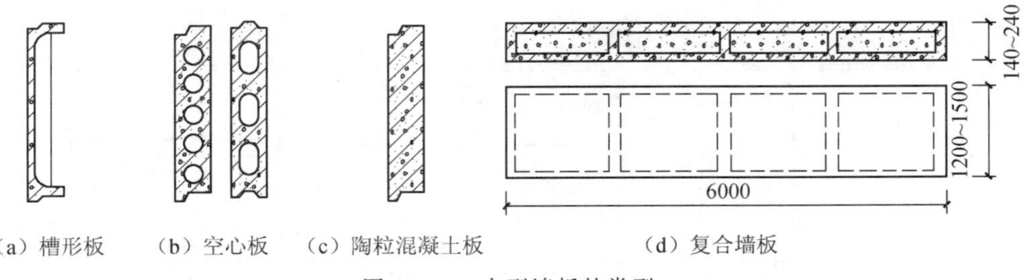

（a）槽形板　（b）空心板　（c）陶粒混凝土板　（d）复合墙板

图 10.47　大型墙板的类型

（1）钢筋混凝土槽形板、空心板

这类板的优点是耐久性好、制造简单、可施加预应力。槽形板也称肋形板，其钢材、水泥用量较省，但保温隔热性能差，故只适用于某些热车间和保温隔热要求不高的车间、仓库等。空心板材料用量较多，但双面平整，并有一定的保温隔热能力。

（2）配筋轻混凝土墙板

这种板种类较多，如粉煤灰硅酸盐混凝土墙板、加气混凝土墙板等，它们的共同特点是比普通混凝土和砖墙轻，保温隔热性能好。缺点是吸湿性较大，故必须加水泥砂浆等防水面层。配筋轻混凝土墙板适用于对保温隔热要求较高，但湿度不大的车间。

（3）复合墙板

这种板是用钢筋混凝土、塑料板、薄钢板等材料做成骨架，其内填以矿毡棉、泡沫塑料、膨胀珍珠岩板等轻质保温材料而成。其特点是，材料各尽所长，性能优良。主要缺点是制造工艺较复杂。

按墙板在墙面的位置可分为檐下板、窗上板、窗框板、窗下板、一般板、山尖板、勒脚板、女儿墙板等。

墙板的长和高采用 300mm 为扩大模数，板长有 4500mm、6000mm、7500mm（用于山墙）和 12 000mm 四种，可适用于 6m 或 12m 柱距及 3m 整倍数的跨距。板高有 900mm、1200mm、1500mm、1800mm 四种。板厚以 20mm 为模数进级，常用厚度为 160～240mm。

2. 墙板的布置

墙板排列的原则应尽量减少所用墙板的规格类型。墙板可从基础顶面开始向上排列至檐口，最上一块为异形板；也可从檐口向下排，多余尺寸埋入地下；还可以柱顶为起点，由此向上和向下排列。

墙板在墙面上的布置方式，有横向布置、竖向布置和混合布置三种(图 10.48)。横向布置时板型少，以柱距为板长，板柱相连，可省去窗过梁和连系梁，板缝处理也较易。还可将板做成带窗板，预先装好窗扇，现场进行安装。竖向布板是把墙板嵌在上下墙梁之间，安装比较复杂，且竖缝较多，处理不当易渗水、透风。混合布置时板型较多，优点是立面处理较灵活。

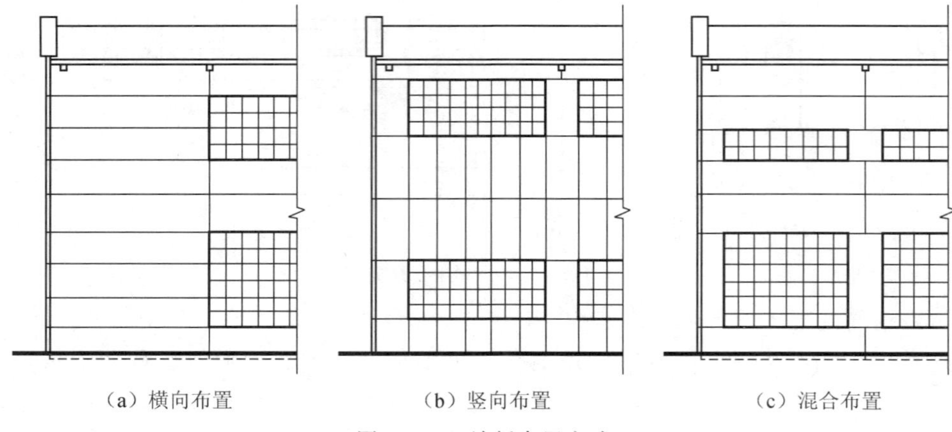

图 10.48　墙板布置方式

山墙山尖部位随屋顶外形可布置成台阶形、人字形、折线形等（图 10.49）。

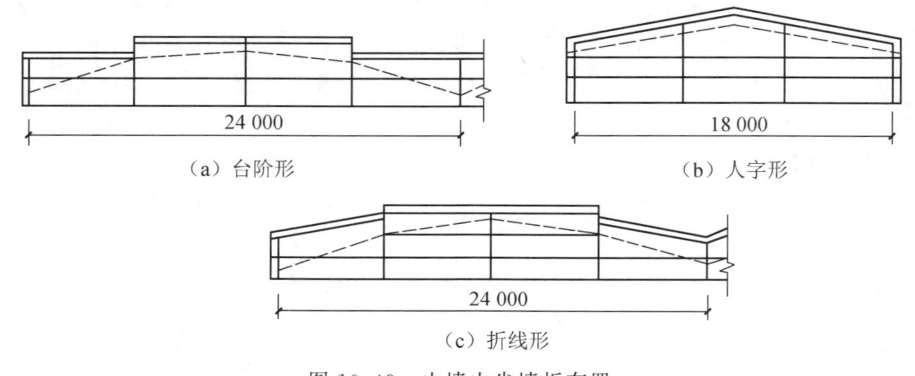

图 10.49　山墙山尖墙板布置

3. 墙板与柱的连接

墙板与柱子的连接有柔性连接和刚性连接两种（图 10.50）。

(1) 柔性连接

墙板在垂直方向由钢支托支撑，水平方向用螺栓挂钩拉结固定。墙板与厂房骨架以及板与板之间在一定的范围内可相对独立位移，能较好地适应振动及地震等引起的变形。这种连接无焊接作业，维修换件较容易，不足处为用钢量多，腐蚀环境应采取防锈措施。柔性连接的另一种做法是用角钢挂钩连接，即在柱和墙板上预埋铁件并在铁件上焊接角钢，安装时将板挂在柱子的角钢上。

(2) 刚性连接

在墙板和柱子上设置预埋件，安装时用角钢将其焊接在一起，无需钢支托。刚性连接的优点是连接件少，但由于刚性连接失去了相对位移的条件，并能传递振动和不均匀沉降引起的荷载，容易使墙板产生裂缝等破坏，故刚性连接对不均匀沉降或振动大的地方较敏感。

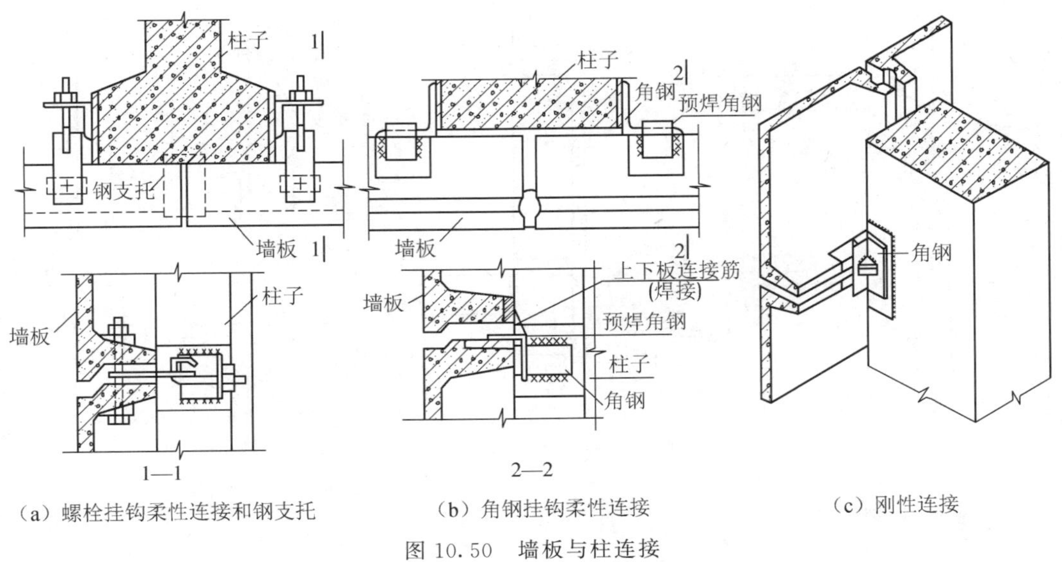

（a）螺栓挂钩柔性连接和钢支托　（b）角钢挂钩柔性连接　（c）刚性连接

图 10.50　墙板与柱连接

4. 檐口、女儿墙、勒脚及转角构造

板材墙檐口可采用有组织或无组织外排水。做女儿墙时，要保证女儿墙的连接可靠（图 10.51）。勒脚处墙板埋入地下部分应进行防潮处理，轻混凝土墙板不宜埋入地下，可将墙板支承在混凝土墩上或基础梁上，板下表面位于室内地面以下 50mm。墙板转角处的处理方法是：在柱与墙板之间设构造柱，纵向或横向板为加长板（图 10.52）。

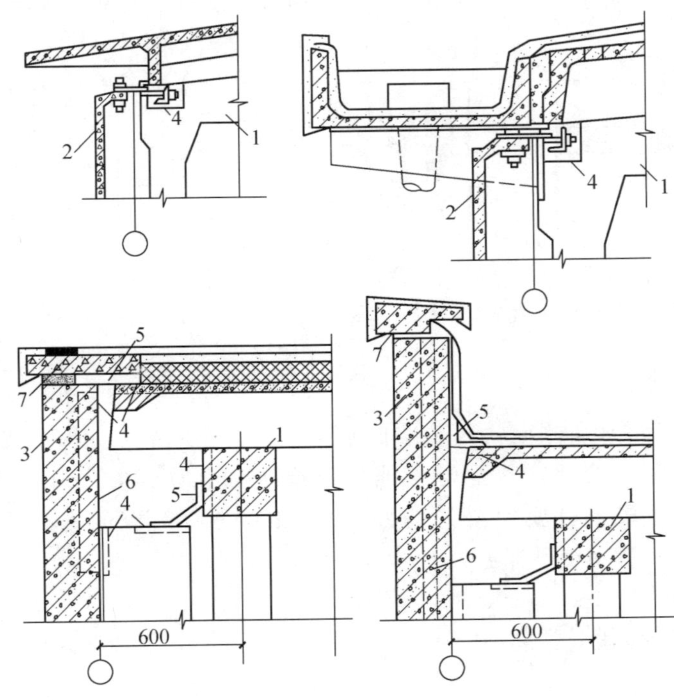

图 10.51　檐口、山墙板材连接

1. 屋架；2. 檐口墙板；3. 山尖墙板；4. 预埋铁件；5. 连接铁件；6. 小钢柱；7. 压顶板

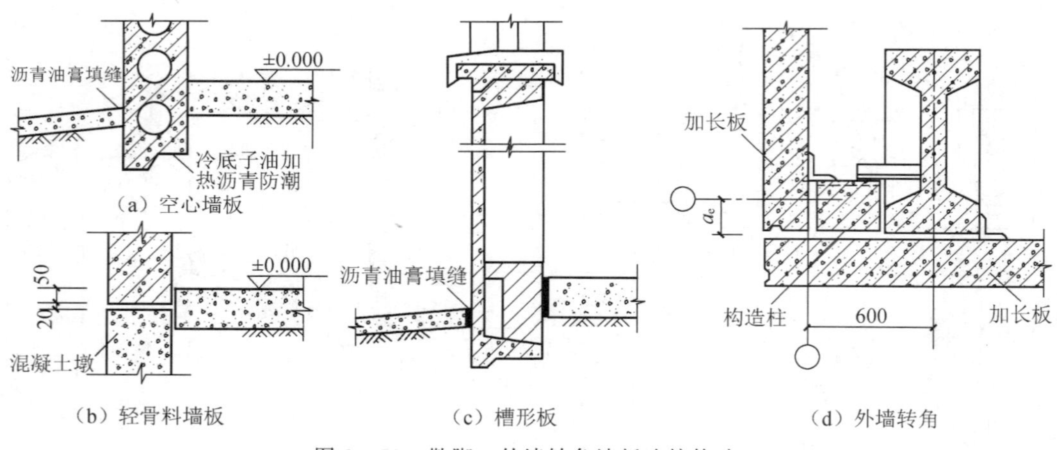

（b）轻骨料墙板　　（c）槽形板　　（d）外墙转角

图 10.52　勒脚、外墙转角墙板连接构造

5. 板缝处理

板缝的处理应满足防水、防风、保温、便于制作、施工方便、坚固耐久等要求。板缝通常采用构造防水的处理方法。

（1）水平缝

主要是防止沿墙面下淌的雨水渗入内侧。做法是用憎水材料（油膏、聚氯乙烯胶泥等）填缝，将混凝土等亲水材料表面刷防水涂料，并将外侧缝口敞开使其不能形成毛细管作用。为阻止风压灌水或积水并考虑墙板制作时脱模方便，故可制成开敞式高低缝。防水要求不严或雨水很少的地方可采用简单的平缝或有滴水的平缝（图 10.53）。

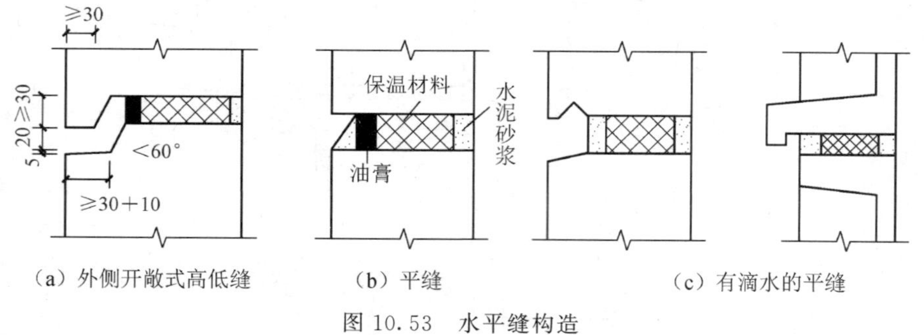

（a）外侧开敞式高低缝　　（b）平缝　　（c）有滴水的平缝

图 10.53　水平缝构造

（2）垂直缝

主要是防止风将水从侧面吹入和墙面水流入。由于垂直缝的胀缩变形较大，单用填缝的办法难以防止渗透，常配合其他构造措施加强防水，图 10.54 为几例做法。图（a）适用于雨水较多且要保温的地方，图（b）是有空腔的垂直缝，适用条件与图（a）同，图（c）适用于不保温处。

10.4.2　轻质板材墙

轻质板材墙的材料有石棉水泥瓦、镀锌铁皮波瓦、压型钢（铝）板、塑料、玻璃

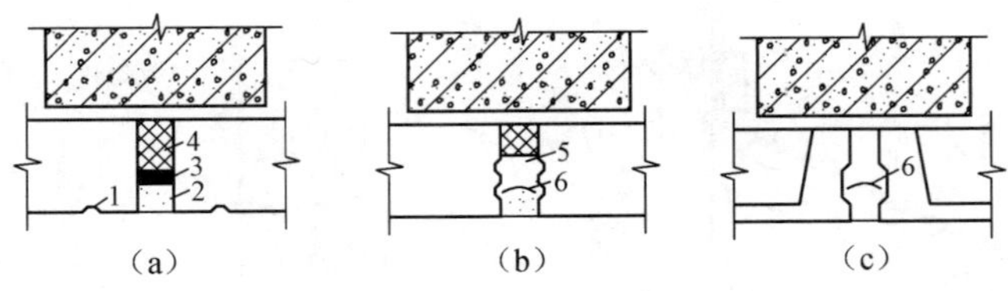

图 10.54 垂直缝构造

1. 截水沟；2. 砂浆；3. 油膏；4. 保温材料；5. 垂直空腔；6. 塑料挡雨板

钢波瓦等。它们主要用于一些不要求保温的热加工车间、防爆车间和仓库的外墙，轻质板材墙仅起围护作用。现以压型钢板为例介绍轻质板材墙的构造。

压型钢板是将薄钢板压制成波形断面而成。经压制后，其力学性能大为改善，抗弯强度和刚度大幅提高。例如厚 0.8mm 厚的薄钢板压成波高 130mm 的 W 形板，檩距可达到 5m。压型钢板一般在施工现场通过成型冷轧机压制，可根据需要切割成任意长度，从而减少了接缝处理与雨水的渗透途径。压型钢板还可根据设计要求采用不同的彩色涂层，既可增强抗腐蚀能力，又有利于建筑艺术处理。

图 10.55 为压型钢板外墙示例。它是在厂房骨架上设置墙梁（檩条），压型钢板用自攻螺丝固定在墙梁上，墙角及门框等部位一般要用附加钢板加以处理。

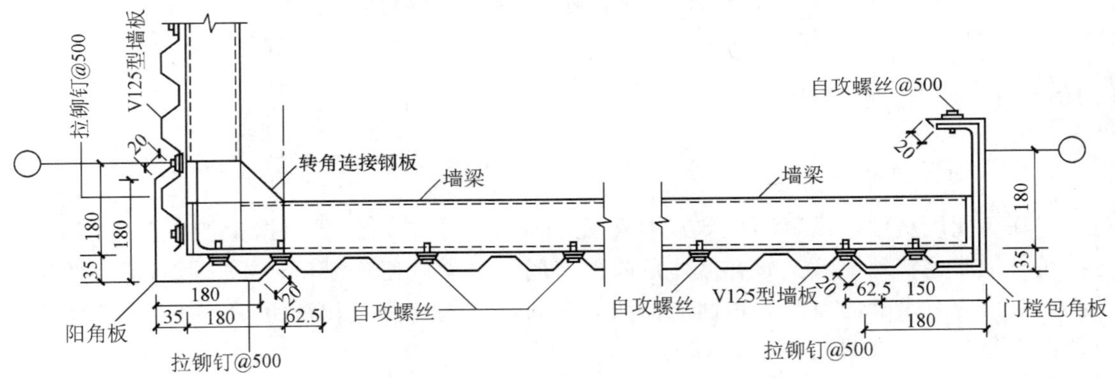

图 10.55 压型钢板外墙示例

10.4.3 开敞式外墙

炎热地区的热加工车间以及某些化工车间，为了迅速排散气、烟、尘、热和通风，常采用开敞或半开敞式外墙，这种墙要求便于通风且能防雨，故其构造主要是挡雨板的构造。

钢筋混凝土挡雨板分有支架和无支架两种，如图 10.56 所示，其基本构件有支架、挡雨板和防溅板。各种构件通过预埋件焊接予以固定。

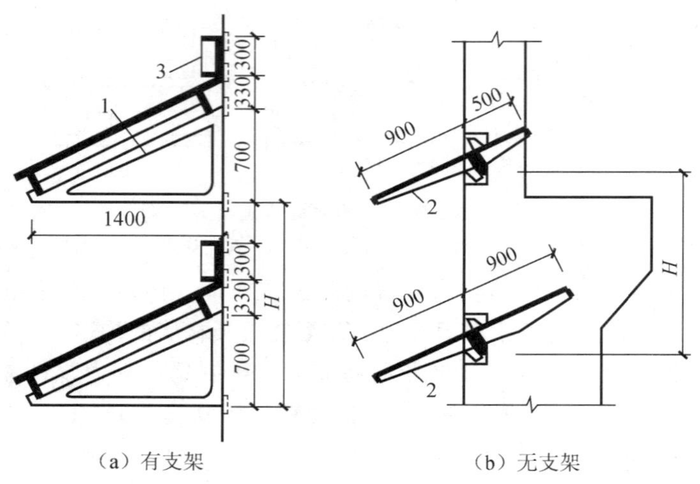

图 10.56　挡雨板构造

1. 钢筋混凝土挡雨板及支架；2. 无支架钢筋混凝土挡雨板；3. 钢筋混凝土防溅板

10.5　侧窗与大门构造

10.5.1　侧窗

1. 侧窗的特点与类型

在工业厂房中，侧窗不仅要满足采光和通风的要求，还要根据生产工艺的需要，满足其他一些特殊要求。如有爆炸危险的车间，侧窗应便于泄压；要求恒温恒湿的车间，侧窗应有足够的保温隔热性能；洁净车间要求侧窗防尘和密闭等。由于工业建筑侧窗面积较大，在进行构造设计时，应在坚固耐久、开关方便的前提下，节省材料，降低造价。

工业建筑侧窗一般采用单层窗，只有严寒地区在 4m 以下高度范围，或生产有特殊要求的车间（恒温、恒湿、洁净），才部分或全部采用双层窗。

工业建筑侧窗常用的开启方式有：平开窗、中悬窗、固定窗、垂直旋转窗等。

平开窗，通风效果好，构造简单，开关方便，便于做成双层窗，常用在外墙下部，作为通风的进气口。

中悬窗的窗扇沿水平中轴转动，开启角度可达 80°，并可利用自重保持平衡，便于采用一般的机械开关器控制开关，因此常用于外墙的上部。中悬窗的缺点是构造较复杂，由于开启扇之间有缝隙，易产生飘雨现象。中悬窗还可作为泄压窗，调整其转轴位置，使转轴位于窗扇中心之上，当室内达到一定的压力时，便能自动开启泄压。

固定窗的构造简单，节省材料，常用在侧窗的中部，既可采光，又可使通风的进、出口分隔明确，便于更好地组织通风。有防尘、密闭要求的侧窗，多做成固定窗。

垂直旋转窗的窗扇沿垂直轴转动，通风好，可以根据不同的风向调整开启角度，适合于要求通风良好，密闭要求不高的车间，常用于热加工车间的侧窗下部。

根据车间通风的要求，还可将平开窗、固定窗或中悬窗组合在一起。组合窗在同一横向高度内，应采取相同的开关方式，侧窗的类型及组合见图 10.57。

工业厂房的侧窗可用木材、钢材等材料制成，常用钢侧窗。

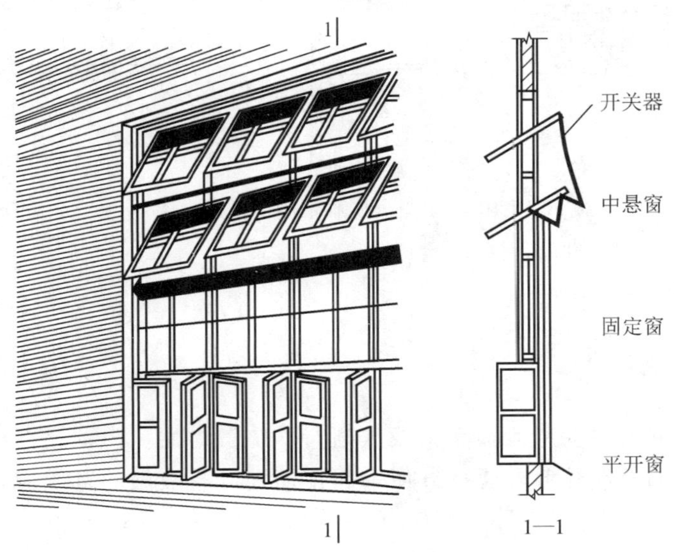

图 10.57　侧窗的类型及组合

2. 钢侧窗构造

钢窗具有坚固耐久、防火、耐湿、密闭性好、透光率高等优点，是一般工业厂房侧窗的优选品种。目前我国主要采用实腹钢窗。

实腹钢窗有三种窗料规格：24mm、32mm、40mm，工业建筑中一般用 32mm。为便于制作和安装，基本钢窗的尺寸一般不宜大于 1800mm×2400mm（宽×高）。大面积的钢侧窗须由若干个基本窗拼接而成，即组合窗。宽度方向组合时，左右窗框间须加竖梃。高度方向组合时，两个基本窗之间须加横档。组合窗中所有竖梃和横档两端必须插入窗洞四周墙体的预留洞内，并用细石混凝土填空。组合实腹钢侧窗构造如图 10.58所示。

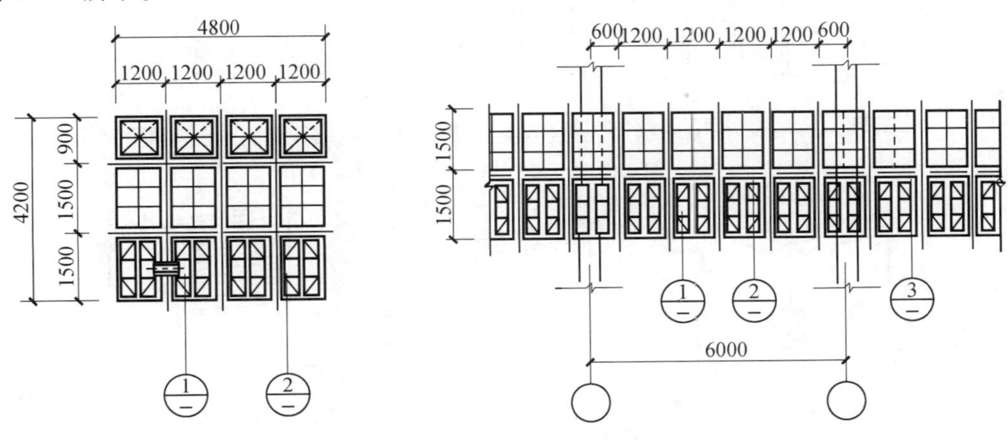

图 10.58　组合实腹钢侧窗构造

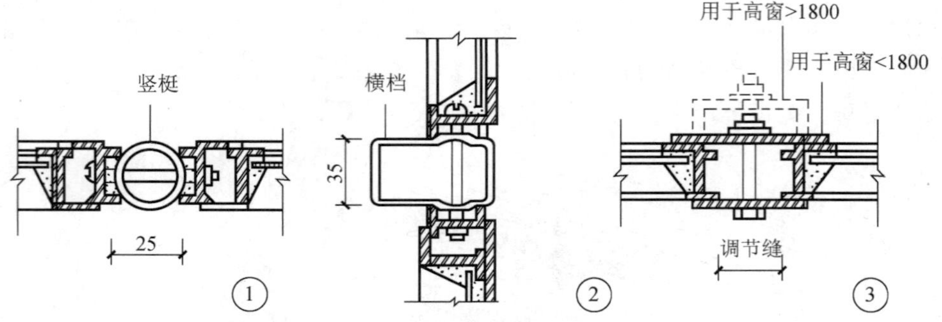

图 10.58 组合实腹钢侧窗构造（续）

10.5.2 大门

1. 大门的尺寸

厂房大门主要是供生产运输车辆及人通行、疏散之用。门的尺寸应根据所需运输工具、运输货物的外形并考虑通行方便等因素而定。一般门的宽度应比满载货物的车辆宽 600～1000mm，高度应高出 400～600mm。大门的尺寸以 300mm 为模数。

2. 大门的类型

厂房大门按用途分有供运输工具通行的大门，有保温及防风沙等要求的大门，还有防火门、隔声门、冷藏库门、射线防护门等。

按材料分有木门、钢木门及钢板门等。门宽在 1800mm 以内时采用木制的，尺寸较大时，为防止门扇变形和节约木材，常采用型钢作骨架的钢木大门或钢板门。高大的门洞采用各种钢门或空腹薄壁钢门。

按门的开启方式分，有平开门、推拉门、折叠门、升降门、卷帘门及上翻门等（图 10.59）。

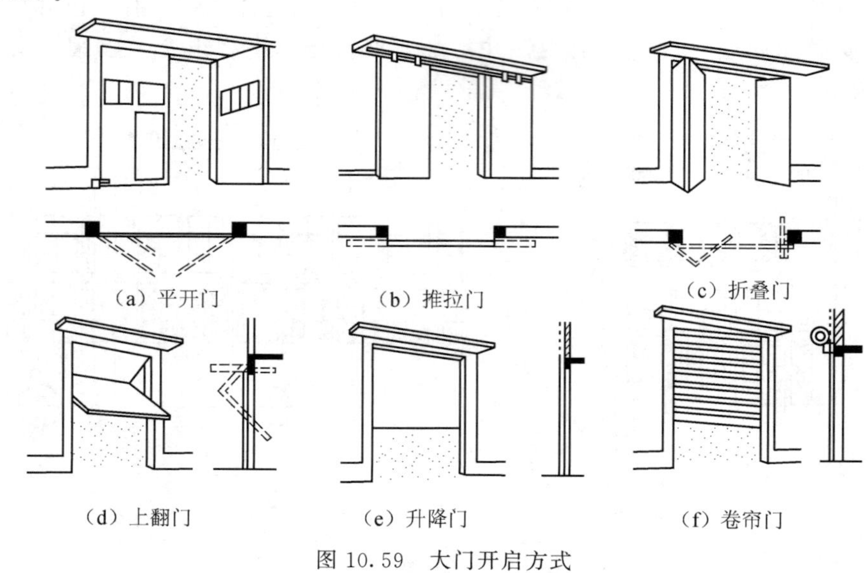

图 10.59 大门开启方式

1）平开门。构造简单，但尺寸过大时易产生下垂或扭曲变形。门向外开时，门洞应设雨篷。门向内开占用车间面积，也不利人流疏散，故常向外开。当大门不需要经常开启时，可在大门上开设供人通行的小门。

2）推拉门。其开、关是通过滑轮沿着导轨向左右推拉，受力合理，构造简单，不宜变形。门扇设在内侧时，受到柱距的限制，故常设在墙的外侧。雨篷沿墙的宽度最好为门宽的两倍。推拉门不宜用于密闭要求高的车间。

3）折叠门。将较大的门分成几个小的门扇，相互之间以铰链连接而成。开启时通过门扇上下滑轮沿着导轨移动。由于开启时几个门扇折叠在一起，所以折叠门占用的空间较少，适用于较大的门洞。

4）升降门。开启时门扇沿导轨向上升起。这种门不占使用空间，只需门洞上方留有足够的上升高度，开启方式有电动和手动两种。

5）卷帘门。是用冲压成型的金属页片连接而成。开启时由门洞上部的转动轴将页片卷起。它适用于 4～7m 宽的门洞，高度不受限制。卷帘门有手动和电动两种，适用于非频繁开启的高大门洞，这种门制作复杂，造价较高。

6）上翻门。只设一个门扇，开启时整个门扇沿水平轴上翻到门顶过梁下面。这种门可避免门扇被碰损，但门扇尺寸不宜过大，常用于车库大门。

门的形式应根据使用要求、门洞大小、可供开关占用的空间以及技术、经济条件等因素综合考虑确定。

3. 大门的构造

(1) 平开门

平开门的洞口尺寸一般不宜大于 3.6m×3.6m，当门的面积大于 5m^2 时，宜采用角钢骨架。大门门框有钢筋混凝土和砖砌两种。门洞宽度大于 3m 时，采用钢筋混凝土门框，在安装铰链处预埋铁件。洞口较小时可采用砖砌门框，墙内砌入有预埋铁件的混凝土块，砌块的数量和位置应与门扇上铰链的位置相适应。一般每个门扇设两个铰链。

常用钢木大门的门扇由角钢作骨架，15mm 厚木板作门芯板，为防止门扇变形，中间设有角钢横撑和交叉支撑以增强门的刚度。寒冷地区要求保温的大门可用双层木板中间填以保温材料。在门扇下沿与地面空隙处，门扇与门框、门扇与门扇之间的缝隙处加钉橡皮条，以防风砂吹入（图 10.60）。

(2) 推拉门

推拉门由门扇、门轨、地槽、滑轮及门框组成。门扇可采用钢板门、钢木门、空腹薄壁钢门等。每个门扇的宽度不大于 1.8m，根据门洞的大小，可做成单轨双扇、双轨双扇、多轨多扇等形式，常用单轨双扇。推拉门支承的方式有上挂式和下滑式两种，当门扇高度小于 4m 时，采用上挂式，即门扇通过滑轮挂在洞口上方的导轨上。门扇高度大于 4m 时，多用下滑式，在门洞上下均设导轨，门扇沿上下导轨推拉，门扇的重量由下导轨承受。当门扇设在墙外时，门顶应设雨篷，长度应大于轨道长度，出挑宽度应使滑轮不受雨淋。

上挂式钢木推拉门（图 10.61），门扇通过滑轮悬挂在导轨上。导轨通过支架与钢

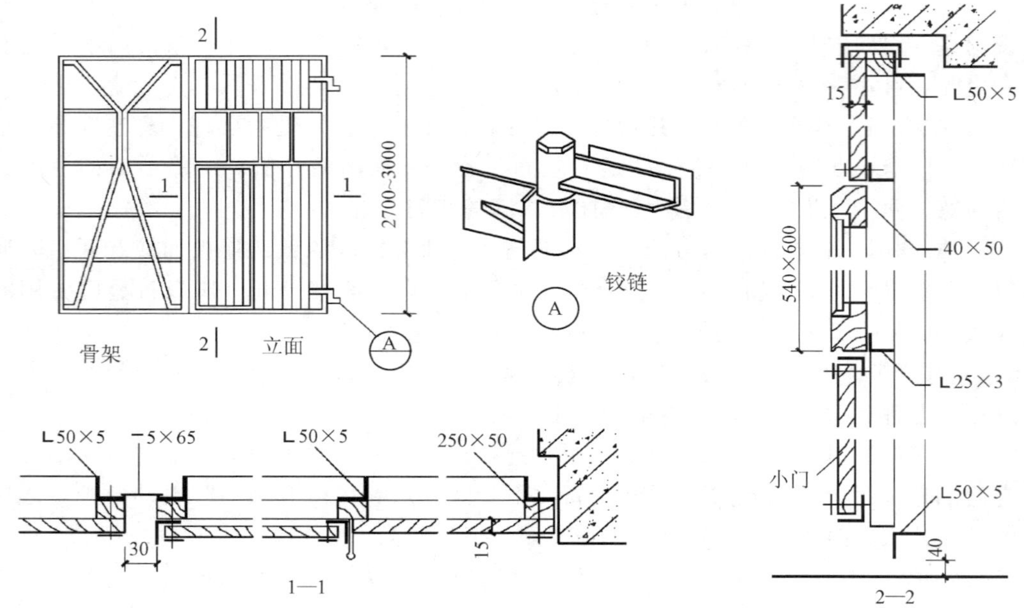

图 10.60　钢木平开大门

筋混凝土门框的预埋铁件连接。门扇下面有导向装置，也可安装地滑轮，沿地槽左右移动。为防止滑轮脱轨，在导轨尽端设门挡。推拉门门扇尺寸应比洞口宽 200mm 为宜。

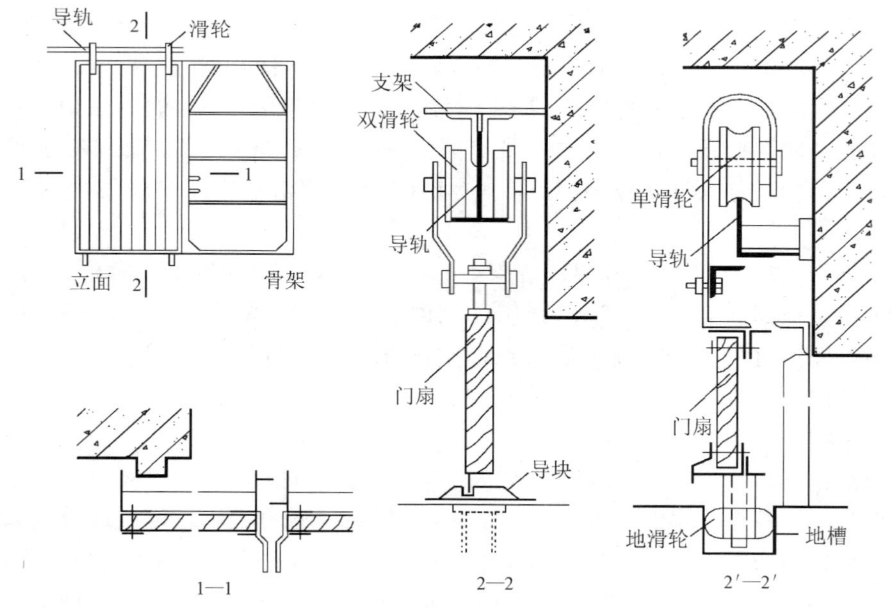

图 10.61　上挂式推拉门

(3) 折叠门

折叠门有侧挂式、侧悬式和中悬式三种（图 10.62）。侧挂折叠门用普通铰链，靠框的门扇如为平开门，在其侧面只挂一扇门，只适用于较小的门洞。侧悬式和中悬式

折叠门，在洞口上方有导轨，各门扇间除下部用铰链连接外，门扇顶部还装有带滑轮的铰链，下部装地槽滑轮，开闭时上下滑轮沿导轨移动，带动门扇折叠，它们适用于较大的门洞。侧悬式折叠门是把铰链安装在门扇侧边，开关较灵活，中悬式折叠门把铰链装在门扇中部，门扇受力较好，但开关时较费力。

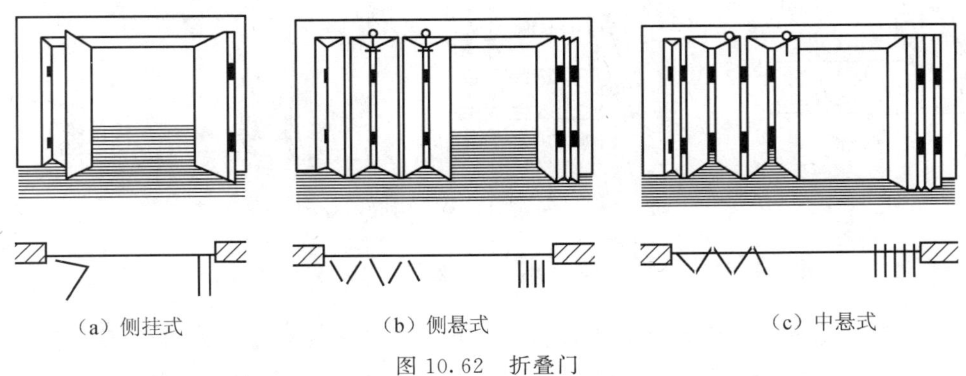

图 10.62　折叠门

（4）特殊要求的门

1）防火门。防火门用于加工易燃品的车间或仓库。根据对防火门耐火等级的要求，门扇可以采用钢板、木板外贴石棉板再包以镀锌铁皮或木板外直接包镀锌铁皮等构造措施。当采用后两种方式作防火门时，门扇上应设泄气孔，以排泄木材碳化放出的气体。室内有可燃液体时，防火门下应设门槛，高度以液体不能流淌到室外为准。

常见的自动防火门（自重下滑防火门），门上导轨成 5%～8%的坡度，火灾发生时，易熔合金（熔点为 70℃）熔断后，平衡锤坠地，门扇依靠自重下滑关闭（图 10.63）。当门洞尺寸较大时，可做成两个门扇相对下滑。

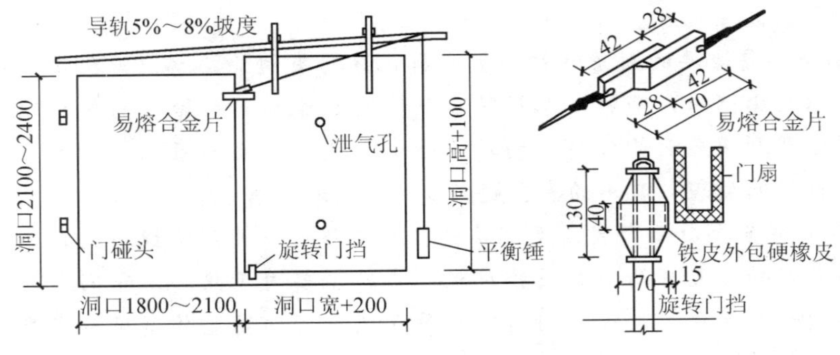

图 10.63　自动防火门

2）保温门和隔声门。保温门要求门扇具有较好的保温性能，且门缝密闭性好。一般在门扇两层门板中间填以轻质、疏松的材料，如玻璃棉、软木等。隔声门的隔声效果与门扇的材料和门缝的密闭有关。虽然门扇越重隔声越好，但门扇过重开关不便，因此隔声门常采用多层复合结构，即在两层面板之间填以吸声材料，如矿棉、玻璃棉、玻璃纤维板等。

保温门和隔声门的面板一般采用整体材料，如多层胶合板、硬质木纤维板等。其节点构造如图 10.64 所示。门缝密闭处理对门的保温、隔声、防尘等都有很大影响，通常采用的方法是在门缝内粘贴具有弹性和压缩性的填缝材料，如橡胶管、海绵橡胶条、泡沫塑料等。门边裁口可做成斜面，既可使门关闭紧密，又可避免由于门扇胀缩而引起的缝隙不密合。

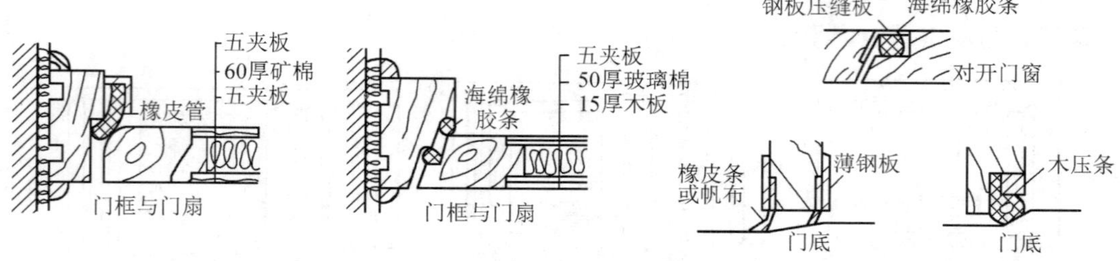

图 10.64　保温门、隔声门缝隙处理

小　　结

1. 单层厂房屋盖结构的组成方式基本上有两种：无檩体系和有檩体系。屋架与柱的连接，多采用焊接方式，也可采用螺栓连接的方式。屋面板与屋架上弦焊接连接，焊接点应不少于三点。檩条与屋架的连接一般多采用焊接。预制钢筋混凝土柱应预埋铁件与其他构件连接。单层厂房柱基础，多用独立基础，最常见的形式为杯口基础，可现浇或预制。排架结构的墙下应设置基础梁承受墙体的重量。连系梁可承担上部墙体重量，并将荷载传给柱，同时连系梁是厂房纵向列柱的水平连系构件，它可增强厂房的纵向刚度，并传递风荷载到纵向列柱。吊车梁与柱的连接，多采用焊接连接的方法，为防止吊车行驶时冲撞到山墙上，在吊车梁的尽端，应设置车挡装置。在单层厂房结构中，为保证厂房的整体刚度和稳定性，必须按结构要求，布置必要的支撑构件，支撑分屋盖支撑及柱间支撑两类。单层厂房的山墙面积较大，所受到的风荷载也很大，因此要在山墙处设置抗风柱来承受风荷载。

2. 屋面是厂房重要的围护结构，屋面排水分为有组织排水（外排水和内排水）和无组织排水（自由落水）两种。卷材防水屋面的构造原则和做法与民用建筑相似。构件自防水屋面是利用屋面构件自身的防水性能，达到防水的目的。构件自防水屋面防水的关键是板缝的处理，常用的有嵌缝式、脊带式和搭盖式。

3. 矩形天窗主要由天窗架、天窗端壁、天窗屋顶、天窗侧板与天窗扇等组成。矩形通风天窗是在矩形天窗两侧加设挡风板构成，主要用于热加工车间。井式天窗是将一个柱距内的部分屋面板下沉，利用上下屋面板之间的高差作通风和采光口，从而取消了天窗架和挡风板。平天窗是利用屋顶水平面来进行采光的，有采光板、采光罩和采光带三种类型。

4. 单层厂房的外墙按承重方式分为承重和非承重两种。非承重墙体应与承重构件有可靠的联系。

5. 在工业厂房中，侧窗不仅要满足采光和通风的要求，还要根据生产工艺的需要，满足其他一些特殊要求。工业建筑侧窗常用的开启方式有：平开窗、中悬窗、固定窗、垂直旋转窗等。厂房大门主要是供生产运输车辆及人通行、疏散之用。门的尺寸应根据所需运输工具、运输货物的外形并考虑通行方便等因素而定。厂房大门按开启方式分，有平开门、推拉门、折叠门、升降门、卷帘门及上翻门等。

思考与练习题

10.1　简答题

(1) 试述单层厂房屋盖结构的类型与构件之间的连接构造。

(2) 单层工业厂房基础有哪些类型？杯口基础的构造是什么？

(3) 基础梁、连系梁设置的位置、构造要求有哪些？

(4) 吊车梁的种类及特点有哪些？吊车梁与柱的连接构造有哪些？

(5) 简述支撑的作用、种类及其设置要求。

(6) 简述抗风柱的作用及其与屋架的连接构造。

(7) 卷材防水屋面与民用建筑比较有哪些特点？

(8) 简述构件自防水屋面的种类与构造要点。

(9) 矩形天窗、矩形通风天窗、井式天窗、平天窗的组成及构造要点是什么？

(10) 砖墙与柱、屋架的连接方法有哪些？

(11) 墙板与柱的连接方法有哪些？板材墙垂直缝和水平缝如何防雨？

(12) 厂房侧窗有何特点？形式及适用范围是什么？

(13) 平开大门及推拉大门的构造是什么？

10.2　实训题

在一排架结构单层厂房中，识别排架柱的形式及其与其他构件如何连系；抗风柱如何与屋架连系；找出都有哪些屋盖支撑和柱间支撑，它们是如何设置的；天窗采用何种形式；墙体材料及其与柱、屋架等的连系构造等。

主要参考文献

编委会．2012．建筑设计资料集．3版．北京：中国建筑工业出版社．

崔艳秋．2000．房屋建筑学学习指导．武汉：武汉工业大学出版社．

李必瑜．2012．房屋建筑学．4版．武汉：武汉工业大学出版社．

刘建荣．2013．建筑构造（下）．5版．北京：中国建筑工业出版社．

舒秋华．2011．房屋建筑学．4版．武汉：武汉工业大学出版社．

王丽颖，李梅．2005．中小型建筑设计方案图集．北京：中国建材工业出版社．

杨金铎．2003．房屋建筑构造．北京：中国建材工业出版社．

张文忠．2008．公共建筑设计原理．4版．北京：中国建筑工业出版社．

赵键．2005．建筑节能工程设计手册．北京：经济科学出版社．

中华人民共和国国家标准．2015．建筑设计防火规范（GB 50016—2014）．北京：中国计划出版社．

中华人民共和国国家标准．2013．工程建设标准强制性条文（2013版）（房屋建筑部分）．北京：中国建筑工业出版社．

中华人民共和国国家标准．2012．住宅设计规范（GB 50096—2011）．北京：中国建筑工业出版社．

中华人民共和国国家标准．2010．厂房建筑模数协调标准（GB/T 50006—2010）．北京：中国计划出版社．

中华人民共和国国家标准．2005．民用建筑设计通则（GB 50352—2005）．北京：中国建筑工业出版社．